AF466563

PARADOXE SVR L'INCERTITVDE, VANITÉ & abus des Sciences.

Traduitte en François, du Latin de Henry Corneille Agr.

Oeuure qui peut profiter, & qui apporte merueilleux contentement à ceux qui frequentent les Cours des grands Seigneurs, & qui veulent apprendre à discourir d'vne infinité de choses contre la commune opinion.

M. DC. III.

PREFACE AV LECTEVR.

E TE semble-il point (Lecteur studieux) que ce que i'entreprens est vn fait hardi, magnanime & totalement Herculien, de prendre les armes pour combattre toute ceste armee de Geants? Deffier, dis-ie, & tirer en champ de bataille tous ces puissans veneurs & pourchasseurs de tous arts & science? Le sourcil refrõgné des Docteurs, l'erudition des Licẽtiez, l'authorité de nos Maistres, les essais & efforts des Bacheliers, le zele des Scholastiques, & auec eux toute la trouppe des mutins artisans, frermiront & se banderõt contre moy. Que s'il aduient que ie les surmonte, n'auray-je pas faict autant ou plus, que si i'auois occi d'vne massue le Lyon Nemeen, estaint par le feu le Serpẽt Hydra du lac de Lerne, exterminé le Sanglier d'Erymante, prins à force la biche au cornes d'or au mõt de Menale, percé dans les nuës à coups de traicts les oyseaux de Stymphale, suffoqué entre mes bras Antee, planté les colomnes dãs la Mer Oceane, vaincu Gerion à trois corps, emmené ses beufs, tué vn Taureau, surmonté corps à corps Achelous le

a iiij

fleuue, emmené les cheuaux de Diomedes, entraisné Cerberus lié d'vne triple chaisne, enleué les Pommes d'Or du iardin des Hesperides, & faict autres telles prouësses que l'on escrit auoir esté executées auec grand trauail, & non moindre danger par Hercules? attendu que le labeur n'est point moindre, & si le peril en est beaucoup plus grand, d'entreprendre de venir au dessus de ces monstres des Escholes & Vniuersitez, places, & atteliers. Or apperçoy-ie assez quel sanglant combat il faut que ie soustienne & de pres, & quelle dangereuse guerre me sera liuree estant enuironné d'vne si grande & si puissante armee d'ennemis. Vray Dieu auec cõbien d'engins seray-je battu! quels rudes assauts me seront liurez combien de honte & de vituperes s'essayera l'on de me faire! Au premier rang se presenteront les Grammairiens pouilleux, lesquels par leur Ethymologie tireront de mon nom Agrippa vn podagre, & ainsi m'appelleront: Les forcenez Poëtes me diffameront par leurs vers ainsi qu'vn Momus, ou que le bouc d'Esope: Les Historiens vendeurs de bourdes me descrirõt plus prophane qu'ils n'ont faict Pausanias ou Herostrate: Les Harangueurs hautains & bruyans auec vn visage terrible, regard furieux, & gestes enragez, m'accuseront comme rebelle, & ennemy de la patrie : Les monstrueux professeurs de memoire me rompront la ceruelle auec leurs phantosmes & lieux imaginaires : Les contentieux Dialecticiens lascheront sur moy infinis traicts d'arguments & syllogismes : L'obscur & ambigu Sophiste par les lacs inexplicables de ses paroles me voudra brider ainsi que d'vn frein: Le barbare Lulliste m'escerucllera par ses parolles mal accouplees, & par ses absurditez : Ie seray bāni du Ciel & de la terre par les Mathematiciens Atheistes: les Arithmeticiens calculateurs de minutes inciteront contre moy les vsuriers, qui me cōtraindront de payer mes debtes. L'obstiné ioueur me reduira au licol par desespoir. Le Pythagoricien Sorcier me sommera quelque nombre malencōtreux: Le Geomantien me liurera quelque prison, tristesse, ou autre malheur par ses figures punctuaires : Les Musiciens farcis de tons feront des chansons de moy pour entretenir & donner passe-temps à la populace par les carrefours : on sifflera, l'on ronflera apres moy, & me fera l'on vn chariuari de poëlles, bassins, & chaudrons plus qu'à ceux qui se remarient: Les Dames pompeuses me chasseront des dances : Les ieunes pucelles me refuseront le baiser: Ie seray mocqué par les babillardes seruantes comme vn Chameau qui danse, ou vn Asne qui se veut faire de feste: Le Basteleur, faiseur de soubresauts, fera de moy quelque sotte farce, ou deshonneste Tragedie : Ie feray assailly de toutes mains & de tous costez par le prompt & adroit escrimeur : Les Geometriens empestrez m'enuelopperont dans leurs cercles quarrez & triangles , dont ie ne me pourray desffaire non plus que du nœud Gordien: Ie seray peinct plus laid qu'vn Singe, ou que Thersite mesme , par le vain perspectif: Les vagabonds Cosmographes me confineront outre les Moschouites & la mer glaciale : L'inuentif & ingenieux Architecte m'aßiegera par ses forts & machines inexpugnables, & m'embrouïllera és erreurs de ses deuoyez labyrinthes : Les infernaux fouilleux de mines me condamneront à trauailler dans les creux & cauernes de la terre: Les Astrologues auec leurs destinées m'enuoyeront au gibet, & par les tournoyements de leurs spheres & cercles empescheront que ie ne pourray grauir au Ciel: Les deuins menasseurs ne me prediront que tout malheur: Par l'habitude du corps & du visage ils me diffameront comme froid & impuißant aux ieux de Venus. Par mon front ie seray remarqué pour vn asnier escervelé: Par les traicts & marques de mes mains ils me presageront tout sinistre accident. Ie seray degradé par quelque triste augure , foudre & feu Celeste me consumera selon leurs monstreuses obseruations : Le tenebreux Interprete de songes m'espouuantera par visions & fantosmes nocturnes : Le forcené Prophete me prononcera quelque oracle ambigu auquel ie seray deceu : Le Magicien prodigieux me transformera ainsi qu'vn autre Apulée ou Lucien en Asne, non pas doré, mais possible embrené : Le diabolique Goëtien ou Necromātien me persecutera par visions infernales & horribles : Le sacrilege Theurgien mugueteur des esprits bien-heureux m'enuoyera aux corbeaux en la malheure : Les Cabalistes circoncis me chargeront des maledictions de leur quaternaire : L'enchanteur niais me fera paroistre sans teste ou sans queuë : Les Philosophes contentieux me desmembreront par leur contrariantes opinions : Les vagabonds Pythagoriens me feront pourmener entre le Chien & le Crocodyle. Les Cyniques mordans & infames m'enfermeront dans vn tonneau ou sepulcre : Les pestiferes Academiques crieront apres moy qu'il faut que ma femme soit commune à vn chacun : Les Epicuriens gloutons me creueront à force de boire & de manger : Les irreligieux Peripateticiens m'exclurront de Paradis, disant que mon ame mourra auec le corps : Les Stoiciens seueres, arrachant de moy toutes affections naturelles, me transformeront en vn caillou : Les bauards Metaphisiciens ne cesseront de m'escerueller par paradoxes de choses qui ne sont, ne furent, & ne seront iamais tirées du chaos de Demogorgon & de ses phantosmes. Les Ethiques censeurs me degraderont de tous honneurs & suffrages. Le politique Legislateur me reiettera de toute charge & administration : Ie seray chassé de la Cour par le Prince voluptueux : Ie n'auray aucune place en l'estat & gouuernement de peu de riches ambitieux. Le populaire insencé me sifflera apres, & me chargera d'outrages par les ruës : Le cruel tyran ainsi que Phalaris m'enfermera dans vn Taureau de fonte pour y estre tourmenté : Ie seray banni par la ligue des factieux : La populace mutine beste à plusieurs testes, me condamnera, & m'enuoyera en exil sans m'ouyr : Toute Republique affligée dira que ie l'auray trahie : L'auare prestrise me chassera des Temples & Autels : Ie seray diffamé & persecuté en plaine chaire par les cagots masquez, & iniurieux hypocrites. Les Papes de leur plaine puissance retiendront mes pechez, & m'enuoyeront au feu d'Enfer : Les putains lubriques me menasseront de la grosse verolle : Le macquereau insatiable, & la maquerelle yurongne feront abbaisser le ventre à ma bource : Les belistres vlcereux me chasseront des hospitaux : Les questeurs tournoyans & rodans par tout, me liureront au feu S. Anthoine, & ne m'eslargiront aucunes indulgences, & m'inciteront apres les chiens enragez: Le despensier ferrera la mule, & m'engagera à la boucherie: Le blasphemateur nautõnier m'ira ietter dans le gouffre de Scylla: Le rusé & trompeur marchand me consumera en vsure: Le larron thresorier me retiendra mes gages. Ie seray chassé des plaisans & delicieux iardins par les malgracieux paysans: Les Pasteurs oisifs souhaitteront que ie soye mangé des Loups: Le pescheur vagabond par les oudes me tendra quelque hameçon couuert: Le criard chasseur me laschera ses chiens & ses oyseaux: Ie seray pillé par le puissant gendarme. Les Gentils-hommes braues & biens vestus me chasseront de leur rang. Ie seray degradé des armes & enseignes de mes predecesseurs par les herauts vestus de cottes d'armes, reietté des lices & tournois, & declaré vilain taillable: Les Medecins machemerde me verseront dessus les poëlles & pots à pisser: Entre iceux le causeur rational par ses disputes dilayera les remedes opportuns: Le temeraire & hazardeux empirique en faisant son coup d'essay me mettra au danger de la mort: Le methodique abuseur differant de iour à autre, prolongera ma maladie pour faire son prof-

ſit : Les ords & ſales Apothicaires me feront vuyder les entrailles par leurs clyſteres : Les Chirurgiens chatreux feront la guerre à mes coüilles ou à mes dents. Les cruels Anatomiſtes me demanderont pour eſtre haſché par leurs mains : Les Mareſchaux & immondes Medecins de beſtail, m'enfermeront dans vn trauail & m'aueugleront de pouſſiere. L'on me fera mourir de faim par regimes & reigles de viure , meſpriſées cependant par leurs Autheurs, tendans à autre fin qu'à ma ſanté : Le cuiſinier alteré me fera potage qui vaille : Le prodigue Alchymiſte me chaſſera d'autour de ſes fourneaux , & m'interdira des richeſſes : Les inuincibles Iuriſtes m'accableront à force de gloſſes & de leur grand volumes : Les Legiſtes outrecuidez & hautains m'accuſeront de leſe Majeſté: Les Canoniſtes arrogans m'excommuniront, & me chargeront de leurs maledictions, & execrations. Les litigieux Aduocats m'impoſerõt mille calomnies & fauſſetez: Le Procureur trompereau me lairra tomber en defaut, s'entendant auec ma partie aduerſe. Le Notaire de mauuaiſe foy fera quelque faux Contract à mon dommage. Le Iuge rigoureux me condamnera & ordonnera que l'on paſſe outre nonobſtant l'appel : Le hautain & imperieux Chancellier mettra le caniuet dans mes lettres, & ne les voudra seeller: Les opiniastres Theosophistes me declareront heretique, & me voudront contraindre d'adorer leurs idoles. Nos Maistres sourcilleux me voudront faire retracter & desdire, & feray magistralement dechassé par les geants de Sorbonne. Voyla Lecteur de combien de dangers ie me voy menassé: Ce nonobstant i'ay bon courage, & pourueu que tu endures que l'on te die la verité, & qu'estant despoüillé de toute mal-ueuillance & rancune tu te mettes à lire ces discours auec esprit pur, & sans malice, i'espere bien d'en eschapper: Car auec ce i'ay la parole de Dieu pour ma defense, que ie leur opposeray hardiment pour bouclier. Et quand besoin seroit, puis qu'à cause d'icelle ie me seray volontairement acquis tant d'ennemis, ie mourray aussi volontairement plustost que quitter le champ. Or veux-ie bien que tu sçaches que haine, ambition fraude, ny erreur, ne m'ont induict à escrire ces choses, & n'y ay point esté poussé par un desir sacrilege, ny par un cœur fier & felon: ains par raison autant iuste & certaine que l'on sçauroit penser. Car i'ay apperçeu plusieurs estre deuenus si insolents & orgueilleux à cause de quelques sciences & disciplines humaines, qu'ils ont dédaigné & méprisé, voire blasmé & persecuté les Saincts Liures des Escritures Canoniques, dictées par le S. Esprit, comme choses rustiques & sans aucune doctrine, pour autant qu'elles sont conceuës d'un stil simple & nud sans enrichissements de paroles, force de syllogismes, affectation ny attraict aucun de langage, & sans erudition estrangere prinse de la Philosophie : ains sont soustenuës seulement par le moyen de la vertu, & de la foy. Et si en auons veu d'autres, lesquels auec quelque peu plus d'apparence de pieté ont voulu establir & renforcer les ordonnances de nostre Seigneur Iesus-Christ par les decrets des Philosophe prophanes, se seruans plus de l'autorité d'iceux que de celle des saincts Prophetes, Apostres & Euangelistes, nonobstant qu'ils soyent opposites & eslongnez en toute distance les vns des autres. Outre qu'il y a vne coustume peruerse & damnable receuë en toutes les Vniuersitez & Colleges, d'abstraindre par serment tous ceux qui viennent à prendre quelque degré, qu'ils ne contreuiendront ny repugneront iamais à Aristote, Boëce, Thomas, Albert, ou autre semblable Dieu de leurs Escholes: & s'il aduient à quelqu'vn de s'esloigner tant soit peu des opinions & reigles de ceux-là, l'on oyt incontinent crier à l'heretique, aux scandaleux, au blasphemateur, & le condamner au feu. Il est donc necessaire d'assaillir ces outrecuidez geants, &

ennemis des Sainctes Lettres, demolir leurs remparts & forteresses, & descouurir quel aueuglement est és esprits humains, tousiours errans & se desuoyans de la verité, nonobstant si grand nombre d'arts & sciences, & de maistres Autheurs & Professeurs de chacune d'icelles: & quelle temeraire & arrogante presomption c'est de preferer à l'Eglise de Dieu les Escoles des Philosophes: faire plus de compte des opinions des hommes, que de la Saincte parole: En somme quelle impieté tyrannique c'est de vouloir restraindre & comme emprisonner les esprits des gents d'estude à certains Autheurs, & oster le moyen à ceux qui sont desireux d'apprendre, de chercher & ensuyure la verité. Estant doncques ces choses si claires & apparentes à l'œil, que l'on ne peut dire le contraire, ie deuray estre excusé si en quelque endroit ie me monstre libre ou possible aspre & rigoureux contre certaine sorte de science & les professeurs d'icelles.

TABLE DES CHAPITRES DV PRESENT LIVRE.

FIN DE LA TABLE.

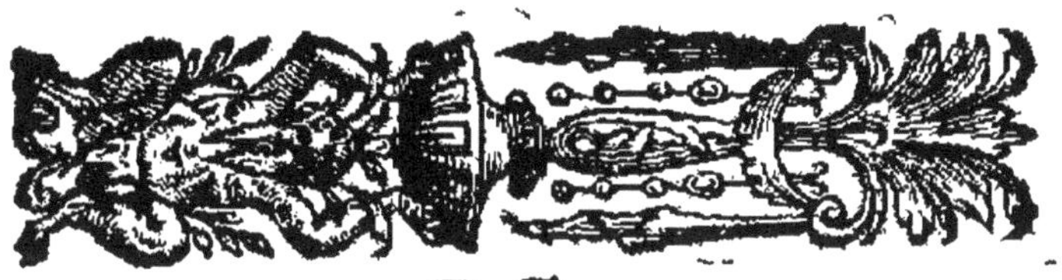

DE LA VANITE' INCERTITVDE, & abus des Sciences.

Des Sciences en general.

CHAPITRE I.

L'OPINION anciēnne, & l'aduis commun & accordant presque de tous ceux qui se sont meslés de philosopher, a esté que chaque science, à laquelle l'homme selon sa capacité & naturelle faculté s'est voulu addōner, a peu acquerir à iceluy quelque diuinité, & tellement le surhausser par dessus la condition humaine, qu'il a peu attaindre & paruenir au rang des Dieux bien-heureux. De là sont procedees les diuerses & infinies loüanges que l'on a donnees aux sciences: s'estant vn chacun es-vertué de magnifier par lõgues & ornees paroles l'art ou discipline en laquelle il auoit par long exercice esguisé le fil de son entendement: non seulement la preferant aux autres, ains la mettant outre & par dessus les cieux mesmes. Quant à moy, ie suis persuadé par autres & differentes raisons, qu'il n'y a chose pl⁹ pernicieuse & dõmageable à la vie cõmune rien plus pestilẽtieux au salut de nos ames, que les arts & sciences. Parquoy i'entẽs proceder d'vne façõ toute contraire: Car au lieu de tant magnifier ces sciences, ma deliberatiõ est de les blasmer & despriser pour la pluspart. Et dis qu'il ne s'en trouue aucune qui soit nette de tache reprehẽsible, ny qui merite de soy-mesme loüange aucune, sinõ entant qu'elle l'ẽprunte de la bõté & preud'hommie de celuy qui la possede. Ie requiers cependãt que ce mien aduis soit prins en bõne part, & comme dit en telle modestie que ie n'enten reprendre aucun de ceux qui peuuẽt auoir diuerse opinion, ny attribuer arrogãment à la miẽne aduantage quelconque. Seulement ie desire estre excusé en ce que ie feray discordant d'auec les autres, iusques a ce que i'aye discouru sur chaque espece & faculté de lettres, & donné commencement à ceste mienne opinion par argumẽts qui ne seront ny communs, ny legers, ny prins de l'apparence ou superficie des choses, mais tirés des plus fermes & certaines raisons, & (par maniere de dire) des plus profondes entrailles de la nature d'icelles. Sãs que ie les farde d'aucune subtile eloquence, comme d'vn Demosthene, ou d'vn Chrysippe: Car cela seroit mal seant à moy, qui fay professiõ des sainctes lettres, & ne pourrois fuir le blasme de flatteur, si ie me complaisois en ces couleurs & desguisemẽs: attendu que le Theologien doit chercher & se cõtenter de paroles plus tost propres que elegãtes: & suyure la verité des choses, nõ pas l'ornemẽt du lãgage. Le siege de la verité est au cœur, & non en la lãgue, & peu nous doit chaloir par quelles parolles elle est dite & deposee: laquelle (cõme dit Euripides) est simple, & ne veut estre peinte ny fardee. Mais le mẽsonge a besoin d'estre voilé d'eloquẽce & de paroles exquises, à fin qu'il soit mieux receu des entendemens humains. Si doncques i'expose & espans à vos delicates oreilles l'affaire que i'ay entreprins nud & desgarni de toutes fleurs d'eloquence (laquelle mesme vous verrez par effect que ie neglige point tant que ie la blame & cõdamne) ie vous prie d'auoir la mesme patiẽce qu'eust cest Empereur Romain, lequel voulut bien arrester & faire alte à toute sõ armee pour écouter vn femmelette, & le Roy Archesilaus, qui vouloit ouïr quelques fois des hommes enroués & ayans la voix rude & mal plaisante, à fin qu'il receust plus de delectatiõ quãd il oroit apres ceux qui estoyẽt eloquẽts. Reduisez à memoire ceste sentence de Theophraste, que les hommes rudes & rustiques peuuent bien parler deuant les plus eloquẽts personnages, pourueu qu'ils parlent auec raison & verité. Or à fin que ie ne vous tienne longuement en suspens, ie vous declareray presentement par quelles erres i'ay poursuyui ainsi qu'vn chien courant & acquis l'opinion sus mentionnee, vous ayant premieremẽt aduertis que les sciences d'elles mesmes sont autant mauuaises que bonnes: & que d'icelles nous ne pouuõs acquerir aucune condition plus que humaine, ny aucun autre heur ou deité, si non paraduenture celle que le serpent ancien promit à nos premiers parents, disant: Vo⁹ serez ainsi que Dieu sçachãs le bien & le mal. Celuy doncques qui se voudra glorifier d'estre sçauant qu'il se glorifie en ce serpẽt: ainsi que nous lisõs auoir fort biẽ accompli les Ophites heretiques, lesquels adorent en leurs sacrifices vn serpẽt, disant qu'il auoit premierement induite & amenée au paradis la cognoissance de la vertu: à quoy s'accorde l'histoire platonique d'vn certain demon Theut, ennemy du genre humain, lequel inuenta premierement les sciences nõ moins domageables que vtiles selon que tresprudemment discouroit ce Roy de toute l'Egypte Thamus, touchant les inuenteurs de lettres & des sciences. C'est pourquoy les Grãmariens exposent ce mot de demon pour sçauant. Mais laissons ces fables à leurs poëtes ou philosophes, & posons que autres n'ont inuentees les sciences que les hõmes, & ceux d'entre eux que nous sçauõs estre issus de tres-mauuaise race à sçauoir les enfãs de Cain: desquels à bõ droit il eſt dit: Les enfans de ſe ſiecle ſont plus prudents que les enfans de lumiere en ceſte generation. Si donques ainſi eſt que les inuenteurs des ſciences ſont hommes, ne ſont ils pas tous menteurs, sãs qu'il y en aye aucun entre eux qui face bien, non iuſqu'à vn, Et quand biẽ il s'en trouueroit quelques vns qui fuſſent bõs, quelle bonté ou verité peuuẽt auoir pour cela les ſciences en elles? Nulle pour certain que celles qu'elles empruntent & acquierent de leurs inuenteurs ou poſſeſſeurs. Et eſt plus que aſſeuré que ſi elles eſcheent en vn mauuais homme, elles ſont nuiſantes, & de mauuais le rendent encor pire. Comme vn Grammairien deuiendra malin, vn Poëte compteur de bourdes; vn Hiſtorien menſonger, vn Rhetoriciẽ flatteur. Lon verra vn oſtentateur profeſſeur de memoire, vn dialecticien querelleux, vn brouillon ſophiſte, vn babillard lulliſte, vn arithmeticiẽ ſorcier, vn voluptueux & laſcif muſiciẽ, vn baladin impudique, vn geometrien vanteur, vn coſmographe vagabond, vn pernicieux & deſtructeur architecte, vn nautonnier corſaire & eſcumeur de mer, vn aſtronome trõpeur, vn magicien meschant & malfaisant, vn cabaliste perfide, vn physicien resueur, vn monstreux metaphysicien, vn ethique malgracieux & difficile, vn inique politique, vn prince tirant, vn magistrat oppresseur, vn mutin populaire, vn prestre schismatique, vn moyne superstitieux, vn œconome prodigue, vn marchãt pariure, vn financier larrõ, vn laboureur paresseux, vn depaisera & destournera furtiuemẽt le bestial, vn pescheur outragera vn chacun, vn veneur brigandera, vn gendarme viura de proye, vn gẽtilhomme foulera ses subjects, vn medecin deuiẽdra meurtrier, vn apothicaire empoisonneur, vn cuisinier gourmãd, vn alchemiste imposteur. Lõ verra aussi vn fin & rusé iurisconsulte, vn aduocat fauteur de mille meschãcetés vn notaire faussaire, vn Iuge corrõpu, brigãder auec autorité dans sõ siege tribunal, vn theologien heretique seduire tout vn peuple. En sõme il n'y a rien pl⁹ meschãt & malencõtreux que la science armee & enuironnee d'impieté : & ceux d'entre les hommes qui sont plus experts & sçauans, sont les plus dãgereux ouuriers de meschãcetez.

Que s'il aduient quelles tombent en vn homme qu'il ne soit du tout malin, mais fol & sans-ceruelle, ce sera pitié de l'insolence & importunité incomparable d'iceluy: car outre ce qu'il n'a que trop de sa sottise & folie naturelle, il sera pourueu d'abondant de moyen de la maintenir & defendre par l'autorité des lettres desquelles les autres fols estans destitués sont menés d'vne plus douce folie, ainsi que dit Plato du rhetoricien: car tant plus, dit il, sera indocte & mal adroit, il vous fera plus de comptes, imitera toutes choses, & n'estimera rien indigne de luy. En somme il n'y a rien plus perilleux que de folier par raison. Mais s'il se trouue quelque bon & sage personnage, qui soit auec cela sçauant, possible que en cestuy-là les sciences seront bõnes & proffitables à la republique. Il est neantmoins bien certain, que celuy qui les possedera ne sera point plus heureux. La multitude des parolles (disent Porphyrius & Iamblichus) & l'amas des sciences, n'est pas felicité: car pour beaucoup de parolles ny de raisons la felicité ne prend aucun accroissement: & s'il estoit autrement, rien n'empescheroit ceux qui ont voulu sçauoir de toutes sciences d'estre tres-heureux, & ainsi seroyẽt plus heureux les philosophes que les religieux & prestres. Or la vraye beatitude ne gist point en la cognoissãce du bien, mais en l'accomplissement d'iceluy & en la vie bonne: elle ne consiste point en intelligence, mais en la vie intellectuelle : car la bonne intelligence ne conioint point les hommes auec Dieu, ains la bonne volonté. Et ne nous seruent les sciences exterieusement acquises, sinon d'vne certaine preparation & purification aidant aucunement à la beatitude, mais non pas que ce soyent elles qui nous rendent bien-heureux, si quant & quant la bonne vie n'y est conioint, voire passee & transmuee en la mesme nature du biẽ. Souuent l'on a veu (dit Ciceron en l'oraison pour Archias le poëte) que la nature sans les lettres a plus serui à acquerir vertu & loüange, que n'õt faict les lettres sans la nature. Il n'est dõcques besoing d'amuser nos entendements à vne si longue trainee de sciences presques impossibles à nous à comprẽdre, pour estre bien-heureux: ce que nous pouuõs obtenir facilemẽt par autre voye,(ainsi que Aristote mesmes afferme (comme chose qui est offette à chacun, & par le moyẽ d'vne discipline aisee & cõmune: c'est en addressant nos esprits à la contẽplatiõ du plus excellãt obiect qui soit, à sçauoir à Dieu. Et est la faculté de ce faire si facile, qu'il n'y est requis aucuns arguments ny demõstrations, ains la seule foy: en somme il ne faut que croire & adorer. Quelle felicité y a il donques aux sciences; dequoy se peuuent vanter les philosophes? Quelle est leur beatitude, dont les escholes en general font tant de bruit, publiant tant de loüanges de ceux, les ames desquels souffrent griefs tourments aux enfers? Sainct Augustin a bien congnu cela, & s'en est effrayé, criant auec Sainct Paul, Les indoctes s'esleuent & rauissent les Cieux, & nous auec toute nostre science sommes plongés au fonds d'enfer. Bref, s'il faut parler en pure verité la cognoissance qui nous est baillee par les sciences, quelle elles soient, est tant perilleuse & incertaine, qu'il seroit meilleur sans cõparaison de les ignorer que de les sçauoir. Adam n'eust iamais esté chassé de Paradis, s'il n'eust esté enſeigné par le ſerpẽt en la cognoiſsãce du bien & du mal. S. Paul rejecte de l'Egliſe ceux qui veulent ſçauoir plus qu'il n'eſt beſoing : & ayant Socrates diſcouru par toutes les ſciences, & recherché chacune diſcipline, fut eſtimé treſſage entre les hommes, lors ſeulemẽt qu'il confeſſa haut & clair qu'il ne ſçauoit aucune choſe. Outre que la cognoiſſance de toutes les ſciences eſt ſi difficile, pour ne dire impoſſible, que la vie de l'homme eſt pluſtoſt à ſa fin, qu'il n'a peu parfaictemẽt cõprendre les moindres raiſons & fondements d'vne ſeule ſcience. Ce qui me ſemble eſtre inferé par l'Eccleſiaſte, diſant : I'ay entendu que de toutes les œuures de Dieu aucun homme ne peut donner raiſon, ny de tout ce qui ſe fait ſous le Soleil, & tãt plus il ſe trauaillera à chercher, moins il trouuera, ores que le ſage die qu'il en a cognoiſſance, neantmoins il ne le trouuera point. Riẽ pour certain ne peut aduenir à l'homme plus peſtilentieux que la ſcience : c'eſt ceſte vraye contagion qui deſtruit entierement tout le genre humain, ſans eſpargner vn ſeul homme : qui a dechaſſé toute innocence, nous a accablés de tant de pechés, & liurés és mains de la mort: qui a estainct la lumiere de la foy, abismant nos ames és gouffres de tenebres: qui ayant condãné la verité a haussé & esleué en throsne les erreurs. Parquoi ie n'estime point qu'il faille blâmer Valentinien Empereur, ny ses semblables, ennemis iurés des lettres, comme Licinius Empereur, qui les appeloit poisons & pestes publiques, veu que Ciceron mesme, fontaine tres-abõdante des lettres se mit en fin à les mépriser ainsi que dit Valere. Telle & si grande est la spacieuse liberté de la verité, que aucune speculation de sciẽces, aucun iugement rafiné par nos sens, nul artifice d'arguments de dialectique, nulle preuue euidente, nul syllogisme demõstratif, bref, nul discours de l'entendemẽt humain ne la peut apprehẽder: La seule foy est celle qui la comprend, & celuy qui en est garni est (au raport d'Aristote mesme) mieux pourueu & mieux disposé, que s'il estoit sçauant: Ce que Philoponus expose signifier que la cognoissãce que l'on a par la foy est meilleure, que n'est la demonstration que l'on fait par les causes. Et Theophraste en son traicté des choſes outre nature, Nous pouuons bien, dit-il, penetrer à quelque cognoiſſance par les cauſes, prenãs les premiers fondemẽts ſur nos ſens: mais eſtans paruenus aux extremes, & à ce qui eſt premier & plus haut és choſes, nous demeurons courts, & ne voyons plus goutte, ſoit pour ce que les cauſes nous defaillent, ou bien l'imbecilité de nos entendemẽts. Platon auſſi, au dialogue intitulé Timee, dit que l'explication des choſes qui ſont la traictees, paſſe les forces de noſtre entendement: mais qu'il faut croire ceux qui en ont parlé auparauãt, ores qu'ils ne peuuent leur dire par aucun argument demonſtratif & neceſſaire: car les philoſophes Academiques, qui n'eſtoient pas des moins priſés, diſoient que l'on ne pouuoit affermer aucune choſe, ny en parler en aſſeurance. On a veu auſſi les Pyrrhoniens & autres, qui mettoient tout en doute. Partant la ſciẽce n'a rien d'exquis ny de ſingulier par deſſus la creance, lors que la bonté & preud'hõmie de l'auteur incite és diſciples vne libre volonté de luy adjouſter foy: A raiſon dequoy les Pythagoriens auoient poſé ce fondement touchãt leur maistre, *Il l'a dit.* Et les Peripateticiens leur prouerbe commun entre-eux, qu'il faut croire à chacun qui est expert en sõ art. Ainsi croit-on au Grammairiẽ touchant la signification des vocables : le dialecticien luy preste foy en la partie d'oraison qu'il reçoit de lui: le Rethoriciẽ prend du dialecticiẽ les lieux & sources des arguments : le Poëte emprunte les nombres & mesures du Musicien : le Geometrien ses proportions de l'Arithmeticien : l'Astrologue s'en fie en tous deux. En outre les supernaturels se seruẽt des cõjectures des naturalistes: Bref, il ny a ouurier ni artisan qui n'aye quelque bõne opinion des regles d'vn autre art que le sien: Car chacune science a ses principes & maximes accordés sans controuerse, sans qu'il soit besoin de les establir par preuues. Lesquelles maximes estãs reuoquees en doute, ou niees tout à plat, les professeurs de ces sciẽces n'ont plus que dire, & sont reduits à s'excuser, & dire qu'il ne faut disputer contre ceux qui nient les principes, ou de renuoier les hommes à choses estranges & hors des bornes de la science dont ...st question. Cõme si quelcun leur nioit que le feu fust chaud, ils requerroyent que cestuy-là fust jecté dedans, & puis enquis de ce qu'il en croioit : ainsi de Philosophes souuēt ils deuiēnent bourreaux & gehenneurs d'hommes, pour leur faire confesser par force ce qu'eux deuroyent sçauoir prouuer & enseigner par raisons. Outre plus il n'y a rien plus contraire ny plus pernicieux à la republique, que les lettres & les sciēces : Car si en vn conseil il y a quelques hommes sçauans, ils s'en font à croire, tournent & manient toutes choses à leur appetit, estans en credit & bonne opiniō à l'endroit du peuple d'estre gents sages, de sorte qu'estans appuiés sur la simplicité & ignorance d'iceluy, toute l'authorité des magistrats demeure par deuers eux seuls, & en fin d'vn estat populaire ils en font vn gouuernement de peu de gents factieux, dont il tombe facilement en tyrannie, à laquelle aucun n'est iamais paruenu sans lettres & science, excepté L. Sylla le Dictateur, lequel seul sans lettres ny doctrine empieta la souueraineté en sa republique. Elle toutefois receut ce bien de son ignorance, que volontairement il quitta la tyrannie, & se rendit en estat priué. Finalement toutes les sciences ne sont autre chose qu'opiniõs d'hommes aussi tost nuisantes que vtiles, aussi bien pestiferes que salutaires, aussi tost meschantes que bonnes, imparfaictes, tousiours auec quelque defaut, ambigues, pleines d'erreur & debats. Or pour le faire mieux apparoir, nous discourons sur chacune espece l'vne apres l'autre.

Des Elements des lettres. Chap. II.

En premier lieu, aucun ne peut ignorer, que les sciences qui enseignent à bien dire, à sçauoir la Grammaire, Logique, & Rethorique, lesquelles on doit plustost appeller entrees & aduenuës des sciences, ne soyent bien souuent plus pestiferes que delectables. Elles n'ont cependant autre fondemẽt ny reigle de certitude que le plaisir & la volonté de ceux qui premier les ont inuentées & reduites en art. Ce qui est euident par les petits cõmencements & instruments d'icelles, à sçauoir les lettres A, B, C, D, &c. Lesquelles au commencement estoient

Chaldaïques trouuee, ainsi que dit Philõ Iuif, par Abrahã, & desquelles les Chaldeens, Assyriens, & Pheniciens se seruoient. Combien que aucuns veulent que Rhadamanthus bailla premieremẽt leurs lettres aux Assyriens. Moïse apres bailla aux Iuifs les saincts characteres, non pas possible tels dont ils vsent aujourd'huy: car l'on tient que ce fut inuẽtiõ de Esras: lequel, à ce que l'on estime, a écrit presque tous les liures de l'ancien testament. Puis vn certain Linus Chalcidien apporta de la Phenicie en Grece certaines letres Phenicienne: desquelles vserent les Grecs iusques à ce que Cadmus fils d'Agenor leur en donna d'vne autre façon en nombre de 16: ausquelles Palamedes en adjousta quatre durant le siege de Troye: & quelque temps apres Simonides poëte lyrique autant. Quant aux Egyptiens, la maniere d'escrire leur fut premierement enseignee par vn certain Memnõ, auec figures d'animaux, comme l'on void en leurs éguilles ou colonnes pyramidales. Mais Mercure, (celuy que Lactãce appelle le cinquiéme) Roy d'Egypte leur bailla vne forme de lettres: auquel succeda Vulcan fils du

Nil. Les Latins ont receuës les leurs d'vne femme nõmee Nicostrata, & surnõmee Carmẽta. Or y auoit anciennemẽt sept sortes de lettres plus prisees, à sçauoir Hebraiques, Grecques, Latines, Syriennes, Chaldaiques, Egyptiennes, & Gothiques: desquelles Crinitus dit auoir leu en certain vieil volume des vers de tels sens :

Moïse fut l'auteur des lettres des Hebrieux:
Et les Pheniciens, à l'esprit curieux, (mis
Les Grecques ont trouué. Nicostrate a trãs-
Aux Latins celles dõt ils formẽt leurs écrits
Abraham inuenta celles des Syriens,
Et fut cil qui trouua celles des Chaldeens.
Isis fit par grãd art lettres Hieroglyphiques
Et Galphile forma characteres Getiques.

Pour le regard des autres nations barbares, elles ont inuenté chacune des lettres nouuelles és temps plus recẽts. Car les Gots ont receuës les leurs d'vn certain Euesque nommé Gordonius. Les anciens François, qui conquesterent les Gaules sous la conduite de Marcomir, & Pharamond, vsoient de letres presque semblables à celles des Grecs; esquelles vvastald escriuit en leur langue son histoire il est toutefois incertain qui en fut l'inuenteur. L'on trouue outre ce vn autre sorte de lettres Françoises fort differentes de celles de vvastald, dont l'inuention est attribuée à vn certain Doracus, & encor autres trouuees par Hicus Frāçois, lequel vint de Sytie auec Marcomir aux embouchEures du Rhin. Beda aussi fait mentiō d'aucunes lettres Normandes dōt l'autheur est incognu. Plusieurs autres peuples & nations en ceste maniere se sont formés des characteres nouueaux, ou les ayans receus de main en main de leurs ancestres les ont corrompus & changés, ainsi qu'on faict les Sclauons & Dalmates celles des Grecs, les Armeniens les Chaldaiques: mais les Gots & Lombards ont diffamé les characteres Latins. Pareillement plusieurs sortes de lettres sont peries, comme celles des anciens Thuscans, lesquelles estoient neantmoins fort estimées entre les Romains, au rapport de Pline & de T. Liue, & dont on void encor aucunes marques és pierres & vieilles ruines, mais totalemēt inconuës: car les Romains rauageant parmy le mōde faisoient estat de racler la memoire de toutes lettres entre les nations, & leur faiſoyent vſer par force des leurs. Ainſi en fut il faict des premieres lettres Hebraïques, durant la captiuité de Babylone, & leur langue meſme corrompue par la Chaldaïque. Ainſi ſon peris & eſtaincts les characteres anciens des François, Eſpagnols, Alemans, & autres natiõs par l'introduction de lettres Rõmaines, & les langages de ces peuples corrõpus & immués. Cõme à leur tour auſſi les lettres & la langue Romaine ont eſté peruertis & changés par les Gots, Lombards, François, & autres peuples: Car ceſte façõ de parler Latin, dõt l'õ vſe à preſent, n'eſt point l'anciẽne langue Rõmaine. Et quant à l'Hebraïque les Thalmudiſtes, n'en sõt nullemẽt d'accord entre eux. Rab. Iuda dit que le premier homme creé, à ſçauoir Adam, parloit langage Arameen ou Syriaque. Marſutra eſt d'opiniõ que la loy baillée par Moïſe eſtoit eſcrite en characteres appellés Hebrieux, mais que le langage eſtoit celuy que l'on nommoit ſainct; Lequel fut depuis changé par Eſras en Syriaque, & les characteres en ceux des Aſſyriens: apres peu à peu fut repriſe la langue ſaincte, les characteres Aſſyriens neantmoins retenus, laissans les Hebraiques auec la lãgue Syriaque à ceux qu'il appellerent Chus, c'est a dire, qui mesloyent la loy parmi le seruice des idoles, ainsi que faisoyẽt les Samaritains. Autres disent que la loy ne fut point escrite au commencement en autres façons de lettres que celles que l'on a auiourd'huy. Vray est qu'elles furent aucunement changees à cause du peché: mais apres, moyennant repentance, restituees. Rab. Simon, fils d'Eleazar, tient que ny le charactere ny le langage n'õt onques esté changés. Voyla où en sont les Hebrieux, & en quelle incertitude ils deuisent de leurs propres affaires. Tel est donques le tour & l'estat des temps en ce regard: en sorte qu'il n'y a lettres ni nulle proprieté de lãgage où l'õ puisse remarquer aucun traict de leur forme & maniere ancienne.

De la Grammaire. Chap. III.

OR de ces commencements si foibles, inconstans & muables en tous temps, des lettres disie & des langues, sont procedees & la Grammaire & les autres arts de bien dire, dont nous auons faict mention cy-dessus: Car il fut aduis aux hommes de ces vieils siecles que c'estoit peu de chose de cognoistre les lettres, si l'on ne trouuoit maniere de les assembler, composer des syllabes, & d'icelles en façonner des mots vocables, puis accoupler iceux en sorte qu'ils puissent estre entendus. Ces gents d'entendemēt firent donques des reigles pour sçauoir accompagner les dictiōs par certain ordre, & selon certaines significations, & par tel moyen briderent les langues, que ce qui seroit proferé selon ces reigles seroit estimé bien dit, d'autant que en icelles consistoit l'art de bien parler, lequel ils appellerent Grammaire. Or l'inuenteur de cest art entre les Grecs fut Promethee, ainsi que l'on dit, & à Romme Craces Mallotes en apporta le premier des nouuelles, enuoié à cest effect d'Asie par le Roy Attalus au tēps qui passa entre la seconde & troisiesme guerre d'entre les Romains & Carthaginiens. Iceluy apres fut enseigné auec grande magnificēce & parade par Palemon, en sorte que l'art fut surnommé de luy, & appellé l'art de Palemon, hōme si outrecuidé, qu'il se vantoit que les lettres estoient nées auec luy, & deuoient mourir auec luy : lequel par orgueil démesuré mesprisoit tous les plus doctes hommes de son temps, iusques à outrager Varro , l'appellant pourceau, Neantmoins la Grammaire latine est demeuree si pauure & defectueuse , & tant obligee & tenuë à celle des Grecs, que celuy qui n'a apris les lettres Grecques, ne doit tenir aucun rang entre les Grammairiens. Toute la raison & fondement des lettres & de la Grammaire ne gist dõques que en l'authorité & vsage de ceux qui nous ont precedé , ausquels ils a pleu d'ainsi nommer les choses, d'ainsi escrire les vocables, les arranger, accoupler, & ordonner, & d'appeller l'obseruation de ces choses bon langage ou bien dire : & à ceste cause est la Grammaire nommee art de bien parler à grand tort toutesfois & faussement: car nous en apprenons plus de nos meres & nourrices, qui ne sont que pauures femmelettes, que des Grammairiens. Cornelia, mere des Grecques, forma & façonna le langage de ses enfans, qui furent estimés tres-eloquents. Siles, fils d'Aripithe Roy des Scythes, aprint la langue Grecque de sa mere Istrina. C'est chose certaine que en plusieurs prouinces où se sont venus habituer estrangers, qui y ont basti des villes les enfans ont tousiours retenu le langage de leurs meres, à raison dequoy Plato & Quintilien ont ordonné d'estre tressoigneux & aduisé quand il faut choisir des nourrices aux enfans. Ne faisons dõques ceste iniure à nos meres, & à nos nourrices, de recognoistre, ce que nous receuons d'elles, des grammairiens, lesquels, ores qu'ils ne facent profession que de ce seul art, y entendent moins qu'en chose du monde. Priscien y employa tout le tẽps de sa vie, & n'en sceut onques venir à bout. Didymus escriuit de ce subiect quatre mil volumes, ou six, selon aucuns. Nous lisons que l'Empereur Claude fut si sçauant aux lettres Grecques, qu'il accreut leur alphabet de trois lettres nouuelles, lesquelles il retint tousiours estant paruenu à l'Empire. Charles le grand voulut reduire la langue Germanique en reigles, imposa nouueaux noms aux vents & aux mois: iusques auiourdhuy on ne cesse de trauailler mailler & ſuer iour & nuict: l'on cõpoſe des memoires & inſtructiõs, des queſtions, annotatiõs, expoſitiõs, obſeruatiõs, corrections, centuries, meſlanges, antiquités, paradoxes, recueils, additions, veilles, reiterees & nouuelles editions, & de là nous ſont enfantees autant de grammaires qu'il y a de grammairiens, & toutesfois il ne ſe trouue aucũ entre eux, ſoit Grec ou Latin, qui aye encor ſçeu donner bonne raiſon ny maniere, de bien diſtinguer les parties d'oraiſon, ny de l'ordre qu'il faut tenir en l'explication d'icelle: S'il y a moins de quinze pronoms, ainſi qu'eſcrit Priſciẽ, ou plus, comme tiennent Diomedes & Phocas: Si vn participe mis ſeul & ſeparé retiẽt neantmoins la nature de participe: ſçauoir ſi les gerondifs ſont nõs ou verbes: pourquoy les Grecs ioignent les noms neutres du nombre plurier aux verbes de nombre ſingulier: Pourquoy il eſt loiſible en la langue Latine prononcer quelques fois les noms terminés en *a* & en *us* par *um*, comme au lieu de *margarita* dire *margaritum*, & pour *pũctus*, *pun*[illegible]. Comment ſe fait que le premier de Iupiter produiſe le ſecond Iouis:

pourquoy ceſt que les verbes neutres ſont receus pour tels d'aucũs, & non des autres. A quelle cauſe aucunes paroles Latines ſont eſcrites par les vns auec la diphtongue Grecque, comme *fœlix*, & *quæſtio*, par autres non: s'il faut en Latin ſeulement eſcrire ces diphtongues *æ* & *œ* ſans les prononcer, ou bien faire ſonner l'vne & l'autre voyelle en vne meſme ſyllable, ainſi qu'elles ſont eſcrites. Semblablement pourquoy pluſieurs mots Latins ſont eſcrits par *y* lettre Grecque par aucuns, & par autres par *i* Latin ſeulement comme en la diction *conſydero*. En outre, pourquoy il s'en trouue qui eſcriuent certains mots par lettres doubles, & non pas les autres, ainſi que *cauſſa* & *relligio*. pourquoy c'eſt que en *caccabus*, encor que la premiere ſyllabe ſoit longue par la poſition du double *cc*, neantmoins eſt le plus ſouuent abbregee par certains poëtes. Plus ſi l'ame d'Ariſtote doit eſtre eſcrite Entelechie par *t* ou Endelechie par *d*. Ie laiſſe à parler de leurs noiſes infinies (deſquelles ie croy bien q[illegible]on ne verra iamais la fin) touchant l[illegible]thographe, la prononciation des [illegible] tres, les figures, les Etymologies, analogies, & autres preceptes & reigles, declinaisons, moyens de signifier, changemens de cas, varieté de temps, de manieres nombres, & personnes, l'ordre de composer & construire, finalement de l'origine & nombre des letres Latines mesmes, & si l'*h* est lettre ou non, & autres semblables en grand nombre. Ainsi estãs despourueus de raison, non seulemẽt pour le regard des dictions & syllabes, mais aussi des lettres mesmes, ils sõt en perpetuelle discorde les vns contre les autres: De quoy Lucien s'est mocqué plaisamment en la guerre qu'il a escrite d'entre deux consonantes *S*, & *T*, de laquelle l'exẽple peut estre baillé au mot *Thalassa Thalatta.* Vn certain André Salernitain a pareillement descrit en termes elegãs & choisis la guerre grammaticale, Mais ces fautes sont peu, & des moindres. Nous en pourrions biẽ mettre en auant de plus grandes, & en plus grand nombre commises par eux és interpretations deprauees qu'ils baillent aux noms, dont ils abusent tout le monde, & causent grands destourbiers principalement au repos & tranquilité publique. Ils disẽt que ſubiect ſignifie ſerf: que la liberté d'vn peuple s'entend où chacun y peut faire ce qui luy plaiſt: l'egalité de droit eſtre là où les honneurs, les dignités, offices, rangs & degrés, recognoiſsãces, & ſalaires, ſont pareils en tous sãs diſcretiõ aucune. Sẽblablemẽt que vn eſtat ou royaume tranquille eſt celuy où toutes choſes paſſent au plaiſir & appetit du Prince: Que le païs s'appelle heureux quãd le peuple y eſt fondu en voluptés & oiſiueté. par telles expoſitions trop frequentes la medecine, les loix, & canons, ſont corrompus, & par icelles les ſainctes eſcritures & Ieſus Chriſt meſme forcés en ſorte, qu'il ſẽble bien ſouuent qu'il y aye cõtrarieté, eſtant deſtourné le ſens d'icelles loing hors de la reigle du S. Eſprit, pour la tirer à ce qui leur eſt commode & proffitable, à raiſon dequoy ſont enſuyuis plusieurs dangers, d'autant que volontiers l'erreur qui ſe commet aux parolles en engendre vn autre aux choſes meſmes. Ainſi qu'il aduint à Saul à raiſon du vocable. *Zobar*, lequel ſignifie maſle, & pareillement memoire. Car Dieu luy ayāt faict entendre qu'il vouloit que la memoire d'Amalech fust estainte, Saul pẽsa que s'il estoit les masles, qu'il auroit abondamment satisfaict au commandement de Dieu. Le mesme erreur aduint à l'endroit des Grecs & Italiens au mot *Phos*, qui signifie homme & lumiere: par laquelle ambiguité deceus ceux qui celebroyent les festes en l'honneur de Saturne, & luy offroyent sacrifices, luy immoloyent tous los ans vn homme. Cependant ils en eussent esté quittes pour luy presenter des flambeaux ardans. Ce qui fut corrigé par Hercules, & par son moyen ces peuples insensés remis en leur bon sens. A la suite des Gremmairiẽs se sont mis auec le temps les Theologiens & les moynes encapuchonnés, debattens des mots & de leurs significations, non sans accrocher plusieurs heresies, inuertissãs les escritures à l'occasion de la grammaire, & se monstrans tref-mauuais interprettes de ce qui est fort proprement dit. Gents pleins de vanité, & vrayement malheureux, lesquels par leur art se creuent les yeux à eux mesmes, fuyãs la lumiere de verité, & s'amusans à rechercher trop curieusement le sens & force des parolles, ne veulent entendre celuy des escritures: & s'arrestent aux vocales nuds, renuersãt & dissipãt la verité des paroles. Ainsi que l'on racompte d'vn certain prestre (soit verité ou fable) lequel ayant à cõsacrer plusieurs hosties, & craignant de faire quelque incongruité en grammaire, dit, *Hæc enim sunt corpora mea*: Ceux cy sont mes corps. Et d'où est ce que print occasion l'erreur des Antidicomarianites & Eluidiens, qui nioient la virginité perpetuelle de la Vierge Marie, sinõ de ce qu'il est dit en l'Euangile que Ioseph ne l'auoit point congnuë quand elle enfanta son fils premier nay? où la version latine vse de ce mot donec, qui signifie iusques à ce, suyuant la maniere de parler & phrase des Hebrieux, à laquelle ils se sont arrestés? Quelle noise a esté esmeue entre l'Eglise Latine & la Grecque par ces deux mots *ex* & *per*, qui signifient de, & par, les Latins affermãs que le sainct Esprit procede du pere & du fils, & les Grecs soustenans qu'il ne procede point du fils, mais du pere par le fils? Quelle tragedie a excité au concile de Basle ceste parole *Nisi*, à raison de laquelle les Bohemiens maintenoiẽt qu'vn chacun estoit necessairement tenu de communiquer sous les deux especes, pour autant qu'il est escrit, *Nisi manducaueritis, &c.* Si vous ne mangez la chair du fils de l'homme, & ne beuuez son sang, vous n'aurez point vie en vous.

D'où est venu la controuerse de l'Eglise Romaine auec les Vaudois & leurs semblables sur l'Eucharistie, sinon de ce mot *est?* Lequel ils maintiennent estre mis là par vne maniere de parler figuree, & l'Eglise Romaine veut qu'il soit entendu selon sa propre signification & essentiellement? Il se trouue plusieurs autres peruerses heresies des Grammairiens: mais tant couuertes & subtiles, que si les docteurs d'Oxfort, tres-aigus Theologiens d'Angleterre, & les Sorbonistes de Paris n'eussent eu bonne veuë & n'euissent magistralement condamné ces subtilités, il seroit impossible à aucun de s'en garentir. Comme si l'on vouloit debattre si ces manieres de parler sont aussi biē dites l'vne que l'autre: *Christus prædicas:* Christ presche, & *Christus prædicat*, Christ presche. *Ego credis tu credit, credens, est ego,* Ie crois en la secōde persōne, tu croit, moy est croyant. Item que le verbe demeurãt verbe peut estre priué de tous ces accidens, & que aucun nom n'est de la tierce personne, & choses semblables. Que si faute d'obseruer les reigles de Grammaire cause heresie, les prophetes Isaïe & Malachie seront en premier lieu heretiques : car l'vn & l'autre fait parler Dieu en ceste façon de soy mesme. Le premier s'addressant à Ezechias dit, *Ecce ego addet super dies tuos.* Moy adioustera à tes iours, &c. Il ne dit pas i'adiousteray, mais adioustera. Et en Malachie, *Et si Domini ego, vbi est timor meus?* & si ie suis seigneurs, où est ma crainte? Dieu là s'appelle seigneurs, en nombre plurier. Mais beaucoup plus grands heretiques seroient les Theologiens qui sont en toute l'Eglise Rommaine, d'autãt qu'ils traictent la doctrine de l'Eglise fidele par vne façon de pronõciation nouuelle contre tout vsage & reigles de Grammaire par paroles imaginees, monstrueux vocables, arguments ambigus & perplex : voire o[illegible]t bien maintenir que la Theologie ne sçauroit estre enseignee sinon par lãgage corrõpu. Plusieurs telles choses sont manifestes : & est à deplorer le malheur de nostre aage, auquel tant de contentions & erreurs sont esmeus par les obstinés Grammairiens & superbes sophistes, par leurs peruerses interpretations des mots, les vns fondans des sentences sur les paroles, autres au contraire des sentences recueillans de paroles. D'où sont tous les iours esueillees nouuelles controuerses en la medecine, en l'vn & l'autre droit, en la Theologie, & en toutes les autres facultés. Car les Grammairiens ne preuuent rien, ils n'ont pour tout fondement que la volõté des auteurs le plus souuent si contraires les vns aux autres, qu'il faut bien s'asseurer que la pluspart de leurs opinions sont vaines & fausses, & que ceux qui plus s'astraignẽt à leurs preceptes, sont les moins bien-disans de tous: pource que toute la loy & autorité du lãgage n'est pas és mains des Grammairiens, mais du peuple, & par cõmun vsage l'on se façonne à bien parler. Et quant à la langue Latine, depuis que les barbares eurent enuahi l'Empire, sa proprieté naifue en demeura corrõpuë entre le peuple, & pour l'apprendre il n'a esté besoin de rechercher les liures des

Grammairiẽs, mais des bons & suffisans auteurs, cõme de Cicero, Cato, Varro, des deux Plines, Quintilien, Seneque Suetone, Q. Curce, T. Liue, Saluste, & semblables, és escrits desquels nous est demeuré l'eschantillon des delices & douceur de la langue latine ancienne, & de la maniere de bien parler, & non pas en ceux des Grammairiens: Lesquels par leurs reigles, declinaisons, compositions, & demises, se demettent beaucoup de la proprieté latine, composent & forment bien souuent des vocables qu'vn homme latin n'oseroit vsurper en bonne conscience, si ia il n'estoit ainsi determiné & mis entre les articles de la Sorbonne. Si quelcun dit qu'il ne faut point adiouster foy aux Grammairiens de la verité du langage latin, neãtmoins ces tellement quellemẽt lettrés Grammairiens se font eux-mesmes censeurs de tous ceux qui escriuent, & veulent estre les Iuges & interprettes, pour assigner à chacun auteur son rang, ou le rayer, si bon leur semble, du catalogue: & ne s'est onques trouué auteur de si excellent esprit, qui aie sceu eschapper de leurs langues mesdisantes, & lequel ils n'ayent noté, ou gradement blasmé & repris. Ils reprochent à Platon le peu d'ordre & confusion en ses escrits, dont George Trapezonce a composé des liures, à raison de quoy il est appellé par aucuns sot mocqueur, & furie, ainsi que recite Crinitus. En Aristote ils requierent vn stil clair & intelligible. & notēt ou taxēt ses œuures de noire obscurité, l'appellās seiche. Ils reprennent Virgile comme peu ingenieux, ramasseur & vsurpateur des inuentions d'autruy. A Cicero, Demosthene n'a point pleu: mais luy souuerain orateur entre les Latins est accusé par les Grecs de concussion & pillerie, & outre infamé de plusieurs vices, comme enflé, superflu en redites, maigre & fade gausseur, lents és commencements de ses discours, long & ennuyeux en ses digressiō, froid, peu vehement, & à peine haussant son stile; mesme plusieurs des nostres l'ont reprins, comme Martianus Capella, qui dit que son parler est rude & mal sonnāt aux oreilles. Appolinatis le notte d'estre mol & negligēt. Les harāgues de T. Liue sont pareillement blasmees par Trogus comme feinctes. A Horace Plaute n'est aggreable, lequel aussi taxe Lucilius d'auoir faict ses vers sans ornemẽts, le comparant à vn ruisseau bourbeux. Pline a le bruit d'auoir entassé plusieurs choses pesle mesle sans ordre. Ouide est trop suject à ses appetits. Saluste est reprins par Asinius, Pollio d'vn stil trop affecté. Et dit-on que Terence estoit vn larron, lequel recitoit ce qu'il n'auoit point faict, ains ce que Labeo & Scipiõ luy fournissoient. Seneque est comparé à de la chaux sans sable, & est noté par Quintilien en telles paroles : S'il eust mesprisé aucunes choses, s'il eust esté peu conuoiteux, s'il n'eust esté amateur de tout ce qui venoit de luy, s'il n'eust brisé & aneanty par sentences menues & decouppees le poids & la vertu des choses, il eust esté plustost approuué par le iugement & consentement des hommes doctes, que par la biẽ-veillance des enfans. M. Varro a esté appellé porc, & sainct Ambroise nõmé corneille, & cõpteur de fables. Macrobe, qui estoit hõme de grand sçauoir, fut imputé impudent d'esprit mal agreable & desplaisant. Et de tous ceux qui ont escrit en Latin, il n'y en a pas vn qui aye esté épargné par Laurens Valle le mieux appris de tous les Grammairiens : luy aussi a esté deschiré par Mancinel. Autrefois entre les Grammairiens Seruius estoit estimé pour l'vn de ceux qui s'estoit biẽ emploié pour les lettres Latines, neantmoins Beroalde se banda contre luy, & luy pareillement a esté reiecté par les Grammairiens qui sont venus apres, cõme barbare. Ainsi n'y a-il entre eux que noises & debats, & ont pour coustume de forcener en ceste sorte les vns contre les autres. En somme ils ont tant faict par leurs altercations, que la saincte Escriture mesme est presque toute autre & differente a elle mesme, ayant tant de fois changé la traduction d'icelle sous pretexte de correction. Par les censures de ceste maniere de gẽs l'on a douté lõg temps de l'Apocalypse sainct Ieã, de l'Epistre aux Hebrieux, de celle de Iude, & plusieurs autres saincts Escrits du nouueau testament : & n'ont pas mesme espargné les Euangiles, qu'ils n'aient mis en question, & dispute. Mais laissons les là, & venons aux Poëtes.

De la Poësie. CHAP. IV.

LA Poësie, ainsi que afferme Quintilien, est l'autre partie de la Grãmaire, fort hautaine & orgueilleuse de ce que anciennement les Princes & Potentats ont fait bastir aux Poëtes des theatres & amphitheatres, edifices les pl⁹ magnifiques & sõptueux qui ayẽt esté construits par les hommes, pour y reciter les fables & inuentions poëtiques : ce qu'ils n'ont faict pour les Philosophes, ny pour les Medecins, Iurisconsultes, Harangueurs, Mathematiciens, ny Theologiens. Art inuenté pour enchanter les esprits des hommes vains & insensés, qui se delectent de fables, leur ramassant force mensonges, chatoüillans & amadoüans leurs oreilles par follastres rithmes, syllabes mesurees & pesees, & par vn vain son de paroles bruiantes. Au moien de quoy elle a merité le tiltre & nom de souueraine maistresse des mẽteries & entretien de meschantes doctrines: Pour certain intollerable à tout cœur bien logé, à cause d'yne si temeraire & effrontee asseurance de mentir dont elle fait estat, ores que nous luy voulussiõs passer l'impudence & audace és autres choses, & ses forceneries & yurongneries. Y a-il place ny coing où elle n'aye logé quelque sorte fable? Car commẽçant mesme dés l'ancien chaos, elle nous compte le chastrement du Ciel, les enfantements de Venus, la guerre des Titanes, l'enfance de Iupiter, les ruses de Rhea, de la pierre supposee, les liens de Saturne, la rebellion des Geãts, le larrecin de Promethee, & son chastiment, l'Isle vagabonde de Delos, les trauaux de Latone, le serpent Python occis, les trahisons de Titye, le deleuge de Deucaliõ, la restauration du genre humain faicte auec des pierres, le démembrement de Iacchus, le bruslement de Semele, l'vn & l'autre lignage de Bachus, & tout ce qui est mis en auant par les fables Attiques de Minerue, Vulcan, Erichthone, Boree, Orithie, Thesee, Egee, Castor, & Pollux: du rauissement d'Heleine, de la mort d'Hypolite. En outre des erreurs de Ceres, de Proserpine enleuee, & puis retrouuee, & tout ce qu'ils disent de Minos, de

Cadmus, de Niobe, Penthee, Atree, & Oedipe, des trauaux & forces d'Hercules, du combat d'entre le Soleil & Neptune, de la forcennerie d'Athamas, de la conuersion de Io en vne vache, & de son gardien Argus mis à mort par Mercure, & les comptes de la toison d'or, de Pelee, Iason, Medee: Plus de la mort d'Agememnon; du supplice de Clitemnestra. Et tout ce qu'ils causent de Danaé, Persee, de la Gorgone, de Cassiopee, d'Andromeda, Orphee, Oreste, des nauigations d'Enee, & d'Vlysses, de Circe, de Thelagon, d'Eole, Palamedes, Nauplius, Aiax, Daphné, Ariadné, Europe, Phedre, Pasiphaë, Dedale, Icare, Glauque, Atlas, Gerion, Tãtale, de Pan, des Centaures, Satyres, Syrenes, & autres telles mensonges qu'elle a forgees & laissees par escrit. Et qui pis est, ne se contentant de discourir parmy les choses humaines, elle a bien osé monter au Ciel, & faire ioüer aux Dieux leur rolle en ses fables, & Comedies, representant leurs origines & decez, leurs querelles, haines, choleres, guerres bleceures, lamentations, prisons, amours, maquerelages, lubricités, paillardises, adulteres, meslanges infames auec les hommes, auec les bestes brutes, & autres plus estrãges & execrables forfaicts, lesquels elle addoucit tant plus par vn dangereux apast de paroles emmiellees, & par vers si artificieusement composez, qu'ils sont plus eslongnez de nature & de l'vsage commun. En sorte que non seulement le siecle present en est infecté, mais aussi communiquant ses mortelles poisons par la douceur de ses carmes à la posterité, elle induit tous ceux qui sont attaints de ses opinions & enseignements mensongers à forcener de mesme, comme par la morsure d'vn chien enragé: Car leur menteries sont forgees par tel artifice, que souuent elles prejudicient aux vrayes histoires, ainsi qu'il est euidẽt du faux & controuué adultere d'entre Enee & Didon, & de la prise de Troye. Et si s'en trouue aucuns si eslongnés de bon sens, qui croient que en cest art de poësie soit enclose vne certaine faculté de deuiner & predire les choses futures, fondez sur ce que les anciens oracles estoient prononcez en carmes & poësies par les esprits immondes. Partant estiment & appellent les Poëtes prophetes menés par l'eſprit de Dieu, & ſe ſeruent de leurs vers pleins de bourdes ainſi que d'oracles & propheties. Dont anciennément prindrent leur nom les predictiõs Homeriques & Vergilianes, à cauſe que l'on ſe meſloit de donner la bonne aduenture par la rencontre des vers d'Homere & de Virgile, ainſi que Spartianus fait mention en la vie d'Adrian Empereur: laquelle ſuperſtition eſt auiourd'huy meſme receuë & transferee aux eſcritures ſainctes, & y fait on ſeruir les vers du ſainct pſalmiſte, sãs que pluſieurs de nos maiſtres trouuent cela aucunement mauuais. Mais reuenons à la poëſie. S. Auguſtin veut qu'elle ſoit du tout bannie de la cité de Dieu. Et Platon, tout Ethnique qu'il eſtoit, ne la veut ſouffrir en ſa republique. Ciceron defend de l'y receuoir en ſorte quelconque, & Socrates aduertit vn chacun qui ayme ſon honneur & deſire conſeruer ſa renommee ſans tache, de ſe donner garde de ſe rẽdre ennemy aucun poëte: car ils s'ẽ faut beaucoup qu'ils ayent ceſte vigueur & force à louër & dire bien, qu'ils ont à blaſmer & meſdire. Minos, Prince treſ-equitable, celebré pour tepar Hesiodore & Homere, n'irrita il pas contre luy les Poëtes tragiques, qui l'õt confiné aux enfers, pour auoir meu la guerre contre les Atheniens ? Penelope, qui a esté illustree d'vne singuliere pudicité par Homere, est diffamee par Lycophron de s'estre abandonnee à quelques amoureux & poursuiuans. Ennius Poëte, chantant les proüesses de Scipiõ escrit que Dido s'amouracha d'Enee, & toutesfois ce fut vne tres-sage & tres-cõtinente vefue, & laquelle (à ce que l'on peut remarquer par la raison des aages) ne sçauoit onques auoir veu Enee : Lequel mensonge a esté depuis tellement enrichi par Virgile, qu'il a esté creu pour veritable histoire. Bref les bourdes & menteries des Poëtes passerent si auant, & print telle licence leur desir excessif de mesdire, que l'on fut contraint de les reprimer par loix & censures. Mais il est certain qu'a Rome, en ses premiers aages & commencements, c'estoit chose reprochable que de se mesler de poësie : tellement que ceux qui y mettoient leur estude estoient estimez comme brigands publics, ainsi que tesmoignent Gelle & Caton, lequel reprint Q. Fuluius à cause que estant enuoié Proconsul en Etolie il mena quãd & luy Ennius le Poëte. L'Empereur Iustinien fait si peu de compte des Poëtes, qu'il ne leur à daigné donner immunité, ny priuilege aucun. Homere mesme, que l'on tient le premier entre tous, Poëte philosophant, ou Philosophe poëtisant, ne fut il pas cõdamné par les Atheniens en l'amende de cinquante dragmes, comme insensé ? Lesquels aussi se mocquerẽt du Poëte Tichtée comme estant desgarni de ceruelle. Les Lacedemoniẽs pareillement ne firent-ils pas emporter hors de leurs terres les œuures du Poëte Archilochus ? Ainsi ont tous les plus gents de bien faict peu d'estime de la poësie, & l'ont desprisee comme source de toute fausseté, à cause de leurs mensonges si monstrueuses & estranges : Car à la verité toute leur estude n'est que d'abuser & entretenir le monde par les desguisements de leurs fables, paissans les oreilles des gents peu accorts par leurs vers entassez, & feroient conscience d'auoir escrit chose qui fust bonne & salutaire, faisans sur tout estat & pratique de fumee & vaine ostentation, ainsi qu'à escrit Campanus en quelque endroit.

Les vers donnent à viure à tous ces fols
Poëtes
Mais qui leur ostera les vains propos qu'il
ont,
Ils seront à la faim : car mensonges leur
sont
En lieu de grands thresors & de grandes
conquestes,
Chacun feint ce qu'il veut , & le plus
grand honneur
Qu'vn chacun puisse auoir , c'est d'estre
grand menteur.

Il y a aussi bien entre les Poëtes des querelles tres-aspres, non plus seulemẽt de la maniere d'escrire les vers, des pieds, des accents, & de la quãtité des syllabes: car les simples Grammairiens en debattent pareillement entre-eux : mais de leurs baueries , feintises, & mensonges, ainsi que du nœud de Hercules , de l'arbre chaste, des lettres de Hyacinte , des enfans de Niobe , des arbres sous lesquels Latone accoucha de Diane : en outre de quel pais estoit Homere , du lieu de sa sepulture , s'il a esté premier que Hesiode, ou Hesiode premier que lui, si Patrocle estoit plus aagé qu'Achille, de quelle façon Anacharsis Scythe se couchoit quand il vouloit dormir, pourquoy Homere n'a daigné faire mẽtion de Palamedes en ses carmes, sçauoir si Lucain doît tenir rang entre les poëtes ou entre les historiens: plus des larcins de Virgile, en quel mois de l'an il mourut, & de l'inuention des vers elegiaques, dont les grammairiens ont si long-temps debatu, & en est encor le procés pendant au croc. Or pour conclusion toutes les poësies sõt farcies de fables inuentee & feinctes, seulement pour flatter, & mesdire, recitees & chãtees pour donner plaisir aux fols. Tout ce que les poëtes font, racõptent, loüẽt, & inuoquent, ne sont que flatteries. D'autre part s'ils mesdisent, reprẽnent, mordent, accusent, & vsent de toute autre insolence en leurs fables, ils se monstre forcenés par tout. Partant Democrite auec raison n'appelle point la poësie art, mais forcennerie outre la sentence de Platon, qui dit que celuy qui est en son bon sens en vain frappe à la porte de la poësie. C'est alors que les poëtes disent merueilles quand ils enragent à bon escient, ou qu'ils ont bien beu. parquoy sainct Augustin poësie vin d'erreur presẽté & bau des docteurs yures. Sainct Hierosme di que c'est la viande des diables. Auec ce que c'est vn art maigre, desnué, & de soy totalement fade, s'il n'est reuestu & assaisonné par quelque autre discipline. Art, dis ie, affamé rongeant ainsi qu'vn rat le pain d'autruy, & toutesfois il ose bien promettre parmy les cigales de Tithon, les grenoüilles des Lyciens, & & les formis des Myrmidons ie ne sçay quelle gloire & renõ immortel, & dire.

Vostre fortune, enfans, est bien heuree,
Si mes vers ont quelque force ou duree:
Car iamais iour du siecle à l'aduenir,
N'abolira de vous le souuenir.

Gloire qui à la verité est nulle, ou bien de nulle vtilité. Mais c'est office est propre aux historiens, à ce qu'ils disent, & non aux poëtes.

De l'Histoire. CHAP. V.

OR l'on appelle Histoire vne narration de choses qui ont esté faictes, accompagnée de loüange ou de blâme: par laquelle les deliberations, progrés, & is-

…ndes entreprises, les faicts … & grãds personnages, auec ob-…uation de l'ordre des temps & des lieux, sont remarqués, descrits & representés deuant les yeux ainsi que par vne peincture. Parquoy elle a esté estimee presque entre tous la maistresse de la vie humaine tres-propre & vtile pour la dresser & conduire, d'autant que par les diuers exemples des choses d'ont elle fait registre, les gents de biẽ & de cœur genereux sont enflammés à entreprendre choses belles & honnorables pour acquerir bruit & loüange immortelle, & les méchans retenus & destournés du vice par la crainte d'infamie perpetuelle. Combien que le plus souuẽt il en aduient autrement: car plusieurs y a qui aiment mieux auoir grande renommee que bõne, ainsi que dit T. Liue de Manlius Capitolinus, & la pluspart ne pouuant se faire congnoistre par actes vertueux, taschent d'estre renommez en commettant quelque insigne meschanceté, & par ce moyen laissent memoire d'eux és histoires: Comme fit Pausanias ieune homme Macedonien, lequel occit le Roy Philippe, dõt Iustin fait mention

tion apres Troge pompee, & Herostrate, qui mit le feu dans le temple de Diane en Ephese, ouurage excellēt par dessus tous, & à la construction duquel auoyent esté employés deux cents ans, tous les peuples d'Asie contribuans aux frais d'iceluy, ainsi que recitent Gelle, Valere, & Solin: & combien que par ordonnāce expresse l'on eust defendu sous grandes & rigoureuses peines à tous ceux qui se mesloyent d'escrire de faire aucune mention du nom de ce boutefeu, neantmoins il obtint ce qu'il auoit pretendu par cest acte meschant, à sçauoir renommee: laquelle est paruenue iusques à nostre temps, passant par tant de siecles. Mais retournons à l'histoire, laquelle ores qu'elle requiere grandement que l'ordre & bon accord, la fidelité, & verité en toutes choses soyent gardees, si est-ce que riens moins n'y est obserué, tant sont discordans entre eux ceux qui escriuent les histoires, & si diuerses sont leurs narrations en mesmes subiects: en sorte qu'ils est impossible que la pluspart d'entre eux ne soyent faux & mēsongers. Ie ne veux parler icy des cōmencements & origines du monde, du deluge vniuersel, de la fondation de Rome : qui sont les lieux d'où ils prennent volontiers les cõmencements de leurs histoires: Car le premier est ignoré de tous eux: le second n'est creu de la pluspart: & le troisiesme leur est incertain. Parquoy estans ces choses fort loingtaines & diuersement receuës par les hommes, on leur peut pardonner les fautes qu'ils commettent: Mais en ce qu'ils traictent faussement des temps plus recens, ils ne doyuent estre excusés de coulpe en sorte quelconques. Les causes de la diuersité qui se trouue en leurs escrits, sont pareillement diuerses: plusieurs escriuans choses qui ne sont aduenues de leurs temps, ou ne s'estans trouués sur les lieux, ny en faict, ny moins conferé auec les personnes lors presentes, s'en tiennẽt au commun dire, & escriuent à la relation d'autruy choses ramassees, incertaines, & mal rapportees : duquel vice sont notés par Strabo Eratosthenes le sceptique ou l'irresolu, Possidoine, & Patrocle le geographe. Autres aurõt bien veu partie de ce qu'ils traictent, mais ce sera comme en passant ainsi que font les gensdarmes, pelerins

& mendians trauersans païs d'hospital en hospital, & par ces moyens escriuent des histoires, comme iadis firent Onesicritus & Aristobulus des choses des Indes. Aucuns ne feront point de difficulté de mesler des bourdes & mensonges parmy les choses veritables, à fin de dõner plaisir, & bien souuent se passeront du tout de dire la verité: dequoy Herodote est reprins par Diodore Sicilien, & Trebellius par Laberien, Vopisque & Tacitus par Tertullien & Orose: au nõbre desquels nous adiousterons Damides & Philostrate.

Plusieurs transforment les choses vrayes en fables, ainsi que Gnidius, Ctesias, & Hecatee, & plusieurs autres historiographes anciens. Et si il n'y a faute de ceux qui se parent & vantent impudemment du nom d'historien, pour ne sembler estre ignorans d'aucune chose, ou d'auoir rien recueilli des autres, lesquels cependant nous racomptent auec grand babil des nouueautés de pays & terres inaccessibles & loingtaines, qui se trouuent en fin autant de belles fables, & mẽteries prodigieuses, ainsi que sont les comptes des Arimaspes, des Gryphons, des nains, & de la guerre que leur font les grues, des habitans de certaines contrees qui ont les testes cõme chiens des Astromores, Pieds de cheual, Phanisies & Troglodites: Ausquelles niaiseries l'on peut adiouster l'erreur de ceux qui afferment que la mer est congelee sous les poles: & toutesfois ils n'ont faute de gents fols & sans iugement qui leur adioustent foy, ainsi que si c'estoyẽt prophetes. Ephore fut de ces cõpteurs de nouuelles, lequel disoit que l'Hiberie, qui est vne bonne partie de l'Espagne, n'estoit qu'vne cité: & Estienne Grec, qui a faict le catalogue des villes, qui escrit que les François estoient peuples d'Italie, que Vienne est vne cité de Galilee, au lieu qu'il eust peu dire Galatie. Arrien Grec aussi, qui met les Allemans pres la mer Ionique. Denis peut semblablement estre mis en ce rang, pour auoir escrit à la volee des monts Pyrenees. En outre tout ce qu'ont escrit Tacite, Marcel, Orose, & Blonde des peuples & contrees d'Allemaigne, ne sont que choses imaginees & essongnees de la verité pour la pluspart. Strabo escrit aussi sans fondemẽt que l'Ister ou Danube a sa source biẽ pres de la mer Adriatique, & Herodote le fait couler du costé d'Espagne du païs des Celtes, qui sont, dit-il, les derniers peuples de l'Europe, & dit qu'il prẽd son cours vers la Scythie ou Tartarie, Derechef Strabbo choppe en ce qu'il dit que les fleuues Lapus & Vezer se deschargent dans la riuiere d'Enis, ce qui est faux: Car Lapus entre dans le Rhin, & le Vezer s'embouche en la mer. Pline aussi veut que la Meuse coule dans l'Ocean, laquelle toutesfois se mesle dãs le Rhin. Par semblables erreurs se fouruoyent les nouueaux Geographes, comme Sabellicus, qui deduit les Alains des Allemans, & les Hongres des Hunnes, où il se mescompte, ainsi qu'il fait mettant les Gots & Getes entre les Scythes, & confondant les Danois auec ceux qu'on appelloit Daces, qui sont les peuples habitans aujourd'huy de la Trãsyluanie, Bulgarie, & autres circõuoisins, & met le mõt S. Ottilie en Bauiere, lequel toutefois n'est guiere loing de Strasbourg. Volaterran faut aussi confondãt Austeriane & Austriche, les Auares & Sauares faisãt que Lucerne & Nasium soit tout vn, disant aussi que Pline a faict mentiõ de Berne en Suysse, laquelle nous sçauõs auoir esté lõg-tẽps apres edifiee par Bertould Duc de Zeringẽ. Pareillemẽt Conrad Celte, qui dit que les Daces & Cimbres estoyent mesmes peuples, & les Cherusses & Ceruses tout vn. Il pẽse aussi que les monts Riphees soyent en Polõgne ou Moschouie, & que l'ambre soit vne gomme distillante de certains arbres. Mais il y a entre les historiens aucũs qui sont coulpables de beaucoup plus execrables mensonges: lesquels s'estans trouués presents aux faicts & euenements qu'ils escriuent, ou ayans autrement bien au vray entendu commẽt il sont passés, neantmoins se laissent gaigner à l'amitié & bienueuillance, ou aux flatteries de ceux de leur parti, desguisent les choses, mettent en auant & asseurent le faux. Autres ayãs entreprins de mettre par escrit des histoires pour accuser ou defendre en icelles les actiõs d'autruy, poursuyuent & traictent au long seulement ce qui sert à leur argument, dissimulans, taisans, ou rendans plus leger ce qui est vn peu eslongné, & ainsi nous bailẽt des histoires imparfaictes & corrompues: duquel vice Blõ-de note Orose: lequel a passé en silence ce grãd rauage des Gots par toute l'Italie, auquel Rauenne, Cadane, Aquilee, Ferrare, & presque toutes les villes d'Italie furẽt ruinees & renuersees de font en comble, à fin qu'il n'affoiblist & ne rendist plus maigre l'argumẽt qu'il s'estoit proposé. Plusieurs taisent la verité par crainte ou par hayne & maltalent qu'ils ont contre aucuns. Et autres trop partiaux voulans haut louër les faicts & proüesses des hommes de leur nation, reduisẽt presque à neant ce que les autres ont executé, & ne mettent par escrit les choses ainsi qu'elles sont, mais comme ils voudroyent qu'elles fussent en somme ce qui leur plaist, s'asseurans qu'ils n'auront faute de compagnons menteurs cõme eux, ni du tesmoignage & faux adueu de ceux qu'ils aurõt bien flattés en leurs escrits, qui estoit vn vice fort familier aux anciẽs Grecs, & aujourd'huy presque à tous ceux qui escriuent les chroniques des peuples, ainsi qu'il est euident de Sabellicus & Blondus és histoires des Veniciẽs, Paul Emyle & Gaguin en celle des François, &

semblables, qui sont entretenus par les Princes, non pour autre raison, que celle que dit Plutarque, à sçauoir que ayans l'entendement bon & à cõmandement, suffoquãs la vertu auec les merites d'autruy, ils celebrent leurs faicts & les surhaussent par babil & fictiõs sous le nom & maiesté d'histoire. Ainsi les Grecs escriuans des inuẽteurs des choses se sont attribué tout ce qui n'estoit onques venu d'eux. Encor plus corrompus flateurs sont certains historiens, lesquels essayans de rapporter & estendre l'origine de leurs Princes aux plus anciens Rois, lors qu'ils se trouuent courts, & se voyent arriués au bout (recherchans leurs lignees) outre lequel il ny'a memoire ny tesmoignage qui les puisse cõduire, ont leur recours aux fables, forgẽt & controuuent des races, noms & pais estranges & incognus sans rẽ craindre. De ceste espece est vn certain barbare Hunibauld, qui a escrit l'histoire des Frãçois, & s'est imaginé vne Sicambrie Scythique, vn ieune Priam, & autres noms nouueaux de Rois & de lieux, d'õt il ne fut onques faicte mention par aucun auteur: & toutesfois ses bauieres ont esté receües & imitees par gẽts de mesme marque. Comme par Gregoire de Tours. Rhegin, Sigebert, & plusieurs autres. De ceste racaille est aussi Vitixindus, qui deduit les anciẽs Saxons & premiers habitans de la Germanie des Macedoniens, & des vieils soldats d'Alexãdre le grand : lequel erreur a esté suyui par plusieurs. Il y en a pareillement aucuns qui se mettent à escrire des histoires, non tant pour faire rapport de choses vrayes, que pour delecter, ou bien pour escrire le patron d'vn Prince iuste & vertueux en la personne de quelcun qu'ils choisiront à leur fantasie, & s'excusent, si l'on les taxe d'estre peu veritables, sur ce qu'ils n'ont pas esté tant soucieux de mettre par escrit ce qui a esté faict, qu'ils ont eu esgard à l'vtilité de ceux qui viendront apres, & à monstrer quel estoit la renommee du naturel & esprit d'iceluy. Partãt n'ont esté curieux de narrer toutes choses ainsi qu'elles ont esté faictes, mais plustost en quelle maniere on les a deu faire & executer, & qu'ils n'ont entrepris de suyure la verité opiniastrément, là où le mensonge ou fausse inuention peut apporter quelque vtilité au public, allegans pour tesmoing Fabius, lequel ne trouue point mauuais ceste espece de fausseté, qui peut engendrer quelque persuasion hõneste & vertueuse és esprits humains. Auec ce estiment peu importer à la posterité, pour l'instruction de laquelle ils escriuent, sous quels noms ou en quelle maniere luy est proposé l'exemplaire d'vn bon Prince, tel que le Xenophon a descrit Cyrus, non pas ainsi qu'il estoit à la verité, mais tel qu'il deuoit estre, & duquel il a escrit vne treselegante & belle histoire, non veritable toutesfois, le façonnant & ornant en sorte qu'il peust seruir de patron original à tous ses suyuans de tres-bon & excellent Prince. De là se sont enhardis plusieurs, qui ont congnu leur naturel fort propre & industrieux à bien palier vn mensonge, d'escrire tant d'inuentions fabuleuses, ainsi que les comptes des Fees Morgain, Maguelonnne, Melusine: ceux d'Amadis, Florent, Tirand, Conamore, Artus, Diether, Lanclot, Tristant, & tels liures non moins sots & sans doctrine, que faux: voire plus fabuleux qu'aucune des comedies ou tragedies des anciens poëtes. Toutefois aucuns sçauans ont escrit quelque chose de cest argument dont les principaux sont Apulee, Luciẽ, & Herodote pere de l'histoire : comme aussi Diodore Sicilien, & Theopompe, és liures duquel, selon le rapport de Ciceron, se treuuent plusieurs comtes fabuleux & pleins de mensonge. Car là nous lisons, que pendant que le Roy des Medois disnoit les riuieres estoiẽt beuẽs & taries & que le mõt Athos estoit trauersé à la voile, & tout ce que la Grece mensongere ose mettre en auant sous pretexte d'histoire. Pour ces causes ne se trouue il point d'histoires ausquelles on doyue adiouster pleine & entiere foy, nonobstant que ce soit là où nous la requerons & cherchons principalement. Et est tres-difficile d'asseoir le iugemẽt qu'il cõuiẽt pour discerner entre iceles. Car, n'ayãs esté tenus registres ny actes publics de ce qui s'est passé, pour y auoir recours lors qu'il est besoing de sçauoir la verité des choses & pouuoir par iceux conuaincre les menteurs, chacun a prins licence de suyure son opinion, & par là se sont dispẽsés d'errer & de ne dire aucune verité: dont est procedee la grand discorde que l'on voit entre les historiens, tellement que, ainsi que Iosephe escrit contre Apion, ils combattēt leurs liures par leurs liures mesmes, & escriuent de mesme subiect choses totalement differentes. En combien de lieux dit-il, est discordant Hellanicus d'auec Agesilaus sur les genealogies, & Hérodote reprins par Agesilaus, & Hellanic[9] argué de mensonge par Ephore, luy par Timee, Timee par ceux qui sont venus apres luy, Herodote par tous en general? Mais Timee n'a daigné ensuiure en chaque endroit Antiochus, Philiste, ou Callias. Thucydide est accusé de faux en plusieurs passages, nonobstant qu'il aye reputation d'auoir escrit fort conscencieusement sō histoire. C'est ce que Iosephe dit des autres: Mais luy mesmes est corrigé par nostre Egesippe. D'auantage il se trouue beaucoup de recits dans plusieurs histoires, qui ne sont pas tous bōs ny hōnestes, & toutesfois ils les approuuēt & loüēt, encor qu'ils n'en soyent dignes: & plusieurs y proposent des exēples, qui ne doyuēt estre nullement ensuiuis: Car ceux qui magnifient, & ornent de tāt de loüāges Hercules, Achilles, Hector, Thesee, Epaminondas, Lysander, Themistocles, & puis Xerxes, Cyrus, Daire, Alexandre, Pyrrhus, Annibal, Scipion, Pompee, & Cesar que font ils autre chose que publier les ruines, rauages, & pilleries de ces grands, fameux, & terribles brigands de tout le monde? & les representer & descrire? Mais ils ont esté grãds & excellents Capitaines. Soit, pourueu que l'on m'accorde qu'ils ont esté tres-meschans hõmes. Si quelcun me dit que par la lecture des histoires on peut acquerir grande prudẽce, ie le veux, & ne le nieray point: mais aussi il faut qu'il confesse que l'on y peut apprendre beaucoup de malice & de dommage inestimable: & qu'on y trouue (comme dit Martial en quelque lieu) beaucoup de bien, beaucoup de mal, & beaucoup de choses qui participent de l'vn & de l'autre.

De la Rhetorique. CHAP. VI.

Qvant à la Rhetorique, qui suit de pres l'histoire, il n'est encor arresté si c'est vn art ou non, entre gents graues & honorables, qui en sont encor en procés. Socrates mesme, selon que rapporte Platon, par bonnes & asseurees raisons maintient qu'elle n'est ny art ny sciẽce, mais vne certaine dexterité d'esprit, qui n'est ny belle ny honneste, ains plustost vne sale & seruile maniere de flatter. Et si, à ce que disẽt Lysias, Cleãthes, & Menedemus, l'eloquẽce ne peut estre comprise par aucun art, ains faut qu'elle procede de nature, laquelle donne addresse à chacun de bien exposer & donner à entendre ses affaires, de flatter quand il est besoing, & confirmer son dire par raisons & arguments, & que la memoire, la prononciation, l'inuention des beaux subiects, tout cela ne vient (disent ils) que de nature, Ce qui apparut clairemẽt en l'orateur Antoine, le p[l]⁹ estimé qui fut entre les Romains. Et cõbien que auant Thisias, Corax, & Gorgias il n'y eust aucuns preceptes escrits, ny enseignements de rhetorique, il ne laissoit pourtant d'estre force gents bien parlans naturellement, & de seule bonté d'entendements.

Dauantage, puis que l'on definit l'art estre vn recueil de preceptes tendans à certaine fin, les rhetoriciens son encor en debat quelle peut estre ceste fin & ce but, sçauoir si c'est de persuader ou de bien dire, & ne se contentans des vrayes causes en imaginẽt & feignent des nouuelles. Auec cela tant de theses ou questions generales, & particulieres ou hypotheses, figures, couleurs, manieres de parler, persuasiues, controuuerses, harangues, proëmes, insinuations attraicts de beneuolence, & narrations artificieuses ont esté par eux trouuees, que c'est chose presque infinie: & toutesfois ils n'ont encor sceu attaindre, ny mesme congnoistre ceste fin de rhetorique. Les Lacedemoniens l'ont du tout reprouuee, disans que le langage d'vn hõme de bien doit proceder du cœur, & non d'aucun artifice. Les anciens Romains ont semblablement long temps tenu ẽ la porte fermee aux rhetoriciens. Et iaçoit que Ciceron aye faict tout ce qu'il a peu pour donner à entendre que la faculté de bien dire ne depend point tant d'art que de prudence, ayant à ceste cause composé son liure du parfaict orateur, si est ce que cest orateur, qu'il à formé & façonné pour seruir aux autres de patron, n'est point approuué d'vn chacun : Car mesme il fut suspect à Brutus, homme de singuliere integrité. Tellement que ceste sentence est demeuree ferme, que les preceptes & reigles de bien parler ont tousiours porté plus de nuisance à la vie des hommes, que de proffit. Et pour en parler à la verité, toute ceste discipline de Rhetorique n'est autre chose, qu'vne maniere ou artifice de bien flatter & amadoüer, ou pour le dire plus clairement, de bien mentir, à fin de persuader sous vn faux voile ou masque de belles paroles, ce que l'on ne sçauroit faire exposant la chose à la verité & à descouuert, ainsi que disoit Archidamus de Pericles le Sophiste, (selon que recite Eunapius :) Car estant interrogé Archidamus lequel d'eux estoit le plus vaillant, encor (disoit-il) que i'aye vaincu Pericles au combat, si est-ce que quand on vient à parler de ces choses, il est si bien pourueu de lãgage, qu'il fait à croire qu'il n'a pas esté vaincu, mais qu'il est le victorieux luy-mesme. Pline aussi dit de Carneades que l'on n'eust sçeu presque cõprendre quelle estoit la verité lors qu'il disputoit & argumentoit : Duquel il est semblablement écrit, que ayant vn iour discouru de la iustice publiquement, sagement, & en fort beaux termes, le iour apres il se mit à haranguer contre la iustice auec non moindre doctrine & richesse de paroles. En la ville de Syracuse estoit le Rhetoricien Corax, homme d'esprit, prompt, & subtil à bien dire, lequel enseignoit cest art à prix d'argent. A iceluy s'addressa Thisias, qui luy promit double salaire lors qu'il luy auroit apris la Rhetorique (car il n'auoit pour l'heure argẽt comptant.) A quoy s'accorda Corax, & l'enseigna. Ayant donques Thisias apris c'est art, il voulut circonuenir son maistre touchant le prix qu'il luy deuoit, & pource luy demanda que c'estoit que Rhetorique. C'est (dit Corax) celle qui fait que nous persuadons ce que nous voulons aux hommes. Alors Thisias argumenta contre son maistre en ceste façon: Si ie te puis persuader (dit-il) ce que ie te diray touchãt le salaire que tu pretens de moy, à sçauoir qu'il ne t'est point deu, ie ne te deuray rien, d'autant que ie t'auray ainsi persuadé: Mais si ie ne te le puis persuader tu ne me dois rien demander, pource que tu ne m'as point enseigné l'art de persuader. A iceluy Corax, rejectant presque le mesme traict, respondit en ceste sorte : Si en disant du salaire que tu me dois ie te persuade que tu est tenu de me le payer, il est raisonnable que ie le reçoiue : car ie t'auray persuadé qu'il m'est deu : Mais si ie ne te le puis persuader, tu seras aussi bien tenu de me le payer, d'autant que ie t'ay si bien enseigné que tu en sçais plus que ton maistre. Les Syracusains, qui les auoient ouïs debattre par ces argumēts renuersés l'vn contre l'autre, s'escrierent, de mauuais corbeau mauuais œuf (tel maistre tel disciple,) voulant denoter que si l'vn estoit mauuais, l'autre estoit encor pire. Presque semblable compte est recité par Gelle de Protagoras le sophiste & de son disciple Euathle. L'on dira que c'est chose belle, delectable, & vtile, de sçauoir dire bien, parfaictement grauement, copieusemēt, & en beau & riche lingage ce que l'on veut : Si est-ce que cela est quelquefois malseant, hors de raison, & bien souuent dangereux, mais en tout temps c'est chose soupçonneuse. A ceste cause Socrates ne fait aucun compte des Rhetoriciens, & ne les estime dignes de tenir rang d'honneur ny d'autorité en la chose publique bien ordonnee. Platon les exclud & chasse de la sienne, auec les ioüeurs de farces & les Poëtes, & à bon droict. Car il n'y a rien plus dangereux aux charges & affaires publiques que cest artifice, lequel monstre à se vexer & trahir l'vn l'autre, par collusions, tergiuersations, calomnies, imputations, & autres telles façons desquelles les hommes s'accoustrẽt par le moyen de leurs meschantes & malheureuses langues. Les hommes garnis de cest art font louuẽt des ligues & conspirations par les villes, & y esmeuuent des seditions, trompans par leur babil artificieux, picquans, calomnians, brocardans, flattans ores l'vn ores l'autre, vsurpans par ce moyen vne certaine tyrannie sur les innocents. Partant Euripides disoit tresbien, que sçauoir bien parler de beaucoup de choses sentoit son tyran. Et Æschylus, que le mal plus detestable qui soit, est vn langage orné & bien accommodé. Raphaël Volateran, tres-curieux recherchent des histoires & exemples, confesse n'auoir remarqué en tout ce qu'il a peu lire, tant és anciens que modernes, auteurs, que bien peu de gents de bien pourueus d'eloquence. Ne lisons nous pas que par ceste faculté de bien causer les plus puissantes republiques ont esté troublees grandement & quelquesfois du tout destruites? Les Bruts, Casses, Gracques, Catons, Ciceron, Demosthene nous seruent de preuue: lesquels, comme ils ont esté des plus eloquents hommes de la terre, aussi n'en sçauroit on trouuer de plus seditieux tant qu'ils ont vescu. Caton le Censeur fut accusé en iugement quarante fois: mais luy intenta plus de septante procés criminels contre autres, ne cessant, tout qu'il eut vie, de troubler la tranquilité publique par harangues & plaidoyers enragés. L'autre Caton, sur nommé d'Vtique, irrita tellement Cesar, qu'il luy donna occasion de renuerser de fonds en comble la liberté du peuple Romain. Ciceron prouoqua pareillemẽt Antoine à la destruction de la republique de Rome, & Demosthene le Roy Philippe au grand dommage de celle d'Athenes. En somme il ne se trouuera aucune republique, d'ont l'estat n'aye esté peruerti par ceſt artifice, ny aucun perſonnage qui n'aye eſté offenſé par ce vice d'eloquence s'il y a voulu preſter l'oreille. Es iugements l'aſſeurance de bien parler, & la fiãce que l'on y met, à pareillemét vne grande force, par elle ſont ſouſtenues les mauuaiſes, cauſes & eſt ſauué du ſupplice celuy qui eſt coulpable & conuaincu de crime, & l'innocent accuſé & bien ſouuent condamné. Et n'y eut onques aucun ſi bien defendu par ceſt artifice, que celuy qui eſtoit partie contraire n'en aye eſté offenſé. M. Cato, le plus ſage homme qui fut à Rome, empeſcha que Carneades, Critolaus, & Diogenes, qui eſtoyent trois Ambaſſadeurs enuoyés par les Atheniens, ne fuſſent oüis publiquement dans la ville, pour ce qu'ils eſtoyent ſi bien pourueus de prompt & ſubtil entendement & de beau & riche langage, qu'il leur eſtoit facile de perſuader auſſi toſt le bien que le mal. Et eſt certain que Demoſthenes s'eſt vanté quelquefois eſtant entre les amis, de pouuoir faire tourner & incliner les ſentences des Iuges à volonté par l'art & force de ſes paroles: à l'appetit duquel les Atheniens ont eu ſouuent ou paix ou guerre auec le Roy Philippe: & tant auoit il de pouuoir a esmouuoir ou rasseoir les esprits, affections, & volontés de ses concitoyens, qu'il les manioit & tournoit en parlant la part où il vouloit, ainsi que s'il eust eu puissance souueraine par dessus eux. Pour telle raison Cicerō estoit appellé Roy à Rome par aucuns, pource que en disant il faisoit condescendre le Senat où il luy plaisoit, & manioit tout par la force de son oraison. Par ces choses il appert donques que la republique n'est autre chose qu'vn art de persuader ou faire croire, d'esmouuoir & conduire les affections, rauissant les esprits par subtile façon de parler, langage fardé, & frauduleuse verisimilitude : par lesquels moyens elle subuertit le sans de la verité, & attire les entendemēts humains en vne prison d'erreurs. Mais si par la bonté & benefice de nature il n'y a chose que l'on ne puisse bien exprimer de simple voix & langage naif, dequoy sert ceste estude de masquer ainsi ses paroles? Y a il chose plus pestilentieuse? La parole de verité est simple, mais vifue, & penetre iusques à l'ame, separāt les penſees & intẽtiõs du cœur, & diuiſant ainſi qu'vn glaiue tranchant des deux coſtés aiſement toutes les conceptions & contrarietés artificielles des rhetoriciens. A ceſte cauſe Demoſthene, lequel ne failoit compte de tous ceux de ſon temps qui vſoyent l'artifice en leurs harangues dés qu'il voyoit que Phocion vouloit parler, ſe trouuoit eſtonné, & craignoit ceſtuy là ſeul : car il ne diſoit rien de ſuperflu ny hors du propos dont il auoit à traicter, & ce auec ſimplicité & briefueté. Parquoy il l'appelloit la coignee de ſes oraiſons. Les Romains anciens entendoyent poſſible bien cela, quand ils chaſſerent par deux fois les orateurs de leur villes, ſelon que teſmoigne Suetone, à ſçauoir vne fois ſous les conſuls C. Fannius Strabo & M. Valere Meſſalla, & derechef eſtans Cenſeurs Cn. Domitius Barberouſſe, & L. Licinius le gros, & ce par ordonnance publique. Et puis, regnant Domitian, ils furent iectés hors, non ſeulement de la ville de Rome, mais de toute l'Italie, auſſi par decret de tout le Senat aſſemblé. Les Atheniens leur defendirent la cour, & l'aſſemblee, ainſi que à peruertiſſeurs de iuſtice, & condamnerent à mort Timagoras, pource qu'il auoit par grande flatterie ſalué le Roy Daire à la façon des Perſes. Les Lacedemoniens chaſſerent Cteſiphon, à cauſe qu'il s'eſtoit vanté de pouuoir diſcourir tout vn iour ſur tel ſubiect qu'on euſt voulu: car il n'y auoit choſe qui plus leur fuſt odieuſe que ceſt artifice & curieux arrengement de paroles en ceux qui n'ont aucun ſoucy de proferer ce qui eſt veritable : mais ſe mettans à traicter de quelque choſe de petite conſequence , employent tout leur eſtude à l'emmieller & parer de paroles attrayãtes & magnifiques , pour endormir les eſprits , à fin de mener auec leurs langues les hommes attachés par les oreilles. Parquoy il eſt euidẽt que aucun n'eſt onques deuenu meilleur par ceſt artifice, mais que pluſieurs y ſont empirés. Et quand ainſi ſeroit qu'ils peuſſent traicter & diſcourir des vertus auec paroles ornees & elegãtes, ne voiõs nous pas qu'ils ont beaucoup pl⁹ d'heur, de grace, & d'eloquence quand ils veulent defendre les erreurs, ſemer des noiſes, eſmouuoir des factions, accumuler iniures & outrages, meſdire ou calomnier,

nier, que lors qu'ils se meslent de traicter paix, concorde, & tranquillité entre ceux qui sont diuisés, ou recommander l'amour, la foy, & la religion? D'abondant ce mauuais art a donné cœur à plusieurs de se retirer de la vraye religion, & a faict foisonner plusieurs schismes, superstitiõs, sectes, & heresies: Car aucuns mesprisans les sainctes Lettres, pource qu'elles ne sont enduites de la douceur d'vne eloquence Ciceronienne, ont trouué plus de goust aux arguments succrés des ethniques & payens, se sont arrestés à iceux, & bandés contre la verité de l'Eglise vniuerselle. Ce qui est euident en ceux que l'on appelloit Tatiens heretiques, & ceux qui furent seduits par Libanius le sophiste, & Symmachus l'orateur aduocats & protecteurs des idoles, & par Celsus l'African, & Iulian l'Apostat, auec leurs grãds rhetorismes s'esleuãs, contre nostre seigneur Iesus Christ. De l'eloquence desquels, pernicieuse & pleine de blasphemes les heretiques ont prins plusieurs arguments & manieres de persuader, qu'ils ont instillees aux oreilles des simples gents, les destournants de la parole de Dieu : & n'est besoing de chercher exemples entre les anciens : car nostre siecle nous en fournit assez. Bref, les chefs & autheurs de toutes les heresies ont esté pour le plus hommes bien parlans, eloquents & diserts, & pour tels tenus & reputés entre les hommes : & plusieurs encor auiourd'huy se voyent, lesquels cuidans deuenir bons Ciceroniens, se trouuent en fin bon payens : & ceux qui sont par trop addonés à l'estude de Platon & d'Aristote, ne peuuent faillir d'estre superstitieux ou contempteurs de religion : Et quant à ceux qui degoisent tant de paroles oiseuses, hors de propos, & outre ce que requiert la simple verité, & en remplissent les oreilles des hommes, ils se doyuent asseurer qu'ils comparoistront quelque iour en iugement, pour donner raison de leur vain babil, & mensonges controuuees contre Dieu.

De la Dialectique. CHAP. VII.

A Ces Rhetorisme s'adioinct pour ayde & secours la dialectique, laquelle n'est semblablement qu'vn art de contentions & broüillis, & qui rend les autres sciences plus tenebreuses & difficiles à comprendre: & l'appelle on science enseignant à parler par raison. O miserable genre humain, & vrayement despourueu de raison, s'il ne peut parler par raison sans l'aide de ceste discipline. Neantmoins Seruius Sulpitius dit que c'est le plus excellent de tous les arts, & comme vne lumiere, par laquelle on peut voir & cognoistre tout ce que les autres enseignent : d'autant que (comme dit Cicero) il monstre à distribuer toute la chose en ses parties, & descouure ce qui y est de caché en la definissant, donne à entendre ce qu'elle contient d'obscur par interpretation, & enseigne à considerer & distinguer les ambiguités : en somme baille reigles, par lesquelles on peut discerner le vray du faux en tout ce qui proposé. D'auantage les dialecticiens se vantent de pouuoir trouuer & bailler la definitiõ, qu'ils appellent essentielle, à toutes choses, & toutesfois il ne leur est encor aduenu d'en bailler vne en paroles si claires que l'esprit n'en soit demeuré aussi peu sçauant qu'auparauãt. En sorte que si quelcun parlant d'vn homme à vn qui ne seroit instruict l'appelloit animal raisõnable & mortel, il seroit moins entendu que s'il le nommoit simplement homme. Boëce entre les Latins a escrit assez de choses sur ceste discipline, lesquelles ne se trouuent toutes : Mais Aristote est celuy qui emporte le prix parce qu'il a escrit des predicaments, des arguments, & de leur lieux ou sieges, de l'interpretation, des resolutions, & autres traictés. A la suitte duquel les Peripateticiens ont concludque l'on ne peut sçauoir asseurément aucune chose, sinon que on la prouue par argument demonstratif, tel que Aristote leur enseigne : duquel toutesfois il ne s'est serui en pas vn endroit de ses œuures, attendu que toutes ses argumentations sont par luy deduites de choses presupposees. Et par tant à son exemple tous ces promoteurs de science iusques a present ne nous ont donné aucunes vrayes demonstrations, ou bien fort rares : non pas mesmes és choses naturelles: Mais deduisent celles qu'ils donnent des preceptes & enseignemẽs de leur Aristote, ou de quelque autre qui en a parlé auparauant: l'autorité desquels leur sert de principes de monstratifs. Mais quant à la vraye demonstration, laquelle fait que l'on sçait vne chose, Aristote eseigne que c'est celle qui se fait par les quidités, ainsi que parlent les dialecticiens (c'est l'essence propre de ce que l'on veut demonstrer) & par les differẽces peculieres qui nous sont presque toutes cachees & incongneues. Il dit aussi que la demonstration se fait par les causes de celles qui sont de par soy & selon elles mesmes, lesquelles enonciations se peuuent conuertir ou renuerser & estre rapportees l'vne à l'autre: neantmoins il dit qu'il n'est pas permis ny admis d'vser de demonstration circulaire par les causes. Estans dõques les vrais principes, à sçauoir les fondements des choses & des sciences, dont les demonstrations sont composees, à nous pour la pluspart incongnus, & n'estant receuë la circuïtiõ, il s'ensuit que l'on ne peut auoir aucune science, ou s'il y en a, elle est foible & tres mal asseuree: Car il faut croire à ce qui est demõstré par certains principes fragiles, lesquels sont receus & mis en credit ainsi que communes & generales opinions, à cause de l'autorité des sages qui les ont premierement mis en auant, ou bien nous conuient fonder nostre science sur l'experience de nos sens. Toute congnoissance, disent ils, prend son origine des sens, & la verité des paroles se preuue (dit Auerroës) quand les sens s'accordent à icelles. Et ce est plus congnu, & creu estre plus veritable, à quoy plusieurs sens se rapportent. Partant par les choses sensibles, selon l'opinion d'iceux, nous sommes conduits comme par la main à tout ce que nous pouuõs sçauoir. Mais veu qu'il est hors de doute que tous nos sens sont souuẽt trompés, pour certain ils ne sçauroient prouuer que nous ayons aucune vraye ny certaine experience. Dauantage, veu que les sens ne peuuent attaindre à la nature spirituelle & intellectuelle, & que les causes des choses inferieures, par lesquelles leurs natures, effects & proprietés ou passions deuroyent estre demonstrés, sont sans contredit incongnues & du tout cachees à nos sens, ne s'ensuyura il pas que aux sẽs est retranchee la voye de sçauoir la verité? & partant que toutes les deductions & sciences, qui ont leurs fondements plantés ſur l'experience des choſes ſenſibles, ſeront eronnees & trõpeuſes? Quelle eſt dõques l'vtilité de la Dialectique? Quel fruict a l'on de ceſte ſciẽtifique demonſtration par les principes & par l'experience? Auſquels eſtãt de beſoing croire neceſſairement, comme à choſes certaines & congnuës, il s'enſuit que l'on a plus de congnoiſſance des principes & des experiences, que des choſes qui ſont demonſtrees par icelles. Mais eſpluchons vn peu plus auãt ceſt art. Les Dialecticiens comptent dix predicaments, qu'ils appellent gẽres generaux, à ſçauoir, *Subſtantia, Quantitas, Qualitas, Relatio, Quãdo, Vbi, Situs, Habitus, Actio, & Paſsio*: par leſquels ils croient pouuoir comprendre & entendre tout ce qui eſt enclos en la rondeur de ce monde vniuerſel. Ils diſent en outre qu'on peut parler de toutes ces choſes & de chacune partie d'icelles ſous cinq vocables, qui ſont Genre, Eſpece, Differẽce, Propre & Accident, qu'ils ont appellé predicables. Ils ont auſſi inuenté quatre cauſes de chacune choſe, à ſçauoir Materielle, Formelle, Efficiente, & Finale: par leſquelles ils penſent pouuoir trouuer la verité ou fauſſeté de toutes choſes par certaine infaillible demonſtration, à ſçauoir par vn argumẽt formé ſelon vne des dixneuf manieres cõprinſes és trois ordres ou figures (qu'ils appellent) de Syllogiſmes. Et eſt tout ſyllogiſme ou demonſtration compoſee par eux de trois termes, qu'ils appellent, à ſçauoir le ſubiect de la queſtion dit Mineur, le prononcé de la queſtiõ, ou Maieur, & le troiſieſme eſt appellé Moyen participant de l'vn & de l'autre: deſquels termes il font deux propoſitions nommees premiſes ou precedentes, à ſçauoir le maieur & la mineur, & d'icelles tirent finalement la concluſion, paſſant d'vn extreme à l'autre, tant qu'ils ſe trouuent au bout de leur carriere. Voila tout le bel artifice & les dernieres bornes eſquelles ils cuident aſſembler, diuiſer, & conclurre toutes choſes par le moyen de certaines maximes à leur aduis inexpugnables. Tels ſont les hauts & eſtranges myſteres de l'artifice logical recherchés auec long & ennuyeux trauaux par ces maiſtres abuſeurs, & leſquels, ainſi que treſgrands ſecrets, il n'eſt permis de reueler ny meſme d'apprendre, ſinon que l'on aye moyen de payer grãd salaire à ceux qui les enseignent, & acquerir à grands frais ceste autorité és escholes. Bref ce sont leurs chiẽs courans, & leurs rets, par lesquels ils poursuyuent & prẽnent, ce leur semble, la verité en toutes choses, soyẽt subiectes à nature, comme celles qui appartiennent à la physique, soyent accompagnantes la nature, comme les mathematiques, soyẽt surpassantes icelle, ainsi que les considerations Metaphysique. Mais il faut plustost dire que par tels artifices en debatãt par trop de la verité ils la perdent, selon le prouerbe de P. Clodius & de Varron. Iusques icy s'estendent les bornes & limites des anciens dialecticiens.

De la Sophistique. CHAP. VIII.

MAis l'eschole des nouueaux Sophistes nous a biẽ amené des monstres & prodiges plus estranges & en plus grand nombre: Des passions, des termes, de l'infiny, des comparatifs & superlatifs. De la difference d'entre ce que l'on dit estre autre,

& ce qui n'est pas de mesme : Des propositions où sont tels mots, *Il commence, Il cesse* : Des formalités, instans, hecceïtés, ampliations, restrinctions, distributions, intentions, suppositions, appellations, obligations, consequēces, indissolubles: Des propositiõs qui se peuuēt exposer, des reduplicatiues, exclusiues, instances, cas particularisations, supposés, mediats, immediats, complets, non complets, complex, non complex, & autres vocables intolerables & vains, qu'ils enseignent és traictés qu'ils appellent petits logicaux: par le ministere desquels ils peuuent facilement faire eduoüer & confesser ce qui est faux en effect & impossible en nature: & au contraire consommer & ruïner la verité, faisant vne saillie sur elle au despourueu, ainsi que du cheual de Troye, auec tels engins & foudres de paroles. Il y en a entre eux qui n'admettent que trois predicamens & deux especes de syllogismes, qui se peuuēnt former en huict manieres. Se mocquent des propositions qu'on appelle modales, & des termes dont l'on vse pour distinguer la chose selon les diuerses considerations d'icelles, à sçauoir vnie en soy, que l'on dit *Concretum*, ou biẽ distincte en ses proprietés & chacune d'icelles à part, qu'on apelle *Abstractum*. Et s'en trouue d'autres qui comptẽt iusques à onze predicamẽts, & vne quatriesme figure ou ordre de Syllogismes, accroissent le nombre des predicables & des causes, & mettẽt en auant tant d'autres inuincibles subtilités Scotiques, que les ruses de Cleanthes & de Chrysippus & les attrapoires de Daphitas, Euthydemus & de Dionysiodore seroyent trouuees lourdes & du tout rustiques au prix des inuentions de nos nouueaux sophistes: esquelles auiourd'huy en tous endroits presque toute la trouppe des scolastiques s'occupe par malheureux & damnable estude, n'y faisans autre profit sinon d'apprendre à errer en debattant cõtinuellement, & estans tousiours aux couteaux entre eux pour deliurer & mettre au large la verité, laquelle neantmoins ils enuelopent & restraignent dauantage, ou la perdent du tout. Toute la science desquels n'est autre chose qu'vne trappe construite & façonnee de certains vocables & manieres de parler corrompuës & deprauees, ayans peruerti cauteleusement la proprieté & droit vsage des mots, & forcé vne langue, de laquelle ils sont du tout ignorans: transformans par ces moyens la verité selon des expositions vray semblables. Tout l'hõneur & gloire desquels depend des iniures & crieries, comme gents qui ne cherchent point tant la victoire que de se nourrir en perpetuelle guerre, & ne se soucient point tãt de trouuer la verité que d'en debattre: tellement que celuy est estimé le plus vaillant, qui fait plus grand bruit, & est plus impudent, audacieux, & plus dangereux de la lãgue que les autres, & comme dit Petrarque, soit qu'ils ayent hõte de leur stil sot & grossier, ou qu'ils confessent en cela leur ignorance, ils sont sans merci & implacables de la langue: mais ne veulẽt point disputer par escrit, de peur qu'on ne cõsidere de pres les haillons dont ils se parent, partant ils combatent tousiours en fuyant, ainsi que faisoyent les Parthes, & dardẽt leurs vaines paroles en l'air, ainsi que s'ils desploioyẽt les voiles aux vẽts. Ce sont ces braues & rusés disputeurs dont fait mention Quintilien, lesquels estans tirés loin de leurs cauillations, sont du tout mal propres & insuffisans à toute autre chose, tant peu soit elle graue & honneste, ressemblans à certains petits animaux qui sont fort remuans entre les destroits & lieux pressés: mais s'ils sortent vn peu en campagne, sont aussi tost prins: parquoy craignent de venir au large. et n'y a riẽ plus vray que ce que l'on dit communement, que les destours sont soulagements pour les infirmes, en sorte que ceux qui ne sont bons coureurs taschent d'eschapper & deceuoir en tournant quelque coing. Ainsi craignent les Sophistes de disputer là où il y a des greffiers qui enregistrent leurs raisons & allegations, ou quãd on leur veut confronter les liures & auteurs: mais cherchent de debattre seulement de la langue par clameurs qui ne font que passer legerement à trauers la memoire & les oreilles oublieuses, sãs vouloir qu'il y aye plume ny escriture aucune. Peu leur chaut par quel ordre & raisons ils procedent, pourueu qu'ils esmeuuẽt procés & debat: encor moins quelles paroles il desgorgent, ny quelles opinions ils mettent en auant, pourueu qu'ils parlent haut, & debattẽt fort

& ferme : Car celuy qui a plus de babil est entre eux estimé le plus sçauant. Ils vont d'eschole en eschole, de place en place, de table en table garnis de ces ab* & enchantements, cherchans quelque aduersaire. L'ayans troué ils le deffient & tirent en dispute, l'assaillent, luy courent sus : s'il leur preste le collet, & qu'il les secoüe vn peu rudement, ils taschent d'eschapper, & ont recours à leurs destours & cachettes accoustumees, faisans autant de tours & retours que s'ils auoient à circuir tout vn labyrinthe. Et si quelqu'vn les dédaigne, & ne veut entrer en conference auec eux, ils luy feront quelque frauduleuse demande sur quelque poinct, auquel il n'aura possible bien aduisé, à fin que, s'il respond au despourueu, il soit facilement conuaincu d'erreur, ou s'il ne veut répondre sur le champ, ou qu'il die qu'il ne sçait que c'est, ils luy facent receuoir vne honte, & le chassent auec battemens de mains, & que eux en soient plus estimés, & obtiennent l'honneur d'estre sçauans en toutes les parties. Mais considerons vn peu le fruict qu'a apporté ou pourroit porter à l'Eglise de Iesus-Christ la dialectique auec ses Sophistes : lesquels ne s'accordans nullement aux traditions diuines, les confondent par raisons imaginees à leur appetit, & deduites d'interpretatiõs erronee. Ausquelles pendãt qu'ils s'addonnẽt par trop, & y croyent, la lumiere de verité s'en va, s'augmẽtent les tenebres, qui les enueloppẽt & aueuglent en sorte, qu'ils deuiennent à bon escient maistres & conducteurs d'aueugles, auec lesquels ils se precipitent en la fosse par leurs fausses argumentations & apparences de raisons friuolles, tousiours nauigans sur ce profond gouffre d'erreur & d'ignorance, deceuans ceux qui ne sont bien instruicts, se glissans ainsi que couleuures parmy les simples, lesquels ils attirent à leurs resueries & fausses opinions par ruses & aguets de paroles seduisantes, les faisans sonner si haut, qu'il semble que la sainte Theologie ne sçauroit estre receuë entre les hõmes sans la Logique ou Dialectique, sans noises & altercations, & sans sophisteries. De ma part ie ne veux nier que le Dialectique ne dõne quelque aide aux exercices Scolastiques: Mais quãt aux contemplations & considerations de Theologie, ie ne vois qu'elle y puisse de rien seruir. Car la souueraine dialectique du Theologien gist en l'oraison, & ne nous a nostre Seigneur Iesus-Christ promis en vain que nous receurons si no⁹ luy demandõs. Et partant ie croy que auãt que les scholastiques contentieux ayent appris leur dialectique, les fideles chrestiẽs ont impetré abondammẽt la verité qu'il nous est necessaire de sçauoir du maistre de toute verité. Auec ce-la dialectique au plus haut qu'elle puisse attaindre par tant d'ambiguités & circuits de paroles, ne sçauroit passer outre la philosophie, mais par le moyẽ de l'oraison faicte en foy no⁹ pouuons monter iusques au sommet de la sapience diuine & humaine. Partãt ceux là errent qui pensent que la dialectique soit vn engin & instrument de fort grãde efficace pour destruire & renuerser les opinions des heretiques, veu qu'au contraire c'est le rampart & la defense de tout tant d'heretiques qui ont iamais esté. Par c'est artifice Arrius & Nestorius se sont rendus si insensés, que l'vn a maintenu qu'il y auoit en la Trinité diuerses substances selon diuers degrez &

diuers temps. L'autre nie que la vierge Marie aye eſté enceinte de Dieu, ou enfanté Dieu, d'autant qu'ils ont preſumé de meſurer les œuures de Dieu par leur ſophiſmes logicaux, faiſans plus d'eſtat des reigles de dialectique d'Ariſtote, qu'ils n'ōt prins garde de pres aux paroles de la ſainte eſcriture. Car toutes les erreurs des heretiques (dit S. Hieroſme) ont trouué giſte & repaire entre les brouſſailles & hailliers d'Ariſtote & de Chryſippus. De là Eunomius infere que ce qui eſt nay n'a peu eſtre auant qu'il fuſt nay. Là s'eſt fondé Manichée, quād pour vouloir exempter Dieu d'eſtre autheur du mal, il a dit qu'il y auoit vn autre mauuais Dieu, lequel auoit crée le mal. Nouatus par là s'eſt confirmé en ſon opinion, lequel maintient qu'il n'y a aucun pardon apres le peché, afin que la repentance aille pareillement à bas. De ces fontaines & ſources toute la doctrine des heretiques tire les ruiſſeaux de ſes argumentations: Car puis qu'il n'y a propos auquel on ne puiſſe contredire, ny argument qui ne ſoit repouſſé par vn autre argumēt, à quelle ſcience ny verité ſçauroit-on iamais paruenir par les disputes de dialectique? Mais il aduient bien plus-tost que plusieurs se desuoient de la verité, & tombent en heresie lors qu'ils pensent auoir découuert vne verité plus asseurée par les argumẽts de Logique : ou bien cuidans confuter les heretiques emploient choses qui ne sont guieres de meilleur mise : A raison dequoy Platon a ordonné que ceux qu'il apelle gardes en sa Republique mettrõt leur estude à la Dialectique fort sur le tard, d'autant qu'elle tient l'vn & l'autre parti, & sont toutes ses disputes à deux endroits, & partant ne peut donner raison bien asseuree de ce qui est honneste ou non. Or il suffit quant à la Dialectique.

De l'art de Lullius. CHAP. IX.

Raymond Lullius depuis quelques annees a inuenté vn Art prodigieux, à peu pres ressemblant à la dialectique, par le moyen duquel vn chacun pourra discourir & disputer promptement & au long de quelque subiect qu'on luy puisse proposer, ainsi que l'on dit de Gorgias Leonius, lequel fut le premier qui osa és assemblees des hommes sçauans demander de quelle matiere l'on vouloit qu'il parlast. C'est Art donne inuention par vne ingenieuse façon de broüiller les noms & paroles, & auec parade d'vn babil affecté de soustenir ores l'vn ores l'autre party, de quelque propos curieux qui puisse estre mis en auant, sans laisser prinse ny moyé à son aduersité de vaincre : & peut estendre & amplifier hors de mesure choses petites & de peu d'apparence: Duquel il n'est besoing de parler plus au long: car nous auons faict des commẽtaires à part sur iceluy assez amples : par lesquels toutesfois nous ne voudrions qu'aucun fust deceu ny induict à faire grand compte de choses qui est assez legere : Combien qu'il puisse sembler que nous l'ayons fort prisée en iceux, neantmoins elle se découure & fait assez congnoistre d'elle mesmes, en sorte qu'il n'est besoing d'en debattre beaucoup. Il faut cependant que l'on soit aduerty qu'à la verité cest art sert beaucoup plus pour faire beau semblant & monstre d'vn bon esprit & doctrine, que pour acquerir science en effect, ny erudition aucune, & qu'elle est mieux pourueuë d'audace que d'efficace. Au surplus est toute barbare, sans grace ny douceur, si elle n'est enrichie par quelque sçauoir exquis prins d'ailleurs.

De la Memoire artificielle. CHAP. X.

ENtre les arts susdits l'on peut nombrer celuy de la memoire locale ou artificielle, qui n'est autre chose sinon vne maniere d'enseignement par certains lieux & images seruans comme de lettres imprimees ou escrites en vne peau de parchemin. Et fut premierement trouué par le poëte Simonides, & depuis reduit à sa perfection par metrodore le sceptique ou enquesteur. Quoy que ce soit elle ne peut seruir sans la memoire naturelle: laquelle bien souuent est tant troublee & estonnee de ces monstrueuses figures, qu'au lieu de l'accroistre & la rendre plus ferme, elle induict l'homme à folie & frenesie. Tellement que ceux, qui ne se veulent contenir és bornes de nature, & surchargent leur memoire naturelle de tant d'imaginations & si grande diuersité de choses & de paroles, apprennent à deuenir enragés artificiellement. Or comme vn iour Simonides ou autre en eust faict feste à Themistocles, s'offrant de la luy enseigner. I'aymerois mieux, luy dit-il, que tu m'apprinses l'art d'oublier : Car plusieurs choses me reuiennent en memoire qui me faschent, lesquelles ie voudrois biẽ oublier si ie pouuois. Et Quintilien dit de Metrodore, que c'estoit à luy vanité & sotte vanterie de se vouloir glorifier de la memoire artificielle plutost que de la naturelle. Ceux qui en ont escrit entre les anciens sont Ciceron en ses nouueaux preceptes de Rhetorique, Quintilien en ses institutions, & Seneque, & des modernes Franc. Petarque, Mareol Veronois, Pierre de Rauenne, Herman Busch, & plusieurs autres gẽts indignes d'en faire mention, & la plutpart d'esprit lourd & de petite renommee. Plusieurs aussi en font profession, & l'apprennent publiquement tous les iours: mais peu se trouuent qui y facent fruict, & bien souuent sont leurs precepteurs payez de honte; Car l'on void communément que ces broüillons abusent les escoliers és Vniuersités & Colleges, & taschent d'attraper leur argent par le moyen de ceste nouueauté. En somme, c'est vne niaiserie & gloire puerile de faire parade de sa memoire: & chose laide & impudẽte de desployer en monstre comme vne mercerie ce que l'on a leu à foison, & que ce pendant la ceruelle soit vuide de iugement & bonne doctrine.

Des Mathematiques en general.

CHAPITRE XI.

IL est maintenant tẽps de dire des disciplines Mathematiques: lesquelles sont estimees les plus certaines de toutes. Neãtmoins toutes n'ont fondement ailleurs qu'és opinions de ceux qui les ont enseignees: lesquels n'ont pas failly peu souuẽt: & toutesfois on leur ad jouste grãd foy. Ce qui est témoigné par Albubater l'vn d'étre eux, disant que les anciens mesmes iusques passé l'aage auquel Aristote a vescu, n'õt point bien entẽdu les Mathematiques. Et cõme ainsi soit que le principal subiect de ces sciences soit le rond, tant en figure que en nombre, ou en mouuement ils sont toutesfois contraints de confesser que le rond, globe, ou sphere ne se trouue parfaictemẽt en aucun lieu, ny naturellement, ny faict par artifice. Et combien que ces disciplines n'ayent causé en l'Eglise de Dieu guiere d'heresies, ou point du tout: si est-ce que, comme dit S. Augustin, elles sont inutiles à nostre salut, plustost nous destournent de Dieu, & induisent à pecher, que autrement: & ne sont, ainsi que S. Hierosme afferme, sciences dignes de personnes craignans Dieu.

De l'Arithmetique. CHAP. XII.

Entre icelles l'arithmetique tient le premier lieu. C'est la science des nõbres, qui est comme la mere & origine des autres: non moins superstitieuse que vaine: de laquelle n'est faicte aucune estime, à cause du vil exercice de compter, si ce n'est par marchands, & pour l'auarice. Car elle traicte des nombres, lesquels elle enseigne à diuiser, qu'el est le nombre pair, qu'elest le nompair, le pairement pair le pairemēt impair, & quel est l'impairement pair, le superflu, le diminué, quel est le nombre parfaict, le composé & le non composé, quel fait nombre de soy ou rapporté à autre. Plus traicte de la raison ou proportion d'vn nombre à l'autre, ou mesme d'vne proportion à l'autre, & des especes des proportiōs, des nombres harmoniques & geometriques, & en somme de diuerses reigles & proprietés des nombres & de leurs brisés & rōpus, & de la maniere de calculer & compter.

De la Geomantie. CHAP. XIII.

Este science d'Arithmetique ou des nombres nous a produit la Geomantie, qui est vne maniere de deuiner par casuelle ou fortuite disposition de poincts & figures, & auec ce le sort ou diuination qui se fait par le ject de dés, comme anciennement en la ville de Palestine: lors dite Preneste, par les tales, qui estoyent presque ressem-

blans

blans aux osselets des pieds des animaux & autres telles manieres de hazards & sorcelleries qui se font par nombres, combien que la plus grand part allient la Geomantie à l'Astrologie, à cause de la maniere presque semblable de iuger des euenements, ioinct qu'ils attribuent la force & vertu de ses predictions plus au mouuement que non pas aux nombres, se seruans de ce que dit Aristote au premier liure de ses apparitions ou impressions aërees. Le mouuement du Ciel (dit-il) est perpetuel, & le commencement & la cause de tous les mouuements inferieurs. De ceste art Geomantique ont escrit iadis Hali: & és temps plus recents Gerad de Cremone, Barthelemi de Parme, & vn certain Tondin. Ie me suis aussi voulu mesler d'escrire d'vne maniere de Geomantie toute differente des autres, mais qui est bien autant superstitieuse & incertaine, &, pour en parler rondement, mensongere comme les autres.

Des Ieux de hazard. CHAP. XIIII.

LE mestier de iouër à tous ieux de hazard est vne pure sorcellerie, comme il en porte le nom. Et celuy qui y eſt le plus ſçauant & ſtudieux eſt d'autant plus meſchant & mal-heureux: car le ioueur eſt en perpetuelle conuoitiſe du bien d'autry , cependant qu'il diſſipe le ſien, & meſmes ſans porter reſpect ny reuerence au patrimoine, qui luy a eſté laiſſé par ces predeceſſeurs. C'eſt l'art des mẽſõges, des pariurements, larrecins, noiſes & iniures, mere des meurtres, inuention diabolique, qui fut apportee ſous diuerſes eſpeces en Grece entre autres deſpouïlles & parmy le butin de la ville de Troye, apres que le Royaume d'Aſie fut deſtruict. De là eurẽt leur origine les dés les tables le tricole, ou trois points: le eſchecs, le monarq;, le taliorq; le regnard, les dés à huict faces, & ceux à douze, eſquels ils diſoyent eſtre ie ne ſçay quoy de diuination. Pluſieurs ont eu opinion que Attalus Roy d'Aſie fut celuy qui trouua c'eſt art de iouër, & qu'il inuẽta auec l'artifice des nombres. L'on trouue par eſcrit que Claude Empereur de Rome en compoſa vn liure, & qu'il y fut fort addonné , ainſi que auant luy auoit eſté Auguſte Ceſar. Quoy qu'il en ſoit, tout n'en vaut rien, & en eſt le meſtier du tout infame & condamné par les loix de tous peuples & nations. Et à ce propos on dit que Cobillon estant enuoyé en ambassade à Corinthe par les Lacedemoniens pour traicter alliance & cōfederation auec eux, s'en retourna sans rien faire, ayant trouué les chefs & principaux administrateurs des affaires de la ville iouans aux dés, disant qu'il ne vouloit point donner ceste tache & note d'infamie à la gloire des Spartiates qu'il fust iamais dit qu'il eussent cherché l'alliance de gents addonnez au ieu. Et tant l'auoyent tous les plus gents de bien & grands personnages en mauuaise estime, que mesme le Roy des Parthes voulant reprocher à Demetrius sa legereté, luy enuoye des tales d'or, qui estoyent, comme nous auons dit, vne façon de dés n'ayans que quatre costés, retroussés par les bouts en façon d'osselets. Toutesfois, en c'est aage tels ieux sont les passe-tēps ordinaires, & ausquels s'exercent le plus les Princes & gentils-hommes. Quoy passe-tēps? mais plustost vne sagesse remarquee & prisee en ceux qui sont les plus experts & mieux exercés en ce damnable art de tromper.

Du sort Pythagorien. CHAP. XV.

L. ne faut passer ce que les Pythagoriens affermoyent, & que Aristote mesme à creu, & plusieurs autres ont estimé estre veritable, à sçauoir que chacune lettre de l'alphabet a son nombre certain, & que par ce moyen on peut deuiner ce qui doit aduenir aux hommes : prenant les lettres de leurs noms propres, & sommans ensemble les nombres portés par chacune d'icelles, en sorte que s'il est question de sçauoir qui doit estre superieur & auoir du meilleur en quelque bataille, ou proces, si c'est pour s'enquerir de mariage ou autre entreprise, ou de la vie ou de la mort de quelcun, celuy du nom duquel reuient plus grande somme l'emporte. Par ceste maniere de sort Patroclus demeura vaincu par Hector, & luy par Achilles. Ce qui à esté dit en vers par Terentianus en ce sens.

On tient que les noms sont formés par
tels mysteres.

Qu'en assemblant d'iceux trestous les characteres,
Des vns le nombre est grand, les autres il est moindre:
Que s'il aduient qu'en guerre ils viennent à se ioindre
Le plus grand nombre emporte auec soy la victoire
Et le moindre la mort : & de là vient la gloire
Qu'Hector eut sur Patrocle, & celle là encor
Qu'eust Achille d'auoir tué le preux Hector.

Et y en a plusieurs qui se ventent de trouuer les Horoscopes ou ascendans & aspects du Ciel tel qu'il est au point de la natiuité d'vn chacun par ceste maniere de calcul, ainsi qu'vn certain Aleandrin, philosophe de peu d'estime, à escrit d'iceux, lequel on donne à entendre auoir esté disciple d'Aristote. En outre (à ce que Pline nous compte) l'on attribue aux inuentions de Pythagoras ce que l'on dit que s'il y a nombre nompair de voyelles au nom propre d'vne personne, cela luy presage perte de la veuë, ou rupture de quelque iambe, ou autre semblable sinistre accident.

De l'Arithmetique derechef. Chap. XVI.

Ais retournons à l'Arithmetique. Platon dit qu'elle fut premierement enseignee par vn mauuais demon auec le ieu des dés, & tout autre ieu de hazard: & Lycurgus, ce grand legislateur des Lacedemoniens, voulut qu'elle fust bannie de sa republique, comme vn art trubulent: car outre qu'elle requiert que l'on soit de grand loisir pour vacquer à icelle, & retire l'homme de toute honneste & proffitable negociation, elle esmeut souuent grand debat pour choses friuolles & de petite consequence. Tesmoing la guerre irreconciliable d'entre les Arithmeticiens pour la preference du nombre pair ou nompair, sçauoir lequel nombre est le plus parfaict, celuy de trois, de six, ou de dix: Quel nombre l'on appelle pairement pair, en la definition duquel ils soustiennent que Euclide, ce grand Geometrien à lourdement failli. Dauantage il est difficile à reciter quels mysteres Pythagoriques, quelles mageis ils trouuent & songent parmy les nombres, ores qu'ils soyẽt nuds & separés des choses: & osẽt bien tant dire, que le monde n'eust sceu estre construict & creé par Dieu sans les instruments & modelles d'iceux, & que la congnoissance de toutes les choses diuines est enclose és nõbres, ainsi que en regle tres-certaine. De là ont eu origine les heresies de Marc l'enchanteur & de Valentin, fondees sur la science des nombres, & par icelle acheminees, se vantans de pouuoir descouurir, manifester, & entendre tous les plus hauts secrets de la diuinité, & tout ce qui appartient à la religion par leurs fades nombres. A quoy l'on peut ioindre le quaternaire Pythagorique estimé entre les plus saincts mysteres, & plusieurs autres choses semblables, lesquelles sont toutes pleines de vanité, fausses & feinctes, & ne faut penser que toute la trouppe des Arithmeticiens puisse produire chose aucune certaine & veritable, excepté es seuls nombres secs & sans vigueur: neantmoins ils presument de rendre les hommes diuins pour sçauoir nombrer.

Ce que toutesfois les Musiciens ne leur accordent : car ils soustiennent que cest honneur appartient à eux & à leur harmonie.

De la Musique. CHAP. XVII.

Arlons donques maintenant de la musique, de laquelle entre les Grecs Aristoxenus a copieusement escrit, disant que la musique est vne ame ou esprit, & les preceptes de laquelle Boëce a mis en Latin. Ie parle de celle qui consiste en accords mesurés, de chant, de voix, & de sons, non de celle qui gist en rythmes & vers faicts par certaine artificieuse mesure, qui s'appelle Poësie : laquelle, au rapport d'Alpharabius, n'est point tant regie par aucune bonne raison ou haute speculatiõ, que par folie & fureur, d'ont nous auons des- ja discouru cy deuant. Mais quãt à celle qui traicte des accords propottionnés & melodies de cordes ou de voix delectans l'ouie elle enseigne les raisons de sons, des interualles, des parties, & de leurs genres, des tons,

muances, & mesures. Les anciens en ont faict trois especes, Enharmonique, Cromatique, & Diatonique. La premiere, à sçauoir la enharmonique, est delaissee du tout pour ce qu'elle est pleine de difficultés profondes & presque d'impossible obseruation: La seconde, qui est la Cromátique ou coulo-ree, d'autant qu'elle est par trop lasciue, a esté aussi reiectee comme infame & deshonneste: & a on retenu seulement la troisieme espece, comme plus ressemblante à l'accord & composition du monde, à leur aduis. Il s'en trouue entre les anciens qui ont distingué les manieres de musique selon les nations qui en ont le plus vsé, à sçauoir en la Phrygienne, Lydienne & Dorique, lesquelles estoient les plus anciennes, & dont vsoyent *Sacadas*, Argien & Polymnestres musiciens, à quoy *Sappho* de l'isle de Lesbos adiousta vne quatriéme maniere, qu'elle appella Lydienne meslee, ainsi que dit Aristoxenus, l'inuention de laquelle est attribuee par aucuns à Tersandre: par autres à Pythoclides le ioueur de flutes: mais Lusias dit que ce fut Lamprocles Athenien qui premier la mit en auant. Ces quatre manieres de musique en ont esté en prix, & remarquees par l'autorité des anciens, & tout l'assemblage desquelles ils appelloyent encyclopedie, ou cercle de toutes sciences, voulans inferer que la musique cõprend en elle toutes disciplines: duquel aduis est Plato, au premier dialogue des loix, disant, que la musique ne se peut exercer sans auoir toutes les sciences vniuersellement. Entre ces manieres la Phrygienne n'est par les musiciens approuuee, d'autãt qu'elle distrait & rauit l'esprit hors de soy. Parquoy porphyrio l'appelle barbare, pource qu'elle n'est bonne seulement qu'à inciter les personnes à fureur & cholere & au cõbat: & pource est appellee par autres Bacchique, comme celle qui est furieuse, impetueuse, & pleine de trouble, au son & mesure de laquelle nous lisons que les Candiots & Lacedemoniens alloyẽt aux armes, sonnans par deux breues & vne longue *tam ram tan, tam ram tan.* Par ceste maniere de son l'on dit que Timothee en courageoit Alexandre à la guerre: & vn certain ieune hõmme Tauromenien en fut tellement esmeu à ce que

Boëce racōpte qu'il ne cessa qu'il n'eust faict brusler du tout vne maison où estoit vne garse cachee. platō reiecte pareillement la Lydienne, comme trop hautaine & aigue, s'esloignant par trop de la douceur & moderation de la Dorique. Elle est propre pour complaintes, & pareillement aggreable à ceux qui sōt de nature alaigre, s'accōmodant aussi aux chants de resiouissances, à raisō de quoy on dit que les Lydiens, qui estoyēt peuples ioyeux & alaigres se delectoyēt de ceste façon de melodie, de laquelle Tuscans, qui sont extraits de Lydie, ont aussi vsé en leurs danses, mais ils ont preferé à toutes la maniere de musique des Doriens, comme celle qui estoit la plus graue, honneste, & conuenable à toute modestie, propre aux affections de l'esprit, & aux mouuements de la personne graues & posés s'accordant par vne certaine façon à la maniere de viure des gēs de bien & vertueux. Partant elle estoit en grande estime ordinairement entre les Candiots. Lacedemoniens & Arcades: & par opinion que l'on auoit de la force & effect de ceste musique l'on dit que le Roy Agamemnon esleu chefs de l'armee des Grecs pour la guerre de Troye laissa en sa maison pres de sa femme Clytemnestra vn musicien Dorien, à fin que par son chant & melodie elle se maintint en modestie, & eust soing de cõseruer sa pudicité. La maniere estoit de reiterer souuent le pied & la mesure de deux longues. Et tient on que Ægiste, qui la corrompit, n'en sceut onques iouïr sinon apres qu'il eut malheureusement tué ce musicien. Quant au chant Mixtelydien, il est propre pour esmounoir à pitié & commiseration, & conuenable aux Tragedies, bon pour inciter & ramener: & a force & commandement sur toute affection triste & douloureuse. A ces quatres manieres de melodie autres sont adioustees par aucuns, lesquelles ils appellent collaterales, à sçauoir Subdorique, Sublydienne & Subphrygienne, en sorte que en tout ils en font 7. correspõdantes au 7. planettes: à quoy Ptolomee a encor adjousté la 8. à sçauoir Supermixtelydienne, aiguë & hautaine par dessus toutes, & attribuee au firmament: mais Apulee au premier de ses discours intitulés Florides, descrit cinq sortes de chants ou accords mesurés, à sçauoir Æolien simple,

Asien diuers, Lydien lamantable, Phrygien belliqueux, & Dorien religieux ou deuot: ausquels autres adioignent le Ionien allaigre & gaillard. Martian ensuyuant ce qu'Aristoxenus enseigne, en cõpte cinq principales manieres, & dix adioinctes. Or combien que tous confessent que cest art soit plein de grãde douceur, si est-ce que l'opinion generale est, & l'experience le monstre à vn chacun, que c'est vn exercice auquel s'adõnent seulement gents de basse estoffe, d'esprit mal propre à autres choses, & du tout excessifs en intemperance, lesquels ne sçauẽt tenir moyen ny raison à bien commencer ny bien acheuer, ainsi qu'il est escrit de Arcabiusioueur de flutes, à qu'il faloit payer plus d'argẽt pour le faire taire que pour le faire iouër, ou chanter. De ces importuns musiciens parle Horace en ceste sorte:

Musiciens sont attaints de tel vice,
De s'excuser que leur voix n'est propice,
Si entre amis de chanter sont priés:
Si de leurs chants vous ne vous souciez,
A peine lors les pourrez faire taire.

Et a esté de tout tẽps la musique à louër & à vendre pour argent, & vagabõde à la suitte & sous la faueur des maquerelages d'amour. De laquelle onques hõme d'hõneur, graue, modeste, chaste, magnanime, ne fit profession : parquoy les Grecs appelloyent les musiciens ouuriers du pere Liber, ou artisans de Bacchus, ainsi que Aristote les nomme pour faire les baccanales, gents la pluspart de mœurs deprauees & meschãtes, passans leur aage en tout exces, & presque en perpetuelle disette & pauureté, qui est mere & nourrice des vices. En la cour des Rois de Perse les musiciens estoyẽt tenus au rang des parasites, bouffons, & basteleurs, ne seruans qu'à dõner plaisir aux autres : de l'art desquels on prenoit bien delectation, mais quant aux personnes l'on n'en tenoit aucun compte: tellement que estant vn iour faict grand cas à Antisthenes tressage philosophe d'vn certain Ismenias, que l'on vantoit pour estre excellẽt ioueur d'instrumẽts, Il ne vaut donques rien, dit-il : car s'il estoit homme de bien il s'amuseroit à autre chose, d'autãt que l'art de chanter ou de iouër d'instrumens n'est point art d'vn personnage modeste & vertueux, mais d'vn saoul-d'ouurer, & qui ne demonde qu'à iouër & passer son temps. C'est exercice estoit en mespris a l'endroit d'vn Scipion Æmilien, d'vn Cato, comme du tout estrange des mœurs & maniere de viure des Romains. C'est pourquoy Auguste & Neron furẽt blasmés de ce qu'ils s'addonnoyẽt plus que mediocrement à la musique : mais Auguste en estant admonnesté s'en retira, & la quitta : Neron au contraire y mit encor plus son estude, & pource il fut en mespris & mocqué d'vn chacũ. Philippe Roy des Macedoniens, aduerti que son fils Alexandre auoit tres-bien chãté en quelque endroit, le trouua fort mauuais, & l'en tensa: N'as tu point de honte, dit-il, de sçauoir si bien chanter? c'est bien assez, voir trop, si vn Prince daigne prendre le loisir d'ouir chanter les autres. Les poëtes Grecs n'ont iamais faict chanter leur Iupiter, ny iouër de luth ou de harpe : la docte Pallas y deteste les flustes. Homere fait iouër vn iouer de luth deuant Alcion & Vlysses, lesquels seulement escoutent : autant en fait Virgile de son Iopas, qui iouë, & cependant Æneas & Dido prestent l'oreille. Antigonus Gouuerneur d'Alexandre le Grand, le trouuant vn iour qu'il ioüoit de la Harpe, la luy osta, & la mit en pieces: Il est desormais temps, luy dit-il, que tu t'addonnes à reguer & à commander, & non point que tu t'amuses à iouër & chanter. Les Ægyptiens ayans opinion que la Musique amollissoit la vertu & le cœur des hommes, ne permettoient point que leurs ieunes gents y missent leur estude. Et Ephore, au rapport de Polybe, afferme qu'elle ne fut onques introduite sinon pour tromper & abuser les esprits humains. Et, pour en parler à la verité, il n'y a gents plus inutiles, ny de moindre estime, ny lesquels on doiue plus fuir, que les chantres & joüeurs d'instrumẽs, & en somme tous ceux qui font estat & profession de Musique, lesquels par le meslange de tant de voix & accords differents, montans, descendans, s'aduançans, retardans, entrelassés, contrechantés, ou assemblés, surpassent les gasoüillements de tous les oiseaux du monde, & par la douceur enuenimée de leurs folastres chants, mines, & sons, ensorcelent & corrompent, ainsi que Sirenes, les esprits des personnes. Partant à bon droit les femmes Thraciennes poursuiuirent Orphee, & luy aduancerent ses iours, d'autant que par ses melodies il effeminoit vilainement leurs hommes : & , s'il faut adjouster quelque foy aux fables, Argus, qui auoit le chef enuironné de cent yeux, ne les perdit il pas tous auec la vie endormy par le son d'vne fluste? à raison dequoy ces maistres se donnent gloire par dessus les Orateurs mesmes, se vantans que l'Empire des affections est en leur art, pour l'émouuoir & mener çà & là à leur plaisir, & sont bien si dépourueus de sens, d'oser affermer qu'il y a vn certain chãt & harmonie és Cieux, laquelle toutesfois aucun n'oüit iamais, si ce n'est quelque Musicien songeant apres boire, & pensant que le son des verres & des bouteilles fust vne melodie celeste. Cependant il ne s'est trouué iusques à present aucun entre eux qui soit descendu du Ciel, & aye bien compris & entendu tous les accords & consonances des voix, ny toutes les raisons & proportions d'icelles. Neantmoins ils attribuent à la Musique vne perfectiõ totale, disãs que toutes sciences sont encloses en icelle, & qu'elle ne peut estre enseignee, ny entendue, sans auoir faict vn cours par toutes les autres disciplines vniuersellement. D'auantage luy donnent force & vertu de deuiner, & maintiennent que par icelle on peut faire iugement de la santé & disposition du corps, des affections de l'ame & des mœurs d'vn chacun: En outre que c'est vn art infini, que aucun entẽdement ne peut rechercher ny espuiser du tout: où il y a tousiours à apprendre, & que de iour en iour il se trouue nouuelles manieres d'accords & mesures: confirmans le dire d'Anaxilas, à sçauoir que la musique produisoit tousiours quelque nouuelle & estrãge beste, ainsi que font les deserts de Libye. Or Athanase, congnoissant bien la vanité de c'est art, l'interdit aux Eglises. Mais S. Ambroise qui fut plus desireux de pompes & ceremonies, y establit & ordonna depuis la maniere de chanter & psalmodier. S. Augustin tenant la voye du milieu, escrit en ses confessions, qu'il estoit perplex & en grande difficulté à raison de ce. Mais de nostre temps la musique aprins vne priuauté si licentieuse és Eglises, que l'on ne craint point de iouër sur les orgues des petites chansons assez vilaines & sales, les accompagnans auec leurs mysteres, & mesmes les sainctes prieres y sont châtees par des musiciens dissolus, loués & tres-bien payés pour cest effect, qui les entonnent d'vne façon plus propre à chatouiller les concupiscences, qu'à esleuer les esprits en l'intelligence des choses diuines, crians & bruyans comme bestes, & non en voix humaines. Là les enfans hannissent vn dessus, autres beuglent vne taille, qui jappe vn contrepoinct, qui heurle vne haute contre, qui gronde le bas, en sorte que l'on y oit plusieurs sons, mais de paroles ny d'intelligẽce rien n'en paruient aux oreilles ny à l'esprit, & est defendu à l'entendement d'en cognoistre & iuger.

De la Danse ou Bal. CHAP. XVIII.

De la musique depẽd l'art de danser, sauter, & baller, tres-agreable aux filles, & à tous ceux qui meinẽt l'amour: lequel ils apprẽnẽt auec grãd estude, s'y trauaillans & exerçãs-ſans ſe laſſer preſques toute la nuict, ayans vn ſoing merueilleux d'obſeruer les meſures, & accorder leurs deſmarches, ſauts, & paſſages au ſon d'vn violon, tabourin, flute, ou autre tel inſtrument, auec port & contenance graue & moderee, mettans peine infinie de bien & ſagement contrefaire, ce leur ſemble, la choſe du monde la plus folle & approchant de pres à fureur & forcennerie, & qui ſeroit trouuée le plus ridicule ſpectacle & malplaiſant qu'on ſçauroit voir, ſi elle n'eſtoit vn peu aſſaiſonnée du ſon & de la melodie des inſtruments de Muſique, c'eſt à dire, ſi vne vanité ne ſouſtenoit l'autre, & ne la rendoit recommandable. C'eſt art eſt vn desbordement de malice effrontee, ſupport & tutelle de meſchancetez, allumette de paillardiſe, ennemy de chaſteté, bref vn paſſe-temps dangereux & indigne de toute perſonne bien nee. Souuent eſt aduenu, dit Petrarque, qu'à ce rocher l'hõneur & la chaſteté de la femme long-temps conſeruee a faict bris, que la vierge a appris à ceſte eſchole choſe qu'il luy euſt mieux valu d'ignorer, & y a eſté du tout eſtrainéte la bonne renommee & la honte de plusieurs. Plusieurs de là sont reuenuës en leurs maisons impudiques tout à faict, plusieurs en doute de ce qu'elles deuoient faire, mais aucune n'y deuint onques plus chaste. En somme, la chasteté est tousiours assaillie & sollicitee aux danses, & le plus souuent alterree. Toutesfois il s'est trouué entre les Grecs des hommes qui l'ont eu en estime, & l'ont loüee, aussi que ceste nation a faict de plusieurs autres choses deshonnestes & pernicieuses : ils ont donné à entendre qu'elle a prins son origine dés le commencement du monde sur le patron des mouuements celestes des astres & planettes, de leurs cours naturels ou retrogrades, des conjonctions, & en somme de l'ordre d'iceux, qui n'est qu'vne danse mesuree & bien accordante.

Autres disent que c'est vne inuention de Satyres, & que par l'artifice des danses Bacchus surmonta les Thyrreniens, Lydiens, & Indois, peuples tres-belliqueux, & que à ceste cause on cõmença à introduire les dãses entre les ceremonies sainctes, & parmy les actes de deuotion : en sorte qu'en Phrygie les

Corybantes, en Candie les Curetes, & la deesse Rhea voulurent que l'on en vsast. En l'isle de Dele nul sacrifice ne se faisoit sans danser & sauter. Bref aucunes festes ny ceremonies n'estoyent celebrees en lieu quelconque sans danse. Les Brachmanes, philosophes Indiens, matin & soir adoroyent le Soleil, sautans & dansans: & estoit le bal parmy les Ethiopiens, Egyptiens, Thraces, & Scythes, reputé entre les ceremonies sacrees, comme estant de l'ordonnances d'Orphee & Musee tres-bons danseurs Theologiens. A Rome pareillement estoyent certains prestres appellés Saliens, pource qu'ils sautoyent en l'honneur de Mars. Les Lacedemoniens, qui estoyent les plus gents de biẽ de la Grece, apres qu'ils eurent apprins à sauter & danser de Castor & Pollux, ne firent chose aucune de consequence sans bal. Les Thessaliens l'auoyent en si grande veneration, que leurs gouuerneurs & magistrats estoyent honnorés du tiltre de presulteurs ou meneurs de danses. Mesme Socrates, lequel par le tesmoignage d'Apollo fut estimé le plus sage des humains, voulut bien apprendre à danser estant desia fort auant en l'aage, & n'en eut point de honte, ains la prisa & extolla par grandes loüanges, & luy assigna rang entre les plus vtiles & honnestes disciplines. En somme l'eut en telle estime, qu'il luy sembla qu'on n'en pouuoit parler assez honnorablement, comme de celle qui estoit nee auec le monde & auec Amour, le plus ancien des Dieux, & n'auoit rien qui ne fust diuin. Mais il ne se faut esbahir si les Grecs ont ainsi philosophé, veu qu'ils ont bien attribué la pratique & l'inuention des adulteres, des parricides larrecins, & generalement de tous vices, à leurs Dieux, les en faisant auteurs. Ils ont escrit plusieurs liures de cest art de danser, esquels ils ont comprins les especes, mesures, & noms de toutes danses, en quelle maniere chacune se faisoit, & qui en a esté l'inuenteur, dont ie me passeray de dire dauantage. Quant aux anciens Romains, qui estoient personnages d'autre grauité, sagesse, & autorité, ils reprouuerent & reiecterent toutes manieres de danses, & n'ont donné iamais bon bruit ny loüange honneste à femme aucune pour l'auoir veu dãser. Parquoy Salluste reprocha à Sempronia qu'elle chãtoit & dansoit mieux qu'il n'estoit conuenable à vne femme de bien. Et fut attribué à honte & deshonneur à Gabinius & à M. Cœlius, gents consulaires, de ce qu'ils estoyent trop addroits & expers à baller, & à L. Murena fut imputé à crime par M. Cato qu'on l'auoit veu danser en Asie, la cause duquel estoit defenduë par Cicero: toutesfois il n'osa onques excuser le faict, mais le nia tout à plat, disant en outre qu'aucun personnage sobre ne se met à sauter & danser s'il n'a perdu le sens, n'y en lieu solitaire, ny en compagnie ou banquet honneste & moderé, ny en lieu quelconque: car la danse est le comble des insolences, excessifs passetemps, & sales voluptés d'vn banquet dissolu faict hors de temps & d'heure opportune. Parquoy il est force que la dãse soit l'extremité & la derniere main de tout vice: & ne pourroit on aisément dire combien de maux sõt là attirés par la veuë, par l'ouïe, par les deuis, & attouchements. Là on saute d'vne façon enragee auec grand trepigñement de pieds au son mol & lascif d'vn instrumẽt au chant de sales chansons & rithmes deshõnestes: les femmes & filles d'honneur y sont tastonnees & maniees d'vne façon lubrique & par mains impudiques, baisees & accollees ainsi que paillardes, mesmes en se remuant & dansant souuẽt sont descouuertes les parties que nature & la modestie ont voulu voiler. Bref sous couleur de ieu & passetemps la meschanceté desguisee vient en place. Partant il n'y a doute que cest exercice n'aye esté inuenté par les esprits infernaux, tant s'en faut qu'il soit produit du Ciel, lequel fut mis en vsage au deshonneur de Dieu par les enfans d'Israel apres qu'ils eurent forgé le veau au desert: car il est dit que luy ayant sacrifié ils commencerent à manger & boire, & puis se leuerent pour ioüer, chantans & dansans. Mais il suffit d'auoir dit des danses iusques icy.

De la Danse armee. CHAP. XIX.

IE n'ignore point toutesfois en parlant des danses, qu'il n'y en aye plusieurs autres especes iadis celebrees par les auteurs, qui sont pour la pluspart delaissées, & aucunes encor aujourd'huy en vsage: ainsi que la danse armee, que nous appellons moresque, laquelle est fort propre & accommodee aux escrimeurs, bastelleurs, & aux gents de guerre. Mestier, à la verité, tragique, auquel on ne fait cas de tuer vn hõme innocent, & n'est cela qu'vn jeu, & leger passetẽps, & y est imputé à grande infamie d'auoir cuidé tant soit peu destourner vn coup mortel, & ne l'auoir receu hardiment dans ses entrailles. A la folie de cest execrable artifice est iointe vne impieté insigne. Et sont tous tels exercices, tant vuides de tout bien, & pleins d'impudence, que c'est peu de les blasmer seulemẽt, si quand & quand on ne les maudit & deteste: car on n'apprẽd par iceux autre chose que certaines manieres étrãges & admirables de forcenner & perdre tout entendement.

Des Basteleurs, & de leurs sauts & danses. CHAP. XX.

IL y auoit aussi vne espece de Basteleurs qui tenoient rang de sauteurs & danseurs, lesquels par mines & cõtenances representoient si proprement leurs conceptiõs, (c'estoient des farces muettes, ou mysteres sans parler) & par gestes & mouuemẽs exprimoiẽt si naifuement les mœurs & affections des personnes, qu'ils estoient entendus clairement d'vn chacun, ores qu'ils ne parlassent point. Cest art a cela de singulier, qu'il n'estoit besoin d'auoir aucun truchement à ceux qui les regardoient. Car chacun, tant fust il esloigné, pourueu qu'il peust voir, pouuoit aisemẽt entendre l'argument & subiect de la farce par le branslemẽt seul, & par les sauts ou remuements de ceux qui joüoient : tant bien sçauoient ils imiter & representer vn enfant, vn vieillard, vne femme, seruiteur, chambriere, vn yurongne, vn cholere, & en somme toutes manieres de gents en toutes leurs façons, mœurs, & affections, par vn plaisant geste. A raison dequoy ceux qui faisoient profession de c'est art, ont esté fort prisés & estimés par les anciens, & dit Macrobe que Cicero s'esprouuoit auec Roscius, qui estoit de ce mestier, & auoit esté aussi amy familier de L. *Sylla* Dictateur, lequel d'eux deux representeroit ou exprimeroit en plus de façons vn mesme suiect, vn par diuersité de paroles & richesse d'eloquence, l'autre par gestes variés & changés en plusieurs manieres : ce qui dõna occasion à Roscius d'escrire vn liure de la comparaison de l'eloquence & de l'art de bastelerie. Toutesfois la ville de Marseille, à ce que recite Valere, eut l'honneur & la reputation si recommãdee, qu'elle ne donna onques acces à aucuns basteleurs, farceurs, ou ioueurs de comedies, pource principalement que les subiects & argumens de leurs fables & recits n'estoyent que paillardises & actes lubriques : parquoy craignoyent que l'accoustumance de tels spectacles n'induisist leur peuple à se licẽcier de les imiter. Partant le mestier de reciteur ou ioueur de fables & comedies en quelque façon que ce soit, est vne occupation meschante & des honnestes, & ceux qui prennent plaisir d'y assister & les regarder, sont grandement à reprendre: car la delectation que l'on prẽd en choses lasciues est vitieuse & approchante de crime. Bref il n'y auoit anciennement tiltre plus reprochable ny vilain que celuy de basteleur ou farceur & estoyent par les loix notés d'infamie, & reculés des tous honneurs & estats publics, ceux qui c'estoyent trouués sur vn eschaffaut pour iouër ou contrefaire vne farce.

Du Rhetorisme, ou bal rhetoric. CHAP. XXI.

VNe autre maniere de bal se prattiquoit anciennement, qu'ils appelloyēt rhetorisme, à peu pres semblable à celuy des basteleurs, vn peu plus posé toutesfois: lequel Socrates, Platon, Cicero Quintilien, & plusieurs d'entre les Stoiques trouuoyent vtile & tres necessaire à celuy qui aspiroit d'estre orateur, aduocat, ou harangueur. C'estoit vne adresse de biē porter sa persōne en geste, contenance, & visage decent, biē composé & aduancé, & d'accompagner au son, à la voix, & a toutes les paroles & sentences que l'on proferoit, la viuacité des yeux, la grauité de la face, & le mouuement & contournement du corps selon qu'il faloit pour leur donner grace & efficace, sans que cest art passast plus outre que d'enseigner les mines & contenances. Or par succession de temps ceste bastelerie en matiere de rhetorique fut du tout quittee & mise hors d'vsage entre les orateurs, ayant quelquefois Auguste Cesar admonnesté Tibere qu'il faloit parler de la lãgue & non des doigts, & aiourd'huy il n'en est plus de nouuelles, si ce n'est à l'endroit de quelques moynes en chaire, (cõbien qu'anciennemẽt les basteleurs estoyent retrãchés de l'Eglise, & n'estoyẽt admis à receuoir le sainct Sacrement de l'Eucharistie,(lesquels à present l'on void se tourmẽter & crier haut à merueilles, faisans diuerses grimaces du visage, iectãs leurs regards, ça & la, escrimans des bras, trepignans des pieds, remuãs les costés lasciuement, & auec mille autres gestes & contenances estranges faire leurs presches au peuple, tantost se courbans, tantost se renuersans, tournoyans, sautans, & en somme monstrans le peu d'arrest qu'ils ont en leur cerueau par ces inconstans mouuements de leurs corps, ayans possible en memoire la sentence de Demosthenes, lequel interrogé, ainsi qu'escrit Valere, quelle estoit la chose qui donnoit plus grande efficace aux paroles, respondit que c'estoit l'hypocrisie: enquis derechef de cela mesme: respondit semblablement que c'estoit l'hypocrisie: & ainsi pour la troisiesme fois, affermant que tout l'artifice, la force, & vertu de bien dire consistoit en cela. Mais à fin que nous ne nous esgarions loing des Mathematiques, venons à la Geometrie.

De la Geometrie. CHAP. XXII.

A Geometrie, qui est honoree par Philon Iuif du tiltre de mere & source de toutes les sciences, a cela de bon & digne de loüange en elle, qu'au lieu qu'entre les professeurs des autres disciplines on void infinis debats & contrarietez, les Geometriens sont en tout de bon accord entre eux, si ce n'est qu'ils disputent encor si les poincts, lignes, & superficies, se peuuent partir & diuiser ou non. Au demeurant il n'y a aucun different parmy eux, ny en leur doctrine, ny en la maniere de l'enseigner, seulement chacun tasche par nouuelles inuentions & subtiles ſpeculations de choſes qui n'ont encor eſté miſes en auant, de ſurmonter l'vn l'autre. Toutesfois il ne s'eſt trouué encor aucun geometrien qui ayt entendu la raiſon de reduire le rond en ſon quarré egal, ny de faire vne ligne égale à la circonferance ou coſté du cercle, combien qu'Archimedes Siracuſain euſt iadis opinion de l'auoir trouué, & pluſieurs apres luy ſe ſoyent eſſayés en vain d'y paruenir, leſquels poſſible ont peu dire quelque choſe approchante à cela, mais non pas cela meſme. Et ſont menés tous de telle ambition, ne ſe voulans arreſter à ce qu'õt eſcrit & enſeigné leurs predeceſſeurs geometriens, que és meſmes cõſiderations ils penſent touſiours pouuoir imaginer & adiouſter quelque choſe outre ce que leurs precepteurs ont inuété, & ſe mettent en telle reſuerie, que bien ſouuẽt ils en perdẽt le ſens, en maniere que tout l'ellebore du monde ne ſuffiroit à purger leurs cerueaux. Or outre que la geometrie cherche les raiſons des lineaments, des figures, diſtances, magnitudes des corps, & leurs dimenſions & poids: d'icelle dependent auſſi tous les artifices, ouurages, inſtru-

ments, & engins seruans tāt à la guerre & aux batteries des villes, qu'à l'archi-tecture & autres vsages cōmuns, comme sōt les belliers, tortues, scorpiōs, catapultes; sambuques, ponts leuis tours mobiles, & autres engins & machines dont vsoyent les anciens pour renuerser les murailles, jetter traicts ou pierres de grād poids, miner ou escheler viles: plus les nauires, galeres, ponts, moulins, ou engins à rouler ou faire tourner meules: Item les chariots, coches, gruës, polies, rouës, & autres seruans à enleuer tirer, & trainer grands fardeaux & poids desmesurés a peu de peine. D'auantage les artifices soy mouuans par le moyen de contrepoids des eaux, d'air, ou de nerfs & cordages: ainsi que les Horologes qui ont leurs mouuements à raison des contrepoids, & les instruments qui rendent sons à cause du vent, & ceux qui iettent, espuisent, ou attirēt l'eau comme pompes & rouës à ce appropriees, en outre les ouurages qui sont faicts seulement pour donner plaisir & admiration, comme certaines boules sautans & roulans d'elles mesmes, des lampes qui [illegible]
[illegible]

des soufflefeux, & cõme certaine beste, dont parle Politian, laquelle estant seruie sur tables, decoupée, & trãchée pour estre mangee, beuuoit neantmoins & auoit les mouuemẽs & la voix cõme si elle eust esté en vie: Par semblable artifice dit mercure, les Egyptiens faisoyent les images de leurs Dieux, ausquelles ils faisoyent proferer des voix distinctes, & les faisoyẽt marcher. Ainsi que Architas Tarantin fit & construisit pareillement sa colõbe par raisons geometriques, la faisant esleuer haut en l'air & voler. Archimedes aussi fabrica le premier à laide de cest art vn ciel de cuyure par telle industrieuse inuention, que l'on y voyoit distinctement les mouuemẽs de chacune planette, & les tours des cercles & globes celestes, à l'imitation duquel nous en auons veu vn de nostre temps. De cest art est issuë l'inuẽtion de l'artillerie, arquebuses, & autres instruments à feu, desquels i'ay composé vn liure particulier, intitulé Pyrographie ou description des artifices de feu, dont ie me repens: car il ne contient qu'enseignemẽts nuisans & trespernicieux. En somme tout l'artifice qui peut estre en la peincture, en la Cosmographie, en l'agriculture & instruments rustiques, à la guerre, à la fonte, à la sculpture, poterie, menuiserie, orfeuerie, architecture, & autour des mines des metaux, tout, ou la plus-part, est prins de la geometrie.

De l'Optique ou Perspectiue.

CHAP. XXIII.

LA Geometrie est suyuie de pres par l'Optique, que l'on appelle autrement Perspectiue, puis par la Cosmimetrie & Architecture. La Perspectiue doncques ou Optique a trois parties ou trois considerations en la veuë, à sçauoir quand les rais d'icelle sont iectés directement, quand ils sont reflefschis, ou quand ils sont brisés: elle enseigne que c'est que des lumieres, ombres, & interualles, comprend les raisons des grandeurs, appetissements, ou des fausses apparences, qui se representẽt à l'œil, & cause des distãces, recherche pareillement si les rais de l'œil estendus sur diuers corps passent à trauers vn ou plusieurs moyens clairs & transparents, monstre où il faut que le iour ou l'ombrage batte, & tout ce qui auient pour ce regard aux corps, à la veuë, & au moyen ou air qui est entredeux, & quels changements peuuēt apparoistre en la chose & en la veuë, par la diuerse qualité de cest air ou moyen. Quant à la raison & maniere de voir, les opinions sont discordantes & diuerses: Car Plato est d'aduis que la veuë se fait par vne mutuelle clarté, à sçauoir quand la lumiere issant de nos yeux est rencontree à my chemin en l'air clair & diafne par celle qui sort de la chose que nous regardons, & qu'elles se ioignent exterieurement ensemble: & quant à la lumiere qui est en l'air, par lequel passe le traict de l'œil, qu'elle est facilement par la vertu d'iceluy resplendissante comme feu, destournee & esparse. Galien est accordant à l'opinion de Platon: Mais Hipparque pēse que les rais passans outre iusques aux corps mesmes, & les touchans legerement dessus, reçoyuent d'iceux la qualité visible, & le rapportent aux yeux. Les Epicuriens croyent que ce sont images & simulacres sortans des corps, lesquels sont portés dans nos yeux, [illegible] est [illegible] nion, mais il dit que ces simulacres, n'ōt point de corps, ains sont certaines qualités produites de l'alteration & varieté de l'air, qui est autour & en l'entre-deux des corps visibles & de nos yeux. Porphirius dit bien autrement : car il soustiēt que ce ne sont ny rais ny simulacres ou images ny autres telles choses, qui causent la veuë, ains l'ame seule, laquelle estant vne en toutes choses, & visible à elle mesme, se void & cognoit par tout. Mais les Geometriēs optiques ou perspectifs, s'accordans à peu pres auec Hipparque, afferment qu'il se fait certains triangles des rais sortans de nos yeux, les lingnes laterales desquels venans à s'entrerencōtrer en font d'autres par le moyē desquels l'œil peut voir en certaine façon plusieurs choses ensemble, mais que la veuë certaine se fait à l'endroit où les lignes susdites viennent à se ioindre & croiser. Toutefois Alkindus en ce qu'il a escrit des regards, enseigne choses du tout contraires. S. Augustin se contēte de dire que la vertu de l'ame fait quelque operatiō en l'œil, qui n'a point encor esté biē recherchee par [illegible] fort vtile à ceux qui essayent de conoistre & cõprendre les diuersités, distances, quantitez, ou grandeurs des mouuemens des corps celestes, leurs reflexions, & refractions. Sert semblablement aux Architectes pour mesurer les bastimẽts, comme aussi elle est necessaire aux peintres, & à ceux qui fabriquent les miroirs, & donne grand ornement & belle maniere à leurs ouurages, lesquels sans ignorer ne se peuuent bien parfaire: car elle enseigne tenir moyen & mesure selon les hauteurs & distances, a fin de ne faire choses difformes & hors de proportion.

De la Peinture. CHAP. XXIV.

LA peinture est à la verité vn art prodigieux, mais qui imite soigneusement les œuures de nature, par la bõne dispositiõ & adiãcemẽt des traicts & deuë aplicatiõ des couleurs propres à chacune chose. L'on faisoit anciennement si grande estime d'iceluy, qu'il tenoit le premier degré apres les Arts Liberaux. C'est vn art plein de liberté, non moins que la poësie, ainsi que Horace a tres-bien dit:

Tousiours de tout oser par main prompte & hardie
Ont prins leur liberté Peinture & Poësie.

Aussi dit ont que la Peinture n'est autre chose qu'vne poësie muette, & la poësie vne peinture parlante, tant sont elles bien alliees l'vne auec l'autre: Car & peintures & poëtes feignent egalement les vns comme les autres des fables ou des histoires, & representent toutes choses: la lumiere & splendeur, les ombres, les hauteurs, les abaissemẽts mõtagnes, & plaines. Dauãtage la peinture a cela, qu'elle deçoit la veuë en vn mesme obiect, faisant veoir & paroistre en diuerses sortes vne mesme figure, selon le chãgement de l'assiete ou d'icelle ou des regardans, ce qu'elle emprunte de l'optique & passe plus outre que la sculpture ou statuaire, en ce qu'elle contrefait le feu les rayons, la lumiere, les tonnerres, foudres, le poinct du iour, le Soleil couchãt, l'entre iour & nuict, les nuages, fait apparoistre les passions & affections de l'homme, & presque fait parler ses figures, & par fausses mesures

elle racoursit les choses, & fait apparoistre ce qui n'est. Ainsi que l'on trouue escrit és histoires de la gageure d'entre Zeuxis & Parrhasius peinctres excellens, qui estoyent entrés en contention pour la prerogatiue, & preeminence de leur sçauoir: l'vn d'esquels, qui fut Zeuxis, apporta des raisins peincts auec telle industrie & labeur, que les oiseaux cuidans que ce fussent vrais & naturels raisins, y accouroyent pour en manger: l'autre mit en place vn tableau où estoit peinct vn rideau seulemẽt, par lequel sõ concurrent fut deceu: car il estoit si biẽ contrefait, qu'il pensoit que ce ne fust que le voile, & que la peincture fust dessous, de sorte qu'il se print à dire tout fier de ce qu'il auoit trõpé les oiseaux, Descouure tõ tableau & nous mõstre ce que tu as peint. En fin s'apperceuant de sa faute, il fut contraint de ceder & quitter à Parrhasius, le champ & la victoire: car Zeuxis auoit bien deceu les oiseaux, mais Parrhase auoit affiné vn maistre ouurier. Pline racompte qu'à certains ieux que celebroit Claude, il y auoit des tuiles
[illegible]

les les corbeaux deceus par l'aparẽce essaioyent de voler & se poser. Ce mesme auteur dit que durant le regne des Triũuirs vn dragon en peincture fit taire & perdre le chant aux oiseaux à la veuë d'vn chacun. La peincture a encor cela de singulier, qu'ẽ tous ses ouurages il y a quelque sens & intelligence outre, ce qui se void, en quoy il faut l'esprit & le iugement des regardans s'exerce, comme fort diligemment a remarqué Plutarque en ses images ou discours de peincture. Et combien que l'art, l'industrie & exercice de la peincture soit excellẽt & de grãd aduantage à celuy qui en fait estat si est ce que le naturel luy sert encor dauantage, & est pardessus tout.

De la Statuaire, Sculpture, ou taille en bosse, & de la Poterie & fonte.

CHAP. XXV.

LA peincture est accompagnee de l'art de tailler figures en bosse, de la poterie, fonte & graueure, tous exercices bigeares & fantastiques, lesquels pourroient estre comprins sous le tiltre d'Architecture. La sculpture taille ses images en pierre, bois, ou yuoire: la poterie les forme de terre: la fonte iette dans des moules de cuiure & autres metaux, dõt sont façõnées ses figures. La graueure les taille au dedãs de pierres precieuses ou autres. De ces arts a escrit n'aguieres Pomp. Gauric, mais il est croiable que tant ceux-cy, que la peinture, ont esté inuentez & mis en auant par les esprits immondes, pour seruir à l'orgueil & parade, esueiller les cupiditez, & engendrer superstition és cœurs humains, & que les premiers ouuriers qui se sont addonnez à iceux furent ceux S. Paul dit qui changerent la gloire de Dieu incorruptible à la ressemblance de l'homme corruptible, des oiseaux, des bestes à quatre pieds, & des reptiles: lesquels contre la defense expresse de Dieu, qui rejette toute image taillee & ressemblãce des choses qui sont là haut au Ciel ou ça bas en la terre, ont introduit vne detestable idolatrie & desplaisante à Dieu. Dont le Sage parle ainsi: L'idole est maudit, tant icelle que l'ouurier qui l'a faicte: cestuy-cy, d'autant qu'il en est l'ouurier: & icelle, pource que estãt corruptible elle a receu le nom & tiltre de Dieu. La vanité des hommes, dit-il, a introduit au mõde ces arts, pour les tenter, & surprendre leur vie, & leur inuention est la corruptiõ d'icelle. Neantmoins entre nous Chrestiens sommes en cela desreiglés, & priuez de bon sens par dessus toutes les autres nations, nous laissans déchoir en tel abastardissement de mœurs & de façõs de viure, qu'il n'y a chambre, sale, ny cabinet en nos maisons, qui ne soit garnie de lubriques & des-honnestes peintures, par lesquelles nos femmes & filles ne peuuent estre inuitees qu'à tout impudicité : mesmes en rẽplissons les Temples, Chapelles, & Oratoires en singuliere veneration, non sans danger de tomber en idolatrie : dequoy nous traicterons plus amplement quand nous viendrons à parler de la religion. Toutesfois i'ay autresfois aprins estant en Italie, que la peinture ne sert pas de peu, & que son autorité n'est pas à mespriser : Car s'estant meu vn grand procez en Cour de Rome entre les freres Augustins & ceux que l'on apelle Chanoines Reguliers, touchant l'habit duquel S. Augustin vsoit, sçauoir s'il portoit le noir sur vne cotte blanche, ou le blanc sur la noire, & ne trouuant aucun document ny escriture qui peust seruir à esclaircir ceste difficulté, les Iuges furent d'aduis de renuoyer les parties aux peintres & tailleurs d'images, & que le rapport qu'ils feroient par la recherche des anciennes peintures tiendroit lieu de sentence diffinitiue. A l'exemple desquels m'estant rangé & arresté, apres m'estre trauaillé fort long tẽps auec continuelle diligence pour trouuer l'origine des capuchons des moines, & n'en pouuant estre esclaircy par aucune escriture, en fin i'eu recours aux peintures, mesmes à celles des cloistres & pourmenoirs de leurs Conuents, où volontiers sont peintes les histoires du Vieil & Nouueau Testament. la recherchant soigneusement ie n'apperçeus aucuns des Patriarches de l'anciẽne alliance, nỹ des Prestres, ny des Prophetes, ny des Leuites, non pas mesme Helie, que les Carmes disent estre Autheur & Instituteur de leur Ordre, qui fust encapuchonné. Venant puis à regarder au nouueau, i'y trouuay Zacharie, Simon, S. Iean Baptiste, Ioseph, nostre Seigneur

Iesus Christ, les Apostres, les Scribes, & Pharisiens, les grands Prestre, Anne, Cayphe, Herode, Pilate, & plusieurs autres, entre lesquels ie n'en voyois pas vn qui eust capuchon en teste. Ie reuiens, & fais derechef vne reueuë par tout de chaque chose par le menu, & auec diligence: en fin j'apperceu enuiron le commencement des histoires du Nouueau Testament le diable qui tentoit nostre Seigneur au desert, lequel portoit cest habillement de teste. Dont ie fus fort resiouy & satisfait, d'auoir appris par les peintures, ce que ie n'auois sceu trouuer par escrit en aucun liure, à sçauoir que l'inuention des capuchons soit venuë du diable, & que d'iceluy, comme il est croyable, les Moynes l'ayent empruntee, s'en accoustrans chacun selon son ordre & de la couleur qui est requise à iceluy, ou bien l'ont receüe de luy, & apprehendee par droit successif & hereditaire.

De la Speculaire, ou art de faire les miroirs.

CHAP. XXVI.

MAis reuenons à l'Optique, qui aide grandement à ceux qui se meslent de fabriquer & cõposer les miroirs:

car par icelle ils sont enseignez, & entendent toutes les impostures, effects, & accidents de la veüe en iceux, qui s'experimentent selon la diuersité de leurs formes & façons : car il y en a de creux ou concaues, d'autres enleuez & courbes en dehors, de plains faict en façō de colonne, de pyramide, de toupie, à sçauoir aigus par le bas en bosse ronds à angles renuersez, reguliers, irreguliers massifs, ou arrestans la veuë, transparents, à trauers lesquels la veüe passe. Nous lisons és leçons antiques de Cœlius que du temps d'Auguste vn certain Hostius, homme consommé en toute des honnesteté, faisoit des mirois ayans ceste proprieté de representer les choses beaucoup plus grandes qu'elles n'estoyent, en sorte qu'vne figure de la grosseur du doigt se mōstroit aussi grosse & lōgue que le bras & plus. Il se fait des miroirs où l'on peut voir seulement la forme d'vn autre, mais nō pas la sienne. Autres posez en certains lieux ne representent rien, transportez ailleurs on y void toutes choses comme aux autres. Certains rendent les figures renuersees les pieds contre mont, & d'vne seule chose en representerõt plusieurs. Ils s'en trouue aussi qui mõstrẽt à droicte les parties dextres, à gauche les senestres, au contraire de ce que font communement tous miroirs. L'on fait des miroirs ardans & deuant & derriere, & aucuns qui monstreront les figures non au dedans, mais au dehors d'iceux assez esloignees, ressemblans à phantosmes suspendus en l'air, & autres qui recueillent en eux les rais du Soleil, & puis les reiectent roidement sur quelque matiere qui soit propre à brusler, & mettent le feu de fort longue distance la part où l'on veut: & autres de plusieurs sortes, que nous auons veu, sceu faire & composer. Les miroirs transparans, lunettes, & bericles, ont pareillemẽt leurs impostures, comme de faire monstrer les choses grandes petites, & au contraire celles qui sont petites tres-grãdes: faire voir de pres les choses esloignees, & ce qui est prochain sembler fort esloigné. Ce qui est à nos pieds estre esleué haut & ce qui est par dessus nous apparoistre au dessous ou en quelque autre estrange assiette à nos yeux. Il y en a qui font que pour vne chose qui est, il semblera d'en voir plusieurs, autres monstreront les choses colorees diuersement ainsi que l'arc en ciel, & sous diuerses formes & apparences. Ie sçay la maniere de faire certains miroirs, lesquels exposez au clair Soleil representent entierement en iceux tout ce qui est attaint des rais d'iceluy au pays d'alentour & par longue espace & distance, comme d'enuiron quatre ou cinq lieuës. C'est aussi vne chose singuliere & admirable que les miroirs plats, tant plus ils sont petits, tant plus petites representent ils les choses qu'elles ne sont. Mais quelques grands qu'ils soyent, elles n'apparoissent iamais plus grandes en iceux que leur naturel: ce que sainct Augustin ayant remarqué escriuant à Nebridius, dit qu'il y a en cela quelque secret caché. Mais toutes ces inuentions sont vaines & inutiles, & ne seruent qu'à donner plaisir à ceux qui n'ont guiere à faire, ou bien à vaine gloire. Plusieurs ont escrit des miroirs, tant Grecs que Latins, mais le plus suffisant de tous est Vitelle.

De la Cosmimetrie, ou consideration des mesures du Monde.

CHAP. XXVII.

Epluchons maintenant la Cosmimetrie, & sommairement. Elle est diuisee en Cosmographie & Geographie. L'vne & l'autre mesure & partit le monde: mais la Cosmographie se reigle par les choses celestes, & rapporte la terre à la raison & proportion d'icelles, mesurant tous les lieux & endroits du globe terrestre par degrez & minutes correspondans à ceux du Ciel, donne les raisons des Climats, de la difference & diuersité des iours & des nuicts, accroissement & diminution d'iceux, les endroits & assiettes des vents, le leuer diuers des astres sur nostre horizon, l'eleuation des Poles, les Parallelles, les Meridiens. Pareillement les ombres des poinctes esleuees és horologes ou colonnes, & autres semblables choses sont par ceste science enseignées par raisons Mat hematiques. Quant à la Geographie, sans se seruir des mouuements du Ciel, ny de ses mesures, elle partit la terre par stades ou milles, la diuise par confins des moutagnes, fleuues, forests, lacs, mers, & riuages : descrit & demonstre les peuples & nations, les Royaumes, Prouinces, Citez, Ports, Havres, & autres choses qui sont memorables en icelle.

Nous declarant la disposition
De chaque lieu, & la condition:
Et, mesmement fait cognoistre par ruse
Ce qu'vn terroir peut porter ou refuse.

Et à l'imitation de la peinture par raisons & obseruatiõs de Geometrie & de perspectiue figure toute la terre en vn globe ou en vne carte platte. Aucuns comprennent souz icelle la Chorographie, qui est vne descriptiõ particuliere de certains lieux separez, recherchant par le menu tout ce qui est en iceux, pour le representer en peinture parfaite & accomplie.

De diuers ornemens passementée & ceinte,
De vignes, de forests, de fontaines enceinte
Rejaillissans és prez, de fleuues tournoyans,
Et sur les chãps herbus par sources larmoyãs,

De vaux panchants, de monts, dont les cimes cornuës
Surpassent l'espaisseur des vagabondes nuës.

Toutes ces choses, & celles que nous auons dit cy dessus, nous sont promises par la Cosmimetrie : mais les autheurs, qui la nous deuroient enseigner, sont entr'eux si discordants des limites, longitudes, latitudes, magnitudes, mesures, distances, climats, & de leurs temperatures, que nous ne sçauons à quoy nous en tenir. Ce que Eratosthenes dit, est autrement enseigné par Strabo : Marin luy est diuers, & Ptolomée ne s'accorde auec eux: Denys a autre opinion, & ceux qui escriuent de ce temps vsent de distinctions toutes differentes. Ils ne sont point d'accord où est le nombril ou milieu de la terre. Lequel Ptolomée assigne souz le cercle Equinoctial : Strabo croit que c'est le mont de Parnasse en Grece, auquel s'accordēt Plutarque & Lactance Grammairien, estimant que du temps du deluge il fut la separation des eaux d'auec le Ciel, ainsi que Lucain chante d'iceluy:

Du chef de ce seul mont, qui les nuës voisines

Lors que tout estoit mer n'aparut que la cime.

Que si ceste raison est suffisante pour remarquer le nombril de la terre, ie dis qu'il n'est point en Parnase, mais en ce mont d'Armenie, qui commença premier à se descouurir lors que les eaux du deluge descreurent, & sur lequel l'arche de Noë s'arresta, ainsi que dit Berose Chaldee, autres ameinent autres raisons & alleguent comme par le vol des aigles le milieu de la terre a esté trouué & cogneu. Il y a des Theologiens qui iectent leur faucille en ceste moisson, & afferment que le milieu de la terre est la cité de Hierusalem: car il est escrit par le Prophete, Dieu a fait l'œuure de nostre salut au milieu de la terre: A ceste censure s'adioignent Lucrece, Lactance, & Augustin, lesquels ont fort & ferme nié qu'il y eust des antipodes. Ceux pareillement qui ont voulu maintenir qu'il n'y auoit aucune terre habitable outre l'Europe, l'Asie, & l'Afrique: ce qui est apparu faux par les nauigatiõs des Portugais & Espagnols de nostre temps; lesquels nous ont rendus certains que tout le traict qui est souz le Zodiaque est habité, contre les resueries des anciens poëtes, & l'opinion fausse d'Aristote. Plusieurs autres erreurs des Geographes ont esté par nous remarquez cy dessus, où nous auons parlé de l'histoire. Or cependãt que a l'aide de cest art nous sommes empeschez à rechercher toute la terre, & les mers, les endroits & assiettes de chaque region, & des isles, leurs bornes & limites, Pareillement les origines, mœurs & coustumes d'vne infinité de peuples separans les vns d'auec les autres, nul autre fruict ne nous en reuient, sinon qu'en nous enquerant soigneusement des choses qui appartiennent à autruy, nous apprenons à nous ignorer nous mesmes. Et, selon que dit Sainct Augustin és confessions, les hommes vont admirer le sommet des montagnes, les grãds amas des eaux de la mer les larges cours des riuieres, le tour & cõtenu de la mer Oceane, & le tournoyement des estoiles, & cependant ils s'oublient eux mesmes, & se delaissent. Pline aussi dit que c'est folie de s'amuser à mesurer la terre: car en la mesurant bien souuent nous outrepassons mesure.

de l'Architecture. CHAP. XXVII.

L'On ne peut douter si l'Architecture est vtile: car il est tout certain, qu'elle apporte plusieurs commoditez, & embellit grandement les edifices, tant publics que particuliers. C'est d'elle que nous auons les parois & les toicts & couuertures d'icelles, les moulins, ponts, nefs, & beteaux, temples, murs, tours, rempars, & toutes sortes d'engins & machines, par lesquelles les lieux & les affaires des hommes, tant publics que priuez, sont gouuernez, maintenus, ornez, & embellis. Discipline hõneste & tres-necessaire, à la verité, si elle n'auoit ensorcelé les esprits humains de telle sorte, qu'à peine s'en trouue-il vn qui ne soit espris de la folie de bastir, pourueu que l'argent ne defaille, & ne vueille, quelque accomply & bien construict que soit son logis, y adjouster encor quelque edifice. Laquelle affection insatiable de bastir a passé toute mesure & raison par tel excez, que rien n'a esté espargné en ce monde : les rochers ont esté tranchez, les vallées comblées, les monts applanis, les grands escueils percez, dõné passage à la mer au trauers des montagnes, la terre foüillée jusques au centre, les fleuues destournez, les mers assemblées l'vne à l'autre, les lacs espuisez, les marests desseichez, les riuages bornez à la mer, les profonds gouffres d'icelle recherchez, nouuelles isles construites, autres assemblées auec la terre ferme. Toutes lesquelles choses, ores qu'elles bataillent contre nature, & la forcent, ont toutesfois souuent apporté au monde vniuersel des commoditez non petites. A quoy neantmoins donnent contrepoids les remuëments de terre & autres ouurages consttuicts à grands frais, sans qu'ils ayent peu seruir aux hommes à aucun vsage, sinon de monstrer par vaine ostentation que l'on auoit force argent, humeur sotte, & de gents de neant, comme estoient les merueilles des œuuros & bastimens excessifs des Egyptiens, Grecs, Tuscans, Babyloniens, & autres nations, leurs labyrinthes, pyramides, obelisques, colosses, mausolées: les monstrueuses statuës des Rois Rampsinet, Sesostris, & Amasis, & l'effigie admirable du Sphinx, où l'ō estime qu'estoit enseueli Amasis, qui estoit taillee de pierre naturelle & polie. Le tour de la teste de ce monstre par le frōt estoit de cent deux pieds, la lōgueur de sept vingts & trois. Mais il y a bien eu d'autres œuures plus grandes, à sçauoir celles de Memnon & la statue de Semiramis au mont Bagistan au pais des Medois, qui auoit de grādeur dix sept stades qui sont deux mil cent vingt cinq pieds. Lesquelles toutesfois eussent esté surpassees par l'entreprise de Stesicrates, ainsi que dit Plutarque, ou de Dinocrates selō Vitruue, ou autre architecte quiconque il fut, qui promettoit de reduire le mōt Athos en forme humaine, representant l'effigie d'Alexandre le grand, en la main duquel seroit assise vne ville capable de dix mille habitans. Au rang de ces merueilles on peut mettre l'eschauguette de Babylone, le pied & plā de laquelle, selon Herodote, auoit en chaque sens cēt vingt cinq pieds, & la tour bastie en pleine & haute mer soustenue par des cancres de verre. L'on y peut aussi adioindre le Palais de Gordien, les arcs de triomphe, & les temples anciens des dieux, mesme celuy de Diane en Ephese basti aux despens de toutes les nations d'Asie en l'espace de deux cens ans, & la chappelle faite d'vne seule piece de pierre au temple de Latone en Egypte, qui auoit de largeur en chaque face quarante coudees, couuerte d'vne autre pierre entiere. Pareillement la statue d'or fabriquee par le Roy Nabuchodonosor de la hauteur de soixante coudees, qu'il vouloit estre adoree sur peine de la vie, & vne autre statue faite d'vn grand Topase haute de quatre coudees d'vne Royne d'Egypte. De nostre temps on peut voir plusieurs edifices bastis auec sẽblable prodigalité, comme aucuns temples auec leurs festes & domes superbement bastis, monceaux de pierres esleuez en hauteur admirable, cloches dressez iusques aux nues, où sont mal despensees & dissipees grandes sommes de deniers ordonnez à œuures pies & aumoines, pendant que innumerables chrestiens, qui sont les vrais temples de Dieu, & son image, meurent de faim, de froid, de maladies, & autres necessitez, lesquels deuroyent estre entretenus & alimentez de ces deniers là. Au reste, si l'õ veut sçauoir quelles ruïnes & destructions ont esté amenées sur le genre humain par le ministere de cest art d'Architecture, les boulevards, forts, & remparts, les machines de guerre, canons, doubles canons, couleurines, & autres instruments de ruine en font ample foy, & en portent certain tesmoignage auec les villes, peuples, & nations subuerties & aneãties par ces engins: & ne s'est contenu seulement en terre, mais a enseigné à faire des chasteaux & forteresses sur mer, des nauires, dis-je, de guerre, où les pirates font leur demeure le plus souuent, & sont plustost habitans que nauigeans les perilleuses mers, lesquelles ils nous rendent encor plus mal asseurées qu'elles ne sont de leur nature, d'autant qu'elles sont pleines de mil dangers par les larcins & brigandages qu'ils y exercent tout ainsi qu'en terre ferme. Ceux qui ont écrit de l'Architecture sõt Agatharchus Athenien, puis Democrite & Anaxagoras des premiers: Puis Silene, Archimede, Aristote, Theophraste, Caton, Varro, Pline, finalement Vitruue, Negrigẽte: & des derniers Leon Baptiste, frere Luc, & Albert Durer.

Des Metaux, & de la recherche de leurs mines. CHAP. XXIX.

L'Art metallique chemine sous l'Architecture, qui est vn artifice de non mediocre subtilité d'esprit : car en premier lieu elle monstre à cognoistre les endroits où sont les mines, en considerant seulement le dessus ou superficie de la terre & des montagnes, quelle est leur estenduë, en quelles branches ou rameaux elles se despartent, & quelles sont leurs issuës. Pareillement elle enseigne, ayant foüillé & creusé les entrailles de la terre, par quels engins le faix des montagnes, & les terres qui sont au dessus comme suspenduës, doiuent estre estançonnées, soustenuës & asseurées. De toutes ces choses escriuit jadis Straton de Lampsaque : mais peu d'hommes ou point du tout on jusques à present sceu esclaircir & enseigner par quelle industrie, art, ou sçauoir on peut bien purifier & cuire par le feu les metaux, les separer d'entre les pierres &

autres matieres qui sont tirees des mines, & s'ils sōt meslez entre eux les partir l'vn d'auec l'autre ainsi qu'il conuiēt. Possible que c'est à cause qu'estant cest art mechanique, & exercé par gens de basse condition, les hommes doctes & de gentil esprit l'ont en mespris. Toutesfois ayant esté commis par la maiesté de l'Empereur depuis quelques annees sur aucunes mines, & eu moyen de rechercher par le menu tout ce qui appartient à cest artifice selon ma capacité, i'en ay commencé à escrire vn liure special & exprez, lequel ie vay de iour en iour augmentant & corrigeant, à mesure que i'apprens quelque chose de nouueau, & i'espere traicter en iceluy tout ce qui est requis à l'inuention des metaux, cognoissance, essay, & espreuue de leurs mines: plus la maniere de les fondre, extraire, & separer, destayer & appuyer les montagnes, à fin qu'elles ne fondent sur les ouuriers dans leurs creux & concauitez, & de faire toutes sortes de machines pour tirer & enleuer matieres & autres instruments & engins conuenables iusques à present incognus, sans rien obmettre. De cest art prouiennent toutes les richesses de ce monde, la conuoitise desquelles a incité les hommes si estrangement, qu'ils ne craignent d'entrer tous vifs souz terre, & penetrer iusques aux enfers, où par vn remuement ruyneux des œuures de nature cherchent les tresors iusques aux manoirs des immondes. Dont Ouide chante ces vers:

Iusques au fons des entrailles allerent
De terre basse, où prindrent & fouillerent
Les grands tresors, & les richesses veines
Qu'elle cachoit en ses profondes veines,
Comme metaux & pierres de valeurs,
Incitement à tous maux & malheurs.
Ia hors de terre estoit le fer nuisant
Auecques l'or trop plus que fer cuisant.
Honneste, Honte, & Verité certaine
Auecques Foy prinrent fuite longtaine:
Au lieu desquels entrerent flatterie,
Deception, trahison, menterie,
Et folle amour desir & violence
D'acquerir gloire & mondaine opulence.

Et vn autre poëte:

L'or a chassé du monde & foy & loyauté:
L'or met au plus offrant iustice & equité.

Celuy donques pouruent la vie humaine de grandes occasions de crimes &

meschancetez, qui premier trouua les mines d'or & des autres metaux, & enseigna la maniere de les foüiller, en quoy les hõmes ont rendu la terre tres-perilleuse (ainsi que dit Pline) surpassant en temerité & folle hardiesse ceux qui se plongent au profond de la mer pour chercher les perles. Or les Historiens sont mal d'accord de cette inuention, laquelle ils attribuent à diuers. Les principaux escriuent que le plomb fut premierement trouué en certaines isles dites anciennement Cassiterides és enuirons d'Espagne : possible sont-ce celles qu'aujourd'huy l'on nomme Axores: le cuyure en Cypre, le fer en Crete ou Candie. Mais l'or & l'argent fut descouuert au mõt Pangée, dit aujourd'huy Castagna en Thrace ou Romanie, d'où ils ont infecté tout le mõde. Les Scythes seuls entre tous peuples, à ce que Solin raconte, rejetterent l'vsage de l'or & de l'argent à iamais, se deliurãs de la seruitude vniuerselle de l'auarice. Les Romains anciens reprimerent par ordonnance publique les superfluitez de l'or, & Pline fait mention d'vne loy & reglement fait aux mines d'Ictomulum au territoire de Verceil, par laquelle il fut deffendu aux fermiers & peagers de ne tenir plus de cinq ouuriers. Et pleust à Dieu que les hommes fussent autãt soucieux des choses celestes, comme ils sont de foüiller aux entrailles de la terres, allechez par la conuoitise des richesses, desquelles tant s'en faut qu'ils puissent acquerir heur & repos, que la plus grand' part au contraire y trouue occasion de plaindre le temps & la peine qu'ils y ont employé.

De l'Astronomie. CHAP. XXX.

POur la derniere des sciences Mathematiques, s'offre & presente l'Astrologie, dite aussi Astronomie, toute fabuleuse & trompeuse, plus que ne sont les imaginations Poëtiques. Les professeurs & maistres de laquelle, gens outrecuidez, forgeurs de monstres & prodiges, ont par curiosité reprouuée, ainsi que l'Abraxes de Basilides heretique, construit & fabriqué à leur appetit des cercles & globes au Ciel, des mesures aux estoilles, des mouuements, figures, images, accords, & harmonies, les décriuans, representās ainsi que s'ils estoient descendus naguieres d'en haut, où ils eussent l'onguement hanté & habité. Par lesquelles choses ils afferment qu'il n'y a riē qui ne puisse estre, produit, sceu & cognu: neantmoins sont en si grand discord entre eux, & si contraires, que ie peux bien dire auec Pline, que l'inconstance de cest art donne euident tesmoignage qu'il est faux & nul, attendu que des principes d'iceluy les Indiens iugent d'vne façon, les Chaldeens d'vne autre, les Egyptiens d'vne autre, & que en iceux Maures, Iuifs, Arabes, Grecs, & Latins sont tous diuers en opinions les vns des autres. Car parlant du nombre des spheres ou globes celestes, Plato, Proclus, Arioste, Auerroys & presque tous les Astrologues qui ont esté deuant Alphonse, peu exceptez, ont tenu qu'il n'y en auoit que huict. Toutesfois Auerroys, & Rabi Isac afferment que Hermes & quelques Babyloniens en auoyent obserué vne neufiesmes. A l'opinion desquels s'accorde Azarcheles Maure, & Thebith, & le mesme docte Rabi Isac & Alpetragus, & Albert Teutonique, qui fut surnommé le grand par ie ne sçay quelle vaillantise : & en somme tous ceux qui ont obserué le mouuement tremblant ou de tituba-tion qu'ils appellent. Mais les nouueaux Astrologues en comptent dix à present: ce que Albert mesme dit auoir esté creu par Ptolemee. Quant à Alphonse en-suiuant quelquesfois l'opinion de Rabi, Rabi Isac surnommé Basam, il a tenu qu'il y eust neuf Sheres, neantmoins quatre ans apres qu'il eust publié ses tables, se ioignant auec Albuhassen Maure & Albategni, il se retracta, & n'en mit que huit. Pareillement Rabi Abraham Auenazre, rabi, Leui & Rabi Abraham Zacut croyent que sur l'octaue Sphere il n'y a aucun globe mobile. Apres, pour le regard du mouuement du huictiesme Ciel & des estoiles fixes, ils sont merueilleusement discordans entre eux: Car les Chaldees & Egyptiens affermment qu'il n'est porté que par vne seule sorte de mouuement, à quoy consentent Alpetragus, & des modernes Alexandre Aquilin.

Les autres astrologues depuis Hipparque iusques à nostre temps, disent qu'il tournoye de diuers tournoyements. Les Iuifs Talmudiſtes luy en aſſignent deux. Azarcheles & Thebit & Iean de Montroyal luy donnent vn mouuemẽt tremblant, qu'ils appellent d'accés & d'eſloignement ſur deux petits cerceaux és chefs ou commencements du Mouton & de la Balance : ſont diuers toutesfois entr'eux, en ce qu'Azarcheles dit que le chef mobile n'eſt diſtãt de celuy qui eſt fixe plus de dix degrez, & Thebit ſouſtient que ce n'eſt que de quatre ſeulement auec dixneuf minutes. Iean de Montroyal veut qu'il y ait diſtance de huit degrez, & non plus : & partant que les eſtoilles fixes ne ſont portées touſiours vers meſme endroit du monde, ains retournent quelquefois d'où elles ſont parties. Mais Ptolomée, Albategni, Rabi Leui, Auenazre, Zacut, & des plus recents Paul Florentin, & Auguſtin Rit, lequel j'ay cognu & hanté familierement en Italie, afferment que les eſtoiles ſont portées ſelon le mouuemẽt ſucceſſif des ſignes touſiours & ſans intermiſſiõ. Mais les plus nouueaux Aſtrologues attribuent triple mouuement à l'octaue ſphere, à ſçauoir vn qui luy est propre, que nous auõs appellé tremblant, lequel s'accomplit en sept mil ans vne fois. Vn second mouuement procedant de la neufiesme sphere, le tour duquel ne se paracheue en moins de quarante neuf ans. Le troisiéme mouuemẽt est causé par la dixiéme sphere, & fait son tour en vn iour naturel de vingt quatre heures, appellé mouuement du premier mobile, mouuement forcé & diurne : car tous les iours il retourne à son poinct & principe. En outre ceux qui n'assignent que deux mouuements à l'octaue sphere, ne sont point tous d'vn mesme aduis : car presque tous les modernes, & ceux qui accordẽt le mouuement de titubation, ou tremblant, recueillent de leurs obseruations, qu'elle est rauie par la sphere superieure : mais Albategny, Albuassen, Alphraganus, Auerroës, Rabi Leui, Abrahã Zacut, Augustin Rit, pensent que le mouuement diurne, ou qui se parfait en vn iour, n'est point peculier à aucune sphere, ains se fait par tout le Ciel vni, & par toutes les spheres ensemble. Le mesme Auerroës dit que Ptolomée en certain liure (lequel il intitule les narrations) nie le deuxiesme mouuement de circuition, que nous auons dit s'accomplir en quarante neuf mil ans, & Rabi Leui s'accorde auec Auerroës touchant le mouuement diurne, & soustiët qu'il se fait par tout le ciel ensemble, sans qu'vn globe attire les autres. Or touchāt les mesures du mouuemēt de l'octaue sphere & des estoilles fixes, sont ils de meilleur accord? Ptolomee pense que les estoiles fixes se mouuent & s'aduancent d'vn degré en cent ans, Albategni dit que c'est en soixante six annees Egyptiennes, auquel consentent Rabi Leui, Rabi Zacut, & Alphonse en la correction de ses tables. Azarcheles Maure dit, qu'elles se meuuent d'vn degré en septante cinq ans, Hipparque en septante huict. Plusieurs des Hebrieux, ainsi que Rabi Iosué, Rabi Moise Maymō, Rabi Abenezra, & à leur suite Rabi Benrodē, croyent que ce soit en septante ans. Iean de Mōtroyal en huictante. Augustin Rit tient le milieu entre les opinions d'Albategni, & des Hebrieux, & tient que les estoiles fixes courent vne portion du ciel non plustost qu'en soixante six ans, ny plus tard que septante. Mais Rabi Abraham Zacut (selon le rapport de Ritius) tesmoigne que iouxte les preceptes des Indiens, il y a encor au ciel deux estoiles fixes opposees diametralement l'vne à l'autre, qui parfont leurs cours en l'espace de cent quarante quatre ans pour le moins au rebours & contre l'ordre des signes. Alpetrag. aussi estime qu'au ciel sont encor plusieurs sortes de mouuemens incognus aux hommes : que si ainsi est, il est croyable qu'il y a semblablement des estoiles & corps ausquels ces mouuemens s'approprient, lesquels ne sont apperceus par les hommes, à cause de leur excessiue hauteur, ou n'ont peu estre recognus iusques à present par aucune obseruation astronomique. A laquelle opinion s'accorde Phauorin Philosophe, selon que dit Gelle, en sa harangue contre les Astrologues dresseurs de natiuitez. Il n'y a doncques rien qui nous asseure, qu'il soit iusques à present descendu du ciel aucun Astronome, qui nous aye apporté nouuelles certaines du vray & asseuré mouuement de ce corps non erratiques. Et quant aux planettes, le vray mouuement de Mars ne leur est non plus cognu iusques aujourd'huy :

dõt Iean de Montroyal mesme se plaint en certaine epistre qu'il escrit à Blanchin, lequel erreur en ce mouuement a esté laissé par escrit par vn certain Guillaume de sainct Cloud, grand Astrologue, en ses obseruations faites sont passées deux cens ans & plus, ne s'est trouué aucun de ceux qui sont venus apres qui l'aye corrigé. Outre ce l'on tient pour chose impossible de pouuoir remarquer certainement, quand le Soleil entre aux poincts equinoctiaux : ce que monstre par plusieurs raisons Rabi Leui. Mais que dirons-nous des fautes que les plus anciens ont faites és choses qui ont esté descouuertes & obseruées apres eux? Car plusieurs auec Thebit ont pensé, que la plus grande declinaison du Soleil va tousiours variant, & toutesfois il est certain que tousiours il va d'vne mesme heure. Ptolomée a eu autre opinion d'icelle, & Albagateni, Rabi Leui, Auenazre, & Alphonse, en ont trouué choses diuerses. Le semblable est auenu du cours du Soleil, & de la mesure de l'an: car ils en trouuent autrement que Ptolomée & Hipparque n'ont enseigné. Comme aussi du mouuement de l'auge du Soleil,

Ptolomée en a estimé d'vne façon, Albategni d'vne autre, & tout diuersement que les autres. Semblablement des figures & images celestes, & des considerations des estoilles fixes, les Indiens, les Egyptiens, les Chaldéens, les Hebrieux, les Arabes, ont chacun leur opinion à part & diuerse: dont Timothée, Arsatile, Hipparchus, & Ptolomée ont donné diuers & discordans enseignements. Ie me passe de faire mētion des folies qu'ils disent du commencement du Ciel dextre ou senestre, dont toutesfois Thomas d'Aquin & Albert Teutonique theologiēs superstitieux, s'essayās de dire quelque chose à propos, n'ont sceu montrer ou enseigner rien du tout, ny sçauront iamais tous ceux qui s'y trauaillerōt. Dauantage, il n'y a aucun Astrologue qui aye encor sceu dire que c'est que le cercle lactée, que l'on apelle le chemin de sainct Iaques. Ie passe aussi ce qu'ils disent des eccentriques, concentriques, epicycles, retrogradations, trepidations, ou tremblements, accez & esloignement, rauissement, & autres especes de mouuements, & des cerceaux descrits par iceux mouuements, d'autant que toutes telles choses ne sont œuures de Dieu ny de nature, ains monstres imaginaires des mathematiciens, & bourdes prinses des fables des poëtes, ou de la bourbe d'vne philosophie corrõpuë: ausquelles neantmoins les maistres professeurs de cest art n'ont point de honte d'adiouster telle foy, que si c'estoyent choses tres-ueritables, creés de Dieu & establies en nature: voire de rapporter à ces baueries comme à causes certaines tout ce qui se fait ça bas parmy nous, affermans que leurs mouuements imaginés sont principes & sources de tous les mouuements inferieurs. Ces Astronomes furent iadis touchés au vif par la chãbriere d'Anaximenes d'vn brocard poingnant & notable, ainsi qu'elle accompagnoit son maistre comme elle auoit de coustume, lequel estoit sorti de sa maison de fort grãd matin pour comtempler les estoiles: car comme il eust les yeux tendus au ciel sans prendre garde où il mettoit les pieds, il tomba dans vn fossé qui estoit tout deuant luy, dont il ne luy souuenoit point: alors sa chambriere luy dit, Ie m'esmerueille cõme tu presumes de pouuoir sçauoir ce qui est au ciel, veu que tu ne peux preuoir les choses qui sont deuant tes pieds. Lon dit que Thales de Milet fut aussi reprins par la chambriere Thracienne par vne semblable sornette. Presque choses semblables sont dites d'iceux par Cicero: pendant, dit-il, que les Astrologues cerchent & courent les espaces du ciel, nul d'eux ne prend garde à ce qui est deuant ses pieds. I'ay apprins cest art, & en ay esté abreuué dés mon enfance par mes parens, & y ay depuis consommé & mal employé beaucoup de temps & de peine: en fin ie n'en ay tiré autre proffit sinon de cognoistre que tout ce qu'il contient & enseigne n'a autre fondement que friuoles & songes imaginez: & me repens grandement de ce que i'y ay tant perdu de temps, & de trauail, & desirerois pouuoir m'exempter & du souuenir & de l'vsage d'iceluy, & piéça l'eussé-ie du tout abandonné & chassé de mon esprit, pour ne m'en messer iamais, si ie n'estois contraint de heurter encor souuent à cest escueil par la violance des prieres des grands seigneurs, lesquels ont accoustumé d'abuser maintesfois en choses indignes des bons & gentils esprits, ou que ie ne fusse sollicité par le proffit de mon mesnage de tirer aucunesfois quelque fruit de leurs follies, & fournir de bourdes à souhait à ceux qui en sont si frians. Ie dis de bourdes ; car a la verité l'astrologie n'a autre chose en elle que pures bourdes & fables poëtiques, prodigieuses resueries, & fausses imaginations, dont ils donnent à entendre que les cieux sont remplis, & n'y a estat ny profession qui mieux s'accordent & se ressemblent que l'Astrologie & Poësie, horsmis en ce qu'ils disent de Lucifer & Vesper: car les Poëtes afferment que l'estoile Lucifer apparoissant deuant le Soleil leuant, suit iceluy quand il se couche au mesme iour, ce que tous les Astrologues nient pouuoir aduenir en mesme iour, excepté ceux qui logent Venus au dessus du Soleil, d'autant que les estoiles qui sont plus esloignees apparoissent plustost sur nostre horizon au leuer, & se cachent plus tard au coucher. Mais ceste contrarieté en matiere d'assiette de planettes d'entre les Astrologiens m'eschappoit si ie n'y eusse esté mené par l'occasion de la conference d'iceux auec les Poëtes: car aussi est-ce chose appartenante plus aux philosophes qu'aux astrologues. Plato à la verité apres la Lune met en second rang la sphere du Soleil. Les Egyptiens font le semblable, logeans le Soleil entre la Lune & Mercure. Archimedes & les Chaldees, assignent au Soleil le quatriesme rang. Anaximander & Metrodore de Zio, & Crates disent que le Soleil est le plus haut de tous, apres luy la Lune, & au dessous toutes les autres estoiles errantes & non errantes. Xenocrates est d'opinion que toutes les estoilles roulent sur vne mesme estendue ou superficie. Ils ne sont aussi moins discordans de la grandeur du Soleil & des autres estoiles, & des distances & interualles qui sont entre elles, cõme il n'y a arrest ny asseurance en tout ce qu'ils disent des choses celestes: & ne s'en faut esmerueiller : car aussi n'y a-il rien plus inconstant que le ciel qu'ils esplucheni & recherchent, ny plus plein de fables : Car les douze signes & les autres images & figures, tant Septentrionales que Meridionales, n'ont point esté portees au ciel que par les fables. Cependant par le moyẽ de ces fables les Astrologues viuent, trompent, & gaignent de l'argent, où les poëtes inuenteurs d'icelles ieusnent & meurent de faim.

De l'Astrologie iudiciaire. CHAP. XXXI.

REste à parler de l'autre partie de l'Astrologie, qu'ils appellent iudiciaire ou diuinatrice, laquelle traicte des reuolutions des années du monde, des natiuités, des demandes & questions, des elections, intentions, cogitations, & vertus pour predire, attirer, euiter, ou repousser les euenements de toutes choses, encor que futures, voire des dispositions secrettes de la prouidence diuine. Partant les Astrologues font leurs comptes & calculs des effects du ciel & des astres dés les premieres & plus esloignées années immemoriales, & auant par maniere de dire que Promethee fust au monde, les ramenans aux conionctions qui estoyent auant le deluge : & afferment que les effects, forces, vertus, & mouuements de tous les animaux, des pierres, herbes, & metaux, & en somme toutes ces choses inferieures dependent totalement des influences des cieux & des estoiles, & que par icelles l'on les peut rechercher & trouuer. Hommes priuez de foy, & du tout sans religion, ne s'apperceuans point que par vn seul poinct ils sont redargués en ce que Dieu auoit desia crée les herbes, plantes, arbres, auant qu'ils fist les cieux & les estoiles: & n'y a aucun des philosophes bien renommez, comme Pythagoras, Democrite, Bion, Fauorin, Panece, Carneades, Possidoine, Timee, Arist. Placo, Plotin, Porphyre, Auicenne, Auerroës, Hippocrates, Galien, Alex. Aphrodisien, ny Cicero, Seneque, ou Plutarque, ny autres semblables, lesquels ont recherché par toutes sciences les causes & raisons des choses, qui nous aye onques renuoyé à ces causes astronomiques, lesquelles, ores qu'elles fussent vrayes causes, est-ce qu'estant le cours des estoiles & leurs vertus incertaines & peu cognuës, ainsi qu'il est apparent & hors de doute entre tous les sçauans, il est impossible aussi de donner certain iugement de leurs effects, & s'en est assez trouué de leur bande qui ont confessé ouuertement, que l'on ne peut trouuer rien de certain en la science des iugemens, tant à raison de plusieurs autres causes cooperantes auec le ciel, lesquelles il faut non moins considerer & cognoistre, ce que Ptolomee enioinct, que pour les occasions & obstacles infinis qui peuuent empescher leurs effects, comme sont les mœurs & coustumes, la nourriture, la honte, les commandemẽs, le lieu, la conception, le sang, la sorte de viande, la liberté de l'esprit, & la discipline : attendu que ces influxions ne forcent point, disent-ils, mais inclinent seulement. De cest aduis sont Eudoxus, Archelaus, Cassandre, Hoychilax, Halicarnasse, tres-sçauans mathematiciens, & plusieurs autres tres-graues auteurs plus recents. Outre plus ceux qui ont escrit les reigles de ces iugemens qui enseignent d'iceux choses si diuerses qu'il est impossible à vn prognostiqueur de recueillir ne determiner chose aucune certaine de tant & si contraires opinions, s'il n'est pourueu en soy de quelque cognoissance secrette des choses aduenir, instinct & faculté de les descouurir & predire, ou pour mieux dire de quelque diabolique inspiration cachee pour pouuoir discerner & iuger entre les choses, ou en quelque autre maniere choisir les opinions ausquelles il se doit tenir. Duquel, instinct ou esguillon quiconque est priué, ne peut, ainsi que tesmoigne Haly, rien dire de veritable par iugements astronomiques. Partant il s'ensuit, que les predictions des astrologues ne se font point tant par art & reigles, que par certaine obscure sorcelerie : & tout ainsi qu'en ouurant vn liure on peut rencontrer vn vers qui contient choses veritables, & qui aduiennent bien souuent, aussi de l'esprit de l'astrologue non par art, mais par sort les predictions sont poussées hors & proferée, comme tesmoigne Ptolomée mesmes. La science des estoiles, dit-il, gist en toy, & est prinse d'icelles, donnant à entendre euidemment que les diuinations des choses futures & cachees ne se font point tant par l'obseruation des estoilles, que par le moyen des affections de nostre esprit.

Il n'y a donques aucune asseurance en cest art, ains est muable, & s'applique à toutes choses, selon la diuersité des opinions qui sont produites, ou des coniectures & creances, ou d'vne incomprehensible inspiration ou incitation des esprits immondes, où d'vn sort superstitieux : Et n'est cest art en effect autre chose qu'vne fausse coniecture de gents superstitieux, qui ont voulu bastir vne science sur la longue experience de plusieurs choses de ce qui est incertain & tresdouteux, par laquelle ils puissent attraper l'argent des simples, en deceuant & trompant & eux & les autres. Que si leur art estoit veritable, d'où sortiroyent tant d'erreurs dont toutes leurs prognostications sont remplies ? & s'il ne l'est, pourquoy se vantent ils d'vne science sans subiect, ou de choses qui passent leur intelligence, & y employent le temps en vain auec non moindre impieté que folie ? Mais ceux d'entre'eux qui sont les plus rusés, ne mettent iamais en auant que choses obscures & ambigues, qui se peuuent tirer & appliquer à quelque euenement qui se presente à toutes saisons, & chaque prince & nation : & bastissent ainsi par vn malicieux artifice leurs douteuses prognostications. Estant puis paraduenture aduenué quelque chose qu'ils auoyent essayé de predire, alors ils recueillent les causes d'icelle, & par nouuelles raisons taschent d'asseurer leurs vieilles propheties, à fin qu'il semble qu'ils l'ont preueuë & deuinée. Comme font ceux qui se meslent d'interpreter leurs songes: lesquels lors qu'ils ont songé ne sçauent à quoy cela tend: mais s'il aduient quelque chose de semblable, ils appliquent à leur songe ce qui est aduenu. Ioinct qu'estant le nombre des estoiles infini, & leurs effets tant diuers, il est impossible qu'il n'y aye de bons & de mauuais aspects & influxions, par où l'occasion leur est produite de dire ce qu'il leur plaist, & prononcent à qui ils veulent, heur, vie santé, honneurs, richesses dignitez, puissance, victoire, lignée, amitiez, mariages, benefices & offices, & choses semblables, ou leurs contraires, à ceux qui ne leur sont aggreables, les menaçans de mort, de gibbets, ignominies, deffaictes, bannissemens, perte d'enfans, langueurs, maladies, & autres telles calamitez qui leur sont suggerees, non tant par leur art reprouué, que par leurs meschantes affections par lesquelles le rude & credule populaire est trainé en perdition, s'addonnant à ceste curieuse impieté: & souuent les Princes & Potentats sont incitez les vns contre les autres, & enueloppez en sanglantes seditions & mortelles guerres. Si l'aduenture ameine l'euenement au point de leur presage, Dieu sçait leurs insolences ; & comme ils dressent les crestes, & se vantent. Mais s'ils mentent perpetuellement, encore qu'ils soyent conuaincus, ils n'ont faute d'excuse, & principalement se defendent par vn blaspheme, couurant par vn mensonge vn autre mensonge, & disent que le sage commande aux astres : ce qui est faux : car le sage n'a aucun commandement sur les astres, ny les astres sur luy: mais l'vn & l'autre sont souz l'auctorité & puissance de Dieu : ou disent que le subiect qui doit receuoir l'influxion celeste a empesché l'effect d'icelle par imbecilité, ou pour n'estre bien propre & conuenable à icelle. Et si on les presse de donner raisons plus pertinentes, ils se mettent en cholere. Neantmoins ces basteleurs & vendeurs de bourdes ne laissent de trouuer des Princes & magistrats qui leur adioustent foy en toutes choses, les honnorent, leur assignent gages & salaires du public, encor qu'à la verité il ny aye qualité ny condition d'hõmes plus pestiferes à la chose publique que ces deuins, qui se meslent de donner la bonne aduenture par les astres ou en regardant les mains, ou par interpretations de songes, & autres especes & manieres de deuiner & predire les choses futures, gens reprouués de Dieu, & detestés par tous ceux qui croyent en luy. Desquels Cor. Tacitus mesme se plaint ainsi: Aux Mathematiciens, dit-il, ainsi les nomme l'on communément, qui sont vne maniere d'hommes infideles enuers les Princes, & trompeurs enuers ceux qui les croyent, est tousiours defendue la ville de Rome: mais n'en sont iamais pourtant deschassés. Varro semblablement, auteur graue & approuué, tesmoigne que toutes les superstitions & leurs vanités sont produites par l'astrologie. L'on lit aussi qu'en Alexandrie on leuoit vne gabelle sur les Astrologues, qui estoit appellee par vn mot grec Blacennomion, c'est à dire, le denier des sots, d'autant qu'il n'y a que les sots qui ayent recours aux astrologues, & qu'iceux ne font gaing & profit que des sottises d'autruy, & de leurs temerités. Si la vie & la fortune des hommes depend des astres, que deuons nous craindre ny tant nous soucier? Laissons plustost ces choses à Dieu & aux cieux, qui ne peuuent ny errer ny mal faire:& estans hommes, enquerõs-nous des choses humaines, sans attẽter ce qui est plus haut, & qui surpasse nostre entendement & nos forces, voire estans baptisez en nostre Seigneur Iesus Christ auquel nous croyons, laissons à Dieu son pere les heures & les moments qui sont en sa seule main & puissance. Mais si ny nostre vie ny nos aduentures ne sont produites & regies par les astres, tout le labeur des astrologues n'est il pas vain? Or est rempli le monde d'vne maniere de gents tant timides, aisés à croire & à esmouuoir, ainsi que sont les petits enfans aux comptes qu'on leur fait des fantosmes & rabats qu'ils croyent & s'espouuantent plus des choses qui ne sont point, que de celles qui sont, voire sont tant plus effrayez qu'il y a de l'impossibilité, tant plus credules que ce qu'on leur donne à entendre est plus esloigné de toute verisimilitude: & si ces hommes n'estoient, les astrologues pourroyent bien chercher autre practique, ou il leur conuiendroit mourir de faim.

Mais la sotte credulité de ceux-cy, laquelle fait que les choses passées leur échappent de la memoire, les presentes soyent negligées, & les futures si ardamment poursuiuies & recherchées par iceux, dõne telle faueur à ces imposteurs qu'au lieu que les autres hommes par vne seule mensonge rendent leur foy suspecte és choses mesmes veritables, au contraire ces forgeurs de mensonges ordinaires par le rencontre casuel d'vne seule verité couurent toutes les tromperies & faussetez qu'ils sçauroient auoir éparses publiquement par tout, à raison de quoy ceux qui tant s'y fient sont les plus mal-heureux d'entre tous les hommes : car ces baueries ne peuuent apporter que mal-heur à tous ceux qui les ont en estime & s'en meslent, comme il est apparu, ainsi que les anciens tesmoignent, en Zoroastre, Pharaon, Nabuchodonosor, Cesar, Pompée, Crassus, Deiotarus, Neron, & Iulien l'apostat, lesquels comme ils furent tresaddonnez & abusez à icelles, aussi perirent ils miserablement, & ne vid-on iamais qu'à tous ceux ausquels ces astrologues ont promis heur & ioye, mal & tristesse ne soit aduenuë en toutes leurs entreprinses, comme à Pompée, Crassus & Cesar, ausquels tous auoyent predit que chacun d'eux mourroit en extreme vieillesse, & en sa maison, rempli d'honneurs & de gloire: neantmoins à tous furent leurs iours auancez, & moururent de male mort. A la verité ceste espece d'hommes sont merueilleusement rebours & obstinez, de presumer de sçauoir les choses futures, puis qu'ils sont ignorans des passées & des presentes, & pendant qu'ils donnent à entendre à tout le monde qu'ils les aduertiront & leur prediront les choses la plus cachees ne sçauent ce qui se fait en leurs maisons ny en leurs propres chambres, comme vn certain Astrologue fut noté par Thomas Morus en vn sien epigramme en ce sens,

Le ciel de ses secrets, beau deuin, t'a faict part,
Et de l'heur ou malheur qu'aux hõmes il despart:
Mais d'entre ces brandons n'y a il qui te die,
Voy tu point que par tout ta femme se publie?
Phebé ton frõt serain, ton œil clair, noble cœur,
Ne void celles de qui Cupidon est vainqueur.
Saturne est loing, & n'a bigle dés sa naissance.

Non pas mesme de pres d'vn caillou congnois-
sance,
D'Europe Iupiter, de Daphné Sol, & Mars,
De venus, & d'Herse Mercure est d'amour ars
Si bien que quand d'autruy ta femme s'a-
mourache
Nul Ciel, nul feu astré ne veut que tu le
sçache.

Outre ce il n'y a celuy qui ne sçache combien sont differents entre eux les Iuifs, Chaldeens, Egyptiens, Perses, Grecs, & Arabes és reigles & preceptes de leurs iugements, & comme l'astrologie de tous les anciens est reiectée par Ptolomee. Que celuy cy estant soustenu par Auenrodan est d'autre part agassé par Albumasar, de tous lesquels detracte & mesdit Abraham Auenazre Hebrieu. Bref Dorothee, Paul Alexandrin, Ephestion, Materne, Aiomax, Thebith, AlKindus, Zaël, Messahalla, & presque tous les autres ont diuers aduis & opinions: & où ils ne peuuent donner preuue de la verité des choses qu'ils disent, ont recours aux experiences seules, & par raisons d'icelles se defendent: encor qu'en cela ils ne soyent tous d'vn mesme accord: encor moins sont ils accordans touchant ces proprietés des douze manoirs & domiciles celestes, desquels ils pourchassent & tirent les predictions de tous les euenements futurs: car Ptolomée les assigne en vne façon, Heliodore en autre, & sont diuersement décrits par Paul, Manile, Materne, Porphyre, Abenragel, & chacun d'eux, autrement par les Egyptiens, par les Arabes, par les Grecs, par les Latins; autrement par les anciens, autrement par les modernes: & ne sont encor resolus ny certains en quelle forme ils doiuent fabriquer les principes & extremitez des maisons: car les anciens leur donnent vne façon, Ptolome vne autre: & sont autrement tracées par Campanus, & par Iean de Montreal. Parquoy il aduient qu'eux-mesmes se rendent suspects par leurs obseruations propres de vanité & mensonge, attribuans és mesmes endroits diuerses & differentes proprietez, fins, & principes selon la diuersité de leurs opinions, assignans ces hommes irreligieux, sans aucune reuerence de la Majesté diuine, ce qui appartient à elle seule, aux astres, & rendans la liberté des hommes esclaue des estoiles, & combien que nous soyons instruits que tout ce que Dieu a creé est bon, ils veulent neantmoins qu'il y aye certains astres malins, auteurs de crimes & meschancetez, & de mauuaises influences, faisans en ce tres-grãde injure au Ciel & à Dieu mesme, donnans à entendre que és Cieux par ceste diuine assembléo sont decretez & ordonnez les maux & les excez qui se font entre les hommes, imputans les crimes que nous commettons de nostre propre volonté & de gayeté de cœur, comme l'on dit, & tout ce qui aduient contre l'ordre de nature par la corruption d'icelle aux corps & influxions celestes. Auec cela ces Astrologues presument bien sans aucune crainte de semer & enseigner des heresies tres-pernicieuses, comme quand ils maintiennent par sacrilege temerité que le don de prophetie, la pieté, les secrets de la conscience, la vertu contre les esprits malings, les miracles, l'efficace des prieres, & l'estat de la vie aduenir, & toutes telles choses dependent des astres, sont données par iceux, & par iceux sont congnues des hommes: Car ils disent que celuy qui sera nay le signe des Iumeaux ascendant lors que Saturne & Mercure sont conjoincts sous le signe du Porte-cruche en la neufiesme maison du Ciel, sera Prophete, & que à ceste cause nostre Seigneur Iesus-Christ faisoit tant de choses merueilleuses, d'autant qu'il auoit en tel lieu Saturne & les Iumeaux. Pareillement donnant la superintendance à Iupiter & totale protection des sectes des Religions, faisant vn mélãge des autres estoiles auec iceluy, distribuent & separẽt icelles en sorte, que Iupiter auec Saturne fait la religion Iudaïque : S'il est ioinct à Mars, il fera la Chaldaïque, auec le Soleil celle des Egyptiens: si c'est auec Venus, il produit la religion des Sarrasins, auec Mercure la Chrestienne, auec la Lune celle que l'on dit deuoir estre mise au monde par l'antechrist. Disent d'auantage que Moyse institua le iour du Sabbat & la cessation religieuse de toutes œuures en iceluy par obseruations Astrologiques : & partant que les Chrestiens errent de trauailler au Samedy, ne le voulans fester à la maniere des Iuifs, veu que c'est le iour de Saturne. La foy & fidelité d'vn chacun, tant enuers Dieu que enuers les hommes, & la profession de religion, & pareillement les ſecrets des conſciences, diſent proceder du Soleil, & pouuoir eſtre congnus par iceluy & par la troiſieſme, neufieſme, & onzieſme maiſon du Ciel. Pour iuger & ſçauoir ce que les hommes penſent, ou leurs intentions, comme ils diſent, pluſieurs baillent des reigles en abondance, & aſſignent les cauſes des plus merueilleuſes œuures de la Diuinité, comme du deluge vniuerſel, de la loy publiée par Moyſe, de l'enfantement de la Vierge Marie, aux figures & deſcriptions de leurs domiciles celeſtes, controuuans que la mort ſalutaire à l'humaine generation de noſtre Seigneur Ieſus-Chriſt eſt œuure de l'eſtoile de Mars, remarquans que le Seigneur meſme a bien obſerué les heures, & icelles ſceu choiſir, quand il a voulu faire ſes miracles, à fin de n'eſtre offenſé par les Iuifs quand il venoit en Hieruſalem: & pource quand les diſciples le voulurent diuertir, il leur dit, N'y a il pas douze heures au iour? Outre ce ils diſent que ſi Mars eſt heureuſement logé en la natiuité d'aucun en la neufieſme maiſon du Ciel, que ceſtuy-là chaſſera par ſa ſeule preſence les diables des corps des personnes. Que celuy qui fera sa priere à Dieu en la conjonction de la Lune auec Iupiter au milieu du Ciel en la queuë du Dragon, impetrera tout ce qu'il voudra demander, & que la felicité de la vie aduenir est octroyée par Iupiter & Saturne. Et si quelqu'vn naissant a Saturne colloqué heureusement au signe du Lyon, que l'ame d'iceluy apres ceste vie mortelle deliurée d'innumerables difficultez & trauaux, passera aux Cieux d'où elle a prins son origine, & s'adioindra auec les dieux. Lesquelles faussetez, & tres-pernicieuses heresies, sont neantmoins attestées & non sans soupçon d'heresies approuées par Pierre d'Appon, Roger Bacon, Guido Bonat, Arnold de Villeneufue Philosophes, Aliacense Cardinal & Theologien, & plusieurs autres docteurs Chrestiens, lesquels afferment ces choses estre veritables, & les auoir experimentées, & ont le cœur de les maintenir & defendre. Or contre ces Astrologues diuinateurs a depuis peu d'années en ça écrit douze liures Iean Pic Comte de la Mirandole, si abondammẽt qu'il n'a rien laissé arriere de tout ce qu'on leur peut opposer, & par telle efficace de pertinentes raisons, que ny Luc Balant tres-aspre defenseur de la vanité de cest art, ny autre qui l'aye voulu maintenir, ne l'ont sceu garentir ny sauuer iusques à present de force de ses arguments. Car Pic prouue auec vehementes raisons que c'est vne inuention des diables, & non des hommes, ce que Firmien dit aussi, par laquelle ces esprits malins ont voulu peruertir & renuerser toute la philosophie, Medecine, Loix, & Religion, au dommage & ruine du genre humain: Car en premier lieu elle oste la foy de la Religion, aneantissant les Miracles, ostãt la prouidence, & enseignant que toutes choses dependent de la force & vertu des estoiles, & aduiennent par necessité fatale & ineuitable de leurs cõstellatiõs, fauorise en outre aux vices, entãt qu'elle les excuse, comme descendans du Ciel en nous: soüille & diffame tous les bons exercices, & les destruit entierement. La Philosophie, entant qu'elle assigne des causes fabuleuses & non vrayes aux choses: la medecine, en ce qu'elle la destourne des remedes naturels & certains pour là tirer à ses vaines obseruations, & l'amuser à peruerses & damnables superstitions, & mortelles tant au corps qu'à l'ame. En outre elle foulle aux pieds tout ce que la prudence humaine a sceu ordonner & pouruoir aux hommes de bonnes loix, mœurs & coustumes, en tant qu'il faudroit prendre aduis des astrologues selon eux, quād, comment, & par quels moyens on doit faire quelque chose: & dōner, à leur art le sceptre & commandement sur la vie & mœurs de tous en general, & de chacun en particulier, comme ayant seul autorité du Ciel sur toutes choses, & estimer vains tous autres moyens qui ne despendroyent de cestuy, ou ne le recognoistroyent pour maistre. Art, à la verité, digne que les diable mesme l'ayent enseigné jadis au deshonneur de Dieu, & deception des hommes, Car l'heresie des Manicheens, qui despoüille l'hōme de toute liberté & election és choses, n'a point eu origine d'ailleurs que de l'opinion & fausse doctrine des necessités fatales des Astrologues. De la mesme source est deduite l'heresie de Basilides, qui imaginoit trois cents soixante cinq Cieux, les formant successiuement, & à l'imitation l'vn de l'autre, & que la monſtre d'iceux faiſoit le nombre des iours de l'an, aſſignant à chacun d'eux certains principes, vertus, & auges, & leur donnant des noms, le prince & auteur deſquels eſtoit vn Abraxas, nom composé de lettres grecques: leſquelles ſelon que les eualuent les Grecs en note de compte, ſont trois cents ſoixante cinq, nombre egal aux poſitions locales de ſes Cieux controuués & imaginés. Ces choſes ont eſté par moy dedutes, à fin de faire congnoiſtre que l'aſtrologie eſt auſſi mere des heretiques, Finalement, comme il n'y a perſonne de bon & ſain iugement entre les philoſophes, qui ne reiecte ceſte Aſtrologie deuinereſſe, elle eſt auſſi deteſtee & condamnee par Moïſe, Iſaïe, Iob, Ieremie, & tous les ſaincts prophetes de, l'ancienne loy: S. Auguſtin entre les docteurs catholiques eſt d'aduis qu'elle ſoit banie d'entre les Chreſtiens: S. Hieroſme la met au rang des idolatrie, Baſile & Cyprien s'en mocquent, Chryſoſtome la combat, Euſebe, & Lactance ſe bandent contre, Gregoire, Ambroiſe, Seuerian, & le concile de Tolede la defendent & condamnent, pareillement le ſynode de Martin & Gregoire le ieune & Alexandre troisiesme Pape l'ont excommuniée & maudite, & les loix ciuiles & imperiales la punissent. Rome sous les Empereurs Tibere, Vitelle, Diocletian, Constantin, Gratien, Valentinien, Theodose, elle fut interdite en la ville, chassée & punie: Iustinien aussi y ordonna peine de mort, ainsi qu'il appert en son Code.

Des deuinations en general. CHAP. XXXIII

E lieu requiert que ie face aussi mention des autres especes de deuinatiõs, lesquelles n'ont point tant d'esgard aux choses celestes qu'à ces choses basses & terrestres qui ont quelque ombre, ressemblance, ou imitation des celestes, & par icelles font leur predictions: à fin que entenduës icelles on puisse mieux congnoistre cest arbre Astrologue, duquel sont produits tels poincts, & d'où est engendré ce monstre à plusieurs testes, ainsi que le serpent de Lerne. Entre les arts deuinatrices sont donques comptées la physionomie,

mie, Metopofcopie, Chiromantie, Geomantie, de laquelle nous auons desia dit quelque chose cy dessus: la diuination par les entrailles des animaux ou aruspicine, par l'obseruation des foudres & tonnerres, dite speculaire, l'onirocritique ou interpretation, de songes, & la fureur, oracles, & propheties des insensés. Tous lesquels artifices ne procedent par aucune bonne ny asseurée doctrine, & ne sont pourueus de raisons qui vaillent, mais enquierent des choses secrettes, ou par aduentures fortuites ou par l'agitation de l'esprit, ou par quelques apparentes coniectures qui sont prinses des obseruations communes ou de longue main. Car ces ars prodigieux de deuiner n'ont autre defense que l'experience des choses qui aduiennent, & par icelle se despeschent des obiections qu'on leur fait quand ils promettent ou enseignent choses estranges hors de foy & de toute raison. Desquels il est ainsi parlé en la loy, Nul entre vous ne sera ouué, qui face passer son fils ou sa fille ar le feu, ny magicien vsant d'art magique, n'homme ayant regard au temps, aux oiseaux ny sorciers, ny enchanteur qui enchante, ny homme demandant conseil aux esprits familieres, ny deuins: car Dieu a ces choses en abomination.

De la Physionomie. CHAP. XXXIII.

LA Physionomie entre iceux suyuant (ainsi qu'elle dit) nature presume de pouuoir congnoistre par signes apparents & probables en cõsiderant toute la composition du corps, quelles sont les affections tant d'iceluy que de l'esprit, & quelles seront les aduentures des personnes entant qu'elle apperçoit que cestuy cy est Saturnin, cestuy là Iouial, l'autre Martial, ou Solaire, Venerien, Mercurial, ou Lunaire, & par l'habitude & complexion des corps dit qu'elle peut recueillir l'Horoscope au ascendant d'vn chacun, montant peu à peu par les effects aux causes astrologiques, la où estant paruenuë elle cause & babille à plaisir.

De la Metoposcopie. CHAP. XXXIIII.

LA Metoposcopie regardant seulement le front auec iugement aigu & docte experience se vante sentir de loing les commencements, progres & issues, des hommes ou de leur actions, & se dit nourrie pareillement par l'astrologie.

De la Chiromantie. CHAP. XXXV.

A Chiromantie remarque en la paume de la main sept monts rapportés au nombre des planettes, & estime pouuoir congnoistre par les lignes qui sont trouuees en iceux les complexions & affections des hommes, leur vie, sort, & aduentures, selon la correspondance ou bon accord des traicts, qui sont comme marques celestes que Dieu & nature ont imprimées en chacun, se seruant mesme du tesmoignage du liure de Iob, où il est dit que Dieu a constitué signe en la main de tout homme, à fin qu'vn chacun congnoiſſe ſes œuures. Leſquelles paroles ne peuuent eſtre entendues de la vanité de la chiromantie. Dauantage les profeſſeurs de ceſt art ſeparent & defendent de ce qu'ils diſent que ores qu'ils ne iugent point des choſes par les vrayes cauſes, neantmoins que par ſignes imprimés par elles ou par autres ſemblables cauſes, leſquelles ſont touſiours ſemblables en ſemblables choſes, ils peuuent iuger de meſmes effects. Et diſent que Pythagoras vſoit de ceſt artifice, & remarquoit par iceluy les mœurs, le naturel, & les eſprits des ieunes gents, conſiderant la diſpoſition & habitude de tout leur corps, & que ceux qui eſtoyent iugés par luy en ceſte ſorte propres a la philoſophie eſtoyent receus au rang de ſes diſciples. Et que ce meſme moyen eſtoit tenu par Pharaotes Roy Indien à ce que racompte Philoſtrate. Tãt y a que pour reputer la vanité de ces arts, il n'eſt beſoing d'alleguer autre raiſon, ſinon qu'ils n'ont fondement ſur aucune raiſon. Toutesfois pluſieurs renommés perſonnages anciens ont eſcrit d'iceux comme Hermes, Alkindus, Pythagoras, Pharaotes Indien, Zopite, Helenus,

Ptolomee, Ariſtote, Alpharabe: En outre Galien, Auicenne, Raſis, Iulien, Materne, Loxius, Philemon, Palemon, Conſtantin Afticain: Et entre les Princes Romains L. Sylla, & Ceſar dictateur y furent tres-addonnés, Mais des modernes Pierre d'Appon, Albert Teutonic, Michel Scot, Antiochus, Barthelemy Cochles, Michel Sauonarole, Antoine Cermiſon, Pierre de l'Arche, André Corbeau, Tricaſſe Mantuan, Iean de Indagine, & pluſieurs autres medecins illuſtres en ont eſcrit: Mais pas vn d'entreux ne paſſe outre les coniectures & quelques obſeruations d'euenements & experiences, qui ne ſont dignes d'eſtre creues: car en toutes celles coniectures & obſeruations ne ſe void aucune reigle de certitude. Ce qui eſt euident, d'autant que ce ſont toutes fictions volontaires, eſquelles meſmes ces profeſſeurs & protecteurs de la ſcience & de l'autorité d'icelle ne s'accordent point enſemble. Parquoy tous ceux qui par tels ſignes veulent iuger plus auant que des temperatures & complexiõs naturelles des corps, & ſe meſler de predire ſur les affections de l'eſprit & les aduentures, ou choſes fortuites, sont menez de grande folie & erreur: ce que verifie le iugement de Socrates fait par Zopire. Et que l'on n'adjouste point de foy à ce que Appion le Grammairien a laissé par écrit d'vn certain Alexādre, qui faisoit des pourtraicts si bien contrefaicts & ensuyuis apres le naturel, que le Metoposcope iugeoit sur iceux le tēps du decez ou passé ou futur: ce qui est aussi peu croiable pouuoir estre sceu par cest artifice, que veritablement il est impossible. Mais c'est la coustume de ces vendeurs de triacle d'ainsi resuer, estans menez à l'appetit des esprits damnez, par lesquels ils sont attirez d'erreur en superstition, & d'icelle peu à peu en infidelité.

De la Geomantie derechef. CHAP. XXXVI.

NOVS auons parlé de la Geomantie traictant de l'Arithmetique, laquelle marquant certains poincts casuellement, ou biē en aydant vn peu à la lettre, comme l'on dit, & d'iceux composant certaines figures par nombres pairs ou impairs, attribuées & rapportées aux planettes & estoiles, deuine par icelles. A raison de quoy elle par tous les autheurs qui en ont escrit est reputée fille de l'Astrologie. Mais il y a aussi vne autre espece de Geomantie introduite par Almadal Arabe, laquelle par certaines conjectures faictes sur des ressemblances que l'on apperçoit és fentes & creuasses de la terre, ou és remuëments ou tumeurs d'icelle, qui aduiennent d'eux-mesmes, ou sont causez par chaleurs, halles & tonnerres, fait ses deuinations, & est semblablement soustenuë par les foibles & vains estançons de l'Astrologie, obseruant ensemble les heures, les changements de la Lune, le leuer des estoiles, & les figures & assiettes d'icelles.

Des Auspices ou augures, & des deuinations par les entrailles des animaux.

CHAP. XXXVII.

QVANT aux augures iadis tant recommandez, qu'aucun affaire n'estoit entreprins, fust public ou priué, sans iceux, il y en a plusieurs especes. C'est vn art tres-ancien selon qu'escrit Pomp. Letus, transmis des Chaldeens aux Grecs, entre lesquels Amphiaraë, Tyresias, Mopsus, Aphilores, & Calchas ont esté estimés tres-experts augures. Des Grecs la science passa en Tuscane, & de là entre les Latins, & Romulus mesme en estoit maistre, lequel ordonna que les estats & offices seroyent ratifiés & confirmés par augures. Et, à ce que dit Denys, les Aborigenes, ou originaires Latins, auoyent d'ancienneté leurs façons d'augures. Et Ascanius voulant combattre contre Mesence, auant que ranger son armée en bataille, print augure, & le trouuant bon combatit & vainquit. En somme les Phrygiens, Pisidiens, Caramans & Ciliciens, Arabes, Ombres, Tuscans, & plusieurs autres peuples ont suyui & obserué les augures. Les Lacedemoniens pareillement bailloyent pour assesseur vn augur à leurs Rois, lequel assistoit au conseil general des affaires: & à Rome y auoit vn college, cour, ou compagnie d'vn certain nombre d'augurs. La force & vertu de cest art fut enseignee & creuë estre en ce que certains rayons de clarté prophetique tomboyent d'enhaut des corps celeſtes, ſur chacun des animaux ça bas, par l'effect deſquels l'on pouuoit remarquer en leurs mouuements, alleure, geſtes, & aſſietes, en leur vol, manger, couleurs, façons de faire, & tous accidents, certains ſignes, & par iceux eſtre aduertis de ce qui eſtoit ordonné au ciel de ces choſes inferieures, inferant que les animaux ainſi attaincts de la vertu des eſtoilles auoyent quelque intelligence ſecrette & quelque conſentement auec icelles, qu'ils pouuoient communiquer aux hommes. Par où il appert que ceſte ſcience deuineresse ne ſont autre choſe que les coniectures, & ce que les hommes ſe font à croire, ſe fondans en partie ſur les influẽces des eſtoiles, partie ſur certaines apparences & veriſimilitudes, qui ſont les choſes du monde les plus incertaines & deceuantes: & pource à bon droit Panetius, Carneades, Cicero, Chryſippe, Diogenes, Antipater, Ioſeph, & Philo s'en mocquent, la loy & l'Egliſe la condamnent. De meſme vanité ſont les myſteres des Chaldeens & Egyptiens, que les Romains, & auant eux les Hetruſques & encor à preſent certaine maniere de gents superstitieux adore comme oracles & propheties.

De la Speculatoire. CHAP. XXXVIII.

VR le mesme fondement est bastie la Speculatoire, à sçauoir l'art d'interpreter ce que les foudres, tonnerres, & autres impressions elementaires, les prodiges, monstres, & euenements contre l'ordre de nature, signifient & menassent, & ce par le mesme moyen des conjectures & apparẽces des choses. Suject tres-incertain, & plein d'erreurs : car il est euident que ces choses ne sont point prognostiques, mais œuures faictes en nature.

De l'Onirocritique. CHAP. XXXIX.

L'Onirocritique, ou art d'interpreter les songes, suit : les maistres duquel sont proprement appellez faiseurs de conjectures, comme Euripide chante :

Qui conjecture bien grand Prophete soit dit.

A ceſt artifice pluſieurs Philoſophes grands à la verité ont beaucoup faict d'honneur, principalement Democrite, Ariſtote, & ſon imitateur Themiſte, & Syneſius Platonicien, s'attachans tellement aux exemples de ces ſonges, qui ſont verifiez aucunesfois par quelque accident, qu'ils ont voulu par là faire à croire au monde que l'on ne ſonge rien en vain : & diſent que tout ainſi que par influences celeſtes formes diuerſes ſont produites en la matiere corporelle, auſſi par les meſmes influences & diſpoſitions celeſtes pluſieurs phantoſmes ſont imprimez en la partie imaginatiue, qui eſt inſtrumentale, leſquels ſont propres à produire quelque effect, meſmes en ſongeant : car alors l'eſprit ceſſant du miniſtere du corps, & ſoing des choſes externes, reçoit plus librement ces diuines influences, & partant que pluſieurs choſes ſont reuelées aux dormans, leſquelles demeurent cachées à ceux qui veillent. Par ces telles quelles raiſons ils cuident donner lieu de verité aux ſonges. Mais quant aux cauſes qui nous font ſonger, tant celles qui procedent de nous interieurement, que de celles qui viennent d'ailleurs exterieurement, ils en sont mal d'accord : car les sectateurs de Plato disent que se sont formes, images, & cognoissances de l'ame, lesquelles se conglutinent ou figent par maniere de dire. Auincenna tient qu'ils procedent d'vn Ange qui regit le mouuement de la Lune, lequel par les rais de cest astre rayonnant la phătasie des hommes dormans les leur enuoye. Aristote les rapporte au sens commun, mais imaginatifs. Auerroës à l'imaginatiue. Democrite tient que ce sont idoles ou formes qui s'esleuent des choses. Albert dit qu'ils viennent d'influxions celles rencontrans entre deux certaines formes, qui fluent continuellement d'en haut. Les Medecins en attribuent la cause aux humeurs & vapeurs, autres aux affections & pensees euës en veillant. Les Arabes à la faculté intellectuelle de l'ame, Aucuns disent qu'ils dependent des facultés de l'ame ioinctes auec les influences celestes & les simulacres ensembles: les astrologues maintiennent qu'ils sont causés par leurs rencontres & constellations: autres que c'est l'air qui nous enuironne & penetre en nous, qui nous fait songer. Artemidore Daldian a écrit de l'interpretation des songes, & y a certains liures publiés souz le nom d'Abraham, lequel Philo au liure des Geants & de la vie ciuile afferme auoir esté le premier qui trouua la maniere d'interpreter les songes : autres souz les noms de Salomõ, & de Daniel, forgez pour seruir à ceste farce, lesquels en matiere de songes ne contiennent que vrais songes. Mais Cicero en ces liures de deuination, dispute par raisons valables & fermes contre ceste vanité & la bestise de ceux qui y adioustent foy, lesquelles ie me passeray de mettre en ce lieu.

De la fureur ou forcenerie deuineresse.

CHAPITRE XL.

MAis joignõs à ces resueurs ou songeurs, ce que j'auois presque oublié, à sçauoir ceux qui attribuent quelque faculté diuinatrices aux forcenez, & y croyent : cuidans que les hommes, qui ont perdu la congnoissance des choses presentes, & la memoire de celles qui sont passées, & en somme tout sens & tout iugement és choses humaines, soient pourueus d'vne diuine prescience de ce qui est à venir, & qu'ils puissent preuoir ou sçauoir ainsi hors du sens & dormans, les choses que les hommes sages & vigilans ne cognoissent aucunement : comme s'il estoit bien croyable que Dieu approchast plus pres de ceux-cy que des autres qui sont sains d'entendement, soigneux, & studieux de s'enquerir & congnoistre. Gẽts mal-heureux à la verité, qui adjoustent foy à ces vanitez, & s'assujetissent à telles impostures, qui entretiẽnent ces maistres trõpeurs, sousmettans à leurs ventres, eux, leurs entendements, & leur creance : car qu'est-ce autre chose ce que l'on appelle fureur, qu'vn estrangement de l'esprit humain, tourmenté par les anges damnez, par le moyen des astres & de leurs influxions, ou d'autres choses inferieures, conduites & addressees par ces diables? Ce que Lucain a voulu signifier, faisant mention du deuineur Arons Tuscan, disant qu'il estoit sçauant :

Aux mouuements du foudre, és veines bouïllonnantes, (noyantes.
Et plumes des oiseaux parmy l'air tour-

Estant la ville purgee, les victimes occises, les entrailles considerées, finalement dit que Figulus prononça ce qu'il luy en sembloit par ces paroles:

De quel grief desarroy, de quels pesteux desastres
D'un regard courroucé nous menacez vous astres?
Est-ce pour retrancher des années le cours,
Ou bien d'un cours forcé faire cesser nos iours?
Que si quelque brandõ embrasoit de Saturne
Au plus haut la froideur l'échançon de son vrne
Estoilée feroit se renouueller d'eau
Vn ondoyant débord, vn deluge nouueau.
Titan si tu pressois sur ceste terre basse
Le Lion Nemean, de l'ardeur de ta face
Tu cuirois les humains, & ton char portefeux
Embraseroit le Ciel. Or cessent lesdits feux.
Toy qui du Scorpion fais embraser Gradiue,
Les bras, les enuirons, & la queuë tardiue,
Mars d'ire trãsporté, quels troubles, quels orages
Veux-tu vomir sur nous? quels effrois, quels (rauages?
Iupiter à contraincte en haut son chef voilé
Pour ne plus esclairer, & le feu estoilé
De Venus s'amortit. O postillon Mercure
Tu n'as plus de ton cours ny de tõ chemin cure:

Mars regne seul au ciel. Les signes irrités
Sont tous quittans leur train couuerts d'obscurités.
Le costé d'Orion porte-espee trop brille,
Le fer, l'harnois l'écu par tout clique & brandille:
Vice chassant vertu met ses voiles aux vēts,
Rode par l'vniuers par longue espace d'ans.

Or toutes ces deuinations & leurs arts ont leurs racines fichées en l'astrologie, & en icelle leurs fondements assis & establis. Car soit que l'on considere le corps, le visage, ou les mains, soit que par songes, prodiges, vol des oiseaux, ou par fureur l'on soit halené ou inspiré, ils veulent tousiours que la figure du ciel soit dressée, & par les iugemēts tirés d'icelle ioincts aux signes & apparences & aux coniectures qu'il font sur icelles, tirent leurs opinions des choses qu'ils disent estre signifiées. Parquoy reuerans en toutes diuinations la science & l'vsage de l'Astrologie, ils cōfessent qu'elle seule est la clef necessaire à la congnoissance de tous les secrets futurs. Dont s'ensuit que leur vanité & faulseté est du tout hors de doute, & descouuerte à vn chacun, puis que les principes & fondemēts de ces arts deuinateurs sont manifestement faux, mensongers, controuuez, & feincts par la temerité poëtique, lesquels n'ayans esté, n'estans point, & ne deuans onques auoir estre, sont neantmoins estimez causes & signes des choses qui sont en effect, & à iceux sont rapportez les euenements d'icelles contre la verité toute euidente.

De la Magie en general. CHAP. XLI.

CE lieu requiert que nous traictions aussi de la Magie, car elle est pareillement si cõjoincte & attachée à l'Astrologie, que celuy qui fait profession de Magie sans l'Astrologie, ne fait rien qui vaille, & cingle du tout hors de la droite route. Suidas pense que la Magie a prins son origine & son nom des Maguseens. La commune opinion c'est que ce soit vn nom Persien : & mesme Porphyre & Apulée sont de cest aduis, & qu'en ceste langue Mage signifie sacrificateur, sage, ou Philosophe. La Magie donques embrassant toute la Philosophie, Physique & Mathematique, y mesle aussi la religion, & ioint les vertus & faculté d'icelle auec les autres sciences. En outre comprend la Goëtie & Theurgie, à raison dequoy plusieurs la diuisent en deux parties, disant qu'il y a Magie naturelle & Ceremoniale.

De la Magie naturelle. CHAP. XLII.

LA Magie naturelle n'est estimee autre chose sinon la haute & parfaicte vertu, effect & faculté des sciences naturelles, appellee à ceste cause le sommet, consommation, ou dernier dégré de la Philosophie naturelle. La partie actiue & operante d'icelle, laquelle par le moyen des vertus mises és choses que le naturel produit, & par vne mutuelle & biẽ assaisonnee application de l'vne à l'autre d'icelles fait des œuures plus que merueilleuses. En ceste magie les Ethiopiens & Indiens entre autres estoyent studieux & experts, ayans en leurs païs la commodité des herbes, pierres, & autres choses requises à icelle. D'icelle on pense que Sainct Hierosme a faict mention escriuant a Paulin que Apollone Thianecon estoit magicien ou philosophe, ainsi que les Pythagoriens. De ceste espece de Mages l'on estime auoir esté ceux qui vindrent visiter nostre Seigneur Iesus Christ nouuellemēt nay, luy porterent des presents, & l'adorerent, lesquels les Interpretes des Euangelistes exposent pour philosophes Chaldeens, & tels que Hiarchas fut entre les Brachmanes, Tespion entre les Gymnosophistes, Budde entre les Babyloniens, Numa Pompilius à l'endroit des Romains, Zamolxides en Thrace, Abbaris aux Hyperborees, Hermes entre les Egyptiens, Zoroastre fils d'Eromase entre les Perses. En icelle pour certain ont esté excellents sur tous autres les Indiens, Ethiopiens, Chaldees, & Persiens. Et estoit la science (selon que Plato afferme au dialogue qu'il a intitulé Alcibiades) en laquelle on instruisoit les enfans des Rois de Perse, à fin qu'ils apprinssent par le reiglement & bon ordre qui est en l'assemblage & communauté des choses naturelles en ce monde, à bien ordonner, regir, & administrer leurs royaumes & republiques. Ciceron aussi és liures de la diuination dit que entre les Perses nul n'obtenoit le Royaume s'il n'estoit institué en la Magie. La Magie naturelle est donques celle qui considere les vertus & proprietés de toutes choses en nature & au ciel, & par curieuse recherche descouure les accords & conuenances, & met en euidence les puissances & facultés qui sont cachees en icelle, assemblant les choses basses aux dons & faueurs celestes, comme par attraicts & alleichements, en sorte que par ioincture des vnes auec les autres sont produicts effects admirables & miraculeux, non tant par artifice aucun, que par la nature mesme, à laquelle cest art sert comme d'instruments à faire ses œuures. Car les Mages ainsi que tres-diligents enquesteurs de la Nature, conduisans & addressans bien à propos les choses qu'elle a preparées, & appliquans les actiues auec les passiues, bien souuent font voir des effects extraordinairement, & auant le temps, lesquels le vulgaire iuge estre miracles, combien que ce ne soyent qu'œuures naturelles, aduancees aucunement de temps : ainsi que si quelqu'vn trouuoit moyen de faire produire des roses ou des raisins meurs au mois de Mars, ou fist croistre en peu d'heures les febues semees, le persil, ou autres semences, & les fist deuenir plantes, formees & parfaictes, & encor choses plus grandes, comme d'engendrer nuages, tonnerres, foudres, diuerses especes d'animaux: & transmuer plusieurs choses d'vne en autre, comme Roger Bacon se vante auoir faict plusieurs fois, seulement par pure & naturelle magie. Des œuures & effects de ceste science ont escrit Zoroastre, Hermes, Euantes Roy d'Arabie, Zechatie Babylonien, Iosephe Hebrieu, Bocus, Aaron, Zenotenus, Kiranides, Almadal, Thetel, Alkindus, Abel, Ptolomee, Geber, Zaël, Nazabarub, Thebith, Berith, Salomon, Astaphon, Hipprachus, Alcmeon, Apollonius, Triphon & plusieurs autres, dont quelques liures sont encor entiers, & plusieurs fragments se trouuent qui me sont tombés quelquefois entre les mains, Mais quant aux modernes peu en ont escrit, & peu de choses, ainsi qu'Albert, Arnold de Villeneuue, Raimond Lulle, Bacon, & Appon, & celuy qui sous le nom de Picatrix a addressé son liure au Roy Alphonse, lequel toutesfois, ainsi qu'ont faict tous les autres, mesle auec la Magie naturelle infinies superstitions.

De la Magie Mathematique.
CHAP. XLIII.

IL se trouue outre ceux là d'autres imitateurs tres-aig[us] & tres-audacieux rechercheurs de nature, lesquels sans se seruir des vertus des choses produites par icelles, promettent de mõstrer des effects tous semblables à ceux qui se font naturellement, seulement par reigles & raisons Mathematiques, en obseruans, approprians, & appliquans les influences celestes, comme de faire parler & cheminer des corps, sans qu'en iceux soyent aucunes facultés animales, telle que par la colombe de bois d'Archytas Tarentin, qui voloit, & les statues de Mercure parlantes, & la teste d'airain forgee par Albert le grand, que l'on dit auoir parlé. En telles choses fut tres-expert Boëce, personnage de grand esprit & bien versé en toutes sciences, auquel Cassiodore escrit telles paroles: Tu fais profession de cognoistre ce qui est haut

& difficile, & de faire voir des miracles par la subtilité de ton artifice, les metaux muglent, & Diomedes en cuyure corne tres-haut, la couleuure de bronse siffle, les oiseaux sont exprimés & imités si bien que ceux qui ne peuuent mettre hors leurs propres voix sont ouïs gasoüillans en chants tres-plaisans & melodieux. Nous disons peu de choses de celuy qui pourroit bien contrefaire le ciel mesmes. De ces artifices à mon aduis est dit ce que nous lisons en l'onziesme liure des loix de Platon, Vn art, dit-il, est donné aux hommes mortels, par lequel ils pourront engendrer certaines choses successiues, lesquelles ne seront pas participantes de verité ny de diuinité aucune: Mais à la semblance d'eux mesmes retireront & contreferont des simulacres. Or est passee si auant la temerité des Mages à entreprendre toutes choses à la faueur & instigation du serpent ancien prometteur de science, qu'ils ont ainsi que singnes voulu enuier & contrefaire nature & Dieu mesme.

De la Magie qui empoisonne.

CHAP. XLIV.

VNe autre espece de Magie se pratique, qui est appellée empoisonneuse, laquelle par compositions amoureuses, breuuages & diuers medicaments venimeux, s'accomplit & fait ses effects ? comme celuy que l'on lit auoir esté faict par Democrite pour faire engendrer des enfans bõs, heureux, & fortunez. Et vn autre pour faire que nous entendions les voix & langage des oiseaux, ainsi que Philostrate & Porphyre disent que faisoit Apollonius. Virgile pareillement parlant de certaines herbes qui naissent en la contrée de Pont dit,

I'ay veu souuent par herbes Meris cher
Estre faict loup, & au bois se cacher:
Souuent i'ay veu exciter les esprits
Hors des enfers, & les bleds estre pris
Pour de ce champ en autre les traduire
Par son venin & herbes dont veut nuire.

Pline aussi racompte d'vn certain Demarque de Pharrhase, lequel assistant au sacrifice ſacrifiee que les Arcades auoyent accouſtumé faire à Iupiter Lycee, où ils offroyent des creatures humaines, ſe mit à gouſter & manger les entrailles d'vn garçon que l'on y auoit immolé, & ſoudain ſe transmua en loup. A raiſon de laquelle trans-formation d'hommes en loups, S. Auguſtin penſe que les ſurnons de Lycee auoyent eſté baillez à Iupiter & à Pan. Le meſme S. Auguſtin eſcrit, que luy eſtant en Italie certaines femmes magiciennes, ainſi que Circe eſtoit, bailloyent vne maniere de poiſon meſlé dans du fourmage aux hommes par laquelle ils eſtoyent conuertis en cheuaux: & apres qu'elles s'eſtoyent ſeruis d'iceux à porter des charges où elles vouloyent, elles les reſtituoyent en leur premiere forme humaine & dit que cela aduint lors à vn certain religieux nõmé Preſtant. Mais à fin que l'on ne penſe que ce ſoyent du tout folies & choſes impoſſibles, que l'on ſe ſouuienne de ce qui eſt narré en la ſaincte eſcriture touchant le Roy Nabuchodonoſor, lequel fut ainſi que les bœufs mangeant & viuãt de foin l'eſpace de ſept annees; enfin par la miſericorde de Dieu ſon ſens & ſa figure luy furent rendus. Le corps duquel apres son decés fut par le commandement d'Euilmerodach son fils baillé aux vautours en pasture ; de peur qu'il auoit qu'il ne resuscitast, l'aiant veu de beste reuenir homme, & plusieurs semblables choses faictes par les Mages de Pharaon, qui sont narrees au liure d'Exode. Or de ces Mages ou empoisonneurs, comme on les voudra nommer, est écrit par le Sage en ceste maniere : *Tu les as eu en horreur, pource qu'ils faisoient enuers toy œuures qui estoient à hair par empoisonnements.* Et est à noter que ces Mages ne recherchent point seulement les choses naturelles, mais aussi celles qui accompagnent la nature, & sont comme hors d'icelle, cõme les mouuemens, nombres, figures, sons, voix, accords, lumiere, & les affections de l'ame & les paroles. Par tels moiens les Marses & Psilles peuples d'Italie faisoient assembler les serpents, autres les déchassoient. Orphée aussi apaisa la tempeste au voyage des Argonautes par vn hymne ou chanson : & Homere écrit que par paroles le sang fut arresté à Vlysses blessé. Es loix de douze tables peine est ordonnee à ceux qui par enchantements attiroient les moissons de leurs voisins en leurs champs, comme si c'estoit chose hors de doute, que les Mages par paroles seules, par affections, choses semblables produisent en eux-mesmes & ailleurs admirables effects, & que par ces moiens ils puissent dissiper les vertus & proprietez qui sont és choses, les attirer à eux, ou les repousser & rejetter, ou en quelque autre façon les manier & disposer tout ainsi que L'aimant attire à soy le fer l'Ambre, la paille, ou comme l'ail ou le diamant empeschent la vertu de l'aymāt. Outre plus disent Iamblichus, Proclus, & Synesius que par ceste suite, accord, & consentement des choses s'entretenans ainsi que chainons & anneaux, l'on peut receuoir d'enhaut à l'appetit des Mages non seulement les dons naturels & celestes, mais les intellectuels & diuins. Ce que Proclus confesse estre vray au liure intitulé du Sacrifice & de la Magie, disant, que par ce consentement & accord qui est entre les choses, les Mages auoient de coustume d'appeller & attirer les Dieux. Et s'en est bien trouué entre-eux aucuns menez de si estrange follie, qui presumoyent par diuerses rencontres des estoiles ou constellations, moyennant certains interualles & espaces de temps & quelques proportions bien & deuëment obseruees, de faire qu'vne image par eux construite prendroit par le vouloir celeste esprit de vie & intelligence, pour pouuoir respondre à ce dont elle seroit interrogee, & reueler la verité des choses occultes & secrettes. Par où ie conclus qu'il est euident que ceste Magie naturelle est facilement destournee en Goëtie & Theurgie enueloppee en autres tromperies, ruses, & erreurs diaboliques.

De la Goëtie & Necromantie. CHAP. XLV.

LA Magie, dite Ceremoniale, contient ces impostures que les Grecs appellent Goëtie & Teurgie. La Goëtie maudite & malencontreuse à cause de laccoitance & commerce qu'elle a auec les esprits immondes, estant composee d'vne maniere de faire de curiosité damnable, paroles, enchantements, & coniurations illicites, est prohibee & dechassee par les loix de toutes nations, comme chose execrable. D'icelle font estat ceux que nous appellons auiourd'huy Necromantians, Sorciers, & Enchanteurs,

Gents maluoulus de Dieu, qui croyent d'embrouiller
Le ciel, & cauteleux sa lueur enrouiller,
Voire tout ce qui est en nature dissoudre,
Comme s'ils manioyent les vens, tonnerres, foudre.
Outreplus, impotteurs, du vent de leur parolle
Esbransler, affermir & l'vn & l'autre pole,
Faire couller les monts, mesler par leurs fureurs
Les feux astré parmy l'element port esteurs

Ce sont ceux qui inuoquent & rappellent les ames des deffuncts, ceux qui estoyent anciennement appellés Epodes (c'est ce que nous disons enchãteurs) qui enchantent les enfans, & les induisent à prononcer des oracles, ceux qui ont des diables familiers assesseurs ou conseillers, tel que nous lisons que estoit celuy de Socrates, qui tiennent des esprits, ainsi qu'ils donnent à entendre, dans vne piece de verre ou cristal, par lesquels ils prophetisent. Tous lesquels ont deux voyes & manieres de proceder. Car les vns s'essayent de coniurer & forcer les malings esprits en vertu de certaines paroles, mesmes des noms & epithetes diuins, sous pretexte que toute creature craint & reuere le nom de celuy qui l'a faicte & cree, à fin qu'il semble moins estrange, si ces Goëtiens infideles, Payens, Iuifs & Sarrasins, & en general toute la trouppe & secte de ces gens prophanes contraignent les diables par l'inuocation du nom de Dieu. Autres meschans en toute extremité, par crime horrible, detestable, & punissable par mille feux, se sousmettans aux diables les adorent & leur font des sacrifices, s'abbaissans en ordre & abominable idolatrie. Ausquels crimes iaçoit que les premiers susmentionnés ne s'addonnent, si est ce qu'ils s'exposent eu manifeste danger de glisser en iceux. Car les diables, quelques contraints qu'on les imagine, ne cessent neantmoins de viller tousiours pour tromper ceux qui se fouruoyent & cherchent des destours. De ce bourbier Goëtique sont escoulés tous les liures tenebreux qui courẽt aujourd'huy par le monde, lesquels Vlpian Iureconsulte appelle de meschante leeſture & ordonne eſtre bruſlés ſur le champ auſſi toſt qu'ils ſeront trouués: tels que ceux qui premierement furent inuentée par vn certain Zabulus, homme addonné à tout art illicite: & apres luy ceux de Barnabas Cypriot, & à preſent ſous tiltres faux & controuués pluſieurs que l'on dit auoir eſté compoſés par Adam, Abel, Enoch, Abraham, Salomon: & autres par Paul, Honnoré, Cyprien, Albert, Thomas, Hieroſme, & par vn certain d'Yorck Anglois: les reſueries deſquels ont eſtés ſuyuis & imitées par Alphonſe Roy de Caſtille, Robert Anglois, Bacon, & Pierre d'Appone, & pluſieurs autres gents abandonnés & perdus. Et, plus eſt, l'on ne s'eſt contenté d'attribuer tels meſchans liures aux hommes mortels, & ſaincts Patriarches, comme dit eſt, mais a t'on voulu faire auteurs de telles doctrines execrables. meſmes les anges Dieu, & en a l'on intitulé aucuns des noms de Raziol & Raphaël anges d'Adam, & de Thobie. Leſquels liures s'ils ſont conſiderés de bien pres & auec iugement, ſeront aiſemẽt congnus par leurs reigles & preceptes, par les couſtumes & ceremonies, dont ils traytent, par la maniere de leurs characteres, figures, & langage, ordre de leurs discours, & sots termes & manieres de parler, estre pleins de pures resueries & impostures, & auoir esté forgez depuis peu d'annees par gens ignorans de toute la magie vsitee entre les anciens, méchãs artisans de tout artifice mauuais, d'vn meslange d'aucunes ceremonies prinses de la Religion Chrestienne auec paroles & signes estranges & incognus, pour effroyer les simples & estourdis, les insensez, & ceux qui n'ont appris les bonnes lettres. Mais nonobstant tout cela il ne s'ensuit pas que ces arts soient fabuleux, & qu'ils ne produisent quelque effect. car s'ils n'estoient point, & que par iceux l'on n'effectuast plusieurs choses admirables, meschantes, & dommageables, ils ne seroyent prohibez tant estroictement & expressément par les loix diuines & humaines, pour estre du tout chassez & exterminez de la terre. Or la raison pour laquelle ces Goëtiens ne s'addonnent qu'aux esprits malings & impurs, est d'autant que les bons Anges ne sont point si priuez, & ne se communiquent si euidemment: car ils attendent en toutes choses l'expres commandement de Dieu, ne hantent ny frequentent que les gents de bien, de cœur pur & de saincte vie: mais les Anges trompeurs & méchans sont prompts & faciles à comparoistre estans inuoquez, faisans beau semblant, promettans faueur, & se transfigurans en esprits diuins pour deceuoir par leurs ruses les gents maladuisez, & les induire à les honnorer & adorer. Et pour ce que les femmes sont d'vn naturel plus curieux de sçauoir les choses occultes, moins prudentes, & plus addonnees aux superstitions que les hommes, elles sont aussi plustost attrapees, & se rendent les diables plus faciles, familiers, & traictables à icelles: parquoy elles font des choses esmerueillables & prodigieuse, ainsi que nous lisons de Circe, Medee, & autres mentionnees tant par les Poëtes que par Ciceron, Pline, Seneque, S. Augustin, & plusieurs autres Philosophes & Docteurs de nostre Religion Chrestiẽne, Historiens, & mesmes par les Escritures sainctes. Car és liures des Rois l'on lit qu'vne femme enchanteresse, laquelle habitoit en Endor, fit voir Samuël le prophete à Saül par ses inuocations, combien que plusieurs croyent que ce ne fust point Samuël mesme, mais quelque diable qui auoit prins sa forme & ressemblance. Toutesfois les Rabins Hebrieux disent, suyuant la doctrine des Goëtiens que c'estoit l'esprit de Samuël le prophete, lequel pouuoit estre rappellé facilement ayant l'an reuolu de son decés & departement d'auec le corps. Ce que mesme sainct Augustin escriuant à Simplicien ne nie pas estre chose impossible. Auec ce que les Mages Necromantiens soustiennent que par certaines vertus, liaisons & contraintes naturelles cela se peut faire, dont nous auons touché quelque chose en nos liures de la philosophie occulte. Et partant les anciens peres experts és choses spirituelles n'ont ordonné sans cause que les corps des defuncts seroyent enterrés en lieu sainct accompagnés de cierges, arrosés d'eau benite, & parfumés d'encens purgés & recommandés par prieres tant qu'ils demeurent sur terre: Car, à ce que disent les maistres Hebrieux, tout ce qui demeure en nous de matiere mal disposée de ceste chair & de ce corps animal ou charnel, est delaissé en pasture au serpent qu'ils appellent Azazel, lequel est le seigneur & le maistre de la chair & du sang, le Prince de ce monde, nommé au Leuitique Prince des deserts, & auquel fut dit au commencement, Tu mangeras la terre tous les iours de ta vie. Et en Esaïe, La poussiere est ton pain : c'est à dire que nostre corps crée de la poudre est sa pasture pendant qu'il n'est point sanctifié & changé en mieux, en sorte qu'il ne soit plus au serpent, mais de Dieu à sçauoir de charnel rendu spirituel, comme dit aussi S. Paul, que ce qui est charnel ou sensuel est semé, & ce qui est spirituel resuscitera : & aillieurs que tous pour certain resusciteront, mais tous ne seront immués, d'autant que plusieurs demeureront en proye & pasture perpetuelle au serpent. Nous despouillons veritablement par la mort ceste salle & vilaine matiere charnelle, ceste viande du serpent, en esperance de la reprendre quelque iour en meilleur estat, à sçauoir spirituelle ce qui aduiendra en la resurrection des morts. Toutesfois cela est desia aduenu à aucuns, lesquels par la vertu diuine de l'esprit de Dieu ont dés ceste vie a commencé à gouster l'échantillon de la Resurrection bien-heureuse, comme Enoc, Elie, & Moïse: les corps desquels n'ont senti la corruption à la façon des autres, & ont esté transmuez en corps spirituels, sans que le serpent y aye sceu rien prendre. Et est cestuy l'estrif que S. Iude dit en son Epistre, que le diable eut auec Michel touchant le corps de Moyse. Or c'est assez dit de la Goëtie & Necromantie.

De la Theurgie. CHAP. XLVI.

QVant à la Theurgie, plusieurs estiment qu'elle n'est point illicite, comme estant regie par les Anges bien-heureux & auec Majesté diuine. Si est-ce toutesfois que souuent elle est suiette aux tromperies & deceptions du diable, qui se contrefait & separe du nom de Dieu & des Anges: Car non seulement elle se sert des facultez des choses naturelles, mais par certaines obseruations de ceremonies veut que nous puissions attaire les vertus celestes; & par icelles les diuines. Or la plus grand'part de ces ceremonies consiste à se maintenir propres & nets de toutes soüilleure & immondicité, premierement en l'esprit, puis au corps, & consequemment en tout ce qui sert au corps & autour d'iceluy, en la peau, aux habits, en l'habitation, aux meubles & vtensiles, és offrandes, dons, & sacrifices: car ils estiment que la mondicité dispose l'homme à contempler la diuinité, & communiquer à icelle, & que mesmes és choses religieuses & sainctes elle est grandement requise, allegans ce que dit Isaie, *Soyez lauez & nets, & ostez la malice de vos pensees.* Mais que les ordures infectans souuent l'air & les hommes destournent ces influences celestes, & dissipent les diuines inspirations tresmondes & tres-pures. Toutesfois les malins esprits & puissances tromperesses appettent aussi souuent vne telle mondicité, pour ce faire honnorer & adorer comme Dieu: partant il faut bien ouurir les yeux: & de ce nous auons amplement traitté en nos liures de la Philosophie occulte. De ceste Theurgie ou Magie diuine Porphyre ayant au long discouru, finalement conclud que par Theurgiques consecrations l'on peut preparer l'ame humaine, & la rendre propre à receuoir les esprits angeliques, & à voir les dieux, mais nie du tout que par c'est art elle puisse approcher ny retourner à Dieu. Les escholes d'iceluy sont l'art d'Almadel, l'art notoire, l'art Paulin, l'art des reuelations, & semblables traictés superstitieux, qui sont d'autant plus dangereux, qu'ils ont plus d'apparence de diuinité à l'endroit des ignorans.

De la Caballe. CHAP. XLVII.

MAis ce propos me fait souuenir des paroles de Pline: Il y a, dit-il, vne autre espece & faction de Magiciens, dependans de Moïse & Latopée Iuifs. Lesquelles paroles m'admonestēt de la Caballe iudaïque, que les Hebrieux croiēt fermement auoir esté baillee par Dieu mesme à Moise au mont de Sina, & depuis transmise aux successeurs de pere en fils sans aucune escriture, & enseignee de viue voix seulemēt iusques au temps d'Esras, ainsi que les preceptes de Pythagoras estoyent iadis enseignés par Archippus & Lisiades, qui en tenoyent eſcole à Thebes en Grece, où il faloit que les eſcoliers ſe ſeruiſſent de leur eſprit & memoire au lieu de liures, aprinſent, & retinſent par cœur les documens de leurs maiſtres. Auſſi certains Iuifs delaiſſans l'vſage des lettres eſtablirent ceſte ſcience en la memoire & obſeruation des choſes enſeignees de viue voix, & d'ont elle print le nom de Caballe lequel denote comme vne doctrine prince & receuë l'vn de l'autre par la ſeule ouie. L'art, à ce que l'on dit, eſt treſancien : mais quant au nom, il a eſté incongneu iuſques au temps plus recents, qu'il a eſté mis en vſage entre les Chreſtiens. La doctrine & ſcience d'iceluy eſt doublement enſeignee, ou a deux parties. L'vne dite de Bereſith, appellee auſſi Coſmologie : c'eſt celle qui explique les vertus des choſes crees, naturelles, & celeſtes, expoſe & donne à entendre les ſecrets de la loy & de la Bible par raiſons philoſophiques : laquelle pour ce regard n'eſt à mon aduis en rien differente à la Magie naturelle, en laquelle il eſt croyable que Salomon fuſt tres expert : car nous liſons és hiſtoires ſacrees des Hebrieux qu'il eſtoit couſtumier de discourir depuis le cedre du Liban iusques à l'hysope, plus des cheuaux & bestes à quatre pieds, oiseaux, serpents, & poissons : toutes lesquelles choses peuuent porter en elles des vertus magiques. Selon icelle Moise Egyptien entre les modernes Hebrieux a faict ses expositions sur les cinq liures de Moïse, & a esté ensuiuie & imitée par plusieurs Thalmudistes. L'autre partie de cest art est appellee de Mercana, traictant des vertus plus hautes, Angeliques, & diuines, des contemplations des noms & signes sacrez, presque comme vne Theologie allegorique ou enigmatique, consistant en notes & marques : en laquelle toutes les lettres, nombres, figures, & noms, les sommets & coings des lettres traicts, lignes, poincts & accents denotent & signifient grâds mysteres de choses tres-profondes & cachees. Ceste-cy est derechef par eux partie en deux, à sçauoir Arithmantie, qui est celle qu'ils appellent Notariacon, traictant des vertus angeliques, noms, & signes, & aussi de l'estat & cōdition des ames & esprits: & Theomantie, qui comprend les mysteres de la Majesté diuine, & les reuelations & choſes procedantes d'icelle, ſes noms ſacrés & pentacules : la congnoiſſance de laquelle, ainſi qu'ils afferment, rend l'homme admirable en vertus, tellement qu'il peut ſçauoir quand il veut toutes les choſes futures, commander à la naturelle, exercer pouuoir & iuriſdiction ſur les anges & ſur les diables, & faire miracles. Par icelle croyent que Moïſe fit tant de ſignes merueilleux trãſmua la verge en ſerpent, l'eau en ſang, attira en Egypte les grenouilles, mouches, poux, locuſtes, & chenilles, y fit deſcendre le feu & la greſle, affligea les hommes d'vlceres & langueurs, mit à mort tous les premiers nais des hõmes & des beſtes, & conduiſant ſon peuple fit entrouurir la mer, fit ſaillir les eaux du rocher, amena du ciel les cailles, addoucit les eaux ameres, bailla pour guide à ſon armee la nuee de iour, le feu la nuict attira du ciel la voix de Dieu pour la faire ouyr au peuple, conſomma par feu les orgueilleux, frappa de lepre les murmurateurs, abatit de mort ſubite, les ingras, & fit engloutir par la terre les autres rebelles, repeut le peuple és deſerts du pain du ciel, appaiſa les ſerpents, guerit ceux qui estoyent picqués, & empoisonnés, conserua ceste grande multitude de peuple d'infinies maladies, & maintint leurs habillements entiers par tant d'annés en fin la rendit victorieuse de ses ennemis. Par ce mesme art de faire miracles disent aussi que Iosué arresta le Soleil, qu'Elie fit tumber le feu du ciel sur les aduersaires, & resuscita l'enfant mort, que Daniel ferma la gueule des lyons, que les trois enfans chantoyent dans la fournaise ardante. Bref, les perfides & meschants Iuifs soustiennent que par cest artifice caballiste Iesus-Christ aussi faisoit tant de merueilleuses œuures, que Salomon pareillement y estoit tresſçauant, & que par iceluy il enseigna des coniurations & enchantements contre les diables & leurs liens, & contre les maladies, selon que tesmoigne Ioseph. Quant à moy ie croy que le vray Dieu reuela à Moïse & aux autres Prophetes plusieurs grands mysteres & secrets contenus sous l'escorce de la loy, lesquels il n'estoit besoing de communiquer au commun peuple prophane : mais ie ne doute nullement aussi que cest art de Caballe, dont les Iuifs se parent & se vantent, & auquel ie me ſuis quelquesfois fort trauaillé & abuſé, ne ſoit autre choſe qu'vne amas de ſuperſtitions, & ne le recognois que pour Theurgie magique. Car ſi ainſi eſtoit, comme les Iuifs afferment, qu'elle fuſt procedee de Dieu pour rendre la vie des hommes parfaicte pour le ſalut d'iceux, pour le ſeruice de ſa maieſté, & la congnoiſſance de ſa verité, il eſt certain que ceſt eſprit de verité, lequel laiſſant la ſynagogue nous eſt venu enſeigner toute verité, ne l'euſt pas celee à ſon Egliſe iuſques à ces temps derniers, veu que c'eſt elle qui congnoit tout ce qui eſt de Dieu, la benediction duquel, la purgation qu'il a faicte de nos pechez & les myſteres de ſes ſacremens luy ſont reuelés en toutes langues entre toutes nations. A la verité telle & ſemblable vertu eſt en vn langage qu'en l'autre, pourueu que la pieté & religion ſoit de meſme: & n'y a nom ny vocable au ciel ny en terre en vertu duquel nous receuions ſalut, ny puiſſions ouurer vertueuſement, que le nom ſeul de Ieſus Chriſt, lequel embraſſe & contient toutes choſes. Et partant les Iuifs auec leur grand' ſcience des noms diuins ne font pas grande chose, ou plustost rien du tout, apres Iesus Christ, ainsi que faisoyent leurs peres vieils. Quant à ce que nous voyõs que par les reuolutions, qu'ils appellent, de cest art l'on tire sens & interpretations merueilleuses de grands mysteres des sainctes escritures, tout cela n'est autre chose qu'vn plaisir que prennent gents de seiour & grand loisir à feindre & controuuer des allegories à leurs appetit sur chacune lettre, poincts, & accents: ce qui leur est aisé de faire en ceste langue & façon d'escriture des Hebrieux: & combien qu'il semble que ce soyent grands secrets, neãtmoins ils ne sçauroyent rien prouuer, ny conuaincre ceux qui leur voudroyent contredire: & peuuent auec la mesme facilité estre mesprisees & reiectees toutes les choses qu'ils disent, qu'il leur est aisé de les mettre en auant. Vn art presque semblable à esté mis par escrit par Rabanus moine, mais auec characteres & vers latins accompagnés de diuerses figures, lesquels en quelque sens qu'ils soyent tournés & leus audroit dés superfices & ligues de chacune figure, sonnent & prononcent certain mystere sacré representatif de l'histoire qui est peincte illec, Ce qui se peut aussi bien faire & tirer de quelque liure prophane que ce soit, tesmoins les vers cõposés par Valeria Proba de nostre seigneur Iesus Christ recueillis de pieces & morceaux ramassés des œuures de Virgile : toutes lesquelles choses sont occupations & recerches de gents qui n'ont guiere à faire. Pour le regard des œuures miraculeuses, ie croy qu'il n'y a aucun de si lourd entendement qui veuille penser qu'il y aye art aucun ny science qui enseigne à les faire. Parquoy nous concluons que ceste Caballe des Iuifs n'est qu'vne superstition trespernicieuse, par laquelle ils recueillent, departent, & transportent ainsi qu'il leur plaist de lieu à autre les paroles, noms, & lettres esparces ça & là es escritures sainctes & changeant vne chose en vne autre desioignent & separent les membres & sentences d'icelles, & corrõpent la verité, controuuãs & songeans là dessus certaines allegories & fixions, certains arguments & discours à leur fantasie, à quoy voulans appliquer la parole de Dieu ils diffament les escritures, donnans à entendre que leurs resueries sont tirees d'icelles, & par ce moyen publient & infament la loy de Dieu pour source de leurs calomnies, erreurs, & infidelités, lesquelles ils s'essayent de pouuoir & soustenir par certaines supputations forcees & pleines de blaspheme, de mots, syllables, lettres, & de nombres. Estans puis enflés & enorgueillis de ces bourdes & baueries se vantant de sçauoir & pouuoir descouurir les plus hauts & indicibles secrets de la sapience de Dieu, surpassans tout ce qui est contenu és escritures, voire se font forts de prophetiser & produire œuures, vertus, & miracles par cest art, sans rougir ny auoir aucune honte de mentir si audacieusement. Mais il en prend à ces gens ainsi qu'au chiẽ d'Esope, lequel voulant mordre l'ombre du pain qu'il portoit en sa gueule, laquelle il voyoit dans l'eau, laissa cheoir & eschapper le pain mesme. & le perdit. Aussi ce peuple perfide & obstiné, pendant qu'il s'occupe aux ombres de l'escriture saincte, & se trauaille autour d'icelles par son artificieuse mais superstitieuse Caballe, perd le vray pain de la vie eternelle, & se laisse eschapper la parole de verité, qu'il auoit commence à gouster. Du Iudaique leuain de ceste superstition Caballistique furent infectés & se mirent en auant à mon iugement les Ophites, Gnostiques, & Valentiniens heretiques, lesquels auec leurs sectateurs controuuerent aussi vne espece de Caballe Grecque, peruertissans tous les mysteres de la religiõ chrestienne, & par malicieuse heresie les attirans à leurs characteres & nombres Grecs, dont ils construirent vn corps qu'ils appellerẽt corps de verité, soustenans que sans la congnoissance de ces lettres & notes & de leurs secrets l'on ne peut auerer la verité des Euangiles, ny de tout ce qui est escrit en iceux, attendu qu'ils s'y trouue des diuersités & quelques repugnances, disent ils, & en outre sont pleins de fictions, similitudes ou paraboles, en sorte que les voyans n'y puissent voir, ceux qui oyent ne puissent ouir ny entendre, & sont publiees aux aueugles & errans selon la capacité de leur aueuglement & erreur: mais que sous icelles la pure verité est cachee, ordonnee, & baillee en garde seulement à ceux qui sont parfaicts, qui l'enseignent succisement de main en main & de viuevoix, & que ceste là est l'alphabetaire & arithmantique Theologie, que nostre Seigneur bailla & manifaista secrettement aux Apostres, & de laquelle Sainct Paul n'vsoit qu'entre les parfaicts. Car à cause que ces mysteres sont treshauts, il n'a esté expedient de les mettres au long par escrit, & ne faut les escrire en sorte quelconque, mais doyuent estre tenus & gardés en silẽce par les sages, lesquels les gardent bien clos & cachés. Or selon eux ces sages ne sont recongnus sinon que à bien sçauoir forger des plus monstrueuses heresies.

Des impostures & illusions dont vsent les basteleurs & ioueurs de passe passe.

CHAP. XLVIII.

Ais retournons à la magie, de laquelle, l'imposture, illusion, ou éblouissement est vne partie, c'est à sçauoir quand on faict paroistre ce qui n'est pas. Par où les magiciens produisent des phantosmes, & font plusieurs merueilles, induisans par cauteleux ieux bastelage les hômes en resueries & sôges. Ce qu'ils ne fôt point tât par Goëtiques enchantements & imprecations, ou par diaboliques tromperie, que par le moyen de certaines vapeurs de parfums, lumieres, breuuages, onctions, breuets, & attaches: ou par anneaux, images, miroirs, & semblables drogues & instruments magiques, pourueus neantmoins de vertu naturelle & celeste, & executent en outre plusieurs choses par subtilité & industrie des mains, ainsi que l'on void ordinairement faire aux basteleurs & ioüeurs de passe passe, lesquels estoyent à ceste cause & sont appellés Chirosophes, c'est à dire experts & sçauans à iouër de la main. De cest artifice se treuuent liures escrits par Hermes, & quelques autres. Nous lisons d'vn certain imposteur nommé Pasete, lequel auoit de coustume de faire paroistre vn beau banquet, bien dressé, & fourny copieusement de bonnes viandes: puis quand chacun estoit assis, à table, soudain faisoit tout esuanouïr, & laissoit la côpagnie affamee sans viures ny breuuage. Lon dit que Numa Pompilius se mesloit pareillement de cest art. Et que ce grand philosophe Pythagoras faisoit quelquesfois vne semblable mocquerie pour rire : il escriuoit dessus vn miroir ou pourtrayoit auec du sang ce que bon luy sembloit, lequel estant opposé à la lune pleine faisoit sembler à ceux qui regardoyent au reuers d'iceluy, que ces traicts, figures, ou lettres fussent tracees dans le rond de la Lune, A cest artifice est attribué tout ce que l'on lit és poësies des transformations des hommes, creu & receu pour veritable entre les historiens, & mesmes par aucuns Theologiens chrestiens, fondés sur quelques passages des sainctes escritures. Par iceluy on fait paroistre les hommes en forme de cheuaux, d'asnes, ou d'autres animaux aux yeux esblouïs & ensorcellez, ou par le troublement de l'air mitoyen, à trauers lequel passent les rais visuels, & tout par le moyen de choses naturelles. Quelquesfois telles choses sont faictes par les esprits & bons & mauuais, ou par Dieu à la priere des saints personnages, ainsi que nous lisons en l'histoire sacree qu'il aduint lors que l'armee du Roy de Syrie assiegeoit le Prophete Elisee en Dothain. Mais ces impostures ne peuuent deceuoir ceux qui ont les yeux purs & ouuerts de par Dieu. Partant ceste femme là, qui sembloit estre iument, & estoit estimee telle par vn chacun, n'apparoissoit autre que femme à Hilarion comme à la verité elle estoit. Ces choses donques, qui ne se font qu'en apparance seulement, s'appellent impostures & esblouissements. Quant aux autres qui se font par vrais changements & transmutations, comme ce qui est dit de Nabuchodonosor, & des bleds & moissons attirees d'vn champ en vn autre, nous en auons parlé cy dessus. De cest art de faire paroistre ce qui n'est point Iamblichus parle en ceste sorte, Les choses qui sont imaginees par ceux qui ont les yeux liés & empeschés par artifice, osté l'imaginatiue n'ont au surplus ny action ny estre aucun veritable : Car le but où tend cest art est seulement de faire non simplement que la chose soit en effect, mais de conduire ce que l'on s'est imaginé iusques à vne certaine apparence, dont peu apres il ne se trouue marque ny trace aucune. Or par ce qui dessus est dit il appert que la magie n'est autre chose qu'vn amas & assemblage d'idolatrie, d'astrologie, & superstitieuse medecine. Et partant iadis d'entre les magiciẽs s'est debãdee vne grãde trouppe d'heretiques contre l'Eglise de Dieu, lesquels, ainsi que Iannes & Mambres resisterent à Moise, se sont opposés à la verité apostolique. De ceux cy fut chef Simon Samaritain, lequel fut honnoré d'vne statue à Romme, à cause de cest art, sous l'Empereur Claude, auec telle inscripion, *au Sainct Dieu.* Les blasphemes duquel sont copieusement n'arrés par Eusebe, Clement, & Irenee. De ce Simon comme d'vne fourmilliere plusieurs aages apres sortirent les monstrueux Ophites, les deshonnestes Gnostiques, les blasphemateurs Valentiniens, Cerdoniens, Marcionistes, Montanistes, & plusieurs autres especes d'heretiques meus de vaine gloire & d'auarice à semer leurs mensonges contre Dieu, sans faire proffit ny benefice aucun au genre humain, ains deceuans & poussans vn chacun en erreur & ruine. Et pource ceux qui s'amusent & croyent à leurs resueries & abusions, seront confus en iugement deuant Dieu: Ie confesse qu'estant encor ieune ie me suis mis à escrire trois liures d'assez grand volume de la magie, que i'ay intitulées de l'occulte philosophie, esquels tout ce que ie peux auoir forfaict par curiosité de ieunesse ie veux bien amender par ceste mienne retractation; Car à la verité i'ay autresfois mal employé beaucoup de temps en ces vanités. Toutesfois i'y ay aumoins tant proffité que i'ay apprins à sçauoir dissuader les autres d'y mettre leur estude. Partant quiconque presume de vouloir deuiner non par la vertu & selon la verité de Dieu mais par abus diaboliques & operations des esprits malins: Ceux qui se vantent de faire des miracles par vanités de magie, exorcismes, enchantements, compositions amoureuses & attrayantes, & autres artifices diaboliques, & en exerçant idolatries frauduleuses esblouissent les yeux, & font apparoir des phantosmes qui bien tost apres s'esuanouissent tous ceux là, dis-ie auec Iannes, Mambres, & Simon le magicien seront destinés au feu en perpetuel torment.

De la Philoſophie naturelle.

Chap. XLIX.

R passons maintenant outre aux decrets & ordonnances de la Philoſophie, & diſcours de ces ſciences qui recherchent la nature des choſes, & ſ'enquierent des commencements & fins d'icelles auec arguments pleins de ruſe & de cautelle. Deſquelles certitude autre que la foy que l'on adjouſte aux Autheurs & Docteurs d'icelles, eſt ignorée d'vn chacun. Ceux qui premiers en ont fait profeſſion eſtoient Poëtes, & entre iceux Promethée, Linus, Muſée, Orphée, & Homere, ſont remarquez pour en auoir eſté les premiers inuenteurs. Penſez donques quelle verité nous peut apporter la Philoſophie, puis qu'elle eſt iſſuë des bourdes & fables Poëtiques. Et qu'ainſi ſoit, Plutarque le teſmoigne, prouuant par certains & euidents indices que toutes les ſectes des Philoſophes ſont deriuées, & ont pris leur commencement d'Homere. Et Ariſtote meſme confeſſe que les Philoſophes ſont naturellement philomytes, c'eſt à dire amateurs de fables.

Le nombre des sectes est diuersemēt determiné: car aucuns en comptēt neuf, autres dix : mais Varro les diuise en beaucoup plus de parts. Or quād tous les Philosophes seroient assemblez en vn lieu, si ne sçauroient ils encor s'accorder entre eux quelle secte doit étre estimée la meilleure, aux preceptes de laquelle on doit plustost se tenir:, tant sont-ils discordans en chacun point les vns d'auec les autres, entretenās & nourrissans ce procez eternellement. Et, comme dit Lactance, chaque secte renuerse toutes les autres, pour se donner lieu & establir ses opinions, & nulle d'icelles approuue ny recognoit sagesse aucune és autres, de peur que sa folie ne soit tenuë pour cōfessée. Et jaçoit que la Philosophie discoure de toutes choses, si est-ce qu'elle n'est asseurée ny bien resoluë de pas vne. Parquoi ie suis en doute si ie dois assigner rang aux Philosohes entre les bestes brutes, ou entre les hommes: car il semble bien qu'ils ayent quelque chose plus que les bestes, d'autant qu'ils ont quelque discours de raison & d'intelligēce. Mais cōme les peut on estimer hommes, veu que leur raison ne leur peut persuader rien de certain & asseuré, mais balance perpetuellement entre des opinions glissantes & variables. Lentendement desquels incertain & muable en toutes choses n'a à quoy s'arrester, & ne sçait ce qu'il doit suyure? Ce qu'il nous faut monstrer estre veritable plus amplement.

Des Principes naturels. CHAP. L.

EN Premier lieu le fondement de toute la faculté philosophique, qui est assis sur les principes naturels, cause vn debat entre les plus aduisés & grades philosophes si aspre qu'il n'a peu iusques à present s'en ensuyure aucun arrest ny decision: ains en est encore le procés pēdant, & ne sçait on qui d'entre eux à mieux dit, tant sont persuasiues & inuicibles les raisons contradictoires qu'ils alleguent. Car Thales Milet, le premier homme qui aye esté estimé sage par l'oracle, soustenoit que de l'eau chaque chose prend son commencement. Son disciple & successeur en son eschole Anaximander mettoit infinité de principes. Anaximenes, qui fut son escolier, vouloit que les choses eussent leur origine d'air, lequel il affermoit estre infini. Hipparque & Heraclite Ephesien maintenoyent que toutes choses se faisoyent de feu, & à ces deux s'accordoit aucunement Archelaus Athenien. Anaxagoras de Clazomene disoit bien que les principes des choses estoiét infinies petites parcelles mesles & confuses, mais que le diuin esprit les disposoit & mettoit par ordre. Xenophanes, que de toutes choses estoyent vne vanité immobile. Parmenides, que le chaut & le froid estoyent les principes, le feu comme donnant mouuement, & la terre formante. Leucipe, Diodore, & Democrite disoyent que c'est le plein & le vuide, Diogenes l'affranchi, l'air, pourueu neantmoins de raison diuine. Pythagoras de Samos establissoit le principe des choses au nombre, lequel fut ensuyui par Alcmeon de Crotone. Empedocles d'Agrigent affermoit que c'est amitié & discorde auec les quatre elements. Epicure les atomes en place vuide, Platon & Socrates disoyent que c'est Dieu, les idees, & la matiere, Zenocrate, Dieu, la matiere, & les elements: mais Aristote enseigne que c'est la matiere appetant la forme, de laquelle elle est priuee, ou moyennant la priuation, qu'il establit pour troisiesme principe, se contredisant à soy mesme en ce qu'ailleurs il auoit dit que les noms Equiuoques ou ambigues & signifians choses de diuerse nature, ne se doiuent compter entre les principes: parquoy ceux qui sont venus apres luy, les nouueaux Peripateticiens, dis ie, au lieu de la priuation assignent vn certain mouuement qui contraint la forme & la matiere à se ioindre, neantmoins estant le mouuement vn accident qui ne peut auoir lieu qu'en la substãce, comme peut il estre principe des substances, ou qui sera le moteur de ce mouuement. A ceste cause les philosophes Hebrieux ont establis pour principes la matiere, la forme, & l'esprit.

Du monde, de sa pluralité & duree.

CHAP. LI.

VEnãt apres à disputer du mõde, ils sont en pareille controuerse. Thales dit qu'il n'y a qu'vn monde, la facture duquel il attribue à Dieu. Empedocles n'en met pareillement qu'vn, mais que ce n'est qu'vne petite portion de ce qu'il appeloit Vniuers. Au contraire Democrite & Epicure maintiennent qu'ils y a plusieurs mondes, voire sans nombre, l'opinion desquels est receuë par Metrodore leur disciple, affermant qu'il y a des mondes innumerables, pour autant que les causes d'iceux sont sans nombre, & qu'il n'y auroit moins d'absurdité qu'en l'vniuers n'y eust qu'vn seul monde, que de voir naistre vn seul espi en tout vn champ. Parlant apres de sa duree Aristote, Auerroës, Cicero, Xenophanes disent qu'il est eternel, franc, & exépt de toute corruption : Car ne pouuant iceux bonnement entendre & sçauoir (comme dit Censorin) lequel deuoit estre le premier engendré de l'œuf ou de la poule, attendu que l'œuf ne peut estre engendré que d'vn oiseau, & l'oiseau aussi ne peut sortir que d'vn œuf, ils se sont despestrés de ceste difficulté en establissans vne eternité en ce monde, disans que le commencement & la fin de tout ce qui s'y engendre est vne perpetuelle reuolution, tour, & retour. Pythagoras & les Stoïques veulent qu'il aye esté engendré de Dieu, & que quelque iour il sentira corruption en sa nature : auec iceux s'accordent Anaxagoras, Thales, Hierocles, Auincenna, Algazel, Alcinous, & Philon Iuif. Mais Plato soustient que Dieu l'a faict au patron de soy-mesme, & qu'il n'aura iamais fin. Contre luy maintient Epicure qu'il perira du tout. Democrite dit que le monde a esté vne fois engendré, & qu'il prendra fin, sans qu'il soit iamais restauré à jamais. Empedocles & Heraclite enseignoient que le monde n'a pas esté engendré vne fois seulement, mais que tous les iours il s'engẽdre & se corrompt. Mais parlons d'vn seul effect que ces Philosophes disent proceder principalement de cause naturelle, comme seroit le tremblement de terre : ont-ils encore peu d'vn commun consentement trouuer ce qui en est ? ny d'où il vient ? aussi peu asseurez sont-ils en cela qu'au demeurant : car ayant fondé plusieurs causes, Anaxagoras dit qu'il est causé par le haut element du feu, qu'il appelle æther: Empedocles par le feu : Democrite & Thales de Milet par l'eau : Aristote, Theophraste, & Albert par les vents, ou vapeurs encloses sous terre: Asclepiades dit qu'il procede de cheutes ou ruines: Possidoine, Metrodore, & Calisthenes des Parques: Seneque & autres varians en opinions se sont en vain trauaillez à chercher la cause de cet effect. Partant les anciens Romains auoient de coustume toutes les fois que la terre auoit tremblé, & qu'on les en auoit aduertis, d'ordonner des festes: mais sans dire à quels Dieux, d'autant qu'ils n'auoient encor' sceu apprendre par quel Dieu la terre estoit ainsi esmeuë, ny par quelle puissance elle trembloit.

De l'Ame. Chap. LII.

QVE si nous nous voulons enquerir d'iceux, que c'est que de l'ame, nous les trouuerons autant & plus discordants: Car le Thebain Crates croit qu'il n'y a point d'ame, & afferme que les corps sont meuz & menez ainsi que nous voyons par la nature. Ceux qui ont confessé qu'il y a ame, ont opinion que c'est le plus subtil de tous les corps, qui est infus ou espars par l'espaiſſeur de ce corps groſſier, mais entre eux aucuns maintiennent qu'elle eſt de feu, comme Hipparque & Leucippe, auec leſquels s'accordent aucunement les Stoïques, diſans que l'ame eſt vn eſprit boüillant, & Democrite qui penſe que c'eſt vn eſprit remuant & enflammé, meſlé parmy les atomes. Autres ont creu que c'eſt air, comme Anaximenes & Anaxagoras, Diogenes le Cynique, & Critias, auſquels ſe joinct Varro, diſant que l'ame eſt vn air receu par la bouche, eſchauffé & fait boüillir aux poulmons, temperé par le cœur, & eſpars par tout le corps. Autres diſent que c'eſt vne ſubſtance acqueuſe, ainſi que Hippias. Autres terreſtre, comme Heſiode & Pronopides : auſquels conſentent en certaine façon Anaximander & Thales, tous deux concitoyens de Mile Autres afferment que c'eſt vn eſprit meſlé de feu & d'air, comme Boëces & Epicure. Autres, vn meſlange d'eau & de terre, comme Xenophon. Autres, de terre & de feu, comme Parmenides. Autres diſent que c'eſt vn eſprit de ſang, comme Empedocles & Circias. Autres, vn ſubtil eſprit eſpandu par tout le corps, ainſi que le Medecin Hipocrates. Autres, la chair moyennant l'exercice & operations des sens, comme Asclepiades. Plusieurs ont eu opinion que l'ame ne soit point ce corps mince & menu, ains certaine qualité & complexion esparse par les parties corporelles, ainsi que Zeno Citique & Dicearque, lequel definit l'ame estre vn embrassement & assemblage des quatre elements: & Cleanthes, Antipater, Possidoine, disans que c'est vne chaleur ou complexion chaude, à quoy s'accorde Galien le Medecin. Il y en a eu d'autres qui ont estimé que ce n'estoit cette qualité ny complexion vagante, ains vne adresse & rapport d'icelle à vn certain poinct estably en quelque endroit du corps, comme le cœur ou le cerueau, & que de là comme de son siege elle regit tout le corps: du nombre desquels est Chrysippe, Archelaus, & Heraclite de Pont, lequel a appellé l'ame lumiere. Outre plus il s'en est trouué d'autres, qui ont donné plus de liberté à l'ame: car ils n'ont voulu que ce poinct, but, ou adresse fust resident en aucune partie determinée du corps, ains present & tout ynay en chacun membre, lequel, ou ſoit engendré par la complexion ſuſdite, ou ſoit que Dieu l'aye crée, eſt neantmoins tiré du ſein de la matiere: & de ceſte opinion ont eſté Xenophanes de Colophon, Ariſtoxenes, & Aſclepiades medecin diſant que l'ame eſtoit vn commun exercice de tout le ſens, & Critolaus peripateticien, qui dit que c'eſt vne quinte eſſence, & Thales de Milet vne nature ſe mouuant ſans repos, & Xenocrates, qui l'appelle vn nombre qui ſe meut, lequel eſt ſuyui par les Egyptiens, qui afferment l'ame eſtre vne certaine vertu paſſant & repaſſant à trauers tous les corps, & les Chaldeens diſent que c'eſt vne faculté & vertu n'ayant aucune certaine forme de ſoy, mais qui reçoit toutes celles des autres choſes: eſtans ce pendant tous d'accord en ce poinct, que l'ame ſoit vne puiſſance & faculté prompte & habille à mourir, ou bien vne exquiſe harmonie & accord des parties & membres corporels dependant toutes-fois de la nature du corps: & meſme ce demoniaque d'Ariſtote enſuit les traces de ceux-cy appellant l'ame par vn vocable nouueau &

par luy controuué à sçauoir Endelechie, qui denote vne perfection d'vn corps naturel pourueu d'organes & instruments appropriés pour pouuoir auoir vie, donnant à iceluy le commencement d'entendre, de sentir & de soy mouuoir. Voila la belle definition que le meilleur & plus approuué philosophe donne à l'ame, laquelle ne declaire nullement son essence ou nature, mais seulement ses effects. Bref, outre ceux-cy il y a eu d'autres philosophes qui ont eu opinion que l'ame estoit vne certaine diuine substance vnie & indiuisee, presente en tout le corps, & en chacune parcelle d'iceluy, produitte par vn auteur exempt de corps; tellement qu'elle depend seulement de la vertu de celuy qui la pousse, & non de la matiere. De laquelle opinion ont esté Zoroastre, Hermes, Trismegiste, Orphee, Aglaophemus, Pythagoras, Eumenius, Hammon, Plutarque, Porphyre, Timee, Locie, & Platon, que l'on appelle le diuin, lequel dit que l'ame est vne essence soy mouuante elle mesme, pourueuë d'entendement. Eunome Euesque s'accordant partie auec Ariſtote, definit l'ame eſtre vne ſubſtance ſans corps, faicte neantmoins dans vn corps: ſur laquelle definition il a apres baſti le ſurplus de ſa doctrine. Cicero, Seneque, & Lactance, diſent franchement que l'on ne peut ſçauoir que c'eſt que l'ame. Or voyez vous comme ils ſont diſcordans touchant l'eſſence de l'ame, mais ils ne font non plus d'accord du lieu & endroit où elle giſt & reſide, ains ſont ſi differents entre eux que c'eſt vne mocquerie: Car Hippocrates & Herophile la logent dans les concauités du cerueau ou ventricules: Demoncrites luy aſſigne tout le corps: Eraſiſtrate dit qu'elle eſt autour de la taye qui couure le teſt, qu'il appelle membrane epicranide: Strato en l'entredeux des ſourcils: Epicure en toute la poictrine: Diogenes en la concauité du cœur, d'où part l'artere: les Stoiques auec Chryſippus entour le cœur, & en l'eſprit qui ſhanie autour d'iceluy: Empedocles au ſang, l'opinion duquel eſt confirmee par Moiſe, lequel ſemble pour ceſte raiſon defendre de manger le ſang des animaux, pource que l'ame giſt en iceluy. Platon & Ariſtote, & les autres principaux philosophes disent qu'elle est en tout le corps. Mais Galien pense que chaque membre & parcelle du corps aye son ame particuliere: car voyla ses paroles au liure de l'vtilité des parties: Plusieurs sont les parties des animaux, les vnes plus grande, les autres moindres, aucunes totalement indiuisibles en quelque autre espece que ce soit. Or toutes & chacune de ces parties font besoing necessairement à l'ame, d'autant que le corps est l'organe & instrument d'icelle, & pource les parties des animaux sont fort diuerses entre elles, ainsi que les ames. Ie ne dois oublier de mettre icy l'opinion de Beda Theologien, lequel escriuant sur S. Marc dit ainsi, Le siege principal de l'ame n'est point, comme dit Platon, au cerueau: mais, selon que dit Iesus-Christ, au cœur. Quant à la duree de l'ame, Democrite, & Epicure tiennent qu'elle meurt auec le corps Pythagoras & Plato afferment qu'elle est du tout immortelle, & que ayant laissé le corps elle s'en va & passe ux natures qui sont de mesme elle. Les Stoiques tiennent entre l'vn & l'autre opinion la moyenne, & disent que l'ame estant sur le poinct de partir du corps, si elle ne s'est esleuée par aucunes vertus en cette vie, en sorte qu'elle se trouue infirme, elle meurt auec iceluy : Mais si elle est façonnée & soustenuë par vertus heroïques, elle est accompagnée auec les natures permanentes, & peut paruenir aux lieux & domiciles sublimes & celestes. Aristote dit que certaines parties de l'ame, lesquelles ont leurs sieges & assiettes corporelles, d'autant qu'elles sont inseparables d'auec icelles, meurent quant & quand : Mais que l'entendement, qui n'est assigné à aucun organe ou instrument corporel, est separé de ce qui est corruptible, comme estant perpetuel: dont toutesfois il parle si obscurement ou si peu clairement, que ses interpretes en demeurent irresolus, & en sont encor' en dispute. Alexandre Aphrodisien dit ouuertement qu'il a eu opinion que l'ame fust mortelle, & Gregoire Nazianzene entre les nostres est de mesme aduis. Contre iceux Platon, & des nostres Thomas d'Aquin combattent pour Aristote, & disent qu'il sentoit tres-bien de l'immortalité de l'ame. Finalement Auerroës cet excellent commentateur d'Aristote, pense que chaque homme est pourueu d'vne ame à luy propre, laquelle est perissable & mortelle : mais que l'entendement ou faculté intellectuelle est de toutes parts eternelle, toutesfois que ce n'est qu'vne seule ame accompagnant toute l'espece humaine, de laquelle vn chacun prend l'vsage durant qu'il vit : mais Themiste dit qu'Aristote a estimé qu'il y a vn seul esprit agissant ou mouuant, mais que ce qui est capable est de plusieurs sortes, & que l'vn & l'autre est perpetuel. Dauantage ces Philosophes ont si bien ouuré, qu'ils ont induit les Theologiens Chrestiens à disputer par contrarietez de l'origine de l'ame. Entre lesquels aucuns ont eu opinion qu'elles ont esté toutes creées dés le commencement du monde : & de ce nombre est Origenes tres-docte entre iceux. S. Augustin dit que l'ame de nostre premier pere d'origine celeste estoit plus ancienne que le corps, & que l'ayant contemplé & cogneu propre domicile pour executer ses vertus & facultez, elle fut meuë volontairement à le desirer : combien qu'il en parle assez douteusement, sans l'oser affermer pour chose veritable. Autres ont creu que l'ame se prouigne, & que l'vne passe en l'autre, & que les ames sont engendrées des ames, tout ainsi que les corps; & de cet aduis fut l'Euesque de Laodicée, & Tertullien, Cyrille, & Luciferien : contre l'heresie desquels sainct Hierosme dispute. Autres croyent que les ames sont creées par Dieu de iour en iour, ausquels se ioinct Thomas d'Aquin, se fortifiant de cet argument Peripatetique, à sçauoir, Qu'estant l'ame celle qui donne la forme & l'estre au corps, elle ne doit estre creée à part, mais auec le corps : & de cette opinion sont à present tous les Theologiens, & Scholastiques nouueaux. Ie laisse les degrez des ames, leur montées & descentes mises en auant par les Origenistes, mais nullement prouuées par les sainctes Escritures, ny accordantes à ce que l'Eglise Chrestienne en enseigne. Bref, il ne faut penser de trouuer ny entre les Philosophes ny entre les Theologiens aucune certitude touchant l'ame : Car Epicure & Aristote l'estiment mortelle, Pythagore l'a faict pourmener & tournoyer : & y en a (ainsi que dit Petrarque) qui la restraignẽt en leurs corps, autres l'espandent par tous les animaux, autres la rendent au Ciel, aucuns la bannissent és extrémitez de la terre, aucuns la chassent aux enfers, aucuns la nient tout à plat. Il y en a qui pensent que chaque ame soit creée à part, autres toutes ensemble. Il s'est trouué Auerroës, qui a osé dire choses plus merueilleuses : car il establit l'vnité de l'ame intellectuelle. Les Manicheens, heretiques, ont maintenu qu'il n'y a qu'vne seule ame en tout l'vniuers, dispersée par tous les corps, tant ceux qui ont vie, que ceux qui en sont priuez : mais que ceux-cy, qui nous ressemblent estre sans ame, en participent moins que les autres que nous voyons animez : & sur tout que les corps celestes en tiennent copieusement : & concluent que l'ame d'vn chacun n'est qu'vne portion de l'ame vniuerselle. Plato à la verité met bien vne ame en l'vniuers, mais en assigne aussi à chacun particulier vne autre, comme estant l'vniuers separément animé par sa propre ame, & pareillement chaque corps animé par la sienne à part. En outre, aucuns ont maintenu qu'il n'y a qu'vne espece d'ames, autres en ont estably deux, à sçauoir vne raisonnable, & vne autre priuée de raison: autres en ont constitué plusieurs, voire d'autant de sortes qu'il y a d'espece d'animaux. Galien, Medecin, non seulement assigne diuerses ames, selon la diuersité des especes, mais met pluralité d'ames en vn mesme corps. Il y en a qui estiment deux ames estre en l'homme, l'vne sensitiue procedant de celuy qui engendre, l'autre intellectuelle, venant du Createur: entre lesquels est Occan Theologien. Plotin met difference entre ame & intellect, & dit que ce sont deux choses, auquel s'adjoint Appollinaire. Aucuns n'admettent point cette distinction, mais disent que l'intellect est la principale partie de la substance de l'ame. Aristote a opiniõ que l'homme est seulement creature capable de pouuoir entendre, mais que l'intelligence actuelle luy viẽt d'ailleurs, & que l'intellect ne communique rien à la nature & essence de l'homme, mais sert seulement

ment à la perfection de cognoistre & contempler. Partant afferme que peu d'hommes se trouuent qui ayent intellect de faict & actuellement, & que les seuls Philosophes ont ce don. Il y a aussi vne grande controuerse entre les Theologiens, sçauoir si les ames ayans laissé leurs corps retiennent encor quelque memoire ou sentiment des choses qu'ils ont laissées ou faictes en ce monde, ou bien si elles en oublient & perdent toute cognoissance, ainsi que les Thomistes auec leur Aristote, afferment & maintiennent asseurément, & les Chartreux en ameinent vn exemple de ce Docteur de Paris, qui reuint des Enfers, lequel interrogé de ce qu'il luy estoit demeuré de son sçauoir, respondit qu'il ne sçauoit autre chose que peine & trauail, proferant ce que dit Salomon, qu'il n'y a raison, sçauoir, ny richesse aux Enfers, par où il leur sembloit conclurre qu'il ne demeuroit aux morts plus aucune cognoissance. Ce qui est non seulement contre ce qu'afferme Plato, mais aussi repugnant à l'Escriture saincte, laquelle tesmoigne que les pecheurs verront & congnoistront qu'il y a vn Dieu, & qu'ils rendront cõpte, tant de leurs faicts & œuures, que mesmes de leurs paroles infructueuses & inutiles. Plusieurs se trouuent aussi qui ont bien osé escrire & faire rapport des apparitions des ames des trespassés, & mettre en auant choses contraires à la parole de Dieu & articles de nostre foy. Et combien que l'Apostre prononce haut & clair qu'il ne faut point croire mesme à vn Ange du Ciel s'il met en auant autre doctrine que ce qui est escrit : l'Euangile est neantmoins en si peu d'estime & de reuerence à l'endroit de ceux-cy, qu'ils s'arresteront plustost à ce que leur racontera vn mort, qu'ils ne feront aux Prophetes, à Moyse: aux apostres, & Euangelistes. C'estoit l'opinion & doctrine de ce mauuais riche enseueli aux enfers, lequel pensoit que ses parents & amis, qui viuoyent au monde, coiroyent si on leur enuoyoit quelque mort qui leur fist foy de ce qu'il faloit qu'ils creussent : auquel Abraham en l'Euangile contredit, disant, que s'ils ne croyoyent à Moyse & aux Prophetes, qu'ils ne croiroyent non plus à aucun des morts qui leur pourroit estre enuoyé. Toutes-fois ie n'oserois du tout nier les sainctes apparitions, admonitions, & reuelations des morts: mais i'aduertis le lecteur de les auoir pour grandement suspectes, car Sathan souuent sous ce masque se transforme en l'Ange de lumiere & en façon d'ame, partant ne faut establir article de foy en ce qui vient de ce costé là, mais s'il y a chose qui puisse edifier, l'on s'en peut seruir ainsi que des autres choses qui se trouuent hors les escritures canoniques, & és liures que l'on appelle apocriphes. De ces bourdes ont esté publiés plusieurs liurets & traictés fabuleux, comme Tondal, & celuy qui est intitulé, Le Consolateur des ames, & semblables, par les comptes desquels aucuns prescheurs ont de coustume de faire peur au sot & ignorant populaire, d'où ils tirent tousiours quelque bribe. Il n'y a pas long temps qu'vn certain protonotaire François, homme de mauuaise conscience, & imposteur, escriuit vne semblable fornette d'vn esprit Lionnois. Entre ceux qui ne sont du tout à blasmer ont escrit de ces choses

Cassianus & Iaques de Paradis Chartreux, mais tout sans fondement asseuré en verité, ny aucune sapience exquise: & ne se trouue en toutes ces apparitions & reuelations chose qui puisse engendrer ny maintenir vraye charité, ny addresser l'homme au salut de son ame, ains seulement quelques aumosnes, pelerinages, prieres, oraisons, ieusnes, & semblables œuures religieuses & communes, lesquelles toutesfois sont beaucoup mieux à propos, & plus salutairement enseignees par la doctrine Euangelique, & commandees en l'Eglise. Or auons nous assez amplement escrit de ces apparitions au dialogue que nous auons inscrit de l'homme, & és liures de la Philosophie occulte: mais reuenons aux philosophes. Tous les Ethniques, qui ont eu opinion que l'ame soit immortelle, ont aussi tous receu d'vn commun consentement la transmigration d'icelle de corps en corps, voire logeant souuent l'ame raisonnable és corps des bestes irraisonnables & des plantes, à certains temps & periodes, ou ainsi qu'il peut aduenir autrement. Desquelles transfmigrations Pythagoras fut le premier autheur, dont Ouide chante ainsi en ses transformations :

Les ames sont de telle qualité,
Que leur cours tend à immortalité:
Et en laissant leurs demeures premieres
D'aller tousiours elles sont coustumieres
En nouueaux corps, où elles sont receuës.
Par moy sont bien ces choses apperceuës.
Il me souuient encor que i'estois
Nommé Euphorbe, & que ie combattois
Pres d'Ilion en la guerre ancienne
Des Grecs armés contre la gent Troyenne,
Où Menelaë adonc me rencontra,
Et de son fer mortel me penetra.
I'ay recongnu mon viel bouclier encores
N'a pas longtemps dedans Argos, où ores
On le peut voir dans le temple sacré
Et en l'honneur de Iuno consacré.

Plusieurs autres choses ont esté escrites de ceste transmigration Pythagorique par Timon, Xenophanes, Cratin, Aristophon, Hermippus, Lucien, & Diogenes Laërce: mais Iamblichus & plusieurs autres auec Trismegiste nient, que les ames passent des hommes és bestes, ny des bestes aux choses qui n'ont point de sentiment : mais duſent & accordent que celles des hommes paſſent és hommes, & celles des autres animaux és animaux bruts ſeulement. Et y a eu des Philoſophes, du nombre deſquels eſt Euripides compagnon d'Anaxagoras, & Archelaus le naturaliſte, & depuis Auicenne, qui diſent que les premiers hommes ont eſté produicts de la terre ainſi que choux, en ce encor plus ridicules que ne ſont les Poëtes, qui feignent, qu'il y en a eu aucuns qui ont eſté ſemez de dents de ſerpents, qui ont germé. Pyrrho Elien nie meſmes qu'il y aye eu aucune generation: & Zeno aucun mouuement.

De la Methaphyſique. CHAP. LIII.

Mais paſſons auant aux autres ſciences, & donnons à congnoiſtre que les Philoſophes ne debattent point entre-eux ſeulement de ce qui ſe void en nature, mais auſſi des fictions de leurs cerueaux, & des choſes qui ne ſont appuyées ſur aucuns principes, & dont il n'y a certitude ſi elles ſont ou non, leſquelles ils penſent auoir estre sans corps ny matiere, & sont nommées par eux formes separées. Lesquelles, pour autant qu'elles ne sont en nature, mais l'outrepassent, comme ils pensent, sont appellees methaphysiques. De là est parti si grand nombre d'opinions contraires l'vne à l'autre non moins lourdes que pleines d'impieté touchant la diuinité: Car Diagoras de Milet & Theodore Cyrenéen ont maintenu fort & ferme qu'il n'y a aucun Dieu. Epicure confessoit bien qu'il y a vn Dieu, mais sans soing ny cure de ce qui se fait ça bas. Protagoras disoit que l'on ne pouuoit sçauoir en sorte aucune s'il est ou non. Anaximander pensoit qu'il y eust des dieux naissans & mourans par longs interualles. Xenocrates comptoit huict Dieux. Antisthenes en croyoit plusieurs vulgaires, mais disoit qu'il y en auoit vn seul naturel, souuerain ouurier de toutes choses. Or s'est il trouué plusieurs d'entre eux saisis de telle forcennerie, qu'ils se sont forgés de leurs propres mains des dieux, à fin de les adorer ainsi que la statue de Bel en Assirie; lesquels dieux façonnés de main d'homme, c'est merueille combien ils sont exaltés & magnifiés par Hermes Trismegiste en son dialogue d'Esculape. Quant à l'essence diuine, Thales Milesien disoit que Dieu est vn esprit lequel a formé toutes choses d'eau: Cleanthes & Anaximenes que l'air est Dieu: Chrysippus que c'est vne vertu naturelle pourueuë de raison, ou bien vne diuine necessité: Zeno vne loy diuine & naturelle: Anaxagoras vn esprit infini se mouuant soy mesme: Pythagoras que c'est vn esprit esparts sur tout ce qui est en nature, cheminant & passant par tout, duquel, toutes choses prennent vie: Alcmeon de Crotone disoit que le Soleil, la Lune, & les autres estoiles estoyent dieux: Xenophanes affermoit que tout ce qui a estre est Dieu: Parmenides posoit au lieu de Dieu vn certain rond plein de lumiere, qu'elle appelle Stephane, c'est a dire Couronne: & Aristote, comme si par le mouuement des cieux on pouuoit estre à plein informé de Dieu, s'est forgé de la nature d'iceux des Dieux, & partant attribue diuinité ores à l'esprit, ores à l'ardeur du ciel: En vn endroit il dit que le monde est Dieu, en autre il met quelque autre Dieu par dessus le monde, lequel par mesme inconstance est suyui par Theophraste. Ie passe ce qu'en ont dit Strato, Perse, Aristo disciple de Zeno, Plato, Xenophon, Speusippus, Democrite, Heraclides, Diogenes Babylonien, Hermes Trismegiste, Ciceron, Seneque, Pline, & autres, les opinions desquels ne sont toutesfois guere essoignees de celles que nous auons recitees cy dessus. Ie pourrois faire icy vn recit de plusieurs autres leurs contentions, & des prodiges de paroles d'ont ils vsent comme des idees, des atomes, des matieres, de la forme, du vuide, de l'infini: de l'eternité, de la destinee, des voix tout vniuerselles, qu'ils appellent transcendantes, de l'introduction des formes, de la matiere du ciel, si les astres sont de matiere elementaire, ou bien faicts d'vne quinte essence introduite par Aristote, & de semblables choses autour desquelles les hommes insensés exercent leur manie par opinions, doutés & contentions. Par où il me semble deuoir estre euident & prouué, que les Philosophes ne sçauent où ils en sont & sont du tout discordans touchant la verité des choses, & que ceux qui approchent plus prés de leurs traditions, s'esloignent d'autant plus de la verité & de la religion catholique. A ceste occasion nous sçauons que Iean vingtdeuxieme Euesque de Rome se desuoya, se persuadant que les ames des bien heureux ne verroyent la face de Dieu auant le iour du iugement, que Iulien l'Apostat delaissa Iesus Christ non pour autre raison qu'estant par trop studieux de la philosophie il auoit en mespris la simplicité de la doctrine de la foy Chrestienne, & s'en mocquoit. Par mesme cause Celse, Porphyre, Lucien, Pelage, Arrien, Manichee, Auerroës, & plusieurs autres se sont mis à abboyer comme chiens enragés contre Iesus Christ & son Eglise. D'où est procedé le prouerbe vulgaire, que ceux qui sont plus grands philosophes sont les plus grands heretiques. Et sainct Hierosme les appelle patriarches des heretiques, premiers nais d'Egypte, & portes de Damas: ce qui n'est que trop veritable. Car tout tant qu'il y a iamais eu d'heresies, ont bouillonné de la philosophie comme de leur propre source.

Par icelle la Theologie a esté presque toute falsifiee & abarstardie, & ont esté receus des faux prophetes, des heretiques, en somme des philosophes au lieu des docteurs Euangeliques, lesquels ont égalé les inuentions humaines à l'expresse parole de Dieu, ont triomphé & dit merueilles en matiere des reigles & enseignements humains, &, comme dit Gerson, ont reduite la pure & simple Theologie en sophisteries pleines de babil, & en vne chimere mathematique. Ce qui estant preueu par l'Apostre sainct Paul nous a en tant d'endroits admonnestés de nous donner garde d'estre pillés & deceus par la Philosophie. S. Augustin munit sa Cité de Dieu & la defend contre icelle : & les autres saincts Peres, & presque tous les bons Theologiens ont esté d'aduis de la reiecter au loing de leurs escholes, & l'en desraciner du tout. Ce qui a esté faict & executé aussi par les mesmes payens, dont nous n'auons faute d'exemples. Car les Atheniens condamnerent à mort Socrates pere de la philosophie. Les Rommains chasserent de leur ville tous philosophes. Les Messeniens & Lacedemoniens ne les voulu-rent oncques receuoir ny souffrir parmy eux. Derechef sous l'Empire de Domitien ils furent bannis de la ville de Romme, & de toute l'Italie. L'on void encore vn arrest du Roy Anthiochus, contre la jeunesse qui s'amusoit à Philosopher, & leurs peres qui les y poussoient & le leur permettoient. Et n'ont esté condamnez & deschassez seulement par les Rois & Potentats, mais pareillement reprouuez par les hommes doctes, & poursuiuis par leurs liures & escritures, entre lesquels est Timon Philiasien, qui composa l'œuure intitulé Syllos en derision des Philosophes. Aristophanes l'vn d'entre-eux, qui a escrit la Comedie intitulée Nubes, & Dion Prusien, lequel fit vne oraison eloquente au possible contre les Philosophes. Pareillement Aristides a escrit contre Platon pour quatre grands personnages Atheniens, vne oraison tres-eloquente. Et des Romains Hortense, homme de tres-noble race & tres-eloquent, a combattu les Philosophes par viues & fortes raisons. Mais c'est assez dire de la Philosophie.

De la Philosophie Morale.

Chap. LIIII

AV surplus, s'il y a quelque Philosophie ou discipline qui traite des mœurs (ainsi qu'aucuns croyent) j'estime qu'elle ne consiste point tant en raisons Philosophiques, qu'en diuersité d'vsage, de coustume, d'obseruations, de commune conuersation, & maniere de viure d'entre les hommes: lesquelles choses se changent, selon que les lieux, les temps, & les opinions diuerses le requierent. En somme, c'est vne Philosophie que les menaces ou les flatteries & amadoüements enseignent aux enfans, les loix & les chastiements d'icelles aux plus grands, où plusieurs choses sont mises en auant par l'industrie naturelle des hommes, qui ne peuuent estre enseignées, & puis apres auec le temps & par long vsage & commun consentement sont receuës & retenuës, soit à droit où à tort, soient bonnes ou mauuaises. Parquoy souuent il aduient que, ce qui en vn temps aura esté trouué mauuais & vicieux, sera en autre estimé bon & de vertu : & ce qui est vertu en vn lieu, ailleurs est estimé vice: ce que l'vn trouue honneste, semble l'autre deshonneste : ce qui est iuste à nostre aduis, au iugement d'vne autre sera inique, selon la diuersité des opinions & des loix, des lieux, du temps & des personnes. En Athenes il estoit permis à l'homme d'espouser sa propre sœur : ce qui estoit illicite à Romme. Iadis entre les Iuifs auiourd'huy entre les Turs l'on peut auoir plusieurs femmes espousees & auec icelles des concubines : à present entre nous Chrestiens cela n'est pas seulement defendu, ains est reputé crime detestable. En Grece on tenoit pour chose louable d'estre aymé des ieunes hommes : & n'estima l'on onques mal seant aux hommes ny aux femmes de se monstrer sur vn eschafaut pour iouër son rolle és comedies, & donner plaisir & passetemps au peuple : mais à Rome cela estoit estimé infame, & vn exercice de gent de basse & vile condition & la cour sans honneur. Au lieu de cela

Romme ils ne trouuoyent point impertinent de mener leurs femmes és banquets, & grandes assemblees, & leur faire hanter & tenir les plus honnorables lieux en la maison & principaux membres : ce qui estoit du tout reprouué entre les Grecs : Car les femmes ne se trouuoyent iamais en banquet sinon entre parents, & n'estoyent veuës qu'és lieux plus retirés & cachés au dedans des maisons, où personne n'auoit accés que les parents plus proches. Le larcin estoit exercice honnorable entre les Egyptiens & Lacedemoniens. En ces pais nous enuoyons au gibbet ceux qui y sont surprins. Iulius-Firmicus, en ses discours astrologiques qu'il escrit à Lollianus, dit que aucunes nations sont tellement façonnées par les cieux, que l'on les peut remarquer d'entre les autres à certains mœurs & façons propres & particulieres. Les Scythes ou Tartares brigandent auec cruelle & farouche inhumanité. Les Italiens ont esté de tous temps apparents entre les autres par vne royale noblesse : les Gaulois sont simples & sots : les Siciliens rusés : les Espagnols aduantageux & vandis en vanterie: les peuples d'Asie fondus en voluptés & toutes superfluités. Et est chaque nation diuisee en mœurs & façons par la nature & d'enhaut, en sorte que l'on peut aisément congnoistre de quelle region ou pais est l'homme, à la voix, au parler & discours, au iugement, à la conuersation, au viure, au negotier, aux amours, aux querelles, à la cholere, à la guerre, & en tous exercices. Qui est celuy qui verra vn homme marcher en coq, d'vn pas comme s'il vouloit combattre, auec vne face esgaree, vne voix bouine, vn parler aspre & rude, de mœurs farouches, habillé dissolument auec force dechiquetures, qui ne iuge soudain que c'est vn Allemand? Ne congnoissons nous pas les François à leur marcher moderé, leurs contenances molles, visage gracieux, douces voix, parler aggreable, façons modestes, & leur large & ample habillement. Les Espagnols à leur marcher, mœurs & gestes plaisantes & gaillardes, visage esleué, voix plaintiue, paroles elegantes, habit curieux comme aussi nous voyons que les Italiens ont vn marcher aucunement pesant, sont graues en mœurs, inconstans en visage, ont la voix basse, le parler ambigu & captieux, magnifiques en leur façons de faire, & propres en habits. Nous sçauons aussi pareillement qu'en chantant les Italiens beslent, les Espagnols gemissent, les Allemans hurlent, les François chantent vrayement. Au parler & discourir les Italiens sont graues, mais rusés: les Espagnols ornés, mais vanteurs: les François prompts & hautains: les Allemans durs, mais ronds & simples. En conseil l'Italien est prudent & aduisé: caut & fin l'Espagnol: le François estourdi: l'Allemand vtile & proffitable. En son viure l'Italien est nect & propre: l'Espagnol delicat, le François copieux & abondant: l'Allemand sans ordre ny artifice quelconque. Les Italiens sont officieux & humains enuers les estrangers: les Espagnols doux & paisibles: les François benings: les Allemans rustiques & sans accés. Au conuerser les Italiens sont prudents; les Espagnols cauts & fins: les François doux & amiables: les Allemans aduantageux & insupportables. Es amours l'Italien est en continuelle ialousie: l'Espagnol impatient : les François legers : les Allemans ambitieux. Ez inimitiez l'Italien est couuert : l'Espagnol obstiné : le François plein de menaces : l'Allemand se vange sans remission. En maniements d'affaires les Italiens sont accorts & soigneux : les Allemans de grand trauail : les Espagnols vigilans : les François diligents. A la guerre l'Italien est vaillant, mais cruel : l'Espagnol ruzé, mais larron : l'Allemand inhumain, & à qui plus luy donne : le François magnanime, mais soudain & hastif. En somme les Italiens sont remarquables pour les lettres : les Espagnols pour la nauigation : les François en ciuilitez : les Allemans en religion, & à cause des arts mechaniques. Et à chaque nation, pour petite qu'elle soit, soit ciuile & bien apprise, ou barbare, ie ne sçay quoy de particulier en ses mœurs & façons de faire, qui la rend differente des autres, & qui ne se peut assigner ny comprendre soubs aucune partie de la Philosophie, ains luy vient des influences celestes, & par vertu naturelle, dés leur origine, sans aucune discipline humaine. Mais dressions nostre propos à ceux qui nous ont baillé reigles de ces choses, & les ont voulu reduire en art. Ceux-cy, à la verité, ont faict en nostre endroict ce que fit le serpent aux premiers hommes : car ils nous ont baillé vn fruict, au goust & vsage duquel nous apprenons à cognoistre le bien & le mal. Voila la premiere de leurs pestilencieuses opinions, à sçauoir que l'on ne doit ignorer le bien & le mal, estimants que les hommes par cela suiuront mieux la trace de vertu, & euiteront celle du vice. Mais combien plus seroit-il requis, non seulement de ne faire point de mal, mais de l'ignorer du tout ? Qui est celuy qui ne sçait que ce fut le commencement de nos malheurs, lors que nos premiers peres prindrent enuie de sçauoir que c'estoit que de bien & de mal, & l'apprindrent ? Encor seroient aucunement excusables les Philosophes de cest erreur, si au lieu de vertus, & sous le voile d'icelle, ils ne nous produisoient & enseignoient bien souuent des vices detestables, & maux tres-pernicieux. Or les sectes de ceux qui ont traicté de cette Philosophie Ethique, ou Morale, sont diuerses : à sçauoir l'Academique,

Cyrenaïque, Eliaque, Megarique, Eroïtique, Stoïque, Peripatetique, & autres en grand nombre: Theodore, surnommé Dieu, l'vn d'iceux, a en cet endroit ainsi philosophé: Le sage peut s'addonner aux larrecins, adulteres, & sacrileges en temps opportun, & quand il est besoin: Car, dit-il, aucune de ces choses n'est deshonneste par nature, & si l'opinion commune que l'on en a estoit ostée, (laquelle n'est qu'vn phantosme du menu peuple, sot & ignorant) il est certain que le sage paillarderoit publiquement sans honte d'estre veu ny apperceu. Voila les beaux enseignements de ce diuin Philosophe, ausquels ie ne sçache villenie qui puisse estre accomparée. Si ce n'est Venus masculine approuuée par Aristote, & qui estoit jadis permise par la loy publique en Candie, laquelle Hierosme Peripateticien, louë & magnifie, à cause, dit-il, que par le moyen d'icelle on s'est despesché de plusieurs tyrans. Les paroles d'Aristote en ses Politiques, où il estime qu'elle seroit profitable à la Republique, d'autant qu'elle empescheroit que le menu peuple ne seroit tant chargé d'ensans, sont telles : Le sage, dit-il, a ordonné sagement & soigneusement plusieurs choses pour garder temperance au manger, comme chose tres-vtile: Pareillement pour le regard des diuorces & separations des femmes, afin qu'elles n'engendrent lignée superfluë & en trop grand nombre, au lieu dequoy il a introduict l'vsage & compagnie des masles. C'est cet Aristote, les mœurs duquel furent reprouuées de Platon, d'où sourdit la haine & ingratitude d'iceluy enuers son Maistre & Precepteur. Celuy, dis-je, lequel craignant les jugements & la rigueur des loix, à cause de sa meschante vie, s'enfuit à cachettes & en grand' haste de la ville d'Athenes. Celuy qui confit en ingratitude enuers tous ses bienfaicteurs occit d'vn breuuage infernal Alexandre le Grand, duquel il auoit receu tant de bien, & auoit esté si magnifiquement & honorablement traicté, qui se fioit du tout en luy de sa vie, & de sa personne, & auoit à sa faueur rebasty & restauré la ville de sa naissance destruitte par les guerres. Celuy, dis-je, lequel par erreur & mauuaise opinion qu'il auoit de l'ame, n'y oit qu'il y eust aucun lieu de resiouïssance ou bon-heur aprés cette vie: Qui ayant pillé les sentences & dits des anciens, & iceux corrompus par maligne & enuieuse interpretation, a cherché l'oüange d'esprit, orné & enrichy par ces larrecins & calomnies, lequel enuieilly, plein & chargé de mauuais & malheureux iours, en fin pour l'excessif estude & conuoitise de sçauoir, deuenu enragé se tua soy-mesme, faisant de soy vn digne sacrifice à tous les diables. Tres-digne d'estre aujourd'huy le grand Docteur des Vniuersitez Latines, & d'auoir esté canonisé par mes compagnons Theologiens de Cologne, qui ont publié en faueur d'iceluy vn liure imprimé, intitulé du salut d'Aristote, & vn Poëme de la vie & mort d'Aristote, auec sa glose tirée de raisons Theologiques, en la fin duquel ils concluent, qu'Aristote a esté Precurseur de nostre Seigneur Iesus-Christ és sciences naturelles, tout ainsi que sainct Iean Baptiste en la doctrine de Grace. Mais afin que nous ne nous esloignons par trop de nostre chemin, voyons ce que ces Philosophes croyent du souuerain bien, & de la felicité. Aucuns l'ont constituée en volupté seule, ainsi qu'Epicure, Aristipe, Gnidius, Eudoxe, Philoxene, & les Cyreniens. Autres ont joinct auec la volupté l'honnesteté, comme Dinomache & Calipho. Autres en ce qui est premier en nature, ou au premier estat de nature, comme Carneades & Hierosme Rhodien. Autres à ne sentir douleur, ainsi que Diodore. Autres és vertus, comme Pythagoras, Socrates, Ariston, Empedocles, Democrite, Zeno Citique, Cleanthes, Hecaton, Possidoine, Denys Babylonien, Anthisthene, & tous les Stoiciens : & aujourd'huy plusieurs de nos Theologiens s'accordants auec ceux-cy disputent encor des liaisons des vertus entre-elles, & quel est ce poinct & fondement de felicité, auquel toutes les vertus tendent, & doiuent estre rapportées ensemble : d'autant, disent-ils, que l'homme ne peut estre rendu heureux, sinon que toutes coulent & s'assemblent en vn, ores qu'il n'en defaillist qu'vne seule. Or comme ainsi soit que entre les vertus soient diuerses, & presque contraires, la liberalité, & l'espargne, la magnanimité &

humilité, la misericorde & la justice, la contemplation & la sollicitude de beaucoup d'affaires, & plusieurs autres semblables, si elles ne s'vnissent d'accord en vn mesme subject, on les pourra estimer vices & non vertus. Et quant à ce poinct, auquel toutes les vertus se trouuent assemblées, Ambroise & Lactance auec Macrobe, suiuans Platon és liures de la Republique, tiennent que c'est la justice. Autres ont opinion que c'est temperance qui donne reigle à toutes choses. Autres la pieté: ce que Platon dit aussi au Dialogue intitulé Epimenides. Autres charité, sans laquelle nul fruict ny prouffit ne reuient de la vertu, selon que sainct Paul estime, & toutesfois encore disputent là dessus Thomas, Henry, l'Escot, & autres. Mais reuenons d'où nous estions partis. Aucuns constituent la felicité en la fortune, ainsi que Theophraste: mais Aristote joinct auec la fortune les premieres semences naturelles, & les vertus, & auec ce les voluptez, mais emplastrées du fard de vertu, comme si Epicure ne remparoit pas de ces mesmes choses sa voluté. Finalement le surplus des Peripateticiens en la speculation. Herile philosophe Alcidamus, & des Socratiques plusieurs estimoyent que la science fust le souuerain bien. Mais les peuples Tyberins, voysins des Chalybes, desquels Apolloine & Pomponius ont faict mention, auoyent opinion que la superfluité ou dissolution & le ris fussent la souueraine felicité, & y en a eu qui ont colloqué au Silence le souuerain bien. Les sectateurs de Platon auec luy & Plotin, resentans tousiours leurs diuinité, ont estimé que l'vnion auec le souuerain bien estoit l'estat de la felicité. Bias Prienien disoit que c'estoit la sapience: Bion & Borystene la prudence. Thales l'entassement de ces choses. Pittacus de Metelin le bien faire. Ciceron dit qu'elle consiste en l'exemption ou vacation de toutes choses, laquelle ne se peut trouuer qu'en vn seul Dieu.

Ie laisse les autres philosophes vulgaires, qui ont osté toute felicité, ainsi que Pyrrho Elien, Euricole, & Xenophanes, & ceux qui ont establi toute felicité és honneurs, gloire puissance, oysiueté, richesses, & semblables choses, comme aussi Periandre Corinthien & Lycophron, & les autres desquels entend parler le psalmiste, disant, La bouche d'iceux parle chose vaine, & leur dextre est dextre de fausseté. Les enfans desquels sont comme petites plantes bien creissantes en leur ieunesse & leurs filles comme les encoigneures entaillees, à la semblance du temple leurs greniers pleins, fournissans toutes manieres de prouision, leurs troupeaux multiplient par milliers, & sortent par millions en nos ruës, leurs beufs refaicts : nulle ruine ny bresche est en leurs clostures, nul passage ny cri en leurs places. Ils ont estimé bienheureux le peuple auquel il en est ainsi. En mesme discord sont ils touchant la volupté, laquelle, ainsi que vous auez entendu cy dessus. Epicure estime estre le souuerain bien. Au contraire Architas Tarentin, Antisthene, & Socrates disent que c'est le souuerain mal. Mais Speusippe & quelques anciens Academiques disoyent que la volupté & la douleur estoyent deux maux contraires l'vn à l'autre, & que ce qui est entre deux est le bien. Zene a estimé que la volupté ne se deuoit appeller bien ny mal: mais ie ne sçay quoy d'indifferent. Critolaus Peripateticien, & Platon, disoyent que la volupté estoit mauuaise, & la mere nourrice de plusieurs meschancetés. Ce seroit chose par trop longue si nous voulons icy amener les opinions d'vn chacun touchant la felicité, & faire vn amas de ce dont autres ont rempli plusieurs volumes: Car M. Varro recueillit plus de CCLXXX opinions sur ceste matiere, ainsi que tesmoigne S. Augustin, les principales desquelles & plus renommées il nous suffit d'auoir icy recitees. Or voyons maintenant qu'elle conuenance elles ont auec nostre Seigneur Iesus Christ, & il nous apparoistra clairement que la felicité & beatitude ne nous est nullement acquise par la vertu des Stoiques, ny par la purgation Academique, ny par la speculation Peripatetique, mais par la foy & par la grace en la parole de Dieu. Vous auez bien entendu comme aucuns Philosophes constituent la felicité en volupté: Mais Iesus Christ la met parmy la faim & la soif. Autres en vn estat honnorable, en renommee, grandeur

& reputation. Mais Iesus Christ dit qu'elle est suyuie de malections, & de la haine du monde & des hommes. Autres au premier estre & condition des choses, ou és choses premieres engendrées, comme la santé, ioye, & absence de douleur: Mais Iesus Christ en deuil & pleurs. Autres en prudence, sapience, & vertus morales: Mais Iesus Christ en la simplicité, innocence, & pureté de cœur. Autres en la fortune. Mais Iesus Christ en la misericorde. Autres en la gloire acquise par armes & conquestes des païs: Mais Iesus Christ en la paix. Autres és honneurs & pompes: Mais Iesus Christ en humilité, prononçant bienheureux les doux & debonnaires. Autres en puissance & victoires: Mais Iesus Christ en endurant persecution. Autres és richesses: Mais Iesus Christ en pauureté. Iesus Christ enseigne que la parfaicte vertu ne s'acquiert point que par graces donnee d'enhaut: mais les Philosophes disent qu'elle vient de nos propres forces, & par accoustumance. Iesus Christ enseigne que toute concupiscence est peché: au contraire les Philosophes la mettent au rang des choses moyennes, celles dis-ie, qui ne sont ny de vice ny de vertu, mais disent qu'elles passent pour vertus, si l'homme s'y maintient par mediocrité. Iesus Christ enseigne qu'il faut bien faire à vn chacun, voire aimer ses ennemis, prester liberalement, ne poursuyure aucune vengeance, donner à tous ceux qui demandent : au contraire les Philosophes ne veulent qu'on s'emploie que pour ceux qui peuuent rendre la pareille : au surplus qu'il est licite de se courroucer, hair, quereller guerroyer, & prester à vsure, Auec tout cela ils nous ont produits par leur franc arbitre, & ce qui nous est fourni par nostre droite raison & lumiere naturelle, l'heresie des Pelasgiens. Partant toute la Philosophie morale, au rapport de Lactance est fausse & vaine, ne donnant aucune addresse à iustice, ny asseurance aucune à l'homme en son deuoir ny en sa raison & est tellement contraire à la loy de Dieu & à Iesus Christ mesme, que l'on ne doit attribuer la gloire d'icelle à autre qu'à *Sathan.*

Des Polices ou Gouuernements des Citez & Republiques.

CHAP. LV.

E cette Philosophie est membre l'art de gouuerner & administrer les Republiques. D'iceluy sont faites trois especes, à sçauoir Monarchie, qui est le gouuernement d'vn seul : Aristocratie, celuy qui est en peu de personnes, mais nobles, riches, & choisis des plus gens de bien: & la Democratie, qui est l'estat populaire. A celles-cy ressemblent la tyrannie : l'oligarchie, qui est vne faction de peu d'hommes : & l'anarchie, à sçauoir quand chacun veut estre le maistre. Or n'a-t'on sceu jusques à present encore determiner laquelle sorte de ces regimes & gouuernements est meilleur & plus desirable : Car ceux qui soustiennent que la Monarchie doit tenir lieu par dessus les autres, se rengent aux exemples de nature, & disent qu'ainsi qu'en l'Vniuers il n'y a qu'vn seul Souuerain Dieu, entre les Estoilles vn Soseul, entre les abeilles vn Roy, vn chef entre les gruës, & vn conducteur des trouppeaux, aussi qu'il n'y doit auoir qu'vn Roy en la Republique, qui soit comme vn chef, auquel tous les membres s'accordent. Et cette maniere d'administration a pleu à Platon, Aristote, Apolline, ausquels consentent Cyprien & Hierosme entre les nostres. Mais ceux qui preferent l'Aristocratie ou gouuernement des gents de bien, disent qu'il n'y a meilleur moyen de gouuerner les grands affaires que d'assembler les opinions & conseils de plusieurs vnis & s'accordans à bien faire : Car de plusieurs gents de bien il est necessaire que les conseils soient tres-bons & qu'il ne se trouue aucun qui soit assez sage tout seul : car c'est chose qui appartient à Dieu seul. A laquelle opinion consentent Solon, Lycurgue, Demosthene, & Ciceron, & quasi tous les anciens Legislateurs, & Moyse mesme. Platon aussi semble s'y accorder, disant que la Republique & Cité se pourra lors dire heureuse, qu'elle sera gouuernée par les sages ; nous y adjousterons aussi, s'il luy plaist, qu'ils soient nobles, attendu que c'est vne opinion arrestee & fondée sur le consentement presque vniuersel. Quant à ceux qui trouuent meilleur l'estat populaire, ils luy baillent vn nom tresbeau & bien sonnant, à sçauoir Isonomie, c'est à dire egalité de droit, attendu que tout se rapporte là au bien commun, & sont les conseils mieux prins & plus certains entre la multitude en laquelle sans doute aucune gisent toutes choses. Auec ce que la voix du peuple est la voix de Dieu, & partant ce qui plait à tous, ce qui est arresté & ordonné d'vn commun consentement du peuple, par necessité doit estre receu pour tresbon & tresiuste, & cõme venant de Dieu. En outre que ceste espece d'estat est plus asseuree que celuy qui est regi par petit nombre des plus grands & principaux, d'autant qu'il est moins suject à seditiõ. Car le peuple peu souuent ou iamais se bande en factions, ce que les grands & puissans font ordinairement. D'auantage toute egalité & liberté se trouue au gouuernement populaire, sans qu'elle soit opprimee par aucuns tyrans: là sont pareils tous degrés d'honneur, & n'y a aucun qui soit plus capable que son voisin : mais vn chacun separement & tous en general à leurs tours commandent & sont commandés. C'est estat donques a esté sur tous estimé & approuué par Othanes Persien, Eufrates, & Dion Siracusain: & auiourd'huy nous en auons les exemples des Venitiens & Suisses, les republiques desquels sont florissantes sur toutes les principautés de la Chrestienté & les premieres, tant en prudence, puissance, richesses, & reputatiõ de bonne iustice de grands explois & victoires, Anciennement la republique d'Athenes, l'estat de laquelle estoit populaire, commandoit sur grande estendue de pais en tresgrande puissance, & estoyent tous les affaires, & deliberations, proposees au peuple, & resoluës par le peuple. Les Rommains aussi ayans esprouué toutes les especes de regimes & gouuernement, conquirent la plus grande partie de leur Empire sous l'estat populaire, & n'ont iamais esté plus mal administrees leurs affaires, que lors qu'ils ont esté sous les Rois, ou maniés par les plus grands & plus puissans d'entre eux, & encor pis.

quand les Empereurs en ont prins le maniement: car à leur conduitte toute leur puissance a faict bris & naufrage. Parquoy il est mal-aisé à juger laquelle de ces trois manieres de gouuernement est la meilleure & plus asseurée, attendu que chacune a ses partisans & defenseurs, & aussi d'autres qui la debattent: Car les Rois, ausquels il est permis de faire tout ce qu'il leur plaist à leur appetit, sans crainte d'en estre repris, peu souuent commandent bien ainsi qu'ils doiuent, & quasi jamais ne sont sans bruit & tumultes de guerres. Et en outre la Royauté a ce mal pestilent en elle, que ceux qui en autre estat ont eu renom, & tesmoignage vniuersel d'estre gents de bien, deuiennent insolents & meschants en toute extrémité dés qu'ils sont paruenus à la Couronne, comme si par cela la porte leur estoit ouuerte pour se desborder en toute licence de mal faire. Ce qui est apparu en Caligula, Neron, Domitien, Mithridat, & plusieurs autres. Et mesmes les sainctes Escritures monstrent que cela est aduenu à Saül, Dauid, & à Salomon, Rois que Dieu auoit choisis luy-mesme: & que entre tous les Rois de Iuda fort peu se sont trouuez de bon renom, entre ceux de Samarie pas vn. Et aujourd'huy les Rois, Empereurs, & Princes qui dominent, semblent estre establis & nais seulement pour defendre, maintenir, & confirmer la noblesse, & peu se soucient du peuple, des bourgeois, des villageois, ny de faire justice, & regnent en maniere qu'il semble que les biens & facultez de tout le peuple leur aye esté baillé, non en garde, mais en proye & pillage, butinant toutes choses sur tous leurs subjects, desquels ils vsent ainsi que leur semble bon, & quelquesfois comme il leur plaist, abusans de la puissance que Dieu leur a donnée sur les hommes, chargeãt les bourgeois d'emprunts, les villageois de tailles & corvées, les vns d'exactions, les autres de peages & gabelles, entassées l'vne sur l'autre, sans fin ny mesure. Et si quelcun d'entre-eux se monstre plus doux & modeste, en donnant au peuple quelque soulagement & relasche, il est certain que ce n'est pour le bien commun qu'ils le font, mais pour leur commodité particuliere, permettant au peuple vn peu d'aise, afin qu'eux s'en sentent, & puissent trouuer dequoy rauir, quand il leur en prendra enuie. Et pour se donner bruit d'estre justes, ils font de bonnes ordonnancss, & establissent des loix tres-estroittes & difficiles, afin d'armer leur auarice & cruauté de l'espée de justice, punissans ceux qui y contreuiennent par rigoureuses peines, extrémes tourments, & confiscations: semblables en cela aux tyrans, entant qu'ils desirent qu'il y aye beaucoup de contreuenants & infracteurs de leurs Edicts, afin d'en auoir profit: Car comme les forces des tyrans sont les meschancetez des delinquans, ainsi la multitude des transgressions sont les richesses des Princes. I'ay eu autresfois grande priuauté auec vn Prince Italien grand & puissant, auquel il m'aduint de donner conseil, & l'exhorter d'appaiser & reprimer en ses terres les factions des Guelphes & Gibellins: mais il me confessa que par le moyen d'icelles il entroit en ses coffres tous les ans plus de douze mille ducats d'amendes. Toutesfois nous parlerons de cecy plus amplement au liure de la noblesse politique.

Mais où les nobles & plus apparents tiennent le gouuernement en la Republique, en icelle logent auec eux l'ire, la haine, & l'enuie, parquoy peu souuent l'estat d'icelle est paisible, ny eux de bon accord : car voulant vn chacun son aduis estre receu, & estre estimé par dessus tous les autres, les inimitiez particulieres s'engendrent entre-eux, d'où viennent les ligues & factions, les seditions & meurtres, & en fin les guerres ciuiles, en ruine& destruction de la chose publique. Desquels malheurs les histoires Grecques & Latines nous fournissent plusieurs exemples, & à present beaucoup de villes d'Italie sont exposées en pitoyable spectacle aux hommes. Quant à l'administration populaire, chacun la juge tres-mauuaise, laquelle maniere de gouuernement Apolloine desconseille à Vespasien par plusieurs raisons; & Ciceron dit qu'au peuple n'y a raison ny conseil, ny discretion, ny diligence, & , comme dit le Poëte,

La populace est aisee à distraire
D'opinions l'vne à l'autre contraire.

Et le Persien Othanes dit qu'il n'y a

chose au monde plus insolente que la multitude populaire, rien plus fade & ignorant, de qui son propre est de ne rien entendre, & de se precipiter à l'estourdi en l'execution des affaires, sans conseil, ainsi qu'vn torrent. Demosthenes pareillement appelle le peuple vne mauuaise beste, & Platon le nomme beste à plusieurs testes comme fait apres luy Horace. Phalaris aussi escriuant à Egesippe, Tout le peuple, dit-il, est temeraire, sans esprit, paresseux, variable à tout propos en opinions, perfide, incertain, hastif, traistre, frauduleux, n'ayant que le babil: tantost se met en cholere, tantost flatte: & de là aduient que ceux qui taschent de complaire au peuple au maniement des affaires de la republique perissent par honnestes outrages. Mais Lycurgus legislateur Lacedemonien interrogé quelquefois pourquoy il n'auoit establi en sa republique l'estat populaire, respondit à cestuy là, qu'il ordonnast premierement sa maison selon cest estat, & puis il en sçauroit la raison. Aristote pareillement en ses traictés moraux dit son aduis estre que l'administration du peuple eſt treſmauuaiſe, celle d'vn ſeulfort bonne. Car le menu peuple eſt le prince & grand maiſtre des erreurs & des mauuaiſes couſtumes, comble de tous malheurs d'autant qu'il n'y a raiſon, autorité, ny conſeil qui le puiſſe fleſchir: car il n'entend aucunement les raiſons, il meſpriſe l'autorité, & eſt du tout indocile & obſtiné aux perſuaſions, les mœurs duquel ſont tres-inconſtantes, touſiours deſireux de nouueautés, & ayant en haine les choſes preſentes, & ne peut eſtre retenu par aucune doctrine des ſages, diſcipline des anceſtres, autorité de magiſtrats, ny Majeſté du prince, & à l'endroit duquel iamais n'ont eu poids ny vertu ny n'ont iamais eſté eſcoutés ſans danger les conſeils des hommes ſages, ayant touſiours plus de force la folie du vulgaire, ainſi que l'experimenta Socrates, lors qu'il diſoit ſon opinion touchant les dieux, Capys, quand il fut queſtion d'introduire le cheual de bois dans la ville de Troye, Mogius Capouan conſeillant de ne receuoir Hannibal dans la ville, Paul Emile n'eſtant d'aduis de combattre à la iournee de Cannes, & tant de Prophetes de nostre Seigneur, aux predictions desquels le peuple Iudaique faisoit l'oreille sourde. Comme donques peut-il estre que les statuts & ordonnances du populaire soient bonnes, veu que la multitude ignore presque tout ce qui est bon & juste, attendu que la plus grande partie d'iceux sont artisans & manouuriers, puis aussi que tels arrests ne se font point selon la justice & l'equité, mais à la pluralité de voix, & selon le nombre, où se trouuent ordinairement plus de mauuais que de bons, & que le peuple n'est mené de sain & droit jugement, mais par le plus grand nombre, & selon l'inclination & appetit du commun, où les sentences & opinions sont comptées & non pesées, & où ce qui semble bon, non aux plus sages, mais au plus grand nombre, a lieu, & obtient plus de force & vigueur. Entre lesquels, pour autant qu'ils s'estiment égaux les vns aux autres, rien toutesfois n'est si inégal que leur inégalité mesmes. Parquoy par l'impetuosité confuse du commun populaire rien n'est ordonné bien à propos ny salutairement, rien de ce qui est deſcheu & empiré n'eſt redreſſé ou remis en meilleur eſtat, ains au contraire ce qui eſt bien eſtably & inſtitué eſt renuerſé, & perdu le plus ſouuent par la temerité populaire. Or entre ces tant diuerſes manieres d'adminiſtration de la choſe publique pluſieurs ont troué bon d'en conſtituer vn gouuernement meſlé de deux eſpeces, tel que Solon inſtitua, à ſçauoir les plus apparents & nobles, & du menu peuple, leur communicant à tous en certaine façon leurs honneurs. Pluſieurs en ont eſtably vn meſlé de toutes les trois eſpeces, ſelõ que la Republique des Lacedemoniens eſtoit regie. Car le Roy eſtoit entr'eux perpetuel, mais n'auoit commandement qu'en temps de guerre. Ils auoient le Senat ou Conſeil compoſé des plus riches & puiſſans, & auec ce creoyent dix Ephores perpetuels du menu peuple, qui auoient puiſſance de condamner à mort ou abſoudre, & repreſentoient l'eſtat populaire. La Republique Romaine eſtoit vne Democratie meſlée auec l'Ariſtocratie, à cauſe de l'authorité du Senat : car pluſieurs choſes eſtoient commandées par le peuple, & aucunes aussi par le Senat. A present en la plus part des païs les Roys & les Princes commendent selon leur plaisir, neantmoins ils ont pour conseillers les principaux hommes des prouinces, & les magistrats ausquels ils baillent le maniement des affaires: Surquoy il se fait vne demande, à sçauoir quel estat est le plus asseuré, celuy où le Prince estant mauuais ses conseillers neantmoins sont bons, ou bien celuy auquel le Prince est bon, & ses conseillers meschans. Marius, Maximus, & Iules Capitolin, & plusieurs autres choisissent le premier: ausquels toutesfois autres graues autheurs ne s'accordẽt nullement, attendu que l'experience nous fait voir qu'vn bon Prince chastie plus facilement ses mauuais conseillers que le mauuais Prince n'est amendé par ses conseillers gents de bien. En somme il n'y a Philosophie, art ny science, qui puisse faire que la republique soit bien regie, ains seulement la preud'hommie de ceux qui la gouuernent Car vn seul, ou petit nombre, ou tout le peuple peuuent fort bien & sainctement administrer s'ils sont gents de bien, & s'ils sont meschans tresmal. Mais voycy qui passe toute audace en meschanceté. S'il est besoin de cultiuer vn champ, paistre vn troupeau, gouuerner vn nauire, regir vne famille, nourrir & instruire des enfans, on n'aura point de honte de confesser que l'on ne le sçait faire: ou que l'on ne le peut faire: Mais où il est question de commander en vne ville, & exercer vn magistrat, faire le Roy ou le Prince, &, ce qui est le plus difficille en ce monde, de commander aux peuples & nations, il n'y a celuy qui ne croye d'estre nay à cela. Au reste, ce qui est considerable pour le regard des loix ciuiles & la science d'icelles, par lesquelles toutes les republiques & cités ont leur estre, sont gouuernees, augmentées, & maintenues, nous en traicterons cy apres.

De la Religion en general.

Chap. LVI.

L'accomplissement de la republique appartient aussi la religion, qui est vne discipline de solennitez & ceremonies externes, par lesquelles ainsi que par signes & marques nous sommes admonestez des choses interieures & spirituelles. Elle est desinie par Ciceron vne discipline, par laquelle les ceremonies, qui cócernent le seruice diuin, sont exercées auec reuerence & sousmission, & est, selon le tesmoignage, tant de luy que d'Aristote, chose fort vtile & tres-necessaire à toutes citez : Il faut (dit Aristote en ses Politiques) que le Prince se monstre religieux sur tous autres, d'autant que les subjects se doutent moins d'estre iniquement traictez de ceux-là : & pource conspirent ou entreprennent mal-aisement contre-eux, ayans opinion qu'ils soient en la sauuegarde & protection des Dieux. Or la religion est tellement naturelle en l'homme, que par icelle il est rendu plus different d'auec les autres animaux que par la raison mesme. Que la religion soit plantée en nous naturellement, outre que Aristote le confesse luy-mesme, il appert aussi clairement en ce que si nous sommes surprins de quelque danger subit, ou troublez de frayeur, soudain, auant que prendre autre conseil, ny rechercher autre remede, nous auons recours à l'inuocation de la diuinité, estans enseignez par la nature, sans autre precepteur, de requerir aide & secours de Dieu. Et déja dés l'origine & commencement du monde, Cain & Abel sacrifioient à Dieu religieusemeut. Mais Enos fut le premier qui ordonna reigles & manieres comme il falloit inuoquer le Nom de Dieu. Duquel l'Escriture dit ainsi, Alors l'on cõmença à inuoquer le Nom de l'Eternel. Aprés le deluge l'on fit beaucoup de loix touchant la religion, & y eut beaucoup de Legislateurs, voire autant & plus que de peuples & nations. Car Mercure & Mena Roy, instituerent celle des Egyptiens : Melisse, nourricier de Iupiter en bailla aux Cretois ou Candiots : Faunus, & deuant luy Ianus, aux Latins : Numa Pompilius aux Romains : Moyse & Aaron aux Hebrieux : Orphée aux Grecs ; & puis Cadmus fils d'Agenor apporta de Phenicie les mysteres & solemnitez des sacrifices des Dieux, la maniere de leur consacrer, simulacres, chansons, & autres ceremonies, pompes, & festes en l'honneur d'iceux, & les enseigna aux

Grecs. Il y eut aussi des Dieux establis sur les larrecins & meschancetez, & ne leur baillerent point tant seulement des tiltres & noms de Dieux, ains aussi leur ordonnerent des sacrifices. Car les Romains adorerent Iupiter surnommé le paillard & adultere, dedierent vn temple au mont Palatin publiquement à la Fiébure, & au mont Exquilin vn autel au Malencontre. Dauantage chercherent jusques aux Enfers des Dieux pour adorer, & mesmes les Prince des diables infernaux Sathan, vil & malheureux sur toutes creatures, l'appellant Dis, ou Pluto, ou Neptune, & l'honorans soubs ces noms & tiltres, auquel ils assignerent pour guette & gardien Cerberus auec ses trois testes, c'est à dire charoppier ou gourmand de chair, lequel tousiours rode & tournoye, cherchant proye pour deuorer, sans mercy de personne, nuisant à tous, accusans vn chacun. D'où il a prins le nom de diable, qui signifie imposeur de crimes, ou accusateur, duquel le Poëte chante ainsi:

Là le Prince infernal des forfaits effroyable,
Enflammé de courroux, de nully poitybale,

S'enquiert: Aux chefs hideux les furies alors
Deuant luy sont debout, & mille & mille morts,
Mille ceps, sous lesquels aux malheureuses ombres,
Mille feux sulphurez fait souffrir mille encombres.

Les Egyptiens jadis auec leurs autres Dieux, ont pareillement adoré des Bestes brutes, & des monstres, & s'en troue encor' aujourd'huy qui adorent les idoles & simulacres. Les Turcs, Sarrasins, Arabes, & Maures, & la plus grand' partie des habitãs de la terre ont en singuliere reuerence Mahomet autheur de leur sotte & tres absurde religion. Les Iuifs obstinez en leur desloyauté, attendent tousiours la venuë du Messias. Et nous, Chrestiens, auons receu de plusieurs de nos Pontifes ou Papes en diuers temps & diuers lieux diuerses façons & coustumes touchant la Religion, par loix discordantes à merueilles entre-elles, pour le regard des ceremonies, ordre, & manieres de seruir Dieu, des viandes, jeusnes, habits, questes, pompes: Item touchant les mitres, & chappeaux, habillement rouge, & ſemblables choſes. Mais ſur toutes les merueilles ceſte cy eſt admirable, qu'il croyent de pouuoir monter aux cieux par les meſmes façons & prattiques ambitieuſes qui en firent iadis tresbucher lucifer. Ce pendant toutes ces loix de religions n'ont autre appuy ny ſouſtenement que l'opinion & plaiſir de ceux qui les ont inſtituees, ny autres reigle de certitude & verité que la ſeule credulité des hommes.

Conſiderons, ie vous prie, les diuers eſtudes qu'on a eu dés le commencemẽt du monde pour les religions, combien de manieres de ſeruices & ceremonies, combien d'hereſies, combien d'opinions, de veux, & de loix: toutesfois auec tout cela depuis tant des ſiecles les hommes n'ont ſceu eſtre bien addreſſés à la droite foy, à quelque religion qu'ils ſe ſoyent abſtraints ſans la parole de Dieu, laquelle ayant prins chair, & triomphé de ſes ennemis par la croix: les temples & idoles ont eſté renuerſees & atterrees, les puiſſance des faux dieux abbatues, & leurs oracles ſont demeuré muets.

L'oracle Pythien a perdu le parler,

D'ont

Dont la voix nul mortel ne sçauroit rappeller
Apollo tient muet pieça son temple clos:
Mais pourtãt en ce lieu d'offrir tu n'es forclos:
Offre donc deuëment, puis aux tiens fais retour.

Car dés que la parolle de Dieu par les messagers Euangeliques commença à retentir & donner lumiere aux esprits humains par le monde, tous les dieux des nations furent renuersces ainsi que par vn coup de foudre, comme dit Iesus-Christ en S. Luc, I'ây veu satan tumbant du ciel ainsi que la foudre. Quant à ce qui touche la foy & la Theologie, decrets, & canons, nous l'examinerons cy apres: car nous parlons icy de la religion entant qu'elle fait au proffit des prestres & gents d'Eglise, & que touche l'ornement quelle apporte à la republique par les simulacres, statues, & images, temples, chappelles, & autres edifices, pompes, magnificences, prelatures, & dignités ecclesiastiques. Desquelles choses i'ay autresfois disputé amplement à Colongne entre les decrets Theologiques par moy declamés l'an 1510. Parquoy nous en traicterons auec peu de paroles en ce lieu,

& donnerons par mesme moyen à congnoistre qu'és choses qui ont esté introduittes pour parer & rendre la Religion plus honorable, & pour seruir au salut des hommes, souuentesfois se trouue auec la vanité joincte vne malice non legere. Ce que nous monstrerons estre veritable, discourans de chaque chose à part.

Des Images. CHAP. LVII.

L'Honneur que l'on fait aux images n'a pas esté receu ni approuué de tous peuples desia des les temps plus anciens. Car les Iuifs n'auoiét chose du monde en plus grande horreur que les simulacres, selon que recite Ioseph, & ne representoyent aucunement le Dieu qu'ils adoroyent, ny ceux dont ils vouloyent conseruer la memoire, par Images. Car la loy de Dieu publiee par Moise leur defendoit de faire des simulacres, & de les loger dans leur Téple, & d'adorer deuāt iceux. Entre les Seres peuple d'Asie, ainsi que tesmoigne Eusebe, par loy expresse estoit prohibee la veneration des simulacres. Nous lisons aussi és escrits de Clement & Plutarque, qu'à Romme par decret & ordonnance de Nume l'on ne vid és temples aucune image peincte, taillee, ny autrement façonnee par l'espace de cent septante ans apres la fondation d'icelle. Ce que tesmoigne pareillement. S. Augustin suyuant Varro, les paroles duquel, dit-il, font ample foy qu'il n'y eut en la ville simulacre aucun des Dieux durant cent septãte annees, & que depuis par la multitude des statues & Images l'on eust la religion en moindre recommandation, & fut mesprisee. Les Persiens, selon qu'Herodote & Strabo recitent, ne dressoyent non plus aucunes statues. Mais l'impieté & folie des Egyptiens en cest endroit estoit supreme, & d'eux s'espandit par toutes les nations. Laquelle corruption payenne & fausse Religion est demeuree & a infecté la Chrestienté, mesme depuis que les peuples ont esté conuertis à la foy de Iesus Christ, introduisant en nostre Eglise les Images & simulacres auec plusieurs ceremonies infructueuses & pompes superflues, du tout ignorées entre les premiers & vrais Chrestiens. A ceste occasion nous auons commencé à faire des statues muettes aux saincts, les porter en nos temples, & les mettre en grande reuerence sur les autels, & là où il ne seroit licite en façon quelconque à l'homme viuant qui porte la vraye Image de Dieu, de monter, nous y auons dressé des Images insensibles, nous enclinons à icelles, les baisons: leur portons des chandelles, leur faisons dons & offrandes, leur appliquons & attribuons la vertu des miracles, rachetons des pardons, entreprenons des pelerinages & longs voyages à cause d'icelles leur faisons des vœux, les honnorons & presque les adorons. Et est incroyable & ne sçauroit on exprimer par parole combien de superstitions, pour ne les nommer idolatries, sont entre le menu peuple simple & ignorant nourries par le moyen des Images à qui les gents d'Eglise ferment les yeux à cause des grands proffits & cōmodités qu'ils en tirent. Et se remparent des paroles de Gregoire, qui dit que les Images sont les liures du vulgaire, pour garder la souuenance des choses passes, à fin que ceux qui n'ont apprins les lettres, lisent en icelles & à la veuë desquelles ils soyent incités de penser à Dieu. Ce sont à la verité les paroles de ce sainct personnage, lequel cuide aucunement excuser les inuentions humaines, & combien qu'il ne reprouue point les Images, si n'approuue il point leur veneration. Mais la voix de Dieu, qui les defend, sonne bien autre chose. Il ne nous est nullement permis d'apprendre par le liure defendu des Images, mais par celuy de Dieu, qui est l'escriture saincte. Partant quiconque desire de congnoistre Dieu, ne s'en enquiere point des Images des peintres ou tailleurs mais recherce les escritures, ainsi que dit sainct Iean : car elles portent tesmoignage d'iceluy. Et ceux qui n'ont appris à lire escoutent les parolles de l'escriture : Car la foy d'iceux, dit sainct Paul, est par l'ouïe : & Iesus Christ en S. Iean dit que ses brebis oyent sa voix. Et si ainsi est que aucun ne peut venir à Iesus Christ, comme luy mesme tesmoigne, s'il n'y est attiré par le pere : ny aucun au pere sinon par le moyen de

Iesus Christ, pourquoy priuons nous Dieu de sa gloire pour la bailler aux Images & statuës, comme si elle pouuoyent mener nostre esprit à Dieu: Il y a en outre l'excessiue veneration des reliques. Nous confessons, & ne peut on nier que les reliques des saincts ne soyent sainctes, comme celles qui doyuent estre quelque iour reluisantes de gloire immortelle, & partant que les saincts doyuent estre en grande veneration en nostre endroit. Mais s'ils entendent les prieres des bons, ils les peuuent entendre en tous lieux. Et quand ainsi seroit qu'ils y prestassent plus l'oreille la part où ils ont quelque gage & reliques, si est-ce qu'à cause de l'incertitude qui est en ce regard, attendu que l'on se vante en plusieurs lieux d'auoir les mesmes gages & reliques de mesmes saincts, il est force que ceux cy ou ceux là y mettent follement leur confiance & deuotion. Parquoy, à fin d'euiter le danger de tumber en idolatrie ou superstition, le plus seur est de ne colloquer nostre fiance aux choses visibles, mais hõnorer les Saincts spirituellement, & selon la verité, à cause de noſtre ſeigneur Ieſus Chriſt. Nous n'auons à la verité reliques plus certaines ny plus dignes que le ſacremẽt du corps & du ſang de Ieſus Chriſt, l'vſage duquel eſt és temples des Chreſtiens ſainct & ſacré : Car par iceluy nous auons le corps de Ieſus-Chriſt preſent, lequel ſe communique auſſi par tout, & l'adorons. Mais les preſtres, hommes rapineux & auares, ont cherché d'entretenir leur auarice, non ſeulement par le miniſtere de la pierre & du bois, mais auſſi en ſe ſeruant des os des treſpaſſés & reliques des ſaincts-Martyrs, & en ont faict les outils & inſtruments de leur art & boutique. Ils eſleuent ſepulcres de ceux qui ſont decedés en la confeſſion du nom de Ieſus-Chriſt. Produiſent les reliques des fideles teſmoins de ſa verité, vendent l'attouchement & le baiſer de ces choſes, ornent & embelliſſent leur ſimulacres, & leur celebrent des Feſtes en grand pompe, preſchent hautement les loüanges d'iceux, la ſaincte vie deſquels cependant ils fuyent tant loing qu'ils peuuent. N'eſt-ce pas à ceux cy à qui le Sauueur a parlé? Malheur ſur vous, dit-il, qui edifiez des sepulcres aux Prophetes, estant neantmoins semblables à ceux qui les ont tués. Auec tout cela ils distribuent à la façon des Payens des charges & offices à chacũ Sainct. L'vn à (selon iceux) pouuoir sur les eaux ainsi que Neptune, & deliure des dangers & naufrages: l'autre iecte le feu & la foudre comme vn Iupiter ou Vulcan: vn autre a charge de garder les moissons auec Ceres: vn autre garentit les vignes, compagnon de Bacchus. Les femmes mesmes ont leurs sainctes, ausquelles elles demandent des enfans, comme on faisoit à Lucine, ou à Venus, ou de faire l'appoinctement d'entre elles & leurs maris courroucés, ou les chastier ainsi que la Iuno des Payens. Il y en a qui descouurent les larrecins, & font recouurer les choses perduës, ou esgarees, & si n'y à maladie qui ne trouue parmy les Saincts son medecin, qui est la cause que les medecins proffitent moins que ne font les aduocats: car il n'y a cause si petite ny si iuste qui puisse trouuer Sainct qui la veuille soustenir ny defendre. Or dit on, que tout ainsi que nostre ame par le ministere des membres de nostre corps fait diuerses operations, & qu'iceux reçoyuent selon leur estat & disposition diuerse, diuerses facultés & puissances, comme l'œil: la veuë, l'oreille, l'ouïe, aussi nostre seigneur Iesus Christ, qui est l'Ame de son corps mistique par diuers Saincts qui tiennent lieu de membres en iceluy distribuë & despart ça bas diuers dons & graces, tellement que chaque Sainct a quelque office propre & peculier, & nous eslargit quelque grace speciale, à raison dequoy & selon laquelle distribution de graces recongnuës par reuelation faicte à quelque homme de bien ou creuë par Religieuse coniecture & fiance, l'on implore & requiert l'aide des Saincts par diuerses prieres. Et qu'il est croyable que comme nostre Seigneur Iesus Christ ayant rachetté nostre vie par sa mort a faict que par icelle la mort de tous les saincts est sanctifiee: ainsi si quelque martyr est mort de quelque espece de maladie ou autre tourment que c'est par luy que les hommes sont deliurés de semblables maux, comme les ayant premierement endurés pour amour d'eux: ce qui a quelque grande apparence. Mais il y a dequoy rire en ce qu'aucuns par la similitude que le nom de quelque sainct a au moyen de la confusion des langages à quelque maladie, & par semblables legeres & vaines inuantions, on luy en attribuë la guerison: Comme en Allemagne du mal caduc à Valentin, pour ce que *Vallen* signifie en Allemand choir: Et en France de l'hydropisie à Eutrope, à cause que ces noms sonnent quasi de mesme. Or ie ne veux en cest endroit desroger aucunement à la vertu des Saincts & croy que celuy qui mesprise la pieté Chrestienne, & les vrais miracles des Saincts, est meschant: mais ie dis aussi que ceux sont superstitieux & mauuais qui nous veulent faire vne histoire de chaque mensongere nouueauté & bourde qui se presente, & la proposent aux simples comme oracle, à fin qu'ils la croyent, & la leur veulent mettre en la teste à force de crier, & que ceux qui croyent à ces fables & songes, sont du tout insensez.

Des Temples. CHAP. LVIII.

DIsons maintenãt des tẽples. Nous sçauõs que ceste superstition a esté la plus grande qui fust entre les gentils, de bastir à chacũ de leurs dieux son temple, à l'imitation desquels les Chrestiens ont voulu dedier temples à leurs Saincts. Plusieurs peuples toutesfois ont esté sans aucuns temples, & trouue l'on par escrit que Xerxes par le conseil des Mages iadis brusla tous les Temples de la Grece, pour autant qu'ils estimoyent chose prophane & meschante de vouloir enclorre Dieu entre les parois. Zeno Citique à quelques fois philosophé touchant les Temples en tels termes : Il n'est, disoit-il, nullement necessaire de construire Temples ny Chappelles : car aucune des choses qui sont fabriquees par les mains des hommes ne doit estre estimees saincte ny sacree Les Perses iadis n'auoyent aucuns Temples en leur païs, & entre toute la nation des Hebrieux il n'y en auoit qu'vn seul construit en Ierusalem par Salomon, duquel toutesfois Isaye parle en cette sorte: Le Seigneur dit ainsi, Le Ciel est mon siege, & la terre mon marchepied. Quelle donques est cette maison que tu me veux bastir? Et sainct Estienne premier Martyr dit ainsi: Salomon luy edifia vne maison: mais le Tres-haut n'habite point en logis faicts par main d'homme. S. Paul aussi disoit aux Atheniens, Dieu n'habite point és Temples bastis par les hommes, & n'est point seruy par mains d'hommes, comme ayant necessité d'aucune chose, veu qu'il est Seigneur du Ciel & de la terre. Et ailleurs il enseigne que la nature humaine, à sçauoir les hommes purs, viuants religieusement & sainctement, & qui sont du tout dediez à Dieu, sont ses vrais Temples, plaisants & agreables, comme quand il escrit aux Corinthiens: Vous estes, dit-il, le Temple de Dieu, & l'Esprit de Dieu habite en vous: or le Temple de Dieu est sainct. celuy estes-vous. En outre, en la primitiue Eglise, aux purs commencements de nostre Religion, & long temps aprés la mort de nostre Seigneur Iesus Christ, ainsi qu'Origene confesse, escriuant contre Celſe, il n'y auoit aucuns Temples pour l'exercice d'icelle : lequel monſtre par pluſieurs raiſons qu'ils ne conuiennent nullement auec la Religion Chreſtienne, ny au vray ſeruice de Dieu. Il n'eſt beſoin (dit auſſi Lactāce) d'amonceler pierre ſur pierre, pour dreſſer des Temples à Dieu, mais il faut que chacun luy donne lieu en ſa poictrine, & que là il adore Dieu.

De Temple faict par humaine ſtructure,
Tant beau ſoit-il, le Tout-puiſſant n'a cure.
L'homme aimant, droit de cœur, pur, & non feinct,
Eſt de fin or de Dieu le Temple ſainct.

Ieſus-Chriſt n'enuoye point ſes adorateurs au Temple ny és Synagogues, mais en leurs cabinets, pour là prier Dieu en ſecret. Luy meſme, ſelon qu'on lit en ſainct Luc, ne ſ'eſt onques mis à prier és aſſemblées, aux villes, au Temple, ny és Synagogues, mais ſortoit aux montagnes, & paſſoit là les nuicts en oraiſon. Toutesfois eſtant par ſucceſſion de temps le nombre des Chreſtiens augmenté, & les pecheurs introduicts & meſlez parmy les fideles, les infirmes auec les forts, & ainſi que dans l'Arche de Noé les animaux immondes parmy les nets, l'Eglise, qui ne fait rien que par l'instinct du S. Esprit, a ordõné certains Temples, & lieux separez de tout commerce & exercice prophane, où le peuple Chrestien s'assemblast, pour ouïr la parole de Dieu publiquement preschée, & esquels l'on peust administrer plus commodéments & purement les saincts Sacrements. Ces lieux de tout temps ont esté entre les Chrestiens en grande veneration, & outre ce doüez par les Princes de plusieurs priuileges & immunitez : au moyen dequoy à present se trouuent multipliez en si grand nombre, auec les accessoires de plusieurs Oratoires de Freres, & Chappelles particulieres, qu'il seroit bien requis d'en retrancher vne bonne partie, ainsi que membres superflus & inutiles. Auec cela s'adjoinct la magnificence des superbes structures, où sont employées & de iour à autre consommées grandes sommes de deniers des aumosnes, & reuenus Ecclesiastiques, desquels, ainsi que cy dessus nous auons déja dit, l'on deuroit substanter tant de pauures Chrestiens, vrais Temples & Images de

Dieu, qui perissent de faim, de soif, de chaud, de froid, de trauail, de foiblesse, & autres pauuretez.

Des Festes. Chap. LIX.

Les iours de Festes ont aussi esté tousiours celebrez tres-religieusement, & par grande deuotion, tāt entre les Gentils qu'entre les Iuifs lesquels en certaines saisons & iours ordonnez, par tours, adoroient Dieu, comme s'il eust esté licite de laisser passer quelque temps sans vacquer à son seruice, ou que Dieu requist possible d'estre mieux seruy & honoré en vne saison qu'en l'autre. Ce que sainct Paul reproche aux Galates, en ces paroles : Vous obseruez les iours, les mois, & les temps, & années : ie crains grandement d'auoir trauaillé en vain en vostre endroit. Dequoy il admonneste semblablement les Corinthiens, leur ordonnant ainsi : Qu'aucun ne vous iuge, dit-il, en viandes ou breuuage, és iours de Feste, nouuelles Lunes, ou Sabbath, qui sont ombres des choses à aduenir. Aussi entre vrais & parfaits Chrestiens il n'y a aucune difference és iours qui leur sont tous festez, & dediez au repos en Dieu, celebrans sans intermission le vray Sabbath, selon qu'auoit prophetisé Isaïe aux Peres & anciens Iuifs, que le temps viendroit que leur Sabbath seroit abolly, & que à la venuë du Sauueur y auroit vn Sabbath & solemnité perpetuelle. Toutesfois tels iours de festes ont esté asignez par les SS. Peres au menu peuple plus grossier, à la multitude des infirmes, en somme à la partie de l'Eglise plus parfaicte, afin de seruir Dieu, ouïr sa parole és sainctes Predications, & communiquer aux saincts Sacrements: en sorte toutesfois que l'Eglise ne serue point aux iours, mais que plustost les iours seruent à l'Eglise. Il y a dõques certains iours ordonnez en l'Eglise, esquels il conuient au peuple s'abstenir de leurs negoces ordinaires, exterieurs, & œuures corporelles, afin de vacquer plus librement à seruir Dieu, à prieres, oraisons, aux Predications de sa parole, & autres contemplations & exercices de Religion, qui nous admonestent,

& attirent nos pensées au salut eternel. Mais ce peruertisseur de toute equité, corrupteur de toute chose belle & bien ordonnée, autheur de toute meschanceté, le diable, dis-je, lequel s'efforce de démolir tout ce que le S. Esprit edifie, a aussi presque renuersé ce rempart: tellement qu'aujourd'huy la plus grande partie du peuple Chrestien n'employe ces saincts iours de Festes à autres choses qu'à oisiueté vicieuse; non à prier Dieu, ny à frequenter les Predications & autres exercices, pour raison desquelles les Festes ont esté instituées, ains plustost s'adonnent à tout ce qui peut corrompre les mœurs & la doctrine Chrestienne, à dances, farces, bastelleries, chants, jeux, yurongneries, pompes, spectacles, & en somme à toutes œuures charnelles & mōdaines, cōtraires à celles du S. Esprit: & se gouuernent selon que dit Tertullien parlant des solemnitez que l'on faisoit en l'honneur des Empereurs: Ils ont, dit-il, de coustume de se mettre lors en grand deuoir de faire feux de joye par les places, & danser en public, banqueter par les ruës, faire paroistre toute la ville comme vne tauerne, se remplir de vin, estre prompts aux querelles & outrages, & faire à l'enuy à qui sera plus impudent, & donnera plus d'allechements à paillardise & deshonnesteté : ainsi la joye publique est demonstrée par vn public vitupere. Ne sommes-nous pas donc justement à condamner, veu que nous celebrons les Festes & sainctes solemnitez par tels excez ? Au reste il ne s'est veu gueres d'autres heresies pour le regard des Festes que les blasphemes des Manichéens, & les pestilentes doctrines des Cataphrygiens. Mais ont bien donné occasion à vn grand schisme & diuision en l'Eglise lors que Victor Euesque de Rome retrancha toutes les Eglises Orientales & Africaines de la communion, seulement pource qu'elles suiuoient vne autre maniere en l'obseruation du iour de Pasques que celle de l'Eglise Romaine. Auquel, entre autres grands personnages, resiste Polycrates Euesque Asiatique, & Irenée Euesque de Lyon, nonobstant qu'il celebrast la Pasque à la coustume Romaine, osa bien tancer par grande liberté Victor, de ce que outre l'exemple de ses predecesseurs il s'estoit monstré perturbateur de paix en retranchant les Eglises qui n'estoient en aucun erreur de la foy, ains seulement aucunement differentes de l'Eglise Romaine en discipline & façons exterieures. Depuis l'on s'est tellement arresté sur l'obseruation de ce iour de Pasques, que plusieurs Conciles ont esté à cette cause conuoquez, plusieurs Decrets faicts par les Papes, plusieurs supputations de comptes, que l'on appelle Ecclesiastiques, calculez par les Peres, & toutesfois iusques à present l'on n'a peu tant faire que iour certain soit arresté, auquel on celebre la Pasque precisément par tout le monde. Et encor' aujourd'huy met on en besongne les Astrologues pour la reparation du Calendrier pour mesme raison, sans aucune decision ny arrest. A vostre aduis, n'estoit-ce pas chose qui meritast que l'Eglise fust mise en si grand peril de naufrage par l'opiniastreté superstitieuse d'vn seul Euesque de Rome.

Des Ceremonies. Chap. LX.

Es ceremonies & pompes en accoustrements, vaisseaux, lumieres, cloches, chants, orgues, encensements & parfums, sacrifices, gestes & contenances, belles peintures, discretion & abstinence de viandes, & autres telles façons; tiennent grand lieu en la Religion, & sont estimées des principaux membres d'icelle; receuës en grande veneration, & admirées par le populaire ignorant, & par les hommes qui ne pensent qu'à ce qu'ils ont deuant leurs yeux. Numa Pompilius fut le premier qui institua les Ceremonies à Rome, afin d'inuiter ce peuple, rude & farouche, lequel s'estoit là installé par force & par armes, à pieté, Religion, Foy, & Iustice, & qu'il le peust gouuerner plus heureusement. Tesmoings de ce estoient les anciles, boucliers sacrez, & le Palladium, gages de l'Empire: Ianus à deux visage, juge & dispensateur de la guerre & de la paix: le feu perpetuel de Veſta, lequel eſtoit veillé continuellement par la Religieuſe, gardienne de l'Empire : l'année meſme diuiſée par luy en douze mois, entremeſlez de iours feſtez & non feſtez, plaidoyables ou non plaidoyables : les dignitez ſacerdotales parties en Pontifes & augures : les diuerſes manieres de ſacrifices, ſupplications, proceſſions, ſpectacles, lieux dediez & conſacrez, & manieres de ſeruices & offices, dont la plus grande partie eſt paſſée juſques à nous, & a eſté retenuë, ainſi que dit Euſebe, en noſtre Religion. Mais Dieu, lequel ne prend ſon plaiſir en la chair, ny au corps, ny en ſignes materiels & ſenſibles, rejette & meſpriſe toutes telles ceremonies exterieures & charnelles : Car Dieu ne veut point eſtre ſeruy ny honnoré par œuures corporelles, ſenſibles, ou charnelles : mais en eſprit & verité par Ieſus Chriſt. Il a auſſi ſon regard dreſſé au dedans, à l'eſprit, à la foy, & à ce qui eſt le plus cahé en l'homme, ſonde les cœurs, & les profondes cogitations de l'ame? & pource il ne faut penſer que ces ceremonies externes & corporelles puiſſent approcher l'homme de Dieu, lequel n'a rien agreable que la foy en Iesus Christ, & l'imitation de la charité ardante d'iceluy, & la ferme esperance de salut, & du salaire par luy promis.

C'est là où gist le vray & sur seruice de Dieu, qui n'est nullement soüillé, ny offensé par aucune tache de ceremonies charnelles & externes. Ce que nous enseigne S. Iean, disant que Dieu est Esprit, & qu'on le doit adorer en esprit & verité. Ce qu'ont bien cogneu mesmes aucuns des Philosophes Payẽs, comme Platon, lequel à cette cause veut qu'en seruant le souuerain Dieu toutes ceremonies exterieures cessent & soient ostées. Hermes aussi, au traicté intitulé Asclepius, dit, que de brusler encens & chose semblable en priant Dieu est acte qui ressemble à sacrilege, pour autant que rien ne defaut à iceluy, qui est luy-mesme Tout, & auquel sont toutes choses : partant nous le faut-il adorer par actions de graces: car ce sont les vrais encensements que Dieu requiert, que d'estre recogneu & remercié par les hommes mortels, comme leur bienfaicteur. Et à la verité nous n'auons autre chose que nous puissions rendre ou bailler à Dieu, ny qui luy soit plus aggreable que les loüanges, la gloire, & les remerciements. Et n'est besoing obiecter icy les sacrifices & Ceremonies de la loy Mosaïque, comme si Dieu auoit pris plaisir en icelles: Car ce ne fut point pour cela qu'il tira les Israëlites hors de l'Egypte, & ne se souscioit de leurs sacrifices ny ensencemẽts mais à fin qu'il leur fist oublier les idolatries des Egyptiens, & qu'il les rendist dociles & obeissans à la voix de leur Dieu & Seigneur auec foy & en iustice pour les sauuer. Et eut Moïse esgard à l'infirmité de ce peuple, & à la dureté de leur cœur, pour raison de laquelle il leur ordonna des sacrifices, & Ceremonies, les supportant en cela à fin de les retirer des sacrifices illicites des gentils, & de peur qu'à leur exemple ils n'immolassent & offrissent aux demons & malings esprits, & non au Dieu viuãt. Car ce ne fut point le principal but de religion qu'il vouloit leur proposer, qu'en ces seruices, oblations & Ceremonies, ains les ordonnoit à cause de la consequence susdite, & n'estoit loy qui les peust obliger, sinon entant que par le consentement du peuple elle auoit esté receuë : parquoy Moïse lors qu'il vouloit publier la loy des ceremonies, fit assembler les principaux & anciens du peuple, & pour les y obliger dauantage recueillit leurs voix & suffrages : partant cette loy a esté muable, selon le changement des temps & des choses, & en fin abrogée du tout. Mais quant à la loy de Dieu, qui estoit grauée és tables de pierre, cette-là est perpetuelle. Surquoy le Seigneur parle ainsi par Ieremie : Quel besoin ay-je que vous m'apportiez encens de Saba, & le cinanome aromatique de terre loingtaine ? Vos holocaustes ne me sont point à gré, & vos oblations ne me plaisent point. Et de rechef par luy-mesme : Retirez vos holocaustes, dit le Seigneur, auec vos sacrifices, & mangez la chair, dont ie n'ay point parlé à vos peres, ny enjoint des holocaustes ny des sacrifices, lors que ie les retiray hors de la terre d'Egypte, ains leur commenday cette parole, disant, Escoutez ma voix, & ie seray vostre Dieu, & vous serez mon peuple : cheminez en toutes mes voyes que ie vous ay commandées : à

fin

fin que bien vous soit. Et encores par la bouche d'Isaïe le Seigneur dit, Tu ne m'as point offert l'aigneau de ton holocauste, & ne m'as point glorifié de tes sacrifices. Ie ne t'ay point faict sortir par oblation, & ne t'ay point donné de peine en l'encensement. Tu ne m'as point achetté à l'argent la canne odorante, & n'ay point desiré la graisse de tes sacrifices : mais toutesfois tu m'as molesté par tes pechés. Sur qui doncques, dit il, regarderay ie sinõ sur l'humble & paisible, & qui redoute mes commandements. Car les graisses & les chairs refaictes n'osteront de toy ton iniquité. N'est ce pas icy le ieusne que i'ay esleu, dit le Seigneur : Que tu deslies les liens de meschanceté, que tu lasches les fardeaux d'exes, que tu laisses aller francs ceux qui sont foulés, & que tu rompes toute charge : Que tu brises du pain à celuy qui a faim, & faces venir en ta maison les affligés vagans. Quand tu vois celuy qui est nud couure le, & ne te soustray point de ta chair. A donc ta lumiere se boutera hors comme le matin, & ta santé s'esleuera incontinent : ta iustice ira deuant toy, & la gloire du Seigneur te recuillira. Adonques innoqueras tu, & le Seigneur te respondra: tu crieras, & il dira, me voicy. Ie ne doute point que tout ainsi que anciennement Moïse & Aaron, & successiuement les autres pontiphes, iuges, Prophetes, iusques aux Scribes & Pharisiens voulurent orner la Synagogue, aussi les Apostres, Euangelistes, Papes, Prestres, & docteurs n'ayent faict de mesmes, l'enrichissans de belles Ceremonies & ordonnances pour la rendre ainsi qu'vne espouse bien paree à son espoux, & que ceux qui sont venus apres y ayẽt adiousté à ceste fin plusieurs statuts & decrets selon l'imbecilité humaine. Mais comme il aduient le plus souuent que ce qui est apresté pour seruir de remede, ameine nuisance, ainsi est il prins en c'est endroit: car estant multipliees de iour en iour les reigles & loix des Ceremonies, l'on trouue qu'auiourd'huy le peuple Chrestien est plus chargé de constitutions que n'estoyent les Iuifs anciennement, & ce qui doit faire plus de mal au cœur, ores que les Ceremonies soyent choses qui d'elles mesmes ne sont ny bonnes ny mauuaises, le peuple neantmoins y met plus de fiance, & les obserue plus religieusement que les propres commandements de Dieu, sans que cependant ny Eueſques, presſtres, abbés, & moynes s'en esmeuuent aucunement : pour autant qu'ils ont plus de soing de leur aise, & font fort bien le proffit de leur ventre parmy ces erreurs. Or combien que par les Ceremonies n'ayent esté introduites en l'Eglise aucunes heresies, si est-ce qu'elles ont engendré infinies sectes, & donné occasion à tres-grandes diuisions. Par icelles l'Eglise Grecque s'est premierement separee de la nostre, pource qu'elle n'vsoit point de pain sans leuain au sacrement, combien que nous confessons qu'elle procede bien en c'est endroit. Apres l'Eglise de Boëme s'est diuisee, pour autant qu'elle administre le sacrement à la maniere ancienne sous l'vne & l'autre espece, contre les defences des nouueaux Papes. Que si ainsi est, comme dit l'Apostre, que la Circoncision ne soit rien, le prepuce ne soit rien, mais la seule obseruation des commandements de Dieu, aussi les ceremonies ne ſont rien, ains l'obſeruation des commandements de l'Egliſe. C'eſt donques choſe meſchante d'vne part & d'autre, de diuiſer l'vnité de l'Egliſe Chreſtienne, & le corps de Ieſus-Chriſt, à l'appetit de choſes de petite importance, qui ne nuiſent de rien à la pieté & foy Chreſtienne : & ainſi que noſtre Seigneur Ieſus Chriſt reprochoit aux Phariſiens, couler vn moucheron, & engloutir vn chameau : & en ſomme tellement troubler la paix de l'Egliſe, que le danger de la diuiſion ſoit plus pernicieux que ne ſçauroit apporter de proffit la correction & amendement que l'on pourchaſſe. Les Papes à la verité euſſent retranché l'occaſion de beaucoup de maux, & conſerué l'Egliſe paiſible en repos, & entiere s'ils euſſent enduré le leuain des Grecs & le calice des Boemmiens : car ces choſes ne ſont pas plus grandes que ce qui fut permis aux peuples de Noruege par Innocent huictieme, comme teſmoigne Volaterran, à ſçauoir de pouuoir adminiſtrer le calice ſans vin.

Des Prelats de l'Eglise. Chap. LXI.

OR a-t'on estably en l'Eglise des Prelats, ainsi que Magistrats, & diuerses sectes d'hommes, tant pour la decoration de la Religion, que pour maintenir vn bon ordre, afin d'euiter confusion és choses sainctes : mais tout ce qui se faict en l'Eglise, soit pour l'ornemẽt d'icelle, soit pour l'edification de la Religion, & tant pour l'eslection des Prelats, que pour l'establissement des Ministres Ecclesiastiques, s'il n'est conduit par la regle du Sainct Esprit, qui est comme l'ame de l'Eglise, tout cela, dis-je, est vain, & meschant. Quiconque donques n'est apellé par l'Esprit de Dieu, ainsi qu'Aaron, à vn grand estat Ecclesiastique, & à la dignité Apostolique, & n'entre par la porte qui est Iesus-Christ, mais se fourre par autre voye en l'Eglise, par la fenestre de la faueur des hommes, par voix achettées, par le commandement ou menées des Princes, pour certain cestuy-là n'est point Vicaire de nostre Seigneur Iesus-Christ, ny successeur des Apostres, ains larron, vicaire de Iudas Iscariot, & de Simon Samaritain. A ceste cause les peres anciens ont faict des ordonnances tant estroites en cas d'election de prelats, quē Denys appelle sacrement de nomination, à ce que ceux qui seroyent nommez pour estre Euesques, & tenir lieu d'Apostres en l'Eglise fussent gents de saincte vie, moeurs entieres, sçauans & exercés en doctrine, pour pouuoir donner raison de toutes choses. Mais estant peu à peu les anciennes constitutions des peres descheuës de leur Majesté, & en lieu d'icelles s'estans auancees les nouuelles constitutions & le droit des Papes, & prins force les damnables coustumes, l'on voit des Euesques colloqués au siege de Iesus Christ, & des Apostres tous semblables aux Scribes & Pharisiés assis anciennement sur celuy de Moise, qui disent assez, & font peu: qui imposent griefs & pesans fardeaux sur les espaules d'autruy, lesquels ils ne daigneroyēt auoir touchés du doigt. Ce sont hypocrites, faisans toutes leurs œuures à fin d'estre veus par les hommes, faisans parade de leur religion és lieux publics &

frequentez, cherchans d'estre assis és premiers rangs, és assemblées & conuocations, & d'estre appellez Messieurs nos Maistres & docteurs par les places & marchés & par tout, fermans la porte des cieux où ils n'entrent point, pour empescher les autres d'y entrer : qui mangent les maisons des veufues, font longues & prolixes oraisons, & circuissent la mer & la terre pour attirer à leur cordelle vn enfant pour augmenter le nombre des gens perdus, & à fin qu'ils n'aillent seuls au feu d'enfer, auquel ils sont adiugés ains y fourrer encor plus auant beaucoup d'autres par leurs traditions & choses controuuees, corrompent les sainctes loix de Iesus Christ, n'ayans cure aucune du vray temple de Dieu, des viues Images de Iesus Christ, ny des ames du peuple: ont leur œil auare tendu sur l'or & les offrandes, s'occupans cependant à certaines choses legeres & comme accessoires de l'Eglise, comme d'auoir soing de faire nouueaux reiglements sur les decimes, collectes, oblations, & aumosnes, d'ordonner que les loix des Ceremonies soyent estroictement obseruees, leuer les dixmes des fruicts, du bestail, des reuenus, & de chaque petite chose, de la menthe, de l'aner, du cumin, comme il est dit, en toute diligence, & abboyans ainsi que chiens, du haut d'vne chaire, debattent de ces choses auec le peuple. Mais quant aux œuures plus graues & plus requises de l'Euangile & de la Loy, la iustice Chrestienne, le Iugement, Misericorde, & Foy, elles sont laissées arriere: ils coulent le moucheron, & engloutissent le chameau: ils choppent à vn petit caillou, & sautent par dessus vne grande pierre, conducteurs aueugles, fols, & trompeurs, engeance de viperes, verres bien lauez, sepulcres blanchis par dehors, parez de mytres & de chappeaux, bien enfrocquez & enchapperonnez pour faire beau semblant de saincteté, mais au dedans remplis d'ordure & d'hypocrisie, ruffiens, joüeurs, gourmans, yurongnes, empoisonneurs, paruenus, ainsi que remarque l'Euesque Camotense, non par le merite de vertu, mais par quelque deshonneste seruice, ou par presents, ou par faueur de Princes, ou bien à force d'armes sont montez aux dignitez, Prelatures, & benefices, ou ſous le maſque d'hypocriſie, ont attirez à eux les biens Eccleſiaſtiques qui appartiennent aux pauures, pour enrichir leurs maiſons priuées, faiſans monopoles & marchandiſe des aumoſnes de nos peres & anteceſſeurs, deſquelles ils abuſſent en paillardiſes, jeux, chaſſes, chiens, & cheuaux, & en toute ſuperfluité & vilain excez.

Chiens & cheuaux ſont leurs plaiſirs,
Et champs herbus tous leurs deſirs.

Ils ſecoüient les peuples par pilleries, détruiſent les Royaumes, émeuuent les guerres, ruinent les Egliſes qui ont eſté baſties par la deuotion de nos anceſtres, edifians cependant des palais, cheminãs en robbe d'eſcarlatte, dorez & diaprez au grand détriment & apauuriſſemẽt du peuple, infamie de la Religion, & charge inſupportable de la choſe publique, leſquels S. Bernard au ſermon qu'il fit au Synode general de Reims, preſent le Pape, definit, non pas mercenaires au lieu de Paſteurs, non pas loups au lieu de mercenaires, mais au lieu de loups les nommant diables. Les meſmes ſouuerains Pontifes Romains (ainſi que deplore ce ſainct Eueſque Carnotẽſe) ſont griefs & insupportables à tous. La pompe & arrogance desquels surpasse celle de tous les tirans qui ont iamais esté, & neantmoins ils se vantent qu'en eux seuls gist tout l'estat de la religion & de l'Eglise, combien qu'ils reiectent les principales charges d'icelle, comme la predication de la parole Euangelique (qui est le vray deuoir & office des Euesques) sur autres, pendant qu'ils sont occupez à bastir des loix pour leur proffit, & retirer à eux tous les reuenus & emoluments de l'Eglise, oisifs & meschans tout ensemble. Et pour autant que le siege Papal, ainsi qu'ils disent, reçoit ou fait tous les Saincts, ils estiment que rien ne leur est illicite : iusques à se iouër & abuser impudemment & malheureusement par meschante volupté à leur appetit mesmes, des sacrees Ceremonies ecclesiastiques instituees par les saincts peres pour l'instruction des hommes mortels, & pour les preparer à receuoir les graces de Dieu. Dont nous lisons vn exemple en Crinitus de Boniface VIII. contre le Cardinal Porcher. C'est ce Boniface qui fit trois choses remarquables & grandes : car premierement par vne feinte reuelation il trompa Clement, & le persuada de luy ceder la Papauté. Apres il bastit le sixiesme des decretales, & maintint que le Pape estoit par dessus tous. Pour la troisiesme il institua le Iubilé : le marché, dis-ie des indulgences, & les fit attaindre le premier iusques au purgatoire. Ie passe les autres monstrueux Papes de Rome, comme Formosus, & les neuf qui le suyuirent, & gouuernerent si vilainement l'Eglise : les derniers aussi, Paul, Sixte, Alexandre, Iules, fameux perturbateurs de la Chrestienté. Ie passe aussi Eugene, lequel pour auoir faussé la foy au Turc enueloppa la Chrestienté en tant de sanglantes guerres comme si la foy ne deuoit estre aussi biē gardée à l'ennemy. Quelle playe fit Alexandre sixiesme à la Chrestienté en ostant du monde par poison Zizim frere de Baiaseth Empereur des Turcs : Vn chacun l'a congnu. Les legats du Pape pareillement, selon que dit Camotense & l'experience ordinaire le monstre, dés qu'ils sont entrés és prouinces remuent tout auec telle insolence, qu'il semble que satan soit parti de deuant la face de Dieu pour flageller l'Eglise, esmeuuent & troublent la terre, à fin qu'il semble que l'on aye besoing d'eux pour y donner remede, s'esiouïessent du mal, & sautent d'aise quand il aduient pis.

Et font sans se pener leur sein en pleurs noyer,
Bienqu'ils ne voyent rien dont fale larmoyer.

Car ils mangent des pechés du peuple, ils se nourrissent, se vestent, & prennent leurs plaisirs & voluptés par le moyent d'iceux, & ont leurs excuses promptes, & (ce leur semble) assez d'exemples à qui se prendre si d'aduenture on leur veut reprocher quelque chose de leur vices: Car si on les reprend d'ignorance & d'estre sans lettres, ils disent que nostre Seigneur esleut ses apostres de ceste sorte qui n'estoient ny maistres en la loy, ny Scribes, & n'auoyent onques frequenté Synagogue ny eschole. Si on leur reproche leur parler lourd & barbare, ils mettent en auant incontinent Moïse, qui auoit la langue empeschee, & Ieremie qui ne sçauoit parler, Zacharie aussi, qui estoit muet, lequel toutesfois ne fut point priué de sa prestrise. Et si on leur obiecte qu'ils n'entendent rien és sainctes escritures, ou mesmes qu'ils sont infidelles, errans, & heretiques: ils disent que sainct Ambroise fut bien faict Euesque auant que d'estre receu Chrestien, & prins d'entre ceux que l'ō instruisoit encores: & que S. Paul fut appellé à l'apostolat estant non seulement infidelle, mais, qui pis est, persecuteur. Augustin pareillement auoit esté vn temps fut Manicheen, & que Marcel martir estant Pape offrit bien de l'encens aux idoles. Si l'on leur fait reproche de leur ambition, ils prendront pour exemple les enfans de Zebedee. Si d'estre timides, Ionas & Thomas furent aussi timides: car l'vn craignoit d'aller vers les Niniuites, l'autre vers les Indiens. Si la perfidie, ils diront que S. Pierre adiousta à la desloyauté le pariurement. Si la paillardise, Sanson & Osee hantoyent les paillardes. Si les batteries, les meurtres, la guerre, sainct Piere, diront ils, abbatit l'oreille à Malchus, S. Martin estoit gendarme sous l'Empereur Iulien: Moise tua l'Egyptien, & puis le cacha dans le sable. Tellement qu'il n'y a rien qui les empesche quels qu'ils soient d'estre admis aux estats & dignitez ecclesiastiques, & puis il faut qu'vn chacun baisse la teste sous le glaiue de ces maistres: le glaiue, dis-ie, non de la parole de Dieu, de laquelle ils doyuent estre les gardiens & dispensateurs, mais le glaiue de l'ambition, de l'auarice, des extorsions & amendes, des mauuais exemples, du sang & de l'occision, duquel ils s'arment contre toute verité, iustice, & honnesteté.

Car si nous exerçons iustice & loyauté,
Nos tiltres nous perdrons, le sceptre, & royauté.
Donnons donc liberté, que nul mal nul ne craigne,
C'est ce qui maintiendra en estat nostre regne.
Sinon, qui respandroit sur nos autels l'encens?
Prenez le glaiue au poing, faites selon vos sens.

Et si ne faut presumer de pouuoir contredire à leurs façons de faire sans danger, ny de resister à leurs desordonnés appetits, si l'on n'est bien disposé & preparé à receuoir martyre pour le nom de Iesus Christ, c'est à dire d'estre brusslé comme heretique, ainsi que l'experimenta Hierosme Sauonarolle de l'ordre des freres prescheurs, homme Theologien & d'esprit prophetique, lequel fut bruslé à Florence. Toutesfois, puis que toute puissance est bonne, d'autant qu'elle vient de Dieu, duquel sont toutes choses & tous biens, nonobstant que les hommes en vsent quelquesfois mal, où qu'ils souffrent à tort, si est ce qu'à ceste vniuersité ou generalité telles choses sont bonnes, par la prouidence de celuy qui sçait vser en bien de nos mauuaises œuures. Car pour la multitude de nos pechés Dieu lasche la bride aux tyrans, & les pechés du peuple establissent le regne de l'hypocrite. Partant, quiconques est ordõné par le Seigneur Euesque en son eglise, doit par raison estre obeïsans contredit. Car qui mesprise l'Euesque ou le prestre, ne mesprise pas iceux, mais Dieu mesme, ainsi qu'il est tesmoigné des contempteurs de Samuel. Il ne t'ont point eu en mespris, dit-il, mais c'est moy qu'ils ont mesprisé. Et Moïse dit contre les murmurateurs du peuple. Vous n'auez point murmuré contre moy, ains contre le Seigneur Dieu. Celuy donques ne demeurera point impuni, qui s'opposera à son Euesque ou prelat. Datant & Abiron on resisté à Moyse, & s'en trouuerent mal : car la terre les engloutit. Plusieurs conspirerent auec Coré contre Aaron, & furent consommés par feu, Achab & Iesabel ont persecuté les Prophetes, & seruirent de pasture aux chiens. Les enfans qui se mocquerent d'Elisee furent deschirés par les ours, Osias Roy voulant faire office de prestre fut frappé de lepre. Saul entreprenant de sacrifier sans Samuel, fut priué de la Royale onction de l'esprit Prophetique & liuré au maling esprit. C'est chose infidelle de ne croire point aux sainctes escritures, & irreligieuse de mespriser les prestres qui sont bons, les Euesques qui sont meilleurs, ou le Pape qui est tresbon: ausquels ont esté baillees les clefs du Royaume des cieux, & la dispensation des saincts mysteres de Dieu. Et ceux qui les honnorent seront honorés, & seront des-honnorez & punis de Dieu ceux qui les des-honnorent.

Des Sectes monastiques. CHAP. LXII.

EN l'eglise de Dieu se trouuent encore des trouppes de gents de diuerses sectes moynes, freres, & hermittes solitaires, qui ont esté incongnus aux temps anciens. Car en l'Eglise plus pure & encor exempte de tant de ceremonies que nous voyons à present il n'en estoit aucune nouuelle. Ceux qui auiourd'huy attribuent à eux seuls le nom de religieux, font profession de reigles estroites à la verité, & difficilles, & se parent des noms de grands personnages & dignes de loüange & des peres remplis de sainceté, comme de Basile, Benoist, Bernard, Augustin, François, & semblables: mais le nombre des bons entre eux est fort esclairci & diminué en ce temps, & la trouppe des mauuais accreuë à merueilles. Car là abbordent de toutes parts, ainsi qu'à vne franchise & receptacle de meschans garnements, tous ceux qui sont effrayés par leur mauuaise consciēce, qui craignent la rigueur des loix, & n'ont retraicte asseuree ailleurs, qui sont chargés de crimes dignes de grands supplices, qui ont mené vie infame & deshonneste, qui sont reduits à belistrer & demander leur pain apres auoir dissipé leurs biens en paillardises, berlans, & tauernes, & sont chargez de debtes enuers vn chacun. Ceux qui prennent plaisir à ne rien faire, fuient le trauail, & esperent de viure là en oisiueté. Et si quelcun n'a peu iouïr de ses amours, il se fourre là par desespoir, ou bien vne simplicité de ieunesse deceuë, vne aspre & rigoureuse maraſtre, ou les tuteurs iniques les y ameinent & introduisent: toute l'armee desquels est puis iointe & maintenue en reputation par vne saincteté dissimulee & feincte, par vn habit encapuchonné, & vne belistrerie & mendicité saine & gaillarde. Voyla la grande mer en laquelle auec les autres poissons viuent Behemot & Leuiatan monstres enormes & estranges reptiles, le nombre desquels est infini: d'où sortent tant des marmots stoiques, tant d'importuns attrappe deniers, tant de belistres bien emmantelez, tant de mõſtres ambeguinés, portebarbes, pourtecordes, portelicols, porteſacs, chauſſés de cuir ou porte-ſabots, pieds nuds, veſtus de noir, de gris, blancs, griuollés, fauues, portans rochers, rets, Chappes, manteaux, chappes, ceincts, deſceincts, portans brayes, & tant d'autres tels bouffons & baſteleurs, leſquels ayans perdu entierement leur credit en ce qui concerne les affaires du monde, parlent auec grande autorité des choſes celeſtes & diuines : en quoy leur eſt foy adiouſtee, à cauſe de leur habillement eſtrange & prodigieux : en ſorte qu'eux ſeuls vſurpent auiourd'huy le ſainct tiltre de religion, ſont, ce diſent-ils compagnons de Ieſus Chriſt, & de meſme Chambree auec les Apoſtres. Neãtmoins le plus ſouuent leur vie eſt pleine de meſchanceté, d'auarice, luxure, gourmandiſe, ambition, temerité, arrogance, & en ſomme de tout vice: mais touſiours excuſee & impunie ſous le couuert de la religion : Car ils ſont garnis de bons Priuileges de la cour Romaine, & par le moyen deſquels ils declinent de toutes iuriſdictions, & s'en exemptent, à fin qu'ils puiſſent faire plus de mal sans crainte d'estre punis, & nonobstant qu'ils puissent tirer en action qui que ce soit en tous sieges & deuant tous Iuges, eux ne peuuent estre appellés en iugement sinon a Rome, ou en Ierusalem.

Si ie voulois mettre par escrit tous les erreurs de ces gents, toutes les peaux des bergeries de Madian ne suffiroyent au parchemin qu'il me conuiendroit remplir, de ceux, dis-ie, qui ne sont entrés en religion par deuotion & religieuse affection, mais ont prins le capuchon pour seruir à leur gourmandise & oisiueté, Car les bons ne se doyuent tenir offensés de mes paroles, lesquelles ie n'addresse à eux, ains seulement aux mauuais, qui soubs la peau de brebis sont vrais loups rauissans, & portent soubs le manteau d'aigneau la malice du renard dans le cœur, dissimulans par tel artifice leurs tromperies, qu'il semble bien qu'ils ayent prins grand' peine à apprendre à bien iouër le roolle d'vn hypocrite, & à belistrer sous le masque de piete & religion: contrefaisant les abstinents auec vn visage pasle, & tirans du profond du cœur des souspirs accompagnés des larmes qu'ils ont à commandement remuant tousiours les leures comme sils prioyent Dieu: & d'vn marcher approprié & contenances posees,

A col tors, bas regard, tousiours mirans la terre:

Veulent faire acroire à chacun qu'ils sont tres-modestes par leur habit desguisé, contrefaisans les humbles, & auec leur capuchon pendant sur les espaules faignent saincteté exterrieurement: cependant le dedans est infecté de mœurs & façons detestables: & nonobstant que souuent parmy cela ils commettent des meschancetés execrables, ils se sauuent tousiours, & le gaignent contre tous en faueur de la religion & pour l'honeur de l'habit lequel ils presentent ainsi qu'vn bouclier à tous coups qui leur sont lancés, & les repoussent brauement: en sorte que ainsi asseurés de tous les dangers & trauaux de ce monde, ils mangent le pain ocieusement mendié au lieu de l'acquerir par labuer & peine, viuans sans souci, & dormans sans aucune sollicitude, & pensent que de viure ainsi du labeur d'autruy en oisiueté & belistrerie, soit la vraye pauureté euangelique. Et combien qu'ils facent profession de grande humilité, cheminans en pauure & simple habit, ainsi que villageois, ceincts de cordes ainsi que larrons, nuds pieds comme bastelleurs, teste rase comme fols, & qu'il ne s'en fale que des oreilles de chaque costé de leur capuchon, & des sonnettes pour representer les badins & masques de caresme prenant, & en somme portent toutes les marques de mespris & mocquerie, pour l'amour, disent ils, de Iesus Christ & de la religion, ils sont neantmoins pleins d'ambition, & toute leur intention n'est rapportee qu'à acquerir des tiltres arrogans, prenans plaisir d'estre appellés recteurs, preuosts, gardiens, Prieurs, Abbés, vicaires: prouinciaux, generaux, & semblables, tellement qu'il n'y a gents plus desireux des preseances & preeminences que ceux cy. Il y a assez dequoy mesdire d'eux en plusieurs sortes, mais il y en a eu desia autres qui nous ont deuancé, & ont contre eux amplemēt presché force iniures & blames, voire en sorte qu'ils ont mis en mespris non seulement plusieurs bons peres Religieux & de vie entiere, mais aussi les reigles mesmes de bien viure, ordonnez par les saincts Peres. Parquoy ie ne voudrois que l'on pensast que i'aye icy voulu toucher aucunement ceux qui cheminent droittement en leur profession, ensuyuent les vestiges des Saincts Peres, & aspirent à la perfection. Ie croy que leurs reigles & professions ayent esté sainctement instituees, & que mesme auiourd'huy il se pourroit trouuer des moines bien viuans, de bons freres mendians, hermites, & chanoines reguliers: mais aussi ie dis qu'entre iceux il y en a grand nombre d'infideles, reprouuez, apostats, qui corrompent tout ce qui est de bon en leurs religions, à raison dequoy i'ay voulu monstrer icy qu'il n'y a eu onque profession Religieuse si chaste, laquelle ne se soit imprimee quelque tache d'erreur & de malice: Car mesmes nous lisons qu'entre les anges y a eu des apostats, & entre les premiers freres vn parricide, des Prophetes reprouués, des Apostres traistres, des disciples de Iesus Christ, desloyaux, & entre les Papes Rommains iadis plusieurs schismatiques & reprouués heretiques, & que en ceste haute dignité est montee autrefois vne femme qui fut nommee Iane huictieme, qui gouuerna le siege au contentement d'vn chacun deux ans, quelques mois, & iours, & confera les ordres sacrees (chose defenduë en l'Eglise aux femmes) proment des Eueſques, administra les sacrements, & fit tous autres offices que les Papes ont accoustumé de faire & si ses actes ne furent point rescindés ny abrogés: faisant droit l'erreur general en cela, lequel ayant gaigné le dessus il est à presumer que l'Eglise lors fut contrainte de dissimuler beaucoup de choses que la rigueur de la religion n'eust autrement souffert. Dont il faut conclure qu'és religions non plus qu'aux autres choses rien ne demeure en son entier ferme ny perpetuel. Mais ceux qui introduisent des sectes, & se complaisans à eux mesmes, se retranchent de l'Eglise pour leur gain & proffit, & pour acquerir gloire par feincte saincteté, ceux là dis-je, ainsi que Nadab

dab & Abiu offrans le feu estranger à l'autel du seigneur seront bruslez par iceluy. Ceux aussi, lesquels enorgueillis osent s'esleuer contre l'Eglise de Dieu par opinions peruersez d'heresies forgez en leurs cerueaux, seront engloutis enterre ainsi que Dathan & Abiron, & descendront vifs aux enfers. Pareillement ceux qui diuisent l'vnité de la Religion, & separans les membres de Iesus Christ affligent l'Eglise de Dieu, seront exterminez par le mesme supplice que fut Ieroboan.

Des Putains. CHAP. LXIII.

AV surplus, pour autant qu'anciennemẽt entre les Egyptiens nul n'estoit receu à la dignité sacerdotale, qu'il n'eust esté premierement nouice & faict par maniere de dire son apprentissage en la Religion & Ceremonies du Dieu Priapus, & que par mesme obseruation & coustume receuë en nostre Eglise ceux qui sont chastrez ne peuuent estre Papes, & est defendu, de bailler les ordres sacrees aux eunuques ou chastrez, soit de nature, soit par artifice : joinct que partout on void où sont les plus magnifiques Temples, Cloistres, & Colleges de Moines, & Chanoines, que là pres sont aussi establis les bordeaux. Auec ce que plusieurs cloistres de nonnains ne sont autre chose que cachettes & repaires de putains, plusieurs desquelles nous sçauons auoir souuent esté entretenus és cloistres parmy les beaux peres religieux (sauf l'honneur de leur profession de chasteté) en habit & sous le capuchon monachal, ainsi que l'vn d'eux : à raison,, dis- ie, de ces choses il nous a semblé n'estre mal à propos de mettre à la suite de ce que nous venons de traicter ce qui concerne l'art & mestier des paillardes, lequel n'est pas à reiecter de la republique bien ordonnee, selon l'opinion de plusieurs sages, qui l'ont estimé non seulement vtile, mais necessaire. Car Solon, ce grand legislateur des Atheniens, & qui fut iugé l'vn des sept sages de Grece par l'oracle d'Appollo (ainsi que tesmoignent Philemon & Menander) fit prouision & emploite de putains pour la ieunesse, & premier bastit & dedia le Temple de Venus Pandemie, ou commune, des deniers contribués par les putains du gain qu'elles faisoyent de leurs corps, institua les bordeaux, les autorisa par loy, donnant plusieurs immunités aux paillardes, les establit & confirma. Et furent iadis en si grand honneur entre les Grecs, que venant les Perses auec grande armee contre la Grece, les putains Corinthiennes firent les prieres publiques pour le salut du païs au temple de Venus : & estoit vne coustume ordinaire entre les Corinthiens, s'ils vouloyent faire supplications & requestes à la deesse Venus de quelque chose de grande importance, d'en donner la charge aux putains. Plusieurs Temples furent construits aux paillardes en la ville d'Ephese, & vn tres-renommé fut edifié par ceux d'Abyde en recongnoissance & memoire de ce que par le moyen d'vne paillarde ils auoyent recouuré leur liberté perdue. Outre ce Aristote le sage n'espargna les honneurs qui appartiennent aux dieux seuls à sa concubine Hermia, & luy fit des sacrifices & Ceremonies tels que ceux qu'on faisoit à Ceres, d'Eleusine. Celle qui premierement prattiqua ce mestier, fut Venus, à ce que l'on dit, laquelle pour ce merite fut canonisee & mise au nombre des deesses. Ceste femme impudique & abandonnee à tout appetit desordonné, donna conseil & exemple aux femmes de Cypre de gaigner de l'argent en abandonnant leurs corps publiquement au plaisir de qui en vouloit, & de là vint en auant la coustume qui fut obseruee en ceste Isle, narree par Iustin, de permettre que leurs filles courussent le long du riuage de la mer, se prostituant à vn chacun pour gaigner leur mariage auant qu'on les espousast, & payer premierement ceste offrande à Venus, à fin de viure apres le reste de leur vie en chasteté. Herodote pareillement dit que les Babyloniens auoyent pour coustume, lors que quelques vns auoyent dissipé & consommé leur bien, de contraindre leurs filles à faire gaing & proffit de leurs personnes. Mais il y eut vne putain escholiere de Socrates, nommee Aspasia, laquelle remplit toute la Grece de femmes de sa sorte, pour l'amour de laquelle, & à l'occasion de quelques siennes seruantes qui auoyent esté rauies par les hommes de la ville de Megare, ainsi que dit Aristophanes, Pericles fit entreprendre la guerre qui fut appellee Peloponnesiaque. C'est art fut mis en grande reputation par l'Empereur Heliogabale, lequel, selon que tesmoigne Lampride, dressa chez luy des bordeaux pour se amis, subiects, & seruiteurs, fit des festins où furent seruis vingt deux plats de toutes sortes de viandes exquises : mais à la charge qu'vn chacun embrassast sa chacune à chasque seruice que l'on portoit & puis s'estans lauez ils venoyent affermer par serment qu'ils auoyent accompli l'œuure voluptueuse. Souuent il rachettoit de ses deniers les putains des mains & seruitude des ruffiens, & les mettoit en liberté : entre lesquelles vne, qui estoit fameuse pour sa beauté, fut payee trente liures d'argent. L'on dit aussi qu'il fit vne reueuë & recherche des putains certain iour par toute la ville de Rome, & autour du theatre, de l'amphitheatre, & des lices, où elles auoyent de coustume se retirer,

& bailla à chacune d'elles vn escu. Et vne autrefois, appella & conuoca au palais toutes les paillardes, loudieres & buissonnieres, tant celles des lieux susdits que autres de tous les endroits de la ville, & là leur fit vne belle harangue, comme s'il eust esté au milieu d'vne armee, & qu'il eust voulu exhorter ses soldats, appellant ces femmes ses compagnons, & discourut des diuerses manieres de prendre le plaisir des-honneste: & apres qu'il eut acheué sa harangue, ordonna qu'il leur seroit baillé à chacune trois escus de donatif, ainsi que l'on faisoit aux vaillans gents d'armes qui auoient bien faict leur deuoir. Et s'il y auoit quelques matrones & dames d'honneur en la ville de Rome, qui voulussent se mettre à cest exercice, il les absoluoit, & asseuroit de toutes peines portees par les loix, & outre ce leur octroyoit des Priuileges & immunités. Bref il assigna des pensions sur son espargne aux paillardes, fit des decrets, & arrests en plein Senat, qu'il appella ordonnãces d'amour, de paillardise, & de volupté, & les intitula du nom de sa mere, ou de sa femme, les ordõnances, Semiramidiennes. Dauantage il inuenta des manieres de luxure estranges, enquoy il surpassa ceste putain Cyrenienne, laquelle estoit surnommee aux douze inuentions, pource qu'elle auoit trouué douze manieres pour rendre l'acte venerien plus voluptueux & aggreable à l'homme : en somme fut si ord & deshonneste en ce mestier, qu'il surmonta de beaucoup toutes les deshonnestes gaupes & bordelliers qui ayent onques esté. Ie passeray legerement les paillardises de Iudas Israëlite l'vn des douze patriarches, celles de Samson Iuge du peuple de Dieu, lequel n'espousa femme qui ne fut putain, celles de Salomon le tressage Roy des Iuifs, qui en auoit des troupeaux innumerables, de Cesar le dictateur, qui fut si valeureux en ce regard, qu'on disoit de luy que c'estoit le coq à toutes poules, le mari à toutes femmes, celles de Sardanapale monarque des Babyloniens, & autres sans nombre fauteurs & protecteurs tres-renommés & trespuissans des paillardes. Entre lesquels l'Empereur Proculus ne fut des moins.

estimés en cest exercice: car l'on peut voir par vne epistre qu'il escrit à Metian, qu'ayant choisi cent pucelles Polonnoises entre les prisonniers de guerre il en despucela dix la premiere nuict & vint à bout du reste dans la quinzaine: Mais l'on dit bien chose plus grande d'Hercules és poësies, c'est qu'en vne seule nuict il rendit femmes cinquante filles vierges. Il y a vne petite herbe aux Indes selon le rapport de Theophraste, laquelle mangee donne telle vigueur qu'il s'est trouué homme lequel a peu accomplir l'œuure de Venus soixante dix fois. Au reste Sappho poëtesse amie de Phaon, & Leontion concubine de Metrodore tres-experte en la Philosophie, n'ont pas donné peu de reputation à ce mestier, mesmes Leontion a bien osé escrire contre Theophraste des liures pour la defense & approbation de la paillardise, contre le mariage. A ceste cy on peut ioindre Sempronia femme bien instruite en l'eloquence Grecque & Latine. Et ne faut oublier Lyonne amoureuse d'Aristogiton Athenien loyale & fidele à l'espreuue, laquelle endura tous les tourments que les tyrans luy firent bailler pour luy faire declairer où estoit son ami auec vn silence constant & perpetuel. Pareillement l'art de paillarder a esté fort annobli par Rhodope esclaue iadis auec Esope sous vn mesme maistre & sa compagne, laquelle acquit en paillardant si grandes richesses, qu'elle fit construire de ses deniers la troisiesme des Pyramides comptees entre les sept merueilleux spectacles du monde. A sa suite vient Thaïs Corinthienne, hautaine pour sa grande beauté, tellement qu'elle n'admettoit aucuns à coucher auec elle sinon Rois & Princes. Mais sur toutes Messalina femme de l'Empereur Claude aduança fort l'art & profession des putains: car rodant par les cachettes & caues où les putains auoyent de coustume de iouër de leur mestier, on dit qu'en vn iour & vne nuict elle surmonta vne fameuse esclaue de celles qui se prostituoyent de vingt cinq embrassade, tant qu'estant lassee, mais non pas soulee d'hommes, elle se retira. Ausquelles nous pourrions bien accompagner des modernes & moins anciennes putains, comme Ieanne Roine de Naples tresillustre, & plusieurs autres grandes princesses, & dames de Cour, n'estoit qu'il est vn peu dangereux de les nommer, nonobstant qu'elles soyent tres-renommees & congnues : lesquelles sont toutesfois differentes des autres, en ce qu'elles ne se font embrasser publiquement selon les loix d'Heliogabale, & ne courent les bourdeaux ainsi que faisoit Messalina l'Imperatrix, mais le font honnestement, en secret, à portes closes, & à la desrobee. Mettons en ce roolle les deux Iulies, l'vne fille, l'autre niece d'Octauian Auguste, Populea, Cleopatra Roine d'Egypte, & autres nobles & excellentes putains : mettons y pareillement les exemples & patrons tres anciens de toute lubricité, Semiramis & Pasiphaë, dont la premiere fut si embrasee de paillardise, qu'elle sollicita son propre fils de coucher auec elle, & non seulement cela, mais fut amoureuse d'vn cheual, iusques, à desirer sa compagnie : l'autre, qui fut femme du Roy Minos, se sousmit à vn taureau. Or nous ne voudrions entreprendre de faire en cest endroit vn recit de toutes les insignes & renommees putains : car il seroit trop long. Mais il ne faut passer sans remarquer que des paillardises, adulteres, & illicites conionctions nous ont esté produits plusieurs grands & illustres personnages, & Heroës : comme ont esté Hercules, Alexandre, Ismaël, Abimelech, Salomon, Constantin, Clouis Roy de France, Theodoric Roy des Gots, Guillaume le Normand, Raymir Roy d'Arragon, & mesme des Rois & Princes de ce temps, qui en seroit bien informé, peu se trouueroyent nais de legitime mariage, tant peu de compte font ils des loix & reigles matrimoniales : car ils retiennent & repudient, changent & rechangent, selon qu'il leur plaist, les femmes qu'ils ont legitimement espousees : ils meslent & accouplent par mariages leurs fils & filles en telle confusion de consanguinités & alliances, qu'il est mal aisé de trouuer ny cognoistre où gist la vraye ioincture & assemblage d'iceux. Et de ce nous pourrions amener infinis exemples : toutesfois nous nous contenterons d'aucuns qui ont esté pratiquez depuis peu d'annees

Le Roy Ladislaus de Polongne, aprés auoir espousé Beatrix, en consequense duquel mariage il obtint le Royaume de Hongrie, ne la repudia il pas pour receuoir vne concubine Françoise? Charles huictieme de France ne laissa il pas Marguerite fille de l'Empereur Maximilien, pour espouser ou rauir celle qui estoit femme d'iceluy; laquelle apres luy Louis douziesme print en mariage, ayant pareillement repudiee celle qu'il auoit espousée, à ce consentans & l'exhortans les Euesques du Royaume, lesquels firent plus d'estat que la Duché de Bretaigne fut ioincte àla courōne, que de maintenir entiers les droits des legitimes mariages, & mesme de ce temps i'entends que vn certain Roy s'est laissé persuader qu'il luy est licite de delaisser sa legitime espouse, qui a esté auec luy plus de vingt ans, pour se marier auec sa concubine. Mais reuenons aux putains. Quiconque voudra sçauoir leurs artifices à sçauoir comme elles ont accoustumé de prostituer leur pudicité, par quels regards lascifs, par qu'elles mines du visage, contenances & geste du corps, mignardises de paroles, attouchements des-honnestes par qu'elles façons d'habits & ornements exterieurs, fards, & desguisements elles sollicitent les hommes à les corrompre: & en somme qui voudra congnoistre & entendre toutes les ruses & menees, les lacs, amorces, & stratagemes de leur art & mestier, lise & feuillette les poëtes auteurs des Comedies. Mais si quelcun desire sçauoir en quelle façon, auec quel amadouemens, deuis, regards, baisers, attouchements petits foulements, frotements, luictes, pressements, remuements, aduãcements, receptions & recullements le ieu d'amour s'accomplit, par quels moyens la volupté venerienne est prolongee, receuë, rendue, restauree, il trouuera toutes ces choses dans les liures des medecins. Outre ce il y a eu des auteurs qui ont escrit des liures des paillardes, comme Antiphanes, Aristophanes, Apollodore, & Calistrate. Mais le rhetoricien Cephalus a escrit particulierement les loüanges de Lais paillarde: comme aussi Alcidamus celles d'vne autre putain nomme Nais. Dauantage plusieurs tant Grecs que Latins ont mis par escrit les amours publiques & bordelleries, comme Callimach, Philotes, Anacreon, Orphee, Alcee, Pindare, Sapho, Tibulle, Catulle, Properce, Virgile, Iuuenal, Martial, Corneille Gaulois, & autres, faisans en ce plustost œuure & office de vrais maquereaux que de Poëtes. Mais tous ceux cy ont esté surpassés par Ouide en ses Epistres Heroides, & aux poësies qu'il a addressees à Corinna, principalement au liure qu'il a faict de l'art d'aymer, lequel il eust plus proprement intitulé de l'art de paillarder ou de maquerelage. A raison desquels liures par luy publiez, & pour les mauuais enseignements contenus en iceux, par lesquels la ieunesse estoit corrompue, il fut iustement chassé par Octauian Auguste, & banni iusques aux Getes ou Valacres. Tous tels liures amoureux furent iadis condamnés au feu par Archilochus Lacedemonien, & neantmoins nous auiourd'huy lisons encores les auteurs qui traictent de cest art, & mesmes les maistres d'eschole en font des leçons à leurs disciples, & escriuent, pour les mieux donner à entendre, sur iceux des meschans & deceſtables commentaires. I'ay veu & leu naguieres vn dialogue de paillardiſe en langage Italien, intitulé la Courtiſane, imprimé à Veniſe, des plus infames & malheureux que l'on ſçauroit voir, publiant ſes ſales voluptez, tant communes que celles qui ſont recherchees contre nature, liure digne à la verité d'eſtre mis au feu auec ſon auteur. Ie paſſe à mon eſcient en c'eſt endroit de faire mention de l'abominable paillardiſe qui ſe commet auec les maſles, nonobſtant que ce grand Ariſtote l'aie approuuee, & que l'Empereur Neron la couuriſt du tiltre honnorable de mariage publiquement au temps meſme que S. Paul eſcriuant aux Romains leur annonçoit l'ire & indignation du Dieu tout puiſſant. Le Seigneur fera plouuoir ſur eux charbon, feu, ſoulfre, & vent de tempeſte ſera la portion de leur hanap. Contre ceux cy commande l'Empereur que la rigueur des loix ſoit exercee, & la iuſtice armee du glaiue vengeur pour les exterminer par chaſtiments exquis & peines capitales, & à preſent on les condamne au feu. Moiſe pareillement ordonna que ce vice fust desraciné par cruels supplices d'entre les Iuifs. Platon le debouta de sa republique, & le condamne par ses loix. Les anciens Romains aussi, au rapport de Valere & d'autres, punissoyent ceste vilennie tresaspremement, tesmoins Q. Flaminius, & ce Tribun occis par Celius. Mais espargnons les chastes oreilles, & pour l'honneur d'icelles cessons de parler de ceste monstrueuse & brutale luxure, & reprenons le propos des paillardes. Il est certain qu'il n'y a celuy des humains qui n'aye esté quelquesfois en sa vie trauaillé de c'est appetit, qui n'aye senti l'ardeur de ce feu amoureux : Mais la maniere de s'enflammer est diuerse : Car les femmes bruslent d'vne façon, les hommes d'vne autre autrement les ieunes, autrement les vieils: les nobles & riches diuersement des poures & rustiques. Et ce qui donne encor admiration, est qu'entre les nations & selon les contrees diuerses on apperçoit grande diuersité en matiere d'amour. Car l'Italien la faict d'vne façon, l'Espagnol d'vne autre, & ainsi du François, de l'Allemand, & autres, s'addonnans à vn chacun à forsenner en diuerse maniere, selon la diuersité de l'aage, du sexe, du degré, dignité, biens & nations, où ce feu de luxure se prend & s'allume. L'amour des hommes est plus ardant, celuy des femmes plus perseuerant & obstiné : l'amour des ieunes gents est plaisant & follastre celuy des vieils ridicule: le poure s'essaye d'estre aymé en faisant seruice, le riche par dons & presents: le menu peuple entretient ses amours par banquets & bonnes cheres, les grands par pompes, ieux, & spectacles : l'Italien rusé poursuit celle dont il veut iouir en dissimulant son ardeur auec façons plaisantes, mais belles & proprement inuentees, & se met à composer des sonnets & autres vers en loüange d'icelle, la faisant la premiere du monde. S'il paruient où il pretend, il est ialoux incontinent d'elle, & la voudra tenir tousiours enfermee & garder comme prisonniere. S'il est frustré de son amour, & hors d'esperance d'en pouuoir iouir, il n'y a mal qu'il n'en dise, & l'a en tresgrande detestation. l'Espagnol prompt & soudain, impatient, de l'ardeur qui l'esguillonne se rue furieusement sur l'amour, folaſtrant, mais ſans ſe donner repos aucun, & par pitoyables lamentations ſe plaint du feu qui le conſomme, inuoque & adore ſon amoureuſe, mais quand il l'a gaignee, ou il la tue par ialouſie, ou il en deuient ruffien, & la proſtitue pour le gain & proffit. S'il n'en peut iouïr, il ſe tourmente iuſques à ſe reſoudre à mourir.

Le follaſtre & laſcif François fait le ſeruiteur enuers celle qu'il ayme, eſſaye d'acquerir ſa bonne grace par honneſteté; l'entretient de chants & plaiſans deuis: s'il deuient ialoux, il s'afflige & pleure: ſi on luy donne congé, & qu'il voye ne pouuoir venir à ſon attente, il braue auec iniures, menaſſe de ſe venger, & meſmes veut vſer de force. S'il vient à ſon desſeing, il meſpriſe toſt apres & cherche vne nouuelle amie. L'Allemand froid s'eſchauffe d'amour peu à peu, eſtant enflammé il pourſuit auec art & iugement, & cherche d'attirer la dame par dons: s'il entre en ialouſie, il retire ſa liberalité: eſt il deceu, il en fait peu de compte: iouit il, ſon amour ſe refoidit. Le François eſt diſſimulateur à aymer, l'Allemand cache ſon amour, l'Eſpagnol ſe perſuade d'eſtre aymé, l'Italien eſt en perpetuelle ialouſie. Le François ayme celle qui eſt plaiſante & de bonne grace, encor qu'elle ſoit laide : il ne chaut à l'Eſpagnol ſi elle eſt vn peu endormie, pourueu qu'elle ſoit belle, l'Italien la veut craintiue & honteuſe : l'Allemand ayme celle qui eſt vn peu hardie. En pourſuyuant obſtinement ſes amours le François de ſage deuient fol : l'Allemand apres auoir tout deſpenſé ce qu'il a en faiſant l'amour ſur le tard de fol deuient ſage : l'Eſpagnol pour acquerir la bonne grace de ſa dame ſe hazarde à grandes entreprinſes. Il n'y a choſe pour grande qu'elle ſoit que l'Italien ne meſpriſe pour iouïr de s'amie. Ce qui eſt aduenu ſouuent aux plus grands perſonnages, leſquels enueloppez és rets de leurs cupiditez amoureuſes ont meſpriſé & laiſſé paſſer pluſieurs belles occaſions d'executer choſes grandes, ainſi que l'on lit de Mithridates en Pont, d'Hannibal à Capouë, de Ceſar en Alexandrie, de Demetrius en Grece, de Marc Antoine en Egypte. Hercules ceſſa de bien faire pour l'amour d'Iole. Achilles ne voulut se trouuer au combat à cause de Briseis. Circe detint Vlysses. Claude mourut en prison pour Virginia. Cleopatre arresta Cesar: elle mesme fut cause de la mort d'Antoine. Les sainctes escritures tesmoignent que le monde fut submergé par le deluge, à raison des paillardises des enfans de Seth auec les descendantes de Cain, & la generation humaine presque estaincte. Pour la vehemence de luxure la ville de Sichen & la maison d'Hemor furent exterminez, & quasi toute la lignee de Beniamin mise à neant. Combien de ruines & deffaictes sont aduenuës au peuple d'Israël ? Combien de fois a il esté reduit en seruitude pour auoir paillardé auec les femmes estrangeres: Pour vn seul adultere Commis par le Roy Dauid quelle destruction de peuple y eut il par peste par glaiue, par famine. A cause des amours illicites & deshonnestes les Thebains, les Phocenses, & Circeens ont esté iadis destruits & rasés, & la guerre mesme du Peloponese, ainsi que nous auons dit, entreprinse par Pericles. La ville e Troye prinse par vn siege, qui dura ix ans, au grand dommage de toute la Grece & de l'Asie. Et pour mesme cause Tarquin, Claude, Denys, Hannibal, Ptolemee, M. Antoine, Theodoric Goth, Rodoald, Lombard, Childeric François, Vencellaus, Boëmien, & Manfroy Roy de Naples ont souffert la mort ou perdu eux & leur patrie. Pour la violence faicte par Rodric Roy d'Espagne à Cana fille de Iulian gouuerneur de la prouince Tingitane, où sont auiourd'huy Fez & Maroc, les Maures & Sarrasins enuahirent les Espagnes, & en chasserent les Gots, Henry second Roy d'angleterre fut dechassé de son Royaume pour auoir violé la femme de son fils, qui estoit fille du Roy de France Philippe. A cause des paillardises des maris les femmes indignees leur ont souuent pourchassé la mort: Comme Clytemnestra, Olympia, Laodicee, & Beronice, Fredegonde & Blanche Roines de France, & Ianne de Naples, & plusieurs autres. Pour la mesme raison Medee, Progne, Ariadne, Althee, Herustille changeans l'amour maternel en haine, furieuse & cruelle ont occis leurs propres enfans. Et depuis elles plusieurs autres se sont vangees sur leurs enfans des paillardises de leurs maris, & sont deuenuës de meres douces & benignes des Medees tres-cruelles, des Althees enragees, des Heristhilles impiteuses.

Du Maquerelage. CHAP. LXIIII.

MAIS pour autant que les putains & putiers commettent leurs meschancetez par l'œuure, conseil, & instigation des maquereaux & maquerelles, disons de l'art de maquerelage. Tout ainsi que la puterie est l'art de prostituer sa propre pudicité, aussi le maquerelage est celuy qui combat & mine la pudicité d'autruy & l'expose à l'abandon: mestier d'autant plus haut, puissant, & d'efficace, que n'est la paillardise, qu'il est plus meschant & pernicieux, garni & enuironné de plus de moyens & d'artifices: car il se sert de tous les autres arts & disciplines, comme de satellites & sergents, parmy lesquels il court ſucçant ainſi qu'vne araignee tout ce qui eſt en iceux de mauuais & venimeux, & en file & ourdit ſes toiles, ou en forge ſes traicts & armes offenſiues. Non pas de la ſorte que ſont les toiles d'araignees, au trauers deſquelles les oiſeaux paſſent, & les petites mouches demeurent, ny ainſi que les rets des veneurs, qui arreſtent les groſſes beſtes, & laiſſent eſchapper les petits animaux. Mais ceſt art laſſe ſes mailles & filets par telle ruſe, & de telle force, qu'il n'y a fille ny femme tant ſoit elle pure, prudente, conſtante, & obſtinee, tãt hõteuſe ou craintiue grande ou petite, qui ne demeure incontinent prinſe, ſi vne fois elle preſte l'oreille à vne maquerelle. Car les ruſes & fineſſes de ceſt art ſont telles, qu'il n'y a prudence feminine qui ſ'en puiſſe garder, nulle fille ne peut euiter ſes lacs, nulle matrone, nulle vefue, nulle nonnain, pour religieuſe qu'elle ſoit, en peut eſchapper ſans dommage. Et n'y a armee ſi puiſſante & numereuſe qui puiſſe faire tant de degaſt & ruine que fait ceſte guerre deſarmee à l'honneſteté & chaſteté des femmes, ny ſubtilité ou industrie d'esprit qui puisse estre egalee aux fraudes, tromperies, ruses, & astuces d'icelle: lesquelles on ne sçauroit expliquer ny donner à entendre par aucun stile, proprieté, ny artifice de langage. Toutesfois iaçoit que plusieurs se meslent de ce mestier, tant hommes que femmes, si est ce qu'il s'en trouue peu qui soyent maistres accomplis: dont il ne se faut esmerueiller: car, combien qu'il y ayt autant de sortes de maquerelages & de maquereaux qu'il y a d'arts & de sciences, & de professeurs d'icelles, si est ce que la perfectiõ d'vn bon maquereau ne s'acquiert sinõ par la cognoissance de toutes les disciplines ensẽble. Partãt il faut que l'excellẽt & cõsommé maquereau ou marquerelle soit sçauant en tout, & ne s'amuse à vne seule science, se guidant par icelle ainsi que par son estoille du pole mais les embrasse toutes, & face profession d'vn art qui est maistre par dessus tous, & auquel toutes les autres disciplines sont serues & esclaues, & luy doyuent vn certain hommage ou baisemain. Car en premier lieu la grammaire, discipline qui enseigne à parler

& escrire,

& escrire, luy sert de secretaire pour composer des lettres amoureuses, & luy dicte les petites salutations, prieres, plaintes, & allechements d'amour, dont les exemplaires nous ont esté fournis nagueres par Eneas Syluius, qui fut depuis Pape, Iacques Cauicec, & plusieurs autres auteurs modernes. Mais il y a vne autre maniere de Grammaire, qui monstre à escrire en lettres ou termes secrets, incongnus, & qui ne peuuent estre entendus que par ceux qui sçauent le secret des chiffres, ainsi que nous lisons en A. Gelle que faisoit Archimedes de Syracuse, & duquel artifice l'Abbé Tritheme a composé deux beaux volumes, intitulez, l'vn la polygraphie, l'autre la steganographie, au dernier desquels il enseigne des moyens si secrets & si asseurez de faire entendre ses pensees & conceptions à vn autre, nonobstant quelconque interualle & distance de lieu, que la curieuse jalousie de Iuno, l'estroicte garde & prison de Danaë, ny la vigilance & pouruoyance des cent œils d'Argus ny sçauroient mordre, obuier, ny penetrer. Art à la verité qui ne sert poit tant aux Princes

& aux Roys, qu'il est vtile & commode aux maquereaux, & à tous ceux qui se meslent de faire l'amour. La poësie vient apres : laquelle fournit en rithmes lasciues & follatres des chants pastoraux pleins de deuis amoureux, des epigrammes, sonnets, epistres, reigles, & preceptes d'amour, farces, comedies, & autres sortes de compositions poëtiques tirees des plus secrets cabinets de Venus, & sert ainsi de son mestier fort bien l'art de maquerelage, renuersant par tels moyens tout ce qui est d'honneste, sainct, & pudique au naturel & aux mœurs de la ieunesse. Parquoy à bon droict les poëtes ont esté tousiours estimez des plus aduancez en la discipline de maquerelage, & tenus pour les plus suffisans ruffiens. Et entre iceux les plus excellents ont esté ceux dont nous auons cy dessus faict mention en l'art de puterie, à sçauoir Callimach, Philetes, Anacreon, Orphee, Pindare, Alcee, Sappho, Tibulle, Catulle, Properce, Virgile, Ouide, Iuuenal & Martial : & auiourd'huy nous n'auons faute de poëtes qui escriuent des poësies tres-pestilentieuses. A leur suitt marchent les Rhetoriciens, lesquels ne sont des moins prisez entre les maquereaux : car ils sont maistres ouuriers des frauduleuses flatteries & persuasions, & se repute bien heureuse la maquerelle, à qui la deesse de persuasion veut ayder. Mais entre iceux les histoiriens tienne le premier rang, ceux principallement qui ont escrit les narrations amoureuses des cheualiers & dames, cõme autrefois de Lancelot du Lac, de Tristan, & depuis des Amadis, & semblables, par la lecture desquelles les filles se façonnent dés leur tendre ieunesse à estre quelque iour bonnes putains & adulteres. Car à la verité il n'y a batterie plus violente pour faire bresche ou ruiner du tout la chasteté des vierges, des mariees, ou des vefues, que la lecture d'vne histoire ou fable lasciue & impudique : & n'y a femme de naturel si bon ny si entier, qui n'en soit corrompuë, & pourroit on compter, pour miracle s'il se trouuoit femme ou fille aucune de celles qui s'addonnent à lire tels liures, qui n'entre par le moyen d'iceux en quelque appetit desordonné en matiere d'amour, bien souuent iusques à en perdre le sens. Tant y a que auiourd'huy celles sont estimees des mieux apprises & mieux sentans leur cour, qui sont les plus versees & sçauantes en ces auteurs, qui ont mieux retenu les manieres de bien dire, qui sçauent mieux à propos iecter les brocards & plaisanteries qu'elle y ont leuës, & s'entretenir plus long temps auec leurs amoureux & poursuyuans en deuis bien ornes & enrichis selon la discipline contenuë en iceux : Or y a il eu beaucoup d'historiens maquereaux, les noms desquels sont peu congnus & obscurs : plusieurs aussi tresfameux & renommez auteurs se sont employez à cest office & deuoir, comme entre les plus nouueaux Eneas Syluius sus mentionné, Dante, Petrarque, Bocace, Pontan, Baptiste de Campfregose, & vn autre Baptiste, de li Albici Florentin, Pierre Hedus, Bembe, Iacques Caucee, & Iacque Calandri Mantoan, & plusieurs autres : entre lesquels Bocace est le plus remarcable maquereau, comme celuy qui les a tous passés en son œuure de cent nouuelles. Le subiect duquel n'est autre chose que patrons & exemples fort excellents des ruses & finesses de maquerelage. Mais lors qu'il se rencontre quelque femme aymant son honneur, & craignant d'offenser Dieu, & que l'on cherche moyen de la persuader & gaigner, l'on a recours à la dialectique; a force des arguments de laquelle, & combien ils peuuent aduancer vn marché, & seruir grandement aux maquereaux; est euidement monstree par Ouide en la fable de Myrrha. Les disciplines mathematiques contribuent à cest art de ruffiennerie, les petits ieux & amusements extraicts de l'arithemetique ou science des nombres. La musique est des plus propres & mieux cheries chambrieres d'iceluy, laquelle auec la douce voix, & le venin emmiellé des chants, sons, & accords voluptueux de ses instruments enflamme la luxure & les desirs desreiglez, & oste toute force & vertu à l'esprit, le corrompt en toute lasciueté & delices, peruertit les bonnes mœurs, incite impetueusement les cupiditez & affections deshonnestes. Donne lieu aux danses, & par icelles moyen aux amoureux de deuiſer librement auec les filles & femmes qui leur plaiſent, leur compter leurs paſſions, les baiſer, manier, toucher, ſerrer, & ſtayer impubiquement, & bien ſouuent ſe deſrobber d'auec les autres & chercher des cachettes & lieux ſecrets. Et n'eſt exempt de ſeruice enuers l'art de maquerelage l'architecte geometrien, par l'inuention duquel l'amoureux trouue moyen d'echeler la maiſon de ſon amie, & entrer à icelle de nuict par le couuert ou par la feneſtre, de contrefaire les clefs. Donnant au ſurplus toutes commoditez d'executer les paillardiſes & adulteres, ainſi que fit Dedale à Paſiphaë. Celles pareillement qui n'ont apprins les lettres peuuent lire és peinctures, & apprendre par icelles plus de mal que les autres en liſant les liures : car il n'y a chambre qui ne ſoit garnie de tableaux d'actes & figures deshonneſtes, que les femmes peuuent prendre enuie d'imiter: car elles les ont touſiours en veuë, & n'eſt l'eſprit moins corrompu par le regard que par l'ouïe, l'vne & l'autre voye conduiſant à l'ame : & ne ſont moins inuitez à paillardiſe les perſonnes par les, Images laſciues que par les choſes meſmes preſentes : dont peut faire foy la ſtatue de Venus en Guide, les ouurages de Praxiteles contaminez vilainement dans le temple, le Cupido du meſme ouurier corrompu par Alchida ieune homme Rhodien, & la ſtatue de Fourtune dont faict mention Elian, qui fut aimee ſi ardemment par vn iouuenceau Athenien, qui ne la pouuant auoir par argent il expira auprès d'icelle. Terence auſſi, en ſa commedie intitulee l'Eunuque, introduit vn ieune homme enflammé de luxure pour auoir veu vn tableau auquel eſtoit peinct Iupiter corrompãt Danaë, & venant à elle par le toit de la maiſon. Partant ce n'eſt ſans cauſe qu'Ariſtote veut que les peinctres qui expoſent telles peinctures en public, par leſquelles les appetits deſordonnez peuuent eſtre eſueillez, ſoyent punis publiquement: & n'eſt ſans raiſon que le Sage dit que la peincture & la ſculpture ſont arts inuentez & introduits pour tenter l'ame, attrapper les fols, & corrompre la vie de l'homme. Les Aſtrologues, les Chiromantiens. Geomantiens, interpretes de songes, diseurs de bonne auenture, & le surplus des deuineurs se presentent aussi pour seruir par leurs tromperies & frauduleuses predictions de maquereaux aux amans ausquels ils promettent iouïssance de leurs amours illicites & s'entremettent à conduire icelles, & souuent bastissent des mariages meschans, & damnables, & dissipent par adulteres ceux qui sont biens ioincts & assemblés. Ceste espece de ruffiens est enquise non seulement par les femmes, mais, qui est chose honteuse, par les hommes mesmes, sur le succes heureux ou malheureux de leurs amours & de leurs mariages, & prend on pour esperance sur les rapports d'iceux de iouïr de sa bien aimee, & à leur instigation les mariages sont accomplis ou delaissez. Et se trouuent des hommes si faciles à croire follement, qu'ils pensent que l'amour peut estre contraint & force par les images Astrologiques & obseruations des heures, ainsi que Theocrite, Virgile, Catulle, Ouide, Horace, Lucain, & plusieurs autres poëtes par mocquerie ont chanté, & comme les astrologues, autant menteurs que les poëtes, és liure de leurs elections ont par certaines reigles escrit & enseigné. Au moyẽ desquels petits tours de maquerelage tous Astrologues & deuineurs font vn gain & proffit qui n'est pas petit. A l'aide desquels vient aussi la Magie, laquelle par charmes, coniurations, & sorcelleries, peut, ce dit on, resiouyr & contrister les esprits ainsi qu'il luy plaist & comme dit Lucain,

L'amour au cœur par l'art magique des Thessales
S'escoula, non forcé par volontez fatales.

Et Horace fait mention de Canidia, Apulee des Pamphiles sorcieres, lesquelles contraignent leurs amoureux à les aimer, & en la tragicomedie de Callisto, la maquerelle Celestine enflamme d'amour la ieune fille Melibee. Outre ce l'on prattique certaines poisons & breuuages pour faire aimer, si dangereux toutesfois que bien souuent au lieu d'inciter à l'amour ils amement l'homme à la mort, ou le iecter en quelque grieue & incurable maladie. Pour auo[illegible] de telles boiss[illegible] Lucullus mourut, & Lucrece deuint incensée &

abesti, mais auec quelques interualles de santé. Nous lisons aussi d'vne certaine femme, laquelle par le moyen d'vn semblable breuuage amoureux ayant tué vn homme fut absoute par la cour des Areopages, pour autant qu'elle auoit commis ce crime par amour. Mais l'art qui sert plus au maquerelage de tant qu'il y en à au monde, est la medecine : car elle promet de restituer en son entier la virginité perdue, enseiguant comme il faut rassembler & restraindre la taye appellee Hymen, par quel moyen l'on peut empescher les mamelles de croistre, le ventre de grossir, baillant des poisons propres pour rendre les femmes steriles, à fin qu'elles puissent longuement & en toute asseurance exercer leurs paillardises & sales voluptez, & par certains tours & secouements du dos faire en sorte que la semence receuë soit reiectee dehors, ainsi qu'entend Lucrece par tels vers:

Et pour les putains fort menu se remuent,
De peur de conceuoir & prendre pance pleine,
Et à fin qu'aux paillards plus de plaisir ameine
Ce frequent mouuement.

Par lequel seul benefice de la medecine auiourd'huy plusieurs dames grandes & notables & filles de maison iouent de ce mestier sans aucun soupçon ny crainte. A cecy seruent aussi les emplastrements & fards des vieilles, & autres desguisements des femmes deshonnestes : la composition desquels est enseignee ça & là par les liures de medecine, où ils traictent de la decoratiõ de la face & du corps, par où la marchandise est mise en reputation, & rendue plus de requeste & vendible. Parquoy telles drogues sont proprement appellees en l'escriture saincte : Onctions de paillardise. Outre ce ils enseignent plusieurs medicaments secrets & receptes pour esmouuoir & esguillonner la luxure, comme celuy à l'aide duquel Ouide se vante d'auoir peu congnoistre vne femme neuf fois, & l'herbe dont Theophraste fait mention, laquelle donne telle force & vigueur, que par icelle il s'est trouué homme lequel a accompli l'œuure de Venus septante fois. Ioint qu'il n'y a maquerelages qui se puissent pratiquer ny exercer plus commodement en temps & lieu, que ceux qui se font sous le manteau & couuerture de la medecine : car aux medecins ne sont fermees les portes de quelque maison que ce soit, il n'y a monastere si reclus, prison si serree ny estroitement gardee où ils ne soyent receus & bien venus, nul ne se doute d'vn medecin maquereau, nul ne le repousse. Par le moyen & ministere desquels, ainsi que dit Pline, les adulteres se brassent és palais des Roys & Empereurs, dont font foy celuy de Eudemus auec Liuia femme de Drusus, celuy de Vectius Valentius auec Messaline femme de l'Empereur Claude. Mais à fin que l'on ne pense point que les Philosophes s'abstiennent de l'estat de maquerelage, le Prince de la secte Cyrenienne Aristipus nous oste de ce doute, lequel hantoit souuent Thaïs ceste tant renommee putain, auec plusieurs autres, & disoit que luy seul possedoit Thaïs, là où les autres corriuaux estoyent possedez par elle : & au lieu qu'iceux faisoyent l'amour auec elle au detriment & consomption de leurs biens & facultez, luy seul prenoit ses plaisirs à souhaict gratuitement, sans qui luy couſtaſt rien, cependant ce bon Philoſophe ſeruoit à ceſte paillarde de maquereau, en ce que par l'exemple & ſans l'authorité d'iceluy elle attiroit la ieuneſſe apres elle. Et ſi ne ſe contenta point Ariſtippe de faire office de ruffiē à ceſte femme, mais commença à faire des leçons publiquement de ſales voluptez, & tranſporta, l'impudicité du bordeau és eſcholes. Au ſurplus la pluſpart des arts mechaniques tiennent lieu de maquerelages, entre leſquels les inuentions & exercices Phrygiens de coudre, filer ouurager, tixtre, & autres artifices feminins ſont des plus propres à ce meſtier, ſous l'ombre deſquelles choſes les putains deuenuës vieilles corraticres font leurs marchés: car faiſant ſemblant d'auoir du lin, de la toile, des rubans, des tiſſus, des bourſes ceintures, gands, & autres tels fatras à vendre, elles prennent l'opportunité de parler auec les filles ſaffres & amoureuſes, leur font des meſſages, & les vous appaſtent & attirent facilement. A celles là ſe ioignent les lauandieres, leſquelles peuuent librement entrer par [illegible] les filles pendant que les meres n'y sont pas, ou les seruantes en l'abscence de leurs maistresses, aux linges, sans engendrer aucun soupçon. Les gueuses & belistresses pareillement sont fort propres à c'est office: car faisant mine de demander l'aumosne ne bougent des portes, espians l'occasion de pouuoir donner des nouuelles & des lettres amoureuses, & portent aux ieunes femmes les presents que leur enuoyent leurs adulteres. Les exercices & occupations des gentils hommes se rapportent aussi fort bien à l'art de ruffiennerie, comme les ioustes & tournois, & autres ieux d'armes & combats dissimulez, par l'amorce desquels aidis Romulus rauit les filles des Sabins. Quant à la chasse, à combien d'adulteres a elle donné moyens & commoditez entre les grands parmy l'ospaisseur des buissons, & solitude des forests: Virgile raconte plaisamment la maniere comme Eneas iouit de Dido, ayans prins l'occasion de s'escarter de la cõpagnie, & s'esgarer eux deux en chassant. Les pasteurs ont serui semblablement à Iupiter, de maquereaux. Des nautonniers ie m'en rapporte à ceux qui ont esté à Venize. Mais les cuisines & grands apprests de banquets passent sans difficulté pour maquerelages : ce que Virgile exprime en ses Eneides elegamment en ce sens:

Donques apres la premiere viande
Du beau banquet, quand la table friande
On eut osté, à grands tasses donnerent
Par tout à boire, & le vin couronnerent
Alors la Royne vn grand hanap pesant
De beaux ioyaux en fin or reluisant
Tout plein de vin commande d'apporter
Pour à liesse vn chacun inuiter,
Puis en goutant la premiere au bord touche
Tant seulement du sommet de la bouche:
Apres bailla ceste douce liqueur
A Bitias en luy donnant bon cœur.
La grande couppe escumant il beut toute,
Sans se monstrer paresseux vne goutte,
Et à son aise en plein or se baigna,
Puis des Seigneurs chacun l'accompagna,
Tant Tyriens que les Troyens apres.
La nuict aussi prolongeoit tout expres
De maints propos Dido lors qu'en malheur
Elle beuuoit l'amoureuse langueur.

Ie passe vne multitude infinie d'artifices de maquerelage : mais le plus puisſant, & qui ſurmonte toutes les autres eſt l'or. Et à la verité ſi les Alchemiſtes pouuoyent mettre à effect ce qu'ils nous promettent, ils pourroyent eſtre colloquez au plus haut degré entre les maquereaux, & ſeroyent ſur tout inuincibles : car la vertu d'attaire & d'acquerir tous ce que l'on veut giſt en l'or, plus qu'en choſe du monde.

Argent donne credit, amis, femme opulente,
Nobleſſe, & grands honneurs, & beauté
excellente,

L'or appaiſe le couroux d'vn mari, ialoux. Par l'or le corriual, qui ne vouloit ceder, quitte la pourſuite. L'or gaigne les plus diligents & ſoigneux gardiens. Il n'y a porte qui ne s'ouure par le moyen de l'or. On penetre dans les chambres auec iceluy. Il briſe les verroux, demolit les murailles, & en ſomme les liens ſacrez de mariage ſont par luy diſſouls & couppez. Eſt ce ſi grand' merueille ſi les femmes, les filles, les vefues, les religieuſes, ſont venduës pour de l'or, puis que par ce Ieſus Chriſt meſme eſt à vendre? Or par ces prattiques de maquerelage: & à la conduite & guide de ceſt art de ruffiennez plusieurs extraits de la bourbe du menu peuple sont paruenus au plus haut sommet de noblesse. Celuy qui aura presté sa femme sera pourueu d'vn estat de Conseiller. Si quelcun à faict plaisir de sa fille, soudain on luy baillera quelque gouuernement, Vn autre qui aura moyenné la iouissance de quelque belle dame à vn Prince ou grand Seigneur, sera, incontinent faict gentil-homme de la chambre Plusieurs se sont fort aduancés pour auoir espousé les royales putains, & ont eu des charges honnorables; & par ces mesmes artifices sont attrappez plusieurs gras benefices du Pape & des Cardinaux, & n'y a chemin plus court que cestuy là. Quant à l'ombre de la religion, chacun sçait quelles occasions de maquerelages elle fournit, & l'histoire de Pauline dame tres-constante en pudicité recitee par Egesippe en donne ample & certain tesmoignage, à la quelle les prestres d'Isis firent à croire que le Dieu Anubis estoit amoureux d'elle, & la prostituerent à vn ieune Cheuaillier Romain. Et l'histoire tripartie fait foy de l'exploit qu'a faict en cest endroit nostre confession auriculaire, & me seroit aisé de trouuer des exemples de ce temps, si ie les voulois reciter, lesquels i'ay sceus & congus. Pour certain les prestes, moynes, beaux peres, nonnains, & sœurs religieuses ont vn Priuilege par dessus toute maniere de gens, par lequel ils obtiennent la premiere audience en matiere de maquerelage. Car sous le voile de religion il leur est permis de courir par tout où ils veulent, entrer, sortir, aller, retourner tant de fois & en quelque temps qu'il leur plaist, faisant semblant de visiter & consoler les personnes, ou de les venir ouïr en confession, là où ils peuuent discourir priuement & sans tesmoins, tant est religieusement attiffée leur façon de ruffienner. Et y en a aucuns entre eux qui font grand' conscience de toucher l'argent, neantmoins sans se soucier beaucoup si S. Paul dit qu'il seroit bon de ne toucher à femme, ils les manient & tastent d'vne estrange & impudique façon, se glissent à cachettes dans les bourdeaux, corrompent les vierges dediees à Dieu & les vefues, & paillardent auec les femmes de ceux qui les reçoyuent en leurs logis, & lesquelles bien souuent, ainsi que fit le volleur de Troye, ils emmeinent auec eux : ce que ie peux attester pour l'auoir sceu, & veu. Et puis suyuant la loy de Platon les prostituent à leurs compagnons ; & les font seruir à la communauté de leurs conuents, sacrifians au diable les corps de celles dont les ames deuroyent estre par eux amenees à Dieu : & font plusieurs autres meschancetez plus detestables, poussez d'execrable & enragé appetit, lesquelles ie ne veux dire par honneur. Cependant ils estiment auoir bien satisfaict à leur vœu de chasteté quand ils ont fort crié contre les conuoitises, la luxure, la paillardise, adulteres, & incestes, les blasmans & detestans, & s'ils parlent de la vertu, & recommandent la chasteté cependant qu'ils paillardent tout leur soul : mais sous tels manteaux de religions bien souuent sont couuerts les plus abominables & dangereux maquereaux & maquerelles que l'on sçauroit voir. Les grandes dames de cour ont volontiers des gents de ceste sorte, qui seruent à leurs Chappelles, lesquels font les mariages, & brassent les paillardises de la cour. Les loix & canons sont aussi enroolles en ceste gendarmerie, & seruent au maquerelages lors qu'en faueur des grands seigneurs ils valident & approuuent les iniques mariages, & rompent & separent ceux qui sont iustes & legitimes, & contraignent les prestres à paillarder vilainement, leur defendant de se marier honnestement. Ces legislateurs ont estimé meilleur que les gents d'Eglise menassent vne vie infame auec des concubines, que de viure en honneur & bonne reputation auec des femmes espousees: possible pour ce que le proffit & commodité qui leur vient des concubines est plus grand : dont nous lisons qu'vn certain Euesque se glorifioit en vn banquet, disant qu'il auoit onze mil prestres en son diocese concubinaires qui luy payoyent à raison de ce tous les ans vn escu chacun. Anciennement au temple de Venus à Romme estoit vn decret du Senat graué en deux Table de cuyure, contenant la loy des paillardises fort fauorable aux putiers &

maquereaux, laquelle nous lisons dans Crinitus en tels termes. En la premiere table estoit contenus les droits de regarder, accõpagner, ou suyure, parler & murmurer bas, donner signes, pousser, saluer, deuiser, & prier, seront par moy perpetuellement permis de iour aux amoureux, soit dans la maison, ou par vn trou, ou par le iardin, ou par le couuert, ou par l'huis de derriere. Nul ne donne empeschement en telles commoditez & plaisirs à l'homme; ains luy soit donnee aide confort, & conseil en toute fidelité. En l'autre table estoit escrit ainsi, LANVICT les souhaits & poursuites soyent capitulez & accordez, les promesses iurees, mesles auec plaintes & doleances. Ils se solliciteront, despouilleront toute honte, & chasseront tristesse, s'accommoderõt aux heures, & aux lieux propres, ne lairront passer occasion aucune: romperont les lettres qu'ils s'escriuent l'vn à l'autre: par ces choses ils entretiendront, receueront: & donneront les esperances, volontez; attentes, contraintes, pitié, & misericorde, V seront selon les occasions de fraude, tromperie; force, vanterie, & gloire: feront en temps & lieu ou prudents, ou fades & sots: tousiours prendront quelques erres ou gages de leurs amoureuses: si elles le permettent ils viendront à elles, où en chercheront vne nouuelle: par astuce & pompe ils poursuyueront diligemment les nobles & genereuse: les entreseignes accoustumees seront tacitement desguisees & changees. La loy de Lycurge portoit que si quelcun d'aage mur & plus aduancé qu'il ne conuenoit au mariage auoit espousé vne ieune fille, il luy estoit permis d'eslire quelque iouuenceau, lequel plus gaillard à l'œuure de venus aduançast la besongne, & remplist le ventre fertille d'icelle de bonne semence, à la charge que le fruict qui naistroit appartiendroit au mari. Il y auoit pareillement vne loy de Solon, laquelle donnoit faculté à la femme qui auoit vn mari trop lasche au ieu venerien, de choisir entre les parents d'iceluy quelque autre pour s'en seruir en ce regard & nonobstant ce les enfans n'estoient estimez bastards. Ie laise à part la coustume qui est auiourd'huy entre pluſieurs grands dames aſſez congnues, leſquelles tous les ans engroſſees de ſemence eſtrangere, ſuppoſent les enfans nais à leurs maris, & puis retournent eſtans releuees de rechef à ſe ſouler de leurs appetits auec leurs adulteres: en ce plus meſchantes que n'eſtoit Iulia femme d'Aggrippa, laquelle ne s'abbandonnoit à ſes adulteres ſinon lors qu'elle ſe ſentoit pleine. Leſquelles loix de Lycurgue & Solon il s'eſt trouué des Theologiens de noſtre temps qui les ont approuuees, à fin que vous ſçachiez que leur faculté n'eſt point nette de ruffiennerie. L'on void auſſi és ſainctes eſcritures quelque traicts & petites ruſes reſentans ceſt art, comme en ce que fit la belle mere de Ruth, & en Ionadab appellé homme prudent & au grand conſeiller Architopel. Abraham pareillement, lequel auoit Sarra à femme tresbelle & ieune, voyageant parmy les pais d'Egypte luy diſt ie voy que tu es belle, & crains que les Egyptiens te voyans ne me tuent, diſans que tu es ma femme, & puis te retiennent: partant tu diras que tu es ma ſœur, à fin qu'il me ſoit bien faict à l'occaſion de toy, & que par ton moyẽ ma vie soit preseruee. En quoy il se mit imprudemment au danger d'estre maquereau de sa femme, si Dieu n'y eust pourueu: Car Sarra fut enleuee en la maison de Pharao, & à cause d'elle Abraham fut bien venu. Au mesme peril se mit il enuers Abimelech Roy de Palestine, & en la mesme faute se laissa aller son fils Iacob. Les exemples desquels saincts Peres seruent aussi de parade à ceux qui se meslent de ce mestier. Le maquerelage est donques honoré & pratiqué par tous en general, par les dieux, par les heroës, par les legislateurs, par les Philosophes, & plus sages d'entre les hommes, par les Theologiens, par les Princes, & par les chefs mesme des religions. Maquereaux ont esté les dieux Pan & Mercure, & l'enfant Cupido: maquereau a esté ce grand Heroë Vlysses: maquereau Lycurgue & Solon le sage, lequel bastit premierement les bordeaux & amena des putains à la ieunesse, & du temps de nos peres le Pape Sixte n'a il pas dressé vn magnifique & renommé bordeau dans la ville de Rome, maquereau, a esté l'Empereur peteur Heliogabale, lequel nourrissoit en son palais des bandes de putains, & en accommodoit ses amis & seruiteurs, comme plusieurs Roines, Princesses, & grands dames font pareillement, & plusieurs meres de Rois, lesquelles ont soing de donner plaisir à leurs fils, & les seruent quelquefois de maquerelles. Et n'est cest art de maquerelage abhorré par les magistrats : car iadis les Magistrats de Corinthe, Ephese, Abyde, Cypriots, & Babyloniens estoyent maquereaux, & plusieurs autres qui construisent & entretiennent des bordeaux en leurs citez, affriandez par le gain & proffit qui par ce moyen entre dans leurs coffres: ce qui est ordinaire en Italie, comme à Rome où les putains payent de gabelle vn Iule toutes les semaines au Pape, qui monte de reuenu annuel à plus de vingt mil ducats, & sont les prelats de l'Eglise occupez à ceste belle charge de calculer entre les reuenus de l'Eglise le prix des maquerelages. Car ie leur ay ouï souuent faire ces comptes : vn tel a deux benefices, vne cure de vingt escus, vne prioré de quarante escus, & outre ce trois putains au bordeau, qui luy rendent chaque sepmaine vingt Iules. Maquereaux sont semblablement ces Euesques & officiaux, qui prennent tribut des prestres de leurs dioceses, à fin qu'il leur soit permis de tenir des concubines : ce qui est si commun & congneu, que le peuple s'en mocque par tout, & fait vn prouerbe de ceste exaction & gabelle concubinaire. Qu'il l'aye ou non (dit-on) il payera vn escu pour la garse ; qu'il l'aye s'il veut. Mais au regne d'auarice il n'y a rien de laid si le proffit y est. Ie passe l'inuention de l'indulgence, par laquelle moyennant certaine somme d'argent payee à l'Euesque il estoit permis à la femme son mari absent de cohabiter auec vn autre sans encourir, disent ils, crime d'adultere : chose si claire & manifeste, qu'il est incertain où la folie a esté plus grande, en l'impudence des Euesques, ou en la patience du peuple : tant que les Princes d'Allemagne ont esté contraint de mettre cest article entre les autres plaintes & griefs de leur nation. Vous pouuez penser par ce que dit est les autres choses que nous taisons en ceſt endroit. Or ſe vante donques l'art de maquerelage d'auoir auiourd'huy les Prelats tenans les premiers lieux en la republique Chreſtienne (ó grand vitupere) & ceux qui ont les premieres dignitez, degrez, immunitez & ſalaires és villes; pour ſes patrons, defenſeurs, & fauteurs des paillardiſes, & ſoit opposee aux loix diuines & à l'expreſſe parole de Dieu, & eſtablie ceſte raiſon humaine, ou, pour mieux la nommer, bourde & inuention de ruffiens, qu'il eſt expedient de les ſouffrir, à fin que la ieuneſſe puiſſe paſſer là ſes appetits, & eſtaindre l'ardeur de ſa luxure, de peur qu'elle ne face pis. Oſtez, diſent ils, les bordeaux des villes, ſoudain tout ſera rempli de paillardiſes, adulteres, & inceſtes: nulle femme poura ſe maintenir entiere: aucune vefue ne ſçaura garentir ſa pudicité: à peine eſchapperont les nonnains & religieuſes impollues: & concluent par ce que la tranquilité & repos de la republique ne peut auoir lieu ſans les putains. Et neantmoins le peuple d'Iſraël a eſté tãt de ſiecles ſãs ceſte ordure, en grãde continence, ſuyuant ce que Dieu leur auoit enioinct. Entre les enfans d'Israël, dit il, n'y aura aucun paillard ny aucune paillarde. Mais iadis ceste vilennie se coula en l'Eglise sous pretexte de religion, & s'espandit l'heresie des Nicolaïtes en icelle, lesquels pour remede contre la ialousie prostituoyent leurs femmes, & enseignoyent ainsi que fait Platon qu'il les faloit auoir communes. Or tous Princes, Iuges, & Magistrats, lesquels entretiennent les bordeaux en leurs païs, ressors, & iurisdictions, ou en quelque façon que ce soit les fauorisent, orront la sentence du Seigneur prononcee par le Psalmiste:

Si vn larron d'aduenture apercois,
Auec luy cours: car autant que luy vaux
T'accompagnant de paillards & ribaux
Tu fais ces maux, & cependant que riens
Ie ne t'en dy, tu m'estimes & tiens
Semblable à toy mais, quoy que tard le face,
T'en reprendray quelque iour à ta face.

De la Mendicité & Belistrerie.

CHAP. LXV.

C'Est l'interest de la republique, cõme aussi il est requis en la religion, d'auoir soing des poures & des malades, à fin qu'aucun ne soit induit par poureté à pecher & desrober, & que les mẽdians rodans ça & là n'infectent les villes de calamiteuse contagion de pestilence, ou qu'ils ne meurent de faim, au deshonneur & vitupere de l'humanité. A raison dequoy en plusieurs lieux on bastit des hospitaux aux despens du public par singuliere pieté, lesquels de iour en iour sont enrichis de dons & aumosnes conferees par les opulentes familles & maisons particulieres: Car ç'a esté chose defendue de toute ancienneté entre tous peuples & nations, de mendier publiquement & d'aller belistrant de ville en ville. En l'ancienne loy des Iuifs il est ainsi escrit par Moïse, Il n'y aura du tout point de poures ny de mendians entre vous. Les loix Romaines pareillement y ont diligemment pourueu, ordonnant l'Empereur Iustinien touchant les belistres forts & delibres, que celuy qui s'ingerera de prendre l'aumosne pouuant trauailler & gaigner sa vie, soit prins & rendu esclaue. Et en la loy Chrestienne & Euangelique, Iesus-Christ commande que l'on baille aux pauures ce qui est de reside & superabondant, à fin qu'aucun n'aye faute, & que par ce moyen il y aye vne certaine egalité entre le peuple. Vostre abondance, dit S. Paul aux Corinthiens, supplee à leur disette, & l'abondance d'iceux subuienne à vostre indigence, & qu'egalité soit faicte entre vous. Celuy qui a eu beaucoup n'a rien eu de superabondant, & qui a eu peu n'a point eu moins. Et aux Ephesiens: Cil qui desroboit ne desrobe plus, ains plustost trauaille de ses mains en bien, à fin qu'il aye mesme dequoy dõner à celuy qui est en necessité. Le mesme apostre veut & ordonne aux Thessaloniciens de trauailler de leurs mains & faire en sorte qu'ils abondent, leu imposant ceste loy, que celuy qui ne trauaille ne doit manger, & que la communion des fidelles soit interdite à ceux qui feront autrement. En l'Epistre à Timoth. il condamne aussi ceux qui font estat de belistrer, pensant que ce soit chose aggreable à Dieu. Mesmes les decrets des Papes ordonnent l'aumosne estre baillee seulement à ceux qui ne peuuent trauailler, & mettent au rang des larrons, volleurs, & sacrileges toutes autres personnes qu'il la reçoyuent. Toutes ces autoritez nous enseignent qu'il ne nous faut point tant plaindre la pauureté, que detester la mendicité & belistrerie. Car les artifices que les mendians ont inuenté & mis en vsage pour faire proffit, & attirer le gain, sont damnables entre tous peuples, quand aucuns d'iceux ayment mieux demeurer estendus deuant les portes des temples, comme s'ils vouloyent faire reproche à la nature humaine, & se despiter contre elle, & contre la loy de Dieu, & là endurer vn froid mortel, clacqueter des dents, ou se cuire à la chaleur ardente, & supporter autres grieues douleurs, telles qu'à peine retiennent ils l'esprit & la vie, plustost que se contentans de peu estre menez aux hoſpitaux, & là penſez & gueris de leurs infirmitez. Nonobſtant toutes leſquelles pouretez & miſeres ils ſont meſdiſans, blaſphemateurs, iniurieux, yurongnes, iureurs, faignans quelquefois de prier Dieu, mais en effect ayans toutes choſes ſainctes en meſpris & nõchaloir, ne ſe ſouciãs de Ieſus-Chriſt, ny de l'honnorer en façon quelconque: tellement que auec raiſon l'on peut dire que ce ne ſont point les martyrs de noſtre Seigneur qu'ils repreſentent aux regardans, mais pluſtoſt vn ſpectacle des malheureux damnez & des torments qu'ils reçoyuent aux enfers. L'on en void vne autre maniere, qui ſont indignes de miſericorde pour leur grande meſchanceté: ceux, diſ-ie, leſquels auec du glux, de la farine, du ſang corrompu, font des crouſtes par deſſus leurs playes, & oignent ou enduiſent des marques, qu'ils ſe font expres & contrefont en ſorte qu'ils ſemblent eſtre tous vlcerez & pleins de chancres. Autres imitent & faignent d'eſtre malades de maladies eſtranges, par diuerſes impoſtures, abuſans les regardans à fin de les mouuoir à pitié. Il y a en outre certains autres beliſtres ennemis du trauail, & pour fuir iceluy, leſquels expreſſement entreprennent des voyages ſous ombre de deuotion, & courent les prouinces, exerçans vne beliſtrerie oiſeuſe, caimandant de porte en porte. Leſquels ſe plaiſent tant en ceſte façon de viure, qu'ils ne changeroyent point leur condition à celle des Rois, tant eſt grande leur liberté d'aller par tout où ils veulent, ſoit en temps de paix ou de guerre, & de faire ce qu'il leur plaiſt en tous lieux, francs de toutes impoſitions, charges & ſeruitudes publiques, libres & garentis de toutes cenſures & corrections ciuiles, hors de cour & de toute iuriſdiction, quelques tromperies, larcins, & iniures qu'ils facent, bref totalement inuiolables, ainſi que ſaincts & ſacrés. De la trouppe deſquels pluſieurs malheurs ſont produits, & enormes meſchancetez commiſes: car ſous eſpece de beliſtres & caymans, ils ſeruent d'eſpions par les villes & pais, portent & rapportent nouuelles des ennemis, prompts & adroits à toutes ſortes de trahiſons. Par iceux ſouuent eſt mis le feu dans les villes: ce que l'on a veu aduenir en France n'y a pas long temps, & en la ville de Triers. Souuent les puits & fontaines sont empoisonnez, les fruicts infectez, les pastis enuenimez, & la peste mise entre les peuples auec grande mortalité. De ceste marque sont ceux que l'on appelle Cingres ou Egyptiens, lesquels

Ayment à caymander, de leurs logis s'ennuyent,
Quicrent les estrangers, & leurs combourgeois fuyent.

Ces gents venus d'vne region gisant entre l'Egypte & l'Ethiopie, extraicts de Chus fils de Cham, fils de Noé, portent encor la marque de la malediction de leur progeniteur, meinent vne vie vagabonde par toute la terre, se campent hors des villes, aux champs és carrefours, & là dressans leurs loges & tentes, font estat de brigander, desrober, tromper, troquer, amuser le monde en disant la bonne aduenture, faignant de deuiner par l'art chiromantique: & par telles impostures mendient leur vie. Volaterran croit que ce soyent Vxiens peuples voisins des Perses, suyuant le rapport de Scillaris, qui a escrite l'hiſtoire de Conſtantinople, & lequel dit que l'Empereur Michel Traule par les predictions des Vxiens paruint à l'Empire, & que c'eſtoit vne ſecte eſparſe par la Hongrie, Seruie, Bulgarie, & autres parties de l'Europe, qui prediſoit à vn chacun les choſes aduenir. Polydore dit qu'ils ſont iſſus de Carmanie, iadis Silice, ou d'Aſſyrie. Or ceſte vilaine façon de beliſtrer nonobſtant que l'on ſoit fort & deliure, ne ſe prattique point par gents vils, ny entre la racaille du peuple tant ſeulement, mais à troué lieu en la religion, & s'eſt hauſſee iuſques à l'eſtat eccleſiaſtique, & parmy les moynes: dont nous auons tant de ſectes de freres mendians & autres queſteurs & caymans, du nombre deſquels ſont ceux, qui ſous la couuerture d'vne peruerſe & dangereuſe religion portent ça & là auec eux des reliques des ſaints, comme ils font à croire, ou contrefaiſans les gents de bien par vne frauduleuſe apparence de ſainctetè, garnis de pluſieurs fables, de miracles feincts & controuuez, font peur au ſimple peuple, le menaçant ores d'vn calamité, ores d'vne autre, qu'ils diront venir de quelques saincts courroucez, ou leur promettent des indulgences & dispenses, & par tels moyens sous le tiltre d'aumosnes remplissent leurs bourses, & rodant par le pays attrapent des paysans credules, ou des femmelettes estonnees, par superstition, des aigneaux, des cheureaux, des veaux, des cochons, du lard, du vin, de l'huile, beurre, bled, legumes, laict, fromage, des poules, de la leine, du lin, & de l'argent aussi : tant qu'ayant pillé toute vne contree ils s'en retournent chargez de proye & grasses despouilles en leurs repaires : là où ils sont receus auec grande feste & ioye par leurs compagnons, louez & extollez de ce qu'ils ont sceu si religieusement & sainctement piper & abuser le pauure menu peuple & les deuotes femmelettes, & ont opinion ces gueux de faire seruice tres-aggreable à Dieu, & s'acquiter tres-bien de leur deuoir, quant par telles façons de belistrer & caymander, & par ces tromperies insignes, au grand dommage & diminution du bien public, remplis de pillage ils peuuent engraisser leurs compagnons de seiour

& oisifs, faisans cependant fort peu de compte des vrayes œuures de misericorde, sous ombre desquelles tant d'aumosnes leur sont faictes & apportees. La farce de ceste maniere de gents à esté autresfois escrite par Apulee, sous les tiltres des prestres de la deesse Syrienne, en son Asne doré.

Auec ceux cy l'on peut ioindre tant d'autres freres & moynes mendians, lesquels ayans delaissé la sainctеté de leurs reigles & professions ont changé la pieté au gaing & proffit, comme si la religion ne consistoit en autre œuure que à courir ça & là sous le voile de pauureté, & qu'il leur fust licite de roder par tout le monde belistrant, raclant & amassant de tous costez argent d'vne façon hypocrite, des-hontee, importune, & presomptueuse, n'estimans des honneste aucune sorte de gaing, se presentans audacieusement aux assemblees & conuocations, aux places & marchez, aux temples escholes, cours & palais des Princes, aux colloques & conferences publiques ou priuees, aux confessions & disputes, aux predications & chaires, forteresses de leur impudence, & de là espandre entre le peuple leurs calomnies & mensonges, vendre leurs marchandises des pardons & indulgences, & mesurer leurs biens faict par ceremonies & mines, partir auec les marchands, vsuriers, rauisseurs, & destructeurs du peuple, les biens qu'ils ont mal acquis, attirer à eux partie du butin, & attrapper argent des gents simples, grossiers & ignorans, & des superstitieuses vieilles, allechant premierement à l'exemple du vieil serpent les sottes femmelettes, & par icelles se faisans voye & planche pour pouuoir apres deceuoir les hommes. Et combien qu'ils soyent enueloppez dans vn habit vil & simple, affecté, & curieusement composé pour seruir à leur badinage, & monstrer qu'ils sont pauures, & qu'ils crient qu'ils faut auoir l'argent en mespris, & s'esloigner de toute ambition : eux neantmoins n'ont à cœur chose du monde plus que de faire amas d'argent, pour l'amour duquel ils tournoyent la mer & la terre, se fourrent par toutes les maisons & hostelleries, vendent à beaux deniers les ſacrements & miniſteres de religion, exigent tyranniquement les aumoſnes ainſi que ſeruis & tributs qui leur ſeroyent deus, s'entremettent des affaires d'vn chacun, appaiſent les querelles d'entre les mariez mal d'accord, ſuggerent les teſtaments, accordent les proces, reforment les nonnains, & le tout en faiſant leur proffit & non autrement. Voila les artifices monachaux, par leſquels pluſieurs d'entre eux ſont paruenus en ſi grand credit, qu'ils ont eſté redoutables aux Papes meſmes & aux Rois, & ont acquis des richeſſes ſurpaſſans celles des banquiers, voire les threſors des Rois, tellement que l'on en a veu qui ont achepté des mitres & chappeaux auec pluſieurs miliers d'eſcus, & ont pourſuiuy & brigué le papat auec deſpenſe & largeſſe exceſſiue. Tant a de pouuoir ceſte religieuſe & deuote beliſtrerie. Or parmy tous ces grands threſors ils font neantmoins eſtat de pauureté, & monſtrent de viure en vne perfection de ſainčteté plus qu'Euangelique, & leur ſuffit à ce de ne toucher deuant les gents à l'argent, mais de mener leur Iudas qui porte la bourse, & en rendre compte: & là dessus disent hardiment auec sainct Pierre & sainct Iean, Nous n'auons ny or ny argent auec nous. Que s'ils ne mentoyent en cest endroit, & que leur parole fust fidele & veritable, ie ne doute point qu'ils ne peussent dire ainsi que firent ces apostres au malade, Leue toy & t'en va. Et commander, comme l'on dit de sainct François desnué de pecune & de vices aussi, aux creatures, qui leur obeïroyent, conuertiroyent l'eau en vin, passeroyent les riuieres à pied sec, appriuoiseroyent les loups enragez, feroyent taire les hirondelles d'vne seule parole, rendroyent le faucon domestique, & le feroyent seruir de reueillematin ainsi qu'vn coq, commanderoyent au feu, & feroyent tels autres miracles qu'on dit auoir esté faicts par ce sainct personnage. Mais ce n'est assez d'auoir en la bouche ces beaux mots, Seigneur, Seigneur, pour accomplir ces choses, cependant ne representer Iesus Christ ou S. François que par mines exterieurement, ainsi que singes, sans obseruer en chose quelconque leurs enseignements & volonté. Contre ces freres mendiens ont autres fois escrit Richard Euesque d'Armachan Irlandois, Malleolus Abbé de Zurich, & Iean Euesque Camotense. Plusieurs autres en ont aussi faict mention, les escrits desquels seroyent tolerables s'ils eussent blasmé seulement l'abus de la religion des mendians. Mais c'est assez dit d'icelle. Poursuiuons le surplus.

De l'Oeconomie, ou mesnage en general.

CHAP. LXVI.

SOVS le regime & administration de la chose publique est comprise l'Oeconomie ou science de gouuerner le ménage ou maison, qui est cõme vne republique domestique & vn petit Roiaume priué, dõt il y a plusieurs especes : car il y a mesnagement des cours & maisons royales, mesnagement de la suitte des grands satrapes, & militaire ou de camp. En outre celuy qui touche & appartient au public à la communauté ou mesnagement conuentuel, & celuy qui est priué, particulier ou monaſtique. Or ceſte ſcience enſeigne comme chacun doit gouuerner ſa femme, ſes enfans, ſes seruiteurs, & famille, comme on peut maintenir ſa maiſon & ſes heritages, & d'où il faut tirer les fraits & deſpenſes ordinaires. Outre ce contient tout ce qu'il y a d'aſtuce & fineſſe à l'endroit des rentes & reuenus, de la monnoye, des voictures, peages, diſmes, vſures, monopoles, & toutes les inuentions & nouuelles manieres de chercher gaing & proffit. Plus, tout ce qui concerne les compagnies & communautez, ligues, & alliances, guerres, & proces: toutes leſquelles choſes n'ont aucune certaine reigle ny maniere, & pource ſont appellees irregulieres. A raiſon de quoy l'œconomie proprement ne ſe peut dire art ny ſcience: mais vne certaine prudence & ruſe acquiſe par vſage & couſtume & ſelon l'opinion des hommes conſiſtant en diſcipline & adminiſtration des affaires domeſtiques, à laquelle ſe rapportent les arts & œuures caſanieres & mechaniques, celles toutes qui manient le lin, la laine, le bois, fer, cuyure, & autres diuers metaux, les exercices seruils, comme des Barbiers, de ceux qui tiennent des estuues & baings, tauerniers, & plusieurs autres mestiers & manieres de gaigner le viure & d'accroistre son bien priué & particulier, qui sont esloignees de toute superintendance, soing, & administration des affaires publicques, & de toute speculation belle, gentille, magnanime, & diuine: le nombre desquelles est infini. Tous tels exercices & mestiers sont en effect seruiles, mais il y en a aucuns qui sont perpetuellement alliez à certains vices qui les rendent infames, comme les chartiers, nautonniers, tauerniers, qui sont mal renommez à cause de leur babil & baueries, ainsi que conteurs de nouuelles & de fables, & pareillement les Barbiers, les maistres de baings & les bergers sont tenus pour infames, tesmoin la fable de Midas, l'histoire de Scylla au siege d'Athenes, & le compte de Battus. Les chantres aussi & ioüeurs d'instrumens, gents mercenaires, lesquels pour donner plaisir à autruy se loüent pour ioüer & chanter aux festins & assemblees, sont infames. Mais la vie des nautonniers est meschante & mal-heureuse sur toutes, l'habitation desquels est comme vne prison, le viure dur, grossier, sale, & immonde, les vestemens ords, sans commodité d'aucune chose, perpetuellement bannis de leurs maisons, tousiours vagabonds ou fuitifs, ne sçachans que c'est de repos, tousiours tormentez des vents & des ondes ça & là, perpetuellement exposez à la pluye, aux foudres, esclairs, froid, chaud, & accompagnez de faim, de soif, de crasse, & d'ordure. Auec cela ils sont en dangers ordinaires des Scylles, Charybdes, Syrtes, Symplegades, & autres mauuais rencontres & abbords perilleux de la mer. Les tormentes & tempestes de laquelle sont effrayantes outre mesure. En somme parmy tous ces maux & autres sans nombre sont tousiours au peril de leur vie. Et iaçoit que les mariniers soyent les plus malheureux d'entre les hommes ils sont neantmoins les plus meschans qui viuent. Or entre tant d'arts mechaniques qu'il y a, les principaux & plus honnorables sont la marchandise, l'agriculture, l'art militaire, la medecine, & l'art d'aduocasser: desquelles nous traitterons par ordre l'vne apres l'autre cy apres. Mais examinons premierement les principaux & communs fondements de l'œconomie.

De l'Oeconomie priuee. CHAP. LXVII.

TOute la force & substance de l'œconomie priuee & particuliere gist au mariage. Sur quoy Metellus Numidicus Censeur exhortant le peuple Romain à ne viure point sans femmes espousees, ou sans se marier, dit ainsi: Si nous pouuions nous passer de femmes, nous serions exempts des fascheries de mariage: mais puis qu'il est ainsi ordonné par la nature, qu'en la compagnie d'icelles nous ne sçaurions bonnement iouir d'aucune commodité, & que sans les femmes nostre vie defaudroit, il est necessaire d'auoir plustost esgard à vn bien perdurable, qu'à vne breue volupté. Aule Gelle recite ces parolles. A la verité nul mesnage ny maison peut durer sans mariage.

car sans espouse l'on ne sçauroit maintenir sa lignee, ny auoir hoirs, ny faire mention d'hoirie, & n'auroit on parents ny alliez, ny familles, ny pere de famille. Celuy qui n'a point de femme n'a point de maison: car il ne tient point de mesnage an esté, & s'il en a il demeure & hante chez soy ainsi que fait vn estranger en vne hostellerie: Celuy qui n'a point de femme, pour riche qu'il puisse estre, n'a rien qui soit à luy: car il n'a personne à qui il puisse laisser le sien, ny en qui se fier: tout est abandonné aux aguets & surprinses: ses seruiteurs le pillent, ses compagnons le trompent, ses voisins n'en tiennent compte, ses amis le mesprisent, ses parents le trahissent & espient; S'il a des enfans nais hors mariage, ce sont marques de son des-honneur & de sa honte, & ne peuuent succeder au nom & armes de sa maison, ny à ses biens, à cause de l'empeschement des loix, & est reculé de tous honneurs & administration publique par le consentement de tous les legislateurs. Car celuy qui n'a apprins à bien regir & gouuerner vne maison priuee, n'est pas digne de manier les affaires d'vne republique ou cité, attendu que le vray pourtraict de la republique est le mesnage. Ce qui estoit commun & cogneu entre les Grecs, à raison dequoy Philippe de Macedone voulant establir paix & concorde entre les villes & potentats de la Grece qui querelloyent les vns contre les autres, & Gorgias Leontin recitant és festes olympiques vn liure qu'il auoit composé de la concorde, furent reiectez & mocquez, d'autant qu'eux n'ayans sceu entretenir leurs maisons & familles en bonne concorde se vouloyent mesler d'appointer les autres. Car Philippe auoit sa femme peu accordante auec son fils, & la femme & la seruante de Gorgias estoyent en perpetuelle noise. Ceux là donques, l'autorité desquels & opinion de sagesse n'estoit suffisante pour appaiser les debats domestiques, n'estoyent estimez propres à composer les discordes des autres de dehors. Partant celuy qui ne sçait regir soy mesme & sa maison & mesnage priué, est apellé & esleu à la malheure au gouuernement & administration des affaires de la repubique,

Or ceſt eſtat eſt celuy ſeul qui peut rendre la vie des hommes heureuſe, auquel ils s'occupent à aimer & cherir leurs femmes, éſleuer & nourrir leurs enfans, conduire leurs familles, manier & entretenir leurs biens, auoir ſoing du manoir & habitation, & perpetuer leur race & lignee: auquel s'il aduient quelque ennuy, charge, & trauail, comme il n'y a eſtat aucun qui ſoit exempt de la croix, pour certain il eſt leger & aiſé à porter en mariage, pourueu toutesfois que les mariez ayent eſté conioints, non par l'auarice, par la grandeur, par deceptions & fraudes, ou par fol & deſordonné appetit: mais de par Dieu, qui eſt auteur du mariage, & a ordonné que l'homme lairra pere, mere, enfans, parents, & aliez pour ſe ioindre à ſa partie: l'amour de laquelle doit ſurpaſſer toutes les charitez & dilections que l'on ſçauroit porter à qui que ce ſoit. Ainſi Hector preuoyant la ruine & ſubuerſion de Troye ne ſe tormentoit point pour ſon mal, ny pour celuy qu'il craignoit à ſes freres & parents, mais ſeulement à cauſe de ſa femme: & le fait ainſi parler Homere:

De ma part ie preuoy que la ville de Troye.
Priam, & ses sujects seront liurés en proye.
Mais des Troyens, n'aussi de ma mere la mort,
Ny celle de Priam, mon cœur tant me remord,
Ny de tant de parents qui preux perdront la vie,
Et seront mis à mort par l'espee ennemie,
Que le soucy que i'ay de toy, chere consorte.

Ie confesse que les nopces mal pourchassées menassent l'homme de plusieurs difficultez & mal-heurs, dont Socrates en faisoit quelque iour le denombrement, à sçauoir perpetuelle solicitude & soucy, tourment de jalousies, vne grand' suite de plaintes & querelles, reproches du dot, renfrongnements des aliez, censures & allegations des mariages d'autruy, grands fraiz, incertitude de ce que doiuent reüssir les enfans, la mort d'iceux & de toute la liguée, dont on est contraint laisser son bien à vn heritier estranger, & infinis desplaisirs & douleurs. Ioint que à prendre femme il n'y a presque point d'election, on y va à l'aduenture, & telle qu'on la rẽcontre il la faut garder. Si elle est plaisante, si elle est sotte, si elle est de mauuaises mœurs, superbe, salle &

ordre, laide, impudique, tout ce qui est de mauuais en elle s'apprend apres les nopces, & se corrige à grand peine ou iamais. Les exemples des peruers mariages sont frequents. M. Cato Censorin, le premier homme qui fut en son temps en la republique Romaine, lequel n'auoit son pareil à manier affaires, fust en paix ou en guerre, estant desia vieil espousa vne ieune fille nee d'vn certain Salonius personnage de petit estat, pauure & incongnu: mais elle se comporta auec luy fierement & opiniastrement, en sorte que Cato n'auoit aucune autorité en sa maison. Tibere ayant espousé Iulia fille d'Auguste infame pour plusieurs euidents adulteres, ne l'osoit chastier, ny accuser, ny repudier, & n'auoit le cœur de demeurer auec elle: à ceste cause il fut contraint de se retirer à Rhodes, non sans diminution de son honneur & reputation & en danger de sa vie. Marc Anthonin le Philosophe eut à femme Faustine fille de l'Empereur Antonin le piteux: & pource que par le moyen d'icelle il obtint l'empire, de peur d'entrer en debat & querelle de sa dot, force luy fut de l'endurer & retenir toute putain qu'elle estoit. Vray est que toutes ces incommoditez aduiennent plus par la coulpe des maris que des femmes : car les mauuaises femmes ne se rencontrent guiere sinon aux mauuais maris. Le dire de Varro en Aule Gelle sur ceste matiere est tel: L'homme doit oster ou supporter le vice de sa femme : celuy qui l'oste se la rend plus amiable & traictable. S'il l'endure il se rend luy mesme meilleur, mais nous en auons parlé amplement en l'oraison que nous auons faicte du mariage. Quant à la nourriture des enfans, elle ne succede point bien à souhaict à vn chacun : plusieurs desquels sont mal renommez ou rebelles à leurs peres & meres, autres leur donnent auec cela plusieurs peines & dommages, autres deuiennent insensez ou hebetez & lourdauts, autres meinent leur vie parmy des abimes de tous vices & meschancetez, contournans & dissipãs leur patrimoines en voluptez, paillardises, & ieux illicites, autres mesmes aduancent leurs iours à ceux qui les ont engendrez, ainsi que firent Oreste

& Alcmeon & P. Malleol, qui tuerent leurs meres. Artaxerxes Memnon ayant engendré cent quinze enfans fut contraint d'oster du monde la plus part d'iceux, pource qu'ils l'espioyent & machinoyent contre luy. Parquoy ce n'estoit sans raison qu'Euripides disoit, & apres luy sainct Bernard, que n'auoir point d'enfans est vn bien que chacun ne cognoit pas. Auguste mesme Empereur accompagné de tant d'autres heurs, neantmoins pour le regret qu'il auoit de sa fille & de sa petite fille, prononçoit souuent ce vers d'Homere.

Pleust à Dieu que iamais n'eusse eu femme n'enfans

Les seruiteurs aussi qu'il conuient auoir en mesnage, sont les pires ennemis que nous ayons : il n'y a rien plus dangereux qu'eux, dit Euripides. Le serf est vne possession necessaire mais non pas douce, dit Democrite. Ie sçauois bien, dit Petrarque, que ie viuois parmy des chiens, mais ie ne m'appercevois point d'estre chasseur si l'on ne m'en eust aduerti. Les seruiteurs pour certain sont chiens mordans, gourmaris, abbayans. Et est leur naturel fort proprement descrit par Plaute. Ceste espece d'hommes, dit il, qui doyuent estre maniez à coups de fouët & de bastons, ne pense iamais à faire chose qui vaille, mais si l'occasion se presente, tien, pille, emporte, voyla toute leur occupation : tellement qu'il t'en feroit mieux si tu laissois les brebis aux loups, que de bailler ta maison en garde à iceux. Les façons de faire des seruiteurs enuers leurs maistres, dit Lucien au dialogue de Palinurus, sont perpetuelles mesdisances, larrecins, tromperies, fuittes, arrogances, negligences, yurongneries, gourmandises, tousiours dormir, tardiueté & paresse. Parquoy on dit en commun prouerbe, Autant de seruiteurs, autant d'ennemis domestiques. Vray est que bien souuent ils ne sont point tant nos ennemis de leur malice, que nous les nous rendons tels par nostre superbe auarice & outrages, & en cruautez dont nous vsons enuers eux, exerçans vne tyranie en nos maisons, dominans sur iceux, non selon le deuoir & la raison, mais selon qu'il nous plaist. De ces choses parle ainsi le serf

Strophile és Comedies de Plaute: Les maistres pour vray vsent de leurs seruiteurs iniquement: aussi les seruiteurs ne leur obeïssent qu'à regret: par ainsi d'vne part & d'autre il ne se fait rien bien à poinct, les vieillards chiches & auares serrent sous mille clefs le gardemanger, la cuisine, & toutes choses: & baillent à peine à leurs legitimes enfans ce qui leur doit suffire. Les seruiteurs de leur costé iouent des mains, & font ouuerture par tout auec mille clefs, rauissans à cachettes, consommans, friandans tout leur soul: & ne faut craindre qu'ils confessent iamais leurs larrecins, quand on leur presenteroit cent gibbets. Ainsi les seruiteurs rusez se vengent de leur seruitude, se rians & mocquans de leurs maistres. Parquoy ie conclus qu'il n'y a chose qui rende les seruiteurs fideles que la liberalité. Or par les entreprinses des seruiteurs plusieurs villes & republiques ont souffert des maux inestimables, dont les histoires font foy en ce qu'elles traictent des guerres seruiles. Mais sur tout la ville des Volsiniens iadis riche & oppulente, ornee de bonnes mœurs

& gouuernee par bonnes loix, fut reduite en pitoyable estat par l'insolence des seruiteurs. Car ayans les citoyens permis à leurs seruiteurs trop de priuauté, iusques mesmes à les admettre en leur conseil des affaires publiques, ils en vindrent là qu'ils en reculerent les senateurs, & s'emparerent de tout le gouuernement de la republique, faisoyent faire les testaments à leur appetit, empeschoyent qu'il ne se fist festins ny assemblees aucunes de citoyens de libre condition, espousoyent les filles de leurs maistres. En fin establirent vne loy, par laquelle ils estoyent exemptez de peine s'ils commettoyent paillardise auec les vefues, ou adultere auec les femmes mariees: en fin ordonnerẽt qu'aucune fille ne seroit mariee à homme de libre condition, que premierement quelqu'vn du nombre des esclaues n'en eust cueilli le premier fruict. Tellement que ceste tant magnifique & opulente cité, qui estoit capitale de la Carie, pour trop grande douceur & permission enuers les esclaues tomba au profond des opprobres, iniures, & miseres. Pour certain si l'on ne tient la bride roide aux seruiteurs, ainsi que dit Aristote és politiques, les maistres tombent en leurs aguets & conjurations, comme il aduint aux Lacedemoniens par les Ilotes & aux Thessaloniens par les Prenestins.

Des Courtisans, ou Oeconomie de la Cour.

CHAP. LXVIII.

IL reste à declarer que c'est que l'Oeconomie de la Cour & des maisõs roiales. La Cour n'est autre chose qu'vn college, asséblée, ou congregation de Geants, c'est à dire, de nobles & renõmez vauneãts, vn theatre de meschans satellites, vne échole de corruption de mœurs, & vn receptacle de crimes execrables : là où l'orgueil, le dédaing, & le mespris d'autruy, la rapine, la luxure, l'excez, l'ennie, l'ire, la gourmandise, la violence, l'impieté, la cautelle, la perfidie, le dol, la malignité, la cruauté, & tout tant de vices qui ont iamais esté, font sejour, habitent, regnent & commandent parmy les mœurs corrompuës: où les paillardises, rauissements, & adulteres sont petits ieux & passe-temps des Princes & grands Seigneurs: là où les meres des Rois & des Princes sont souuent maquerelles de leurs enfans, là où regne perpetuellement l'orage & tempeste de toutes meschancetés, & où toutes les vertus se perdent & font pitoyable naufrage. En ce lieu là toute personne qui ayme le bien est foulee & opprimee, le meschant receu & aduancé, les simples mocquez, les iustes persecutez, & les audacieux & impudents esleuez. Là prosperent seulement les flatteurs rapporteurs, mesdisans, calomniateurs, imputeurs, gents promps à faire quelque mauuais seruice, seruiteurs feincts & dissimulez, trompeurs, ennemis de toute bonne renommee, inuenteurs de tout mauuais artifice, faisans estat & profession des plus enormes meschancetez. La vie desquels est toute remplie de vilenie. En somme tant qu'il y a de vice & mauuaistié en toutes les bestes farouches & plus cruelles, il semble qu'il soit amassé au troupeau courtisan comme en vn corps. Là void on la fierté du lyon, la cruauté du tigre, la rage de l'ours, la temeraire impetuosité du sanglier, l'orgueil du cheual, la rapacité du loup, l'obstination du veau, la cautelle du renard, la ruse du cameleon, la varieté du leopard, la mordante aspreté du chien, le desespoir de l'elephant, la vengeance du chameau, la timidité du lieure, l'insolence du bouc, l'immondice du pourceau, la sottise du mouton, la lourderie de l'asne, la badinerie du singe. Là trouue l'on les forsenez Centaures, les pernicieuses Chimeres, les Satyres insensez, les ordes & vilaines Harpyes, les meschantes Syrenes & Scylles monstreuses, les hideuses austruches, les gryphons glouts, les affamez dragons : Et là tout tant de monstres ineuitables & malencontreux qui ont iamais esté produits par la nature violentee & contrainte y font leur habition & demeure. En ceste boucherie toute espece de vertu y trouue ses bourreaux & ses tyrans. En somme ou il faut faire estat de toute malice, iniquité, & impieté, ou vuider de la cour. Il n'est pas permis sans l'aide de

Dieu d'en sortir sain & garenti. Qui veut viure en la crainte de Dieu quitte la cour. Il ne sçauroit aduenir vn plus grand malheur aux villes que quand la cour d'vn grand Prince arriue. Dés qu'elle commence à se remuer & acheminer, c'est comme vn comete de tout mauuais presage, apportant vne contagieuse infection ainsi qu'vne peste mortelle la part qu'elle s'arreste. De quelque lieu d'où elle parte, elle y laisse les marques incurables de sa poison ainsi que morsures de chiens enragez. La cherté de toutes choses l'accompagne perpetuellement, d'autant qu'vn chacun tasche à proffiter auec les courtisans en haussant le prix des denrees & choses necessaires, lequel ne se remet apres sans grande difficulté & dommage. La friandise & superfluité des tables luy est aussi compagne inseparable, & de là apprend le peuple à s'ennuyer des façons ordinaires du pais d'apprester les viandes, & recherche les estrangeres, s'addonnant du tout à la cuisine & à la gourmandise, & consommant ainsi honteusement son bien. La pompe & bombance la suit pareillement : en quoy les citoyens & bourgeois des villes hommes & femmes essayent de l'imiter, apprenant chacun les façons de leurs habillements, & la disposition de leurs maisons & mesnages de la cour & des courtisans, tant qu'ils dependent tout le leur en habits & pompes. La corruption des bonnes mœurs luy fait aussi compagnie ordinaire, introduisant des vices execrables, qui est le plus grand malheur qui y soit. Quand la cour est partie, Dieu sçait la longue queuë qu'elle laisse apres elle. Ceux cy trouuent leurs femmes y estre deuenuë adulteres, ceux là leurs filles violees ou enleuees pour ribaudes, les enfans subornez, les vallets & chambrieres corrompus, Bref grand pleur se void par toute la cité, & sa face est tellement changee, qu'elle est semblable à celle d'vne paillarde.

Ie sçay vne fameuse & renommee ville en France si peruertie & desordonnee pour la frequentation de la cour en icelle, qu'à peine y pourroit on trouuer vne femme de bien, peu ou point de filles s'y maintiennent vierges iusques à leurs nopces; ains ce leur est grand honneur, ce leur semble, d'estre couuertes de la charongne de quelque Courtisan: & les Dames desia âgees prestent la main aux plus ieunes, & leur seruent fort volontiers de maquerelles: & y a prins tel pied ceste vilennie & ordure, que toute vergongne en est bannie & mesmes les maris ne se donnent pas grande peine si leurs femmes paillardẽt, pourueu que pour l'amour d'elles ils en soyent bien venus, bien traictez, & bien repeuz.

Des Gentils-hommes Courtisans.

Chap. LXIX.

E peuple Courtisan est de deux sortes. Les premiers & plus dignes sont les satrappes, à sçauoir les Gẽtils-hommes, ces glorieux Thrasons, qui forcẽnent apres les pompes & superfluitez, habillez d'or & de soye, bigarrez, pourfilez & estoffez en diuerses sortes.

A qui plaisent putains, & de qui le marcher.

Et courbé & rompu, & les cheueux espars,
Et veulent chaque iour nouueaux habits chercher.

Ceux cy consomment & brisent toute leur vertu & vigueur en paillardises, leurs palais & gueulle à mille inuentions : en toutes choses ils cherchent des assaisonnements & façons nouuelles, ils viuent delicieusement, donnent & reçoyuent des banquets magnifiques & somptueux. Entre eux est tenu pour grande louanges si quelcun a si bien despendu, & tant employé d'argent en quelque festin remarquable, qu'il luy conuienne chercher ses repeuës franches, & flairer les tables d'autruy l'espace de trois mois apres. A eux accourent tous les ioueurs de luth & autres instruments, & toute espece de chantres, musiciens, bouffons, basteleurs, parasites, plaisantans pour auoir quelque lippee, putains, maquereaux, balladins, chasseurs, & tels prodiges de l'humaine generation : ils nourrissent des chiens, des cheuaux, des loups ceruiers, des faucons, autours, & autres oiseaux de proye, des singes, des perroquets, & outre cela, s'il y a quelques bestes estranges, laides, faictes par la nature despitee, ils en veulent auoir : ils tiennent des ours, des lyons, des tygres, des leopards. Leurs propos ne sont que pures bourdes & fables inutiles : ils medisent, ils rapportent, ils causent & reuelent, mentent, desguisent, & meslent le vray parmy le faux. L'vn parle de la chasse, des contours des forests, des routes & sentes des bois, & des accidents estranges aduenus aux chasseurs, l'autre deuise des cheuaux & de la guerre, & racompte ses beaux faicts d'armes en mentant. Cependant quelque autre vient à la trauerse, qui par enuie rompt les propos de cestuy-la & met en auant quelque autre fornette, ou se vante insolemment des choses qu'il aura faictes, à fin de se faire priser & estimer. Quelcun là dessus soustiendra choses contraires, le conuaincra de mensonge, & par brocards & paroles piquantes luy fera quitter la place, tellement que bien souuent tous les propos qui se tiennent en leurs assemblees & banquets se terminent par querelles & outrages : & tout ainsi qu'il aduint au banquet des Centaures, les presents de Baccus ne cessent iusques à tant que le sang soit espandu. Ainsi inuitez à ces banquets de courtisans bien souuent s'en reuiennent chargez de coups d'espee, comme si on les auoit appellez à ceste condition, de combattre apres estre bien repeus, & inuitez par tel edict,

Au demeurant, ioyeux d'auoir faict bon affaire
Raffraichissez vous bien, & que chacun espere
Et s'appreste bien tost de venir au combat.

Or la science plus exquise qui soit en eux est de prendre garde à bien choisir le temps & les heures commodes à leurs Princes & seigneurs, à fin de ne se presenter deuant eux ny leur dire chose aucune hors de saison: & ne prennent point leurs obseruations des astres, du ciel, ny des Ephemerides, mais du vin, de la table, des banquets, de la chasse, du coucher, du leuer, s'ils voyent le Prince resiouy de quelque plaisir & volupté qu'il aye obtenué, & autres telles entrees douces, & opportunitez fauorables qu'ils congnoissent, alors ils commenceront à compter quelques nouueautez pour chatouiller les aureilles d'iceluy, & puis peu à peu feront venir à propos ce qu'ils pretendent & desirent, ayans naturellement le conseil qu'Aristote donna à son disciple Callisthenes graué en l'esprit, à sçauoir de dire au Roy de choses plaisantes, ou ne luy parler iamais, à fin qu'en parlant l'on luy soit plus aggreable, ou en se taisant pour le moins on soit hors de danger. Et s'il aduient que le Prince ou Roy soufrie à quelqu'vn d'eux: & face semblant que ce que cestuy là dit luy plaise, s'il a pour aggreable chose qu'il aye faicte, s'il se fie en luy & luy communique quelque affaire, s'il le tire à part pour parler à luy en secret, & ne face semblables faueurs aux autres; pour certain cestuy là sera le grand mignon, chacun le regardera par merueilles, il deuiendra incontinent audacieux enuers tous, il picquera & brocardera vn chacun, mesprisera tout le monde, mesdira à cachettes, reprendra ouuertement, parlera magnificquement: rien ne luy sera impossible, à fin de se faire redouter à vn chacun, foulera les petits, tiendra peu de compte de ses semblables, aura en desdaing les grands, voudra qu'on luy face honneur iusques à l'adorer par force, sera, tout enflé d'orgueil, se surhaussera, & voudra cõmander & faire le Roy luy mesme.

Ce qu'on nomme vertu & force souueraine,
C'est lascher à tous maux de la bride la rene.

Ceux qui ne luy monstreront bon visage, ou n'approuueront par tous signes de liesse ce qu'il fera, encor qu'il ne face rien qui vaille, seront incontinent accusez & estimez ou enuieux de son bon heur, ou de ne l'auoir en telle veneration qu'il appartient à sa dignité, ou de n'auoir esgard à ses bons seruices. Et ceste maniere d'homme n'est pas seulement importune & fascheuse enuers ses semblables ou inferieurs, mais bien souuent sont tres-pernicieux aux Princes mesmes, lesquels ils flattent dangereusement sous pretexte de seuerité, remonstrances, ou conseil, & les precipitent en peruerses & damnables entreprises, ainsi que Curio incite Cesar és poësies de Lucain :

D'où vient ce qu'as esté si lasche ceste estorce?
Doutois tu tant soit peu de nous ou nostre

force?
Tandis que nostre esprit sans cesse en nous battant
Tesmoigne la vigueur d'un poux tousiours constant,
Et que pouuons le dard brandir de main puissante.
Pourras tu bien souffrir la togue forlignante
Du senat & son regne.

Tels instigateurs auoit ordinairement au tour de luy Alexandre le grand, qui incitoyent tousiours de plus en plus aux guerres & aux meurtres son naturel desia assez enclin & facile à forcenner. Roboam pareillement fils de Salomon auoit de tels conseillers à foison, & nos Princes de ce temps en sont assez bien garnis. Ils complaisent aux Princes & aux Rois en toutes leurs cupiditez, luy sont tres-obeissans à executer les meschans & tyranniques commandements ausquels ils les exhortent ou bien les leur desconseillent en façon qu'ils les enflamment encor d'auantage, vsans des remonstrances ou raisons si friuoles & fades que rien plus: & tout à leur escient: pour faire croire au mõde qu'ils ont esté gaignez & cômuaincus par meilleurs argumens, confirmans cependant le Prince credule en ses erreurs, & se sauuant par mesme moyen du blasme de mauuais conseillers, & ainsi trompant d'vne part & d'autre, tant s'en faut qu'ils soyent reprins de leurs trahisons, qu'au contraire on leur en sçait bon gré, & sont estimez gents de bien & fideles. De tels garnements sont remplis les conseils des Rois, tant en France qu'ailleurs, Voila en somme quels sont les gentils-hommes suyuans la cour, l'vn desquels estant offensé tous les autres s'en ressentent.

Des roturiers, negotiateurs, & autres gents de bas estat seruans ou suyuans la cour.

CHAP. LXX.

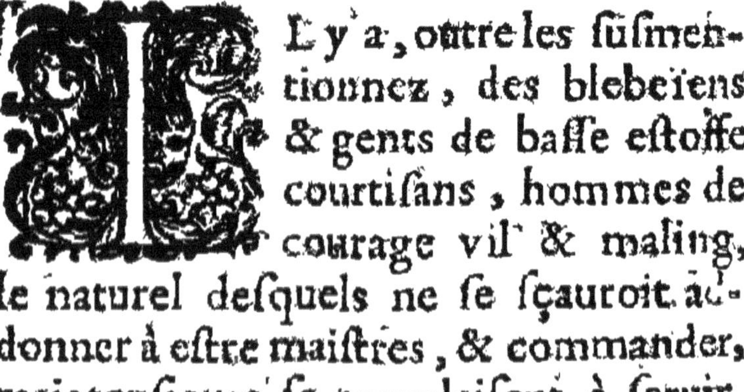

Il y a, outre les susmentionnez, des blebeïens & gents de basse estoffe courtisans, hommes de courage vil & maling, le naturel desquels ne se sçauroit addonner à estre maistres, & commander, mais tousiours se complaisent à seruir.

Telle eſpece de gents rodent par les maiſons des grands Seigneurs, flattans & cherchans leur vie aux deſpens d'autruy, faiſant vn heur de cela. Partant approuuent toutes choſes, complaiſent à tous, flattent vn chacun, & ioüent toutes ſortes de perſonnages, ſe deſguiſans en plus de façons que ne faiſoit Protee pour acquerir la faueur des grands, eſpient & taſchent d'entendre les propos qui ſe tiennent aux tables pour en faire rapport, & s'il y a aucunes querelles, s'enquierent finement des bruits d'vne part & d'autre, & puis donnent des aduertiſſements ores aux amis, ores aux ennemis, ioüans tous les deux perſonnages pour acquerir la grace de l'vn & de l'autre parti, leſquels neantmoins ils trahiſſent : & ſont d'autant plus propres à braſſer quelque trahiſon, qu'on ſe doute moins d'eux à raiſon de leur ſimplicité apparente & feincte. Et iaçoit que de tous les actes meſchans la trahiſon eſt le pire, ſi eſt-ce qu'encor c'eſt vne prattique ordinaire pour paruenir aux honneurs, dignitez, & grandes richeſſes, & le chemin plus bref & aiſé qu'on ſçauroit tenir, voire aggreable aux Rois mesmes, & par iceux recherché. Ils sont donques tousiours par les logis des grands seigneurs, espient leurs secrets à fin d'estre par iceux crains & respectez :& s'il leur aduient de pouuoir descouurir & communiquer aux vilennies ou traihisons d'aucuns, les voila en seureté & en credit.

Qui accuser Verres de ses forfaicts pourra,
Ce sera celuy là que Verres aymera.

Ils ont par ce moyen la familiarité & estroite amitié des plus grands d'entre la noblesse, par le support & ayde desquels ils montent facilement à ce qu'ils desirent. En premier lieu ils requierent & pourchassent d'estre couchez en l'estat de quelcun, sans se soucier beaucoup des gages : car il leur suffit pour bien executer leurs desseings, & faire leur proffit, d'estre aduouez & recongnus pour estre de la maison de quelque Prince, & n'est point cela infructueux ny sans salaire. Cela obtenu il leur est facile de tirer des grands seigneurs ce qu'ils veulent : ils flattent, ils complaisent, & par l'accointance & priuauté qu'ils ont acquise, & moyenuant quelques presents, se donnent entree ou se font voye par quelque autre artifice, en maniere que tout ce que les autres laissent eschapper par crainte des dangers, ou pour ne pouuoir supporter les trauaux, ou pour n'y esperer proffit suffisant, tombe dans les rets de ceux cy, & est par eux recueilli auec grand desir. Ils veillent iour & nuict, voyagent souuent, portent & rapportent des nouuelles & des lettres, entreprennent & supportent grands labeurs & peines, voire choses dignes de milles gibbets tant que par ces merites & bons offices ils sont faicts ou secretaires ou intendans des affaires, ou thresoriers, ou obtiennent quelque autre charge & office. Puis ayant passé toutes les difficultez des trauaux susdits, ils ne font plus rien pour personne sans sçauoir pour combien, ils vendent desormais tout à certain prix & par leur nouuel aduancement aux honneurs, ayans changé de mœurs ne se souuiennent plus de ce qui est passé : ont l'œil & le cœur dressé à l'occasion presente, desirent de pousser plus outre, ne se souuiennent plus de ce qui a esté au commencement, & font peu de compte de toutes leurs congnoissances & amitiez premieres. Se bandent & serrent au fort d'auarice, ne tendans plus qu'au gaing & à la proye en toute leurs actions, chiches en fidelité, larges & prodigues en paroles, flatteurs & trompeurs tout ensemble : leur parler est obscur & ambigu, ainsi qu'estoient les oracles des diables du temps passé : interpretent sinistrement, & prenent en la pire part tout ce qui se dit & fait, ne se fient qu'en eux, n'ayment qu'eux, ne sont sages que pour eux mesmes, ne font compte d'amitié aucune, si elle ne leur apporte gaing, ont leur proffit en recommandation sur toutes choses, mesprisent tous les parents, amis, & compagnons qui ne leur apportent à gaigner, ainsi, que si c'estoient plantes steriles. Si quelqu'n de leurs anciens compagnons les rencontre, ils font semblant de ne le congnoistre, & passent outre, S'ils s'addressent à eux pour estre aidez en quelque affaire, paroles & promesses à foison ne leur deffaillent, mais sans aucun effect. N'apporte-il rien : il est abandonné au besoing, & decheoit de son droict.

droict. Bref tous les plaisirs qu'ils font, c'est à prix d'argent, toute vertu leur est en mespris. Si l'on louë quelcun en leur presence, ils controuueront tousiours quelque chose au contraire. Ils mesdisent par derriere couuertement d'vn chacun, & ne se mettent iamais à bien dire franchement, & sans quelque si, ou mais, de personne quelconque, imitant cest orateur qui disoit, Ie confesse que Iules Fortunat estoit homme vertueux, & à qui l'on ne sçauroit oster ce los d'auoir bien faict & versé en plusieurs endroits: mais ie m'esmerueillerois fort comme il auroit peu eschapper de l'accusation de concussion & pillerie en vn iugement equitable, si ie ne cognoissois l'eloquence singuliere du personnage.

Pelee heureux en fils, Pelee heureux en femme
Auquel, hors de Phocus le meurtre trop infame.
Tout heur estoit escheu.

Outre ce ils beent tousiours la gueule ouuerte aux dons & presents de la cour, ainsi que vautours affamez : ils pourchassent leur proye en tous endroits, & en quelque part qu'elle soit la rauissent à qui ils peuuent, voire d'entre les dents des autres, comme les Harpyes faisoyent les viandes de Phinee. Se resiouïssent fort des trauerses & calamitez de leurs competiteurs : ne sont iamais esmeus à pitié du mal d'aucun: pensent n'estre tenus de leurs promesses s'il ne leur plaist : ne rendent aucun gré à personne, mais redigent tous les hommes en vn article pour indignes d'aucun bien-faict, ou bien les passent par negligence : A plusieurs ils rendent haine pour plaisir, mais c'est en faisant semblant de leur vouloir bien faire, couurant leur ire & mal talent. En somme n'ont esgard à aucun fors qu'au Prince, & encor ne se soucient guieres de luy si ce n'est par crainte, ou pour leur proffit. Ayans ainsi cheminé entre les fraudes, trahisons, peines, & trauaux plusieurs annees, tant qu'ils en ont les cheueux blancs & chenus, & par ces moyens acquis & accumulé grandes richesses, alors ils meslent le ciel auec la terre pour laisser leurs enfans heritiers, non point tant de leurs estats & honneurs, que leurs rauissements & iniquitez.

De serpents & lezards la cigoigne nourrit
Ses petits cigoigneaux pendant qu'ils sont au nid:
Pource quand ils sont grands: ils cherchẽt leur pasture
De serpent & lezards qui leur sont nourriture.
Aussi l'aigle royal, quand dans les bois a pris
Le lieure ou le cheureil, l'apporte à ses petits:
C'est pourquoy quand la faim ses petits aiglons presse,
Et qu'ils peuuent voler, vn chacun d'eux s'addresse
Et cherche mesme proye à celle qu'il a eu
Au sortir de la coque.

Tels sont les artifices des courtisans plebeiens & roturiers, dont plusieurs issus de l'ordure de la plus basse populace montent à tres-grandes charges & maniements d'affaires & de finãces, & se trouuans en credit & autorité presque égale à celle de leurs Rois, amassent des Thresors & richesses de Princes, bastissent des palais & maisons royales. Cependant que les gentils-hommes courtisans, dont nous auons parlé cy-deuant, se consomment en pompes, delices, voluptez, puteries, ieux, chiens, cheuaux, banquets, & braues accoustrements, vendans, & mangeans leurs terres, heritages, chasteaux & patrimoines. Lesquelles choses ces roturiers achettent, & en fin occupent la place de ces nobles par leurs meschantes pratiques cy dessus par nous declaree.

Des Femmes de Cour. Chap. LXXI.

Les femmes de la Cour ont pareillement leurs vices peculiers. Nous en voyons pour certain plusieurs belles de corps, gracieuses, mignonnes, & gentilles, & outre ce bien habillees, ornees, & enrichies de bagues d'or & de pierreries, mais il n'est pas aisé à chacun de penetrer auec l'œil sous ces beaux voiles, qui couurent bien souuent des monstres tres-hideux. Parquoy Lucien les a comparees fort proprement aux temples des Egyptiens, qui estoyent beaux & riches par dehors, construits de belles pierres, & d'ouurages somptueux : mais si l'on s'enqueroit des dieux qui estoyẽt dedans, ausquels ces beaux edifices estoyent cõsacrez & dediez, l'on y trouuoit vn singe, vne cigoigne, vn bouc, vn chat, ou autre ridicule animal. Ainsi en est il de ces dames & damoiselles de Cour, lesquelles sont dés leur tendre ieunesse nourries en molle oisiueté, danses, & toutes superfluitez, abbreuuees de meschantes opinions de paillardises, adulteres, & maquerelages par les histoires & comptes fabuleux, nouuelles faceties, chansons, & poësies, qu'elles lisent & escoutent, d'où elles succent ainsi que le laict de leurs nourrices des mœurs tres-peruerses, legereté, insolence, arrogance, desdaing, impudence, ordure, contention, debat, opiniastreté, vengeance, cautelle, ruse, outrage, babil, hardiesse effrontee, & appetit desreiglé. Elles ont des langues ausquelles le silence est peine & torment, des lévres armees de toute vanité de paroles, qui ne cessent de causer sans se pouuoir lasser, & dire des propos fols & inutiles, & bien souuent tres-ennuyeux à ceux qu'il faut qui les escoutent par force. Quels long deuis pouuons nous penser qu'elles ayent entre elles, quand elles ſont tant d'heures enſemble, ſinon de choſes vaines & friuoles; comme de la maniere de ſe friſer & tortiller les cheueux, les peindre & iaunir, de ſe farder le viſage, en quelle façon il faut trouſſer ſon habillement, marcher ſur la monſtre deuant le monde, ſe leuer, s'aſſeoir, que c'eſt que ceſte cy ou l'autre doyuent porter ſur elles, à quelles il faut donner le deſſus, comme il faut faire les reuerences & ſalutations, à qui elles doyuent preſenter la bouche à qui les mains, quelle monture, quel cheual ou aſne il conuient qu'vne telle aye, quel coche, chariot, ou lictiere, à qui il appartient de porter telles chaines, carquans, anneaux pierreries, & autres affiquets, diſcourans ainſi ſur les articles des loix Semiramidiennes. Parmi elles n'y a defaut de vieille matrones, qui raccomptent combien d'amoureux elles ont eu autresfois. Quels preſents elles en ont receus, auec quelles mignardiſes elles ont eſté courtiſees. Ceſte cy parlera de celuy quelle ayme, ceſte là à peine ſe pourra taire de celuy qu'elle hait, chacune penſe que les autres admirent ce qu'elle dit, & quelquefois meslent en leurs propos des brocards fades, & mocqueries hors de saison, & des mensonges impudentes. Il n'y a faute de querelles & debats immortels entre elles, haines & inimitiez tresaigres, calomnies, detractions, imputation, & generallement toutes les qualitez d'vne mauuaise langue. Elles ont des œillades, des mines, des ris pleins d'attraicts & allechements, des contenances & signes lascifs, des finesses & mignardises des paroles propres à deceuoir leurs poursuyuans & amoureux, pour leur arracher quelques presents. S'ils ont quelques aneaux, quelques bagues, quelques chaines ou bracelets, elles les en desgarnissent par douces paroles, par flatteries, par prieres, les payans de baisers, d'accollades, attouchements & menus deuis qui est leur commune mercerie, & l'entretenemēt de l'amour courtisan. I'ay honte de declarer plus auant les ordures qu'elles commettent souuent en secret en leurs chambres & retraictes, lesquelles estans puis reuestues de leurs habillements elles cuydēt auoir du tout couuertes & cachees. Ie laisse penser à vn chacun quelle foy & integrité telles filles peuuent apporter à ceux qui les prennent en mariage: Quelles afflictions & desplaisirs reçoyuent leurs maris quand elles leur reprochẽt leurs dots, leurs races, leurs beautés, les mariages d'autruy, estourdissans les pauures hommes par crieries, noises, iniures, & plaintes ordinaires, ayans en desdain les tables sobres & modestes de leurs mesnages & maisons, & regrettans tousiours les pompes, superfluités, & delices de la cour où elles ont esté nourries; Elles consomment leurs reuenus par leur ambition & conuoitise d'estre braues & bien ornees, ruinent & d'estruisent les maisons, & souuent contraigent leurs maris de s'addonner à exercices illicites & mauuaises prattiques pour gaigner de quoy satisfaire à leurs appetits, ne cessans iour & nuict de leur machiner quelque trõperie, feintise, trahison, & hypocrisie. Ie passe les amours estrangeres, les adulteres clandestins, les suppositions, d'enfans conceus de l'œuure de quelque amoureux, & (cõme si vne fois elles se mettent à hair) la ialousie viendra en auant ou le poison sera preparé. Car les artifices des meschantes femmes sont, à ce que dit S. Hierosme contre Iouinien, dol, fraude, empoisonnement, breuuages nuisans & les vanitez magiques. Par tels instruments Liuia se despecha de son mary qu'elle hayssoit par trop, luy faisant boire du suc d'aconit. Lucille tua le sien par ialousie, luy faisant humer la rage au lieu de l'amour dans vn breuuage qu'elle luy auoit apresté. Tellement qu'il est plus expedient & meilleur de viure entre les lyons, comme dit l'Ecclesiaste, & demeurer parmy les dragons, qu'auec vne mauuaise femme. Partant ie conclus, que quiconque voudra auoir vne femme obeissante & traictable, ne la prenne point nourrie à la Cour. Comme aussi, la femme qui voudra se marier auec vn homme de bien, ne doit chercher vn courtisan. Mais possible en ay-ie trop dit, il n'y a remede: ce qui est dit est dit, & ne me puis retracter. Ie m'arresteray toutesfois icy, & mettant ma main sur ma bouche tairay le surplus du mal qui est à la Cour, laquelle ie laisse la pour traićter des autres parties de l'œconomie, & discourir de la marchandise, agriculture, gendarmerie, & du surplus des arts & disciplines mechaniques.

De la Marchandise. CHAP. LXXIII.

A marchandise est celle qui recherche subtilement & diligemment les gains proffits cachez, desireuse outre mesure de la proye apperceuë, laquelle iamais n'a l'heur de la iouïssance de ce qu'elle a, mais tousiours est stimulee d'vn miserable desir de plus auoir. Ce neantmoins il a semblé a plusieurs qu'elle est de grande aide & profit à la republique, donne plusieurs moyens & commoditez de ioindre les peuples & Princes estrangers par alliances & amitiez; & outre ce est tres-vtile, voire necessaire à la vie priuee des hommes. Pline entre autres pense qu'elle aye esté introduite pour viure: & pour ce plusieurs illustres personnages & pourueus de sagesse, n'ont desdaigné l'exercice d'icelle, comme Thales, Solon, & Hippocrates, selon que tesmoigne Plutarque. Or combien que nous voyons quelques sciences, arts, & exercices receus à cause de la volupté, autres estimez à raison du labeur, certains suyuis & aymez à cause de la vertu & honnesteté, & autres honnorez pour la verité & iustice: il ne s'ensuit pas pourtant que tous ceux qui apportent gaing & plaisir, ou sont de labeur, voire mesme necessaires, soyent quant & quant loüables, iustes, ny honnestes, & pource, ores que les estats & exercices des marchans banquiers & changeurs soyent necessaires, vtiles, & de grand trauail, ils sont neantmoins vils, peu honnestes, & de mauuaise prattique: car les fraudes penibles & laborieuses (& non pas ouurages) sont par eux exposees en vente: ce qui n'est à faire a hommes ronds, francs, & iustes: mais a cauts & rusez trompeurs. Les marchands achettent en vn lieu pour vendre ailleurs leur marchandise auec gaing, & est celuy estimé plus habile & mieux entendant son art, qui la vend auec plus grand proffit. Cependant le mensonge le pariurement, la tromperie & decention leur sont choses familieres & ordinaires, & n'estiment aucun moyen de proffiter des-honneste, & mesmes disent qu'il leur est permis par les loix de deceuoir ceux qui negocient auec eux d'outre moitié de iuste prix. Et n'y a doute aucune qu'ils n'vsent ainsi, ou pour mieux dire qu'ils ne commettent des abus en cest endroit infames & dignes de chastiment, attendu que toute leur vie est addressée & instruicte à faire gaing, & à accumuler richesses. Nul peut deuenir riche sans tromperie, dit S. Augustin, ny proffiter s'il ne fraude. Et faut que celuy qui expose sa mercerie en vante, la prise & louë plus que de raison.

Les marchands fausseront, pour leur gaing prolonger,
Leur foy, dignes pour vray aux fonds d'enfer plonger.

Qui achette, qui vend, qui porte, qui transporte, qui est crediteur, qui est debiteur, qui paie, qui reçoit, qui tient les comptes & liures de raison, & tous tant qu'ils sont iurent & se pariurent trompent, deçoiuent, & mettent l'ame le corps, & les biens au hazard, pourueu qu'il y aye eſpoir de gaigner, & ne congnoiſſent amitiez, parentez, ny alliances, ſinon au ſeul gaing qu'ils en reçoyuent. Bref tous courent apres le proffit & les richeſſes, tant que leur vie dure, comme s'ils ne pouuoyent trouuer ailleurs repos de leurs trauaux, ou ſoulas en leur vie.

Le marchand alteré courra iuſqu'en Indie,
Et ne craint roche, eau, feu, pourueu qu'il ne mendie.

Quant aux tromperies que les marchands font en la laine, au lin, en la ſoye, teinctures, ioyaux, drogues, & eſpiciers, cire, huile, vin, bled, cheuaux, & autres animaux, & en ſomme en toutes eſpeces de marchandiſe, il n'y a celuy qui n'en ſoit aſſez aduerti, qui ne les voye & touche, ſinon qu'il ſe trouuaſt quelcun qui n'euſt iamais ſenti dommage par eux. Ceux là ſont les moindres maux qu'ils facent: mais il y en a biẽ de plus grands ſans comparaiſon: ce ſont eux qui nourriſſent en delices & molles voluptez les peuples apportans de terres eſtranges & loingtaines, voire du bout du monde, des denrees & merceries dommageables, leſquelles pour leur rareté sont desirees & enuiees par les femmes & enfans, ne seruans toutesfois à aucun bon vsage de la vie, mais seulement à pompes, excez, desguisements, appasts & liens de plaisirs vicieux. Ce sont eux qui espuisent les prouinces & Royaumes de deniers, qui y corrompent les bonnes mœurs introduisans des vices incongnus & estranges, qui y changent les coustumes anciennes, & mettent en auant des nouueautez & façons de faire reprouuees. Ce sont eux qui par complots & monopoles contre toutes loix & coustumes, droit & equité, essayent & remuent toutes choses, & inuentent mille moyens pour piller tout vn païs, entreprennent tout au dõmage des autres, & par les moyens qu'ils ont d'assembler deniers deuancent vn chacun, mettẽt, la cherté aux choses, à fin d'intimider les autres pour achetter eux seuls, & pouuoir apres vendre à leur appetit encor plus cherement. Souuent apres qu'ils ont amassé grandes sommes de deniers d'autruy, ils se retirent ailleurs, faussent leur foy, & font banqueroute, sans retour, ou bien tard, fraudans leurs crediteurs, & les reduisans au desespoir. Ce sont eux qui lient & deslient les bourgeois des villes par cedules & obligations, & les tiennent endebtez si estroictement qu'ils ne se peuuent desuelopper de leurs penibles, mortels, & ineuitables liens, mettans interests sur interests, en sorte que les citez en sont accablees & ruinees, & ainsi addonnez perpetuellement aux vsures, deuorent toute la substance des peuples. Ils rongnent les monnoyes, donnent cours aux especes, les haussans & baissans selon qu'il est expedient & opportun à leurs gaings & traffics, non sans grand dommage du public. Ils seruent bien souuent d'espies pour apporter les secrets des Princes, & determinations des conseils, ou les bruits qui courent par le pais, & les font entendre aux ennemis : & quelquesfois attentent contre la vie des Princes pour gaigner de l'argent qu'on leur aura promis à c'est effect. En somme il n'y a rien qu'ils ne facent entreprennent, endurent ou ne vendent pour le desir de la pecune. Tout leur soing occupation, & inuention n'est que mensonge, fard, d'ābiguité de paroles, guettes espiements, trahisons, fraudes, & tromperies euidentes. A ceste cause les Carthageniens auoyent assigné aux marchands vn quartier separé en leur ville pour habiter, & leur estoit permis de venir par certaines ruës seulement au marché & place publique, mais interdict d'aller, ny mesmes de regarder les autres endroits secrets de la cité, notamment le port ou haure. Les Grecs ne les receuoyent nullement au dedans des villes, mais pour plus grande asseurance des citoyens ils ordonnoyent les halles & marchez où se vendoyent les denrees & marchandises hors le pourpris des murailles. Plusieurs autres nations ne souffroyent les marchands aborder en leur païs pour ceste seule cause : qu'ils gastoyent & corrompoyent les mœurs & coustumes des lieux où ils frequentoyent. Les Epidauriens s'estans apperçeus que leurs citoyens par le commerce & negociation frequente qu'ils auoyent auec les habitans de la Sclauonie deuenoyent meschans, & se desbauchoyent des mœurs & façons de viure anciennes de leur païs, craignans que par ceste contagion estrangere il ne se fist quelque nouueauté en leur republique, ordonnerent que tous les ans on enuoyeroit vn des plus graues & honorables d'entre leurs citoyens en Sclauonie, auquel vn chacun des autres donneroit commission des choses qu'il voudroit marchander & trafiquer. Plato blasme les marchands, à cause qu'ils contaminent les bonnes mœurs, & dit qu'il doit estre defendu par loy expresse és republiques bien ordonnees que les delices estrangeres n'y soyent apportees, & qu'aucun des citoyens ne voyage parmy les estrangers deuant qu'il ayt quarante ans accomplis, & que les estrangers soyent renuoyez en leur païs, pour autant que par telles communications auec les autres nations les naturels desapprennent la sobrieté & modestie de leurs ancestres, & la desdaignent, qui est la seule cause de l'appauurissement & ruine des villes, & ce qui les rend souillees & infectees de paillardises, adulteres & de toute espece d'exces & appetits desreiglez, ainsi que les villes de Lyon & Anuers, tres-fameuses retraictes de marchands, en donnent tres-certain tesmoignage & exemple. Aristote pareillement admonneste que l'on prenne garde que les villes ne soyent corrompuës par le meslange des estrangers : & nonobstant que les marchans soyent necessaires en vne ville, qu'ils ne doyuent pourtant estre receus au nombre des citoyens, lesquels aussi il deteste pour ceste raison, qu'il prennent plaisir à mentir, sont litigieux & plaideurs, engendrent des tumultes, & sement des discordes. En outre en plusieurs republiques les marchands n'estoyent admis aux dignitez des magistrats, n'auoyent entree au Senat, ny voix au conseil : & ce par loy ancienne: finalement la marchandise est condamnee totalement par les Theologiens & par les Decrets Canoniques recueillis de Gregoire, Chrysostome, Augustin, Cassiodore, & Leon : & est interdite à tous vrais Chrestiens. Car le marchand ne peut plaire à Dieu, dit Chrysostome parquoy qu'aucun Chrestien ne soit marchand, ou s'il le veut estre, qu'il soit retranché de l'Eglise. Augustin dit semblablement que les marchands, ainsi que les gents de guerre, ne sont iamais vrais penitents.

Des Financiers. CHAP. LXXIII.

LEs gents de finance ne sont guieres meilleurs que les marchands. C'est vne espece d'hommes addonnez à larcin, & pour la pluspart de naturel seruil & mercenaire, grossiers, rudes, & lasches de courage: mais audacieux & deshontez, n'ayans autre sçauoir ny industrie, fors que certains petits artifices de leur mestier, comme d'escrire & compter: mais sur tout ont certaines formes de desrober qui ne sont point vulgaires ny communes aux autres larrons, ains fort subtiles & ingenieuses. Parquoy ils sont larrons plus que tous les autres hommes viuans, & deuiennent riches en ioüant des doigts, comptant, & maniant plusieurs milliers d'escus, & ont les mains si gluantes & crochuës, qu'il faut que l'argent demeure attaché dés qu'ils le touchent, sans qu'il soit possible de l'empescher. Ils sont toutesfois moins dommageables que les marchands, pour ce qu'ils n'espient que les bourses des Princes & des Rois, &

apres qu'ils ont bien desrobé, ils despendent fort volontiers à l'amour, au ieu, en banquets, & bastiments, à entretenir des bouffons & plaisanteurs, & à nourrir des cheuaux & des chiens. Ou bien estans deuenus vieils & plus sages, ils nous laissent des enfans qui sçauent bien tost voir le bout de ce qu'eux ont raclé & ramassé par le menu par diuerses rapines, pariurements, larrecins, & meschancetez, n'espargnans aucune despense pour faire grand chere, paillarder chasser, & estre braues en accoustrements, & en somme pour se souler de tous les plaisirs qu'ils desirent, tant qu'ils mettent leurs patrimoines bien tost en milles pieces & lopins, & le consomment miserablement. Au reste les Thresoriers, Receueurs & payeurs prestent & aduancent auec vsures, prennent des presents dilayent les payements, en retiennent vne partie, s'entendent auec les Capitaines & chefs de guerre, dressent des faux rooles, contrefont les signatures, crochettent les lettres, falsifient les seaux, roiguent la monnoye; & souuent en forgent de fausse & de mauuais aloy:

partant ſon volontiers amis & familiers des alchemiſtes, & s'addonnent bien ſouuent à ceſt art là: Où, s'ils n'ont l'eſprit de le comprendre, fauoriſent & aydent à ceux qui s'en meſlent. Mais puis que l'opinion de Cicero eſt que la marchandiſe qui s'exerce en gros auec grand fonds, & qui apporte de tous endroits beaucoup de commoditez ſans fraude, n'eſt point du tout à blaſmer, & que les marchands & financiers meritent loüanges lors qu'eſtans remplis & ſoulez des gains ils ſe ſçauent retirer en leurs maiſons aux champs, & là vacquer à cultiuer, entretenir, & faire valoir leurs poſſeſſions, il ſera bon de declarer icy que c'eſt qu'on doit tenir & croire de l'agriculture.

De l'Agriculture. CHAP. LXXIIII.

L'Agriculture donques, laquelle comprend la nourriture du beſtail ou bergerie, la peſche, & la chaſſe, fut iadis tant eſtimee que les Empereurs Romains, Rois treſ-puiſſans, & grands Capitaines n'auoyent point de honte de cultiuer les champs manier les semences, enter & planter le arbres eux mesmes. A icelle s'adõna Diocletian, delaissant l'Empire, & Attalus quittant l'administration des affaires de sõ Royaume. Et Cyrus ce grand monarque des Perses auoit de coustume de faire monstre à ses amis qui le venoyent visiter de ses iardins & vergers semez & plantez de sa main, & des abres qu'il auoit disposez à la ligne luy mesme. Seneque plantoit des palmes, fouissoit des viuiers & estangs, & faisoit des conduits pour faire couler les eaux, & y trauailloit luy mesme, & ne demeuroit plus volontiers en lieu du monde qu'aux champs. De l'agriculture & de l'estude d'icelle prindrent leurs surnoms plusieurs tres-nobles & illustres familles, comme les Fabiens. Lentules, Cicerons, Pisons, & autres, à cause de la multitude des febues, lentilles, ciches, & pois.

De la Bergerie & pasture du bestail.

CHAP. LXXV.

PAr mesme raison de la nourriture de diuerses especes de bestail furent surnommez plusieurs, comme les Iuniens,

Bubulces, Statiles, Taures Pomponiens, Vituliens ou Vitelliens, Porciens, Catons, Anniens, & Capriens Pasteurs & bergers furent Romulus & Remus fondateurs de la ville de Rome. Du rang des pasteurs fut esleué Diocletian à l'Empire. Spartacus, l'effroy de l'Empire Romain auoit esté pasteur. Pasteurs estoyent Paris & le pere d'Enee Anchises, & le beau mignon & bien aymé de Venus Endymion. Polypheme aussi & Argus aux cent yeux estoyent de cest estat. Apollo entre les Dieux de l'antiquité mena les troupeaux d'Admetus Roy de Thessalie, & Mercure inuenteur des chalumeaux fut chef & prince des pastres, & son fils Daphnis pareillement. Pan fut estimé Dieu des pasteurs, Prothee Dieu & pasteur tout ensemble. Et pour n'oublier les Patriarches, Iuges & Rois du peuple Hebrieu, pasteurs furent les principaux hommes d'entre eux, & les plus aggreables à Dieu, comme Abel le iuste, Abraham le pere de plusieurs peuples, & Iacob le pere de la nation esleuë, Moïse leur legislateur & Prophete tres-familier à

Dieu, & le Roy Dauid, celuy que Dieu tesmoigne auoir trouué selon son cœur & sa volonté. Entre les Grecs plus anciens ceux qui estoyent les plus renommez & apparents estoient tous pasteurs. Dont vindrent les tiltres & epithetes de Polyarnes, Polymeles, & Polybotes, à sçauoir pour la multitude des aigneaux, des brebis, ou des bœufs, que les hommes possedoyent. L'Italie pareillement a esté ainsi appellee à cause des veaux que les Grecs appelloyent Itales, comme il est notoire à vn chacun. Les destroits de Constantinople, & celuy de Caffa se nommoyent Bosphores, à cause du passage du bœuf. La mer Egee & la ville d'Argos Hippion estoyent ainsi appellees à cause des cheures & des cheuaux. Et le trait d'Afrique, dit iadis Numide, estoit ainsi nommé à raison des grands pastis. Le premier exercice des hommes, aussi tost apres la cheute d'Adam, fut la vie pastorale. D'icelle nous vient le laict, le fromage, le beurre, outre les chairs de leurs portees pour nostre nourriture. Elle nous fournit laine, fourrures, & cuir pour nous habiller: brief tout ce qui en reuient est tres-vtile & necessaire à la vie de l'homme, lequel a eu permission d'en vser : mais seulement apres le peché d'Adam : Car au parauant Dieu auoit ordonné que l'homme viuroit au Paradis seulement des fruicts que la terre produisoit d'elle mesme.

De la Pesche. CHAP. LXXVI.

LA pesche & la chasse suyuent. Quant à la pesche, les Romains la prisoyent & frequentoyẽt en telle sorte, qu'ils peuployent la mer Italique de poissons estrangers, lesquels ils faisoient conduire dans les nauires d'autres endroits du monde fort esloignez, & les gettoyent en leurs riuages tout ainsi que s'ils eussent ietté du grain ou semence dans les champs labourez : croyans par ce moyen de faire quelque grand proffit au public. Outre ce ils faisoyent cauer des viuiers, estangs, & reseruoirs à grands frais, esquels ils nourrissoient des plus rares, & exquis poissons dont plusieurs familles furẽt pareillement surnommees, comme les Liciniens, Murenes, Sergiens, Orates. A ceste occasion Cicero appelloit L. Philippe & Hortense poissonniers, à cause de ces boutiques & reserues de poissons. Nous lisons que Octauian Auguste prenoit plaisir de pescher à la ligne. Et que Neron, à ce que recite Suetone, peschoit auec des filets d'or noüez, & garnis de cordages teincts en pourpre & escarlatte. Les manieres de prendre les poissons ne sont grandement diuerses. L'on vse de rets ou filets, d'hameçons, nasses, dards, arbalestes, rasteaux & amorces, & par tels instruments se prennent tous les poissons que l'on veut. Or la pesche est aucunement moins estimee, à raison que le poisson est vne nourriture dure & mal propre à l'estomac, & aussi que d'iceux l'on ne fit onques oblation aux dieux: Car nul n'a leu ny ouy dire que l'on en aye iamais vsé aux sacrifices.

De la Chasse. CHAP. LXXVII.

A La chasse, tant des animaux terrestres, que des oiseaux, on vse des mesmes artifices qu'à la pesche : & en outre la force & trauail du corps y est requise, & se sert on de toilles & paux, de rets, de lacs, collets, pieges, & trappes de diuerses inuentions. Pareillement de gluaux, de chiens, de loups ceruiers, & d'oiseaux de proye de plusieurs especes, & autres bestes appriuoisees pour le seruice des chasseurs. Dont l'art à la verité est detestable, l'occupation vaine, l'effort & trauail malheureux, de ne cesser iour ny nuict de poursuyure, combattre, & massacrer les bestes, auec tant de veilles, de labeur, & de peines. Art, dis-ie, cruel & du tout tragique n'ayant autre subiect, plaisir, ny volupté qu'en la mort & au sang, choses horribles au naturel de l'homme. Ce a esté dés le commencement du monde tousiours l'exercice plus aggreable des plus meschans hommes & plus grands pecheurs : car Cain, Lamech, Nembor, Ismaël, Esaü ont esté remarquez du tiltre de puissans veneurs par l'Escriture saincte, en toute laquelle on ne trouue aucuns s'estre addonnez à la chasse, fors que les Ismaëlites, Idumeẽs, & semblables natiõs, qui ne cognoissoyent point le vray Dieu. La venerie a donné commencement à la tyrannie, aussi n'eust elle peu auoir auteur plus propre ny accommodé que celuy qui auoit apprins parmy la tuerie & boucherie des animaux, & les bouillons & ruisseaux de sang respandu, à mespriser Dieu & la nature. Neantmoins les Rois de Perse l'ont frequentee comme vne exercice propre pour dresser les hommes aux trauaux & ruses de la guerre, pour autant que la chasse a ie ne sçay quoy de ressemblance à la guerre en cruauté, quand on lasche les chiens rauissans apres vne beste, & que l'on prend plaisir de luy voir iecter le sang de tous costez, la demembrer & faire mourir de la plus aspre mort que l'on sçauroit dire, & que ce pendant le veneur inhumain se rit & y prend vne delectation incroyable & puis s'en reuient au logis auec toute sa trouppe, rapportant comme en triõphe la miserable proye abbatuë par vne armee de chiens, ou prinse, frauduleusement, à l'aide des rets & paneaux: Là où l'on apprește vne cruelle boucherie, & y est la beste desmembree par ſinguliere, maiſtriſé, ayant ſes mots & vocables appropriez (car il n'eſt pas licite d'vſer d'autres termes que de ceux de l'art.) O la magnifique folie, ô la glorieuſe guerre que celle de la Chaſſe, à laquelle les hommes par trop addonnez changent peu à peu la nature humaine, & transforment leurs mœurs en celles des beſtes ſauuages, ainſi que fit Acteon. Par laquelle aucuns ſont tõbez en telle phreneſie, qu'ils ſont deuenus ennemis de nature, ainſi que les fables ont donné à entendre ſous le nom de Dardanus. Les inuenteurs de ce malheureux artifice, à ce que l'on trouue par eſcrit, furent les Thebains peuple remarquable en fraudes, larrecins, & pariurements, deteſtable par ſes parricides & inceſtes, leſquels communiquerent les preceptes & ruſes d'iceluy aux Phrygiens, nation autant impudique qu'iceux, mais ſotte & legere. Partant les Lacedemoniens & les Atheniens hommes plus graues en ont faict peu de compte. Mais apres que les Atheniens eurent rompu les deffenſes de la Chaſſe, & qu'ils introduirent publiquement en leur republique l'art

& l'exercice d'icelle, la ville tost apres fut prise. Surquoy ie m'esmerueille comme Platon: Prince des Academiques, l'aye loüee & estimee, si ce n'est qu'il aye voulu entendre que les accidents & occasions honnestes qui peuuent inciter les hommes à chasser, rendent l'art recommandable, & non pas le plaisir: comme quand Meleager tua le sanglier de la forest de Calydon, qui destruisoit le païs, regardant au bien qui en reuiendroit au public s'il deliuroit son païs de ceste beste malfaisante, & non à sa volupté. Et Romulus qui couroit les cerfs, non pour delectation, mais par necessité, pour se nourrir luy & ses compagnons. L'autre espece de chasse, qui est appellee fauconnerie, n'est pas du tout si cruelle, mais bien autant vaine que la venerie. Ceux qui en font estat se iouënt des oiseaux du ciel, ainsi que dit Baruch. L'inuentiou d'icelle est attribuee à Vlysses, lequel fut le premier qui apporta en Grece des oiseaux armez, appriuoisez, & instruits à la chasse, apres la prinse de Troye, pour resiouir & faire passer les ennuis de ceux qui auoyent perdu leur parents & amis en ceste guerre là. Toutesfois il commanda à son fils Telemachus de ne s'y addonner nullement. Or ces exercices seruils & mechaniques sans doutes sont venus en telle reputation, qu'à present ce sont les premiers rudiments de noblesse, toutes sciences & arts liberaux recullez & mis en arriere, & que par la voye d'iceux l'on paruient aux plus hauts degrez d'honneur, & n'est la vie des Rois, Princes & grands Seigneurs, ny la religion des Abbez, Euesques, & Prelats (ô grand creue-cœur) autre chose auiourd'huy que toute venerie & fauconnerie : en icelles chacun d'eux s'exerce & essaye toute sa force & vertu.

Et en son cœur a desir singulier
De renconter vn escumant sanglier,
Ou qu'vn lyon auec sa rousse peau
Fonde du mont dans le chasseur trouppeau.

Ceux, dis-ie, qui deuroyent estre patrons & exemplaires de patience, cherchent iournellement de trouuer quelque proye. Les animaux, qui naturellement sont libres, & selon la disposition des loix ciuiles, appartiennent aux premiers qui s'en emparent, sont vsurpez par la tyranie des grands, & à eux seuls attribuez par violentes prohibitions & defenses : les laboureurs sont chassez de leurs terres, les possessions vsurpees aux païsans, les champs depeuplez d'habitans, les forests & les pasturages interdits aux communes, à fin que les bestes sauuages s'y puissent engraisser pour le plaisir & delices des grands Seigneurs, ausquels seuls il appartient d'en manger : & si quelque villageois ou autre roturier estoit si osé d'en gouster, on luy fait soudain son proces, ainsi que attaint de leze-Maiesté, & est faict aussi la proye de ce veneur.

Cherchons dans les liures, & ie m'asseure que nous n'y trouuerons aucun sainct ny sage personnage ou Philosophe qui aye esté chasseur, mais bien plusieurs pasteurs & aucuns pescheurs. S. Augustin dit que l'art en est du tout meschant, & les saincts conciles Elibitain & d'Orleans l'ont defendu entre le clergé, & condamné. Et és decrets & saincts Canons non seulement son reiectez les chasseurs des ordres sacrez, mais, s'ils estoyent prestres au parauant ils en sont desmis & degradez. Es mesmes saincte Escritures on lit qu'Esaü estoit chasseur, pour autant qu'il estoit pecheur, & ne se trouue en tout le contenu d'icelles le vocable de veneur ou chasseur iamais prins ny entendu en bonne part. Parquoy nul ne doit plus faire doute que l'art & exercice de chasser ne soit reprouué, puis qu'il est reiecté & condamné par tous les saincts & par les sages. Aux premiers temps, lors que les hommes viuoyent en pure innocence, nul animal ne s'enfuyoit de la face de l'homme, il n'y auoit aucunes bestes mal-faisantes ny dangereuses : toutes estoyent priuees & obeissoient à l'homme : dont les exemples & tesmoignages ont esté veus és temps suyuans aux hommes qui menoyent bonne & saincte vie, lesquels ont esté asseurez entre les bestes farouches, & sont eschappez sans estre offensez, ainsi que Daniel d'entre les lyons Paul de la morsure de la vipere : les corbeaux ont nourri Helie le prophete : & vne biche Paul & Anthoine hermites. Gilles Helenus Abbé commanda à vn asne sauuage, lequel obeit & porta les hardes du S. homme, il commanda à vn crocodille, & il passa outre vne riuiere. Plusieurs hermites habitans és deserts dans les cauernes & repaires des bestes sauuages, sans crainte conuersoyent auec les lyons, les ours, & les serpents. Mais il est certain que quand le peché est venu au monde, la malice & nuisance des animaux s'est mise en auant, la persecution d'icelles & leur fuite a commencé, & a esté inuentee & introduite de la chasse: Car, comme dit S. Augustin au troisiesme sur Genese, les animaux n'ont point esté creez dés le commencement venimeux ny ennemis & dangereux à la generation humaine, mais sont deuenus tels apres le peché. Ce qui a esté faict & ordonné par le conseil de Dieu en peine & chastiment de l'iniuste rebellion de nos premiers peres, ce qui appert par la sentence donnee contre le serpent: Ie mettray, dit Dieu, inimitié & haine entre toy & la femme & entre ta semence & la sienne. De cest arrest est procedee la guerre des chasseurs, à sçauoir des hommes auec les autres animaux.

Conclusion du discours de l'Agriculture & de ses adherentes.

Chap. LXXVIII.

Ais reuenõs à l'Agriculture. D'icelle, de la bergerie, pesche, venerie, & fauconnerie, ont escrit Hiero. Philometer, Attalus, & Archelaus Rois, Xenophon & Mago Capitaines, & Oppian le poëte, & outre ceux là Cato, Varro, Pline, Columella, Virgile, Crescence, Palladius, & plusieurs autres plus modernes. Cicero pensoit qu'il n'y eust art ny exercice meilleur, plus proffitable, plus doux, plaisant, ny plus digne d'vn gentilhomme. Et n'ont esté en petit nombre ceux qui ont colloqué en iceluy tout l'heur & la felicité qu'on sçauroit desirer. Pource sont les laboureurs appellez bien fortunez par Virgile, & bienheureux par Horace: pour ceste raison l'oracle declare vn certain Aglaus tres-heureux, lequel ayant vn petit heritage en Arcadie le labouroit, & n'en estoit onques sorti, ayant par ce moyen garenti sa vie de plusieurs maux, en se contenant sans conuoitise. Mais ces hommes misera-bles, qui ont faict si grand cas de l'agriculture, ne sçauoient point que c'est l'effect produict du peché, & vne malediction de Dieu souuerain : Car ayant chassé l'homme du Paradis, il l'enuoya aux champs, disant au preuaricateur Adam, la terre est maudite en ton labeur, tu mangeras d'icelle en ton trauail tous les iours de ta vie, elle te produira espines & chardons, & mangeras l'herbe des champs : En la sueur de ta face tu mangeras le pain iusques à ce que tu retournes en la terre de laquelle tu as esté prins. La rigueur de laquelle sentence est principalement esprouuee par les laboureurs & villageois, lesquels labourent à la charruë, sement hersent, pouent houent, fauchent, moissonnent, vendangent, paissent, tondent, chassent & peschent continuellement, & bien souuent apres plusieurs peines & labeurs la tempeste gaste les champs, & rauit leur pain, le bestail meurt ou est emmené par les gensdarmes, l'vn pert sa chasse, l'autre sa pesche : la femme ce pendant pleure en la maiſon, les enfans crient à la faim, & derechef il faut retourner au trauail, auec eſperance autant incertaine qu'auparauant. Sans ceſte horrible malediction il n'euſt eſté beſoing de cultiuer la terre par art, de mener paiſtre le beſtail, de peſcher, de chaſſer, de voller: Car toutes choſes euſſent eſté produites ſans peine. La terre euſt abondé de toutes ſortes de fruicts d'eſté & d'hyuer, les prez touſiours veſtus de verdure, floriſſans & rendans odeur tres-ſouëfue. Bref la terre n'euſt porté aucune poiſon ny herbe nuiſible, ny aucun arbre ſterile ou inutile; & euſſent eſté les couleuures & viperes exempte de tout venim au teſmoignage de Beda: l'homme euſt obtenu l'empire & la maiſtriſe ſur tous les animaux: il ſe fuſt ſerui des beſtes les plus farouches ainſi que de cheuaux ou brebis: euſt commandé aux poiſſons de la mer: les oiſeaux fuſſent accourus à luy au moindre ſigne: & dés que l'homme fuſt venu ſur terre, il euſt eſté formé parfaictement & euſt eu l'vſage & exercice entier de tous ſes membres, euſt veſcu ſans beſoing d'habits, de loges, ny couuert: ſans tant de condiments & assaisonnements de viandes, sans medicaments, en tout heur & felicité, attendu que toutes choses luy fussent venuës à souhaict d'elles mesmes, & comme dit vn poëte,

L'herbe de lict, la terre de pasture
Deuoit fournir, les vapeurs de vesture.

Mais le forfaict & peché, & la sentence de mort ineuitable nous ont rendus toutes choses contraires. Depuis la terre ne nous a rien produit de bon sans labeur & sueur & de nos corps: mais au contraire: comme si elles nous reprochoit ouuertement que nous sommes indignes de viure, elle foisonne en herbes venimeuses & mortelles: & ne nous traicte point plus doucement que les autres elements. La mer en engloutit plusieurs par cruelles tempestes, qui sont là deuorez par des monstres espouuantables: l'air nous combat par tonnerres, foudres, orages, & par pestilentieuses maladies: le ciel aussi conspire auec eux à nostre ruine & destruction. Outre plus les animaux nous font manifestement la guerre, & l'homme mesme est loup à vn autre homme: les esprits immondes pareillement nous assiegent de tous costez, nous mugue-tans & essayans de nous attirer en mille meschancetez par diuers alleche-ments, pour nous perdre & precipiter aux tourments à iamais perdurables du feu infernal. Lesquelles choses nous rendent certains que l'Agriculture & ses adherentes, à sçauoir la pasture, la pesche, & la chasse, ont succedé à la perte de choses plus grandes & meilleures, & nous ont esté donnees pour remedier aucunement à la sterilité de la terre, nous maintenir par nourriture quelque peu de temps en vie sur icelle & pour obuier ou addoucir l'iniure du temps & de l'air froid, par les peaux & laines desquelles nous nous habillons. Encor y auroit il moins de mal en l'agriculture, & pour le besoing que nous en auons en ceste miserable & calamiteuse vie, pourroit estre aucunement estimee & prisee, si elle se fust contenuë és termes dessusdits, sans rechercher tant de nouuelles & monstrueuses façons de plantes & de desguisements & transformations d'entes & de fruicts: & n'eust entrepris, qui est pire, d'accoupler les asnes, auec les iuments, & les chiennes auec les loups, pour produire des mulles & des metifs, & autres portees monstrueuses & contre nature : & d'enfermer dans des vollieres & cages les oiseaux, les poissons dans les reseruoirs, les autres bestes dans des courts & prisons, leur ostant la liberté que nature leur a donnee d'vser de l'air, de l'eau, & de la terre à leur plaisir : & encor n'eust enseigné de creuer les yeux à aucunes pauures bestes, & les mutiler & demembrer à fin de mieux les engraisser enfermees. Dauantage quelles superfluitez fournit elle de filures, tissures, teinctures, & autres artifices somptueux & mauuais pour accoustrer ou corrompre le lin, la laine, les peaux, le cotton, & autres dons qui nous viennent de la nature pour nous vestir? L'inuention desquelles choses ne nous apporte bien souuent que ruine. Ce que Pline deplore en vne seule plante, qui est le lin, lequel d'vn petit grain est bien tost deuenu plante, puis d'icelle est faicte vne voile, laquelle mise au vent circuit le monde, & porte ça & là les hommes, les contraignant de perir dans les mers pour seruir de pasture aux poissons: comme s'ils n'auoyent assez de moyens de finir leurs iours sur la terre. Ie me tais de plusieurs reigles & obseruations des laboureurs, des pastres, veneurs, & fauconniers, non moins folles & ridicules, que superstitieuses & repugnantes à la loy diuine, par lesquelles ils cuident pouuoir faire escarter & destourner les orages, germer & foisonner les semences, & deschasser toutes choses nuisantes, faire fuir les loups & autres bestes sauuages, arrester les animaux fuyards & legers, prendre les poissons & les oiseaux auec les mains, enchanter les maladies du bestail, & semblables resueries, desquelles les excellents personnages sus mentionnez ont escrit à bon escient & auec grande credulité.

De l'art Militaire. Chap. LXXIX.

MAis laissons les laboureurs, & venons aux gens-d'armes, lesquels Vegece veut estre leuez & choisis d'entre les villageois, comme ceux qui sont plus propres aux trauaux de la guerre : ioint que Cato tesmoigne que d'iceux sont issus des hommes tres-uaillans & hardis. L'Escriture saincte tesmoigne pareillement que Caïn, le premier qui se mesla de combattre, fut Agriculteur & chasseur. Ausquels exercices Ianus & Saturne les plus anciens dieux & les plus grands guerriers qui ayent esté, passerent leur vie sur la terre en guerroyant. L'art militaire n'est donques à reiecter du tout, par lequel dit Valere, la principauté d'Italie fut acquise à l'Empire Romain, & la domination sur plusieurs grandes villes, Royaumes, & puissantes nations donnee. Les destroits des mers ouuerts, & leurs bras & golphes connus, les rempars & obstacles du mont Taurus surmontez, & ses clostures brisees & arrachees. Scipion Africain és poësies d'Ennius se vante qu'il s'est faict voye au Ciel par le sang & meurtre des ennemis : auquel Cicero consent, disant qu'Hercules y monta par le mesme chemin. L'ordonnance & discipline militaire fut à ce que l'on dit, inuention des Lacedemoniens, à raison dequoy, Hannibal ayant entreprins de passer en Italie voulut auoir vn chef & conducteur d'armee de ceste nation là. Par la guide de cest art les Royaumes & Empires ont esté establis, & au contraire les plus grands potentats renuersez & ruïnez par la negligence d'iceluy. Car sous le gouuernement & charge des fols & temeraires Capitaines furent ruïnees la belliqueuse Numance, la riche Corinthe, Thebes la superbe, la docte & sage Athenes, Hierusalem la saincte, & Carthage enuieuse & concurrente de la gloire & puissance Romaine, & finalement Rome mesme. Ceste science escrite de sang humain plus que ne furent onques les loix de Draco, enseigne à bien ranger vne armee en bataille, loger les esquadrons en lieux commodes & aduantageux, assaillir l'ennemi, charger, poursuyure, enuironner, ployer à droite, à gauche, entendre les signes & commandements des chefs, & selon iceux aller au combat, s'aduancer, soustenir l'effort de l'ennemi, bien addresser ses coups, euiter ou destourner ceux de l'auersaire, se rallier, retourner à la charge, reprendre courage, & presser de plus belle l'ennemi, se mouuoir au trot, s'aduancer au galop, enuelopper, enfoncer, picquer, manier, & voltiger les cheuaux, donner coups de lance & de pique, lancer, iecter, arquebuser, assaillir l'ennemi de front, de costé, sur la queuë, & en tout obseruer le temps & lieu conuenable à charger & assaillir, & ne penser iamais à tourner le dos iusques à ce qu'il n'y aye plus d'esperance de victoire. Si l'ennemi est en route, le poursuyure de pres, tuer, prendre, desarmer, dissiper, & empescher qu'il ne se raillie, recueillir & rallier les siens, & les ramener. Est on desfaict, sçauoir les moyens de reparer & remettre sus l'armee, esguiser l'appetit des gents de guerre à se venger, & autres telles choses appartenantes au deuoir & office des Capitaines & chefs d'armee. Par ce mesme art l'on est instruict à dresser les armees de mer, à fortifier les villes & chasteaux, les munir de viures, & y mettre garnisons necessaires, dresser les rempars, leuees, & terrasses, creuser les fossez & tranchees, foüir les mines, fabriquer les machines & instruments de batterie, choisir la façon des armes propres & opportunes, escheler les villes, les auictuailler, dresser des embusches & generalement vser és lieux & temps conuenables des stratagemes & ruses de la guerre. En outre la maniere d'assieger les places, faire les approches, braquer l'artillerie, percer les murailles, & y faire bresche, oster & renuerser les defences & bouleuards, venir, à l'assaut, mettre le feu, piller & saccager les lieux sacrez & prophanes, raser les villes, donner le gast aux champs, fouler les loix aux pieds, violer les femmes, rauir les filles, blecer, emprisonner, bannir, tuer les habitans. Bref toute ceste discipline n'est occupee en autre chose, sinon en la ruine & destruction du genre humain, & n'est son but & sa fin sinon de former & façonner des renommez destructeurs du monde, vaillans & braues meurtriers, en somme de transformer les hommes en mœurs & façons de bestes cruelles & sauuages. Partant la guerre n'est autre chose que vne grande boucherie, & vn brigandage de plusieurs, & les gents-d'armes vrais brigands souldoyez & armez pour la ruine & euersion de la chose publique. Dequoy peuuent seruir les reigles, preceptes, & ruses de la guerre, s'il n'y a point en icelle de discipline, attendu l'incertitude de ses euenements, & que les victoires ne sont donnees par l'art, mais par vne puissance qui est par dessus les hommes; laquelle rend vaines toutes les pouruoyances, desseings, & effects d'iceluy. Ce nonobstãt le diuin Plato a fort prisé la science des armes, veut & exhorte d'y dresser les enfans & d'y employer ceux qui sont desia grandelets. Et Cyrus, cest excellent Roy de Perse, disoit qu'elle n'estoit moins necessaire que l'Agriculture. S. Augustin mesme, & S. Bernard, Docteurs Catholiques en l'Eglise, l'ont approuuee en quelques endroits de leurs escrits, & les decrets des Papes ne la reprouuent point, nonobstant que nostre Seigneur Iesus-Christ & ses Apostres l'entendent autrement. Finalement bon gré mal gré iceux les armes ont obtenu vn degré en l'Eglise Chrestienne qui n'est pas petit, par l'institution de tant de sectes & ordres de Cheualiers & sacrez gensdarmes, toute la

Religion desquels gist à espādre le sang, tuer & piller les hommes, & escumer la mer, sous pretexte de defendre & amplifier la foy, comme si Iesus-Christ eust voulu manifester son Euangile par armes, & non par la predication de sa parole, le faire receuoir par menasses & braueries, par force de guerre, meurtres, & carnage, plustost que par confession & martyre. Et ne suffit point à ces Cheualiers guerroyer contre les Turcs, Sarrasins, & Payens, mais souuent conduisent les armees maritimes des Chrestiens contre les Chrestiens. En outre la guerre & les armes engendrent plusieurs Euesques, & souuent à l'on veu combattre pour la Papauté, en sorte que le Pape est entré plusieurs fois au tressainct lieu non sans l'effusion de sang de ses freres, comme dit ce S. Euesque Camotense: & est cela appellé constance du martyre, si pour le siege Papal l'on combat vaillamment par meurtre & effusion de sang Chrestien. Ceux qui ont escrit de l'art Militaire ont esté anciennement Xenophon, Xenocrates, Onozander, Cato, Censorin, Cornelius, Celsus, Higinus, Vegece,

Frontin, Helien, & Modeste, & autres plus vieils : des nouueaux Valturin, Nicolas Florentin, & Iacques compte de Purlilien ou de Porcia, & quelques autres. Ces maistres de l'art militaire speculatifs ne sont point si dangereux que ceux qui les pratiquent. Quant aux tiltres & dignitez des disciples & escoliers en iceluy, & leurs degrez & promotions, ce ne sont point bacheleries, licences, doctorats, & ne se trouue à present gueres à qui conuiennent les anciens tiltres d'Empereurs, Ducs, Comptes, Marquis, Cheualiers, Capitaines, Centeniers, Dizeniers, Enseignes, & autres telles marques de noblesse, nees, engendrees & produittes d'ãbition, ou d'outragemais plustost, brigans, enfonsseurs de portes, rauisseurs, meurtriers, larrons, sacrileges, batteurs de paué, putiers, maquereaux, bordeliers, adulteres, traistres, concussionnaires, ioueurs, blasphemateurs, empoisonneurs, parricides, boutefeux, pirates, tyrans, & semblables qualitez. Lesquelles qui voudra toutes les comprendre en vn seul mot, die soldats, ou gens d'armes, c'est à dire la bourde & lie des plus

plus meschans hommes & plus barbares, incités & poussés par mauuais naturel & mauuais courage à commettre tout exces, enuers lesquels l'audace & licence de mal faire & brigander est tenuë pour liberté & dignité, qui cherchent perpetuellement occasion de nuire, & ont l'innocence en horreur plus que la mort. Ayans tous ensemble en corps le diable pour pere, duquel ils sont vrais membres, dont Iob parle ainsi. Le corps d'iceluy est couuert d'escailles comme de fort escussons fermés de seaux emprainets : l'vne est appliquee à l'autre tellement, que le vent n'entre point parmy icelles. Elles sont conioinctes l'vne à l'autre, elles s'entretiennent, & ne se separent point, ils sont pres l'vn de l'autre : car à la verité ils sont assemblez & coniurés contre Dieu & contre son Christ. Les marques & enseignes de la guerre ne sont point l'habit d'escarlate ou pourpre, les chaines, les aneaux, les chapeaux, & couronnes : mais les cicatrices des playes receuës par deuant, & le corps difformé par icelles. Bref c'est vn exercice conioinct auec la mort ou les larmes de plusieurs : la destruction des mœurs, des loix, & de la pieté, du tout contraire à Iesus-Christ, à la vie bien-heureuse, à la paix, charité, innocence, & patience. Le loyer d'iceluy est la gloire d'vne noblesse acquise par l'effusion du sang humain, auec l'estenduë & accroissement des terres & limites obtenuë par appetit enragé de posseder & de commander auec la perte & damnation de plusieurs ames. Car estant la victoire le but de toute guerre, nul ne peut estre victorieux s'il n'est homicide, nul ne peut aussi estre vaincu s'il ne perit miserablement. La mort donques des gens de guerre est malheureuse, le peché leur dressant vn malheureux epitaphe : & ceux qui tuent à la guerre sont iniques, encor que la guerre soit iuste, car ils n'y vont point pour la iustice de la cause, mais pour le gaing & la proye : partant sont meurtriers à l'endroit de ceux qu'ils tuent malheureusement : & s'ils en mettent à mort aucuns iustement, ces tueurs font en cela offices de bourreaux, & en ceste sorte acquierent le tiltre de noblesse. Et comme ainsi soit que les loix sans la guerre exercent leur rigueur par peines contre les volleurs, boutefeux, rauisseurs & meurtriers, ceux-cy sous le nom de gens-d'armes, & sous ombre de la guerre, sont annoblis & honorez.

De la Noblesse. CHAP. LXX.

DEs armes prend son origine la Noblesse, i'entens ce que l'on appelle auiourd'huy gentillesse, c'est à dire ceste clarté & lustre qu'acquiert vne maison par quelque grande effusion de sang, remarquable vaillance, & carnage fait de l'ennemy, qui est reconnuë par vn salaire public, ornee & enrichie de marques & enseignes d'honneur publiquement. A quoy seruoient tant de sortes de couronnes entre les Romains, ciuiles, des murs, des sieges, & nauales, tant de dons militaires, comme brassals ou bracellets, hampes, bardes, caparaçons, chaisnes, anneaux, statuës, images, & semblables choses, par lesquelles la noblesse prenoit ses commencements. A Carthage l'on donnoit autant d'anneaux aux Gensd'armes qu'ils s'eſtoient trouuez en des batailles: les Eſpagnols dreſſoient autant d'obeliſques ou eſguilles autour des ſepultures des defuncts gens de guerre, qu'ils auoient tué d'ennemis de leurs mains. Entre les Scythes banquetans ceux-là ſeuls beuuoient en la couppe que l'on portoit autour de la table, qui auoient occis quelqu'vn des ennemis. En Macedoine celuy qui n'auroit fait mourir aucun ennemy portoit vn licol en ſigne & reproche de ſa vile condition. Entre les Allemands aucun ne pouuoit prendre femme en mariage qui n'euſt premierement apporté à leur Roy la teſte d'vn ennemy par luy occis. Et quand aucuns ont eſté fruſtrés de l'honneur qu'ils auoient merité en guerre pour s'eſtre portez vaillamment, ſouuent on les a veu rebeller contre leur propre pays, pour ſubuertir les Eſtats & la liberté d'iceux. Dont nous auons les exemples en Coriolan, aux Gracques, en Sylla, Marius, Sertorius, Catilina, & Ceſar. Si nous recherchons donques la ſource de ceſte Nobleſſe, nous trouuerons qu'elle a eſté acquiſe par cruauté damnable, ou quelque notable perfidie. Si nous regardons le progrez, il apperra qu'elle s'est auancee par vn exercice mercenaire des armes, & accruë de pillages & brigandages. Mesmes si nous nous enquerons des commencemens des Empires & Royaumes, soudain on nous mettra deuant les yeux les impitoyables meurtres & parricides des freres & des peres, malencontreux & mortels mariages, les peres chassez de leurs Royaumes par les enfans, les Rois & Princes massacrez par ceux qui leur deuoient foy & hommage. Mais esplucheons par le menu sans rien passer que c'est que de la Noblesse de ce temps. A dire le vray ce n'est autre chose qu'vne meschanceté robuste & renforcée, vn honneur & dignité acquis par crimes, l'heritage & la benediction des plus peruers enfans. Et qu'ainsi soit, les Escritures sainctes, les vieilles & nouuelles Histoires des peuples & nations le nous monstrent clairement. Car ayant eu Adam son fils aisné Cain, qui fut laboureur de terre, & puis le second Abel, lequel paissoit le bestail, la nature humaine fit en eux par maniere de dire comme vn chemin fourchu, & tint lieu Cain de la Nobleſſe, & Abel du peuple. Et comme Cain fuſt homme charnel, cruel, & ſuperbe ſelon la couſtume ; il pourſuiuit Abel, qui eſtoit ſpirituel & humble, iuſques à le mettre à mort. Mais la famille populaire fut reſtablie en Sept troiſieſme fils d'Adam.

Ce fut donques Cain qui premier donna commencement à la Nobleſſe & aux armes, par le parricide de ſon frere, & lequel en meſpris des loix naturelles & diuines vſurpa le premier domination & maiſtriſe ſur les autres, ſe confiant en ſes propres forces, & commença à baſtir des villes, eſtablir vne Royauté, opprimer & fouler par force, rapine, & ſeruitude les hommes creés de Dieu de condition libre, & les enfans de la famille ſaincte, leſquels s'eſtans depuis corrompus & desbauchés totalement, & faiſans peu de compte du iugement de Dieu, ſoüillés en l'ordure de tout appetit deſreglé, engendrerent des geans, ainſi appellés par l'eſcriture ceux qu'ailleurs elle nomme hommes puiſſans & de tout temps renommez. Voila la vraye & naiue definition des Nobles ou Gẽtils hommes. Ceux-là oppressoient les pauures, & s'aduançoient par brigandages, puis enorgueillis à cause de leurs richesses rendoient leurs noms celebres, les imposans aux prouinces, villes, montagnes & riuieres, & aux mers. Le premier pere desquels fut, comme nous auons dit, Cain, homme de naturel meschant, couuant enuie & haine en son cœur, rebelle à Dieu & à ses chastimens, traistre, dissimulateur, & par la malediction diuine vagabond & fuitif, adioustant blaspheme encore par dessus sa malediction. Telles sont les belles qualités, les vertus, & prouesses, & les inclinations dont la Noblesse a esté decoree & accompagnee iusques auiourd'huy, & dont le maistre ouurier fut ce premier pere des geants, lesquels nostre Seigneur racla de dessus la terre par le deluge des eaux, ne reseruant qu'vn seul Noé, homme iuste des descendants de Seth, auec sa famille, à sçauoir, Sem, Iaphet, & Cham: lesquels apres que les eaux eurent quitté la terre, & que le monde fut reparé, suiuirent les traces de leurs ancestres & anciens Geans, & à leur exemple bastirent des villes, & establirent des Royaumes. Parquoy l'Escriture depuis Noé iusques à Abraham, n'a fait aucune mention des iustes, pour autant que les hommes en cet entredeux ne s'occuperent à autre chose qu'à bastir, former, & façonner la gentillesse, c'est à dire la robuste & forte impieté, meschanceté, confusion, & puissance armée, la violence, l'oppression, la chasse, la pompe, la superfluité, la vanité, & autres semblables marques & enseignes de Noblesse dont les enfans de Noé la parerent & ornerent, & firent recognoistre. Entre lesquels Cham, pour autant qu'il fut le plus meschant de tous, & qu'il se mocqua de son pere par grande impieté, merita la premiere Monarchie, & celle qui fut dominante sur tous les Royaumes de la terre. Nembrot fut petit fils d'iceluy, lequel est descrit par l'Escriture puissant en la terre & robuste veneur contre le Seigneur. Ce fut celuy qui edifia Babylon la grande, & donna commencement à la confusion & diuersité des langages, enseigna la maniere comme il faloit regner, regla les degrez de Noblesse, ordonna & disposa des honneurs, dignitez, enseignes, & marques d'icelles. Apres ce furent establies les loix contre le peuple, les seruitudes introduites, & les exactions prattiquees, les armees ordonnees, & les guerres cruellement menees & exercees. De Cham naquirent Chus, duquel sont issus les Ethiopiens & Misraim pere des Egiptiens, & Chanaam d'où sortirent les Chananeens, peuples pour certain nobles & renommés, mais en toute meschanceté reprouués & maudits de Dieu. Or apres long traict de temps nostre Seigneur esleut ce sainct & iuste Patriarche Abraham, de la race duquel il se fit vn peuple, & famille saincte, à laquelle il bailla le signe de la Circoncision en tesmoignage de ce, & pour les diuiser & discerner d'auec les autres nations. Icelui eut deux enfans, le premier bastard, engendré d'vne chambriere, & le nomma Ismaël, l'autre de sa femme legitime, qu'il appella Isaac. Ismaël deuint homme fier, & bon archer, puissant & noble, Prince & autheur des Ismaëlites, ausquels peuples il laissa son nom à perpepetuité. Dieu le benit en cela, à sçauoir en ses rapines, guerres, & violences, c'est à dire ne voulut point que cela luy fut infructueux, & ainsi fut confirmee sa noblesse, disant, Sa main sera contre vn chacun, & les mains d'vn chacun contre luy : si habitera à l'endroit de ses freres. Mais Isaac perseuerant en la Iustice de son pere paissoit les troupeaux d'iceluy, & ayant prins Rebecca à femme engendra en icelle deux enfans, Esaü & Iacob : desquels Esaü fut hay de Dieu, homme rousseau & velu, chasseur, & grand tireur d'arc, gourmand & addonné à son ventre, tellement que pour vn potage il vendit sa primogeniture. Tant y a qu'il fut grand & puissant, Prince & pere des Idumeens, & receut l'heur & la benediction de gentillesse & noblesse en possedant vne terre grasse sur laquelle tomboit la rosee du Ciel, & en maniant l'espee, & secoüant le ioug & discipline, au lieu que Iacob craignant Dieu fut contraint de s'enfuir vers son oncle maternel Laban, & là mener les oüailles aux champs, & passer quatorze ans en continuelle seruitude, pour meriter les deux filles d'iceluy, lesquelles il espousa, & engendra douze enfans, & luy fut donné le nom d'Israël, lequel demeura hereditaire aux siens, qui furent appellés, Le peuple d'Israël, ou Israëlites. Or eut Iacob, ainsi que nous auons dit, douze fils, à sçauoir Ruben, Simeon, Leui, Iudas, Isachar, Zabulon, Ioseph, Beniamin, Dan, Nephtali, Gad, & Asser, des noms desquels furent intitulés les douze tribus ou lignees d'Israël. Mais Ioseph fut vendu par ses freres, & fut mené en Egypte, & là endoctriné en toute la science & sagesse des Egyptiens, & deuint interprete des songes tres-sçauant, & si expert és affaires & maniemens du mesnage, qu'il trouua par la dexterité de son esprit des inuentions nouuelles d'acquerir biens & richesses, & accroistre les reuenus & gabelles du païs: à raison dequoy il fut tres-agreable au Roy Pharao, & par luy estably seperintendant de toute l'Egypte. Ainsi de pauure esclaue deuint Gentilhomme, & fut annobli solennellement selon la façon & maniere lors accoustumee entre les Egyptiens: Car le Roy luy mit vn anneau au doigt, & vne chaine d'or au col, le vestit d'vn manteau de pourpre, le fit monter dans vn coche, & mener publiquement auec vn officier qui alloit criant deuant luy qu'vn chacun desormais luy fist honneur, ainsi qu'il estoit conuenable de faire aux Nobles & aux Princes. Laquelle façon d'annoblir en tout semblable estoit aussi pratiquee entre les Perses, ainsi que nous lisons de l'annoblissement de Mardochee Hebrieu faict par Artaxerxes Roy de Perse, en l'histoire d'Hester. Et mesmes iusques à present presque telles ceremonies sont demeurees entre les Rois & Empereurs, quant il est question d'annoblissements. Toutesfois les noblesses & gentillesses sont souuent acquises d'eux par aucuns à prix d'argent, par autres par maquerelages, ou pour auoir empoisonné quelqu'vn, ou executé quelque meurtre ou parricide : & s'en trouue assez qui sont deuenus Gentils-hommes par trahisons, & de là ont assemblé leurs richesses ; ainsi que les histoires font foy que firent Eutycrates, Philocrates, Euphorbas, & Philagre. Vn grand nombre y paruient par flatterie, mesdisances, calomnies, & imputations. Et tant & plus sont annoblis pour auoir prostituees leurs femmes, & vendues leurs filles. Outre vne infinité qui sont receus en ce rang pour estre grands chasseurs, bons volleurs, rueurs, enchanteurs, ou ayans quelque autre meschante industrie pour se faire connoistre & s'aduancer. Mais reuenons à Ioseph. Estant donques iceluy deuenu puissant en la Cour du Roy, & ayant eu son fils aisné Manassé, il s'oublia aucunement, & luy haussa le cœur ceste sienne noblesse nouuellement aduenuë, & se print à dire, Dieu m'a fait oublier tous mes trauaux, & toute la maison de mon pere : parquoy ce premier nay Manassé fut reculé par la benediction de l'ayeul, & à luy preferé le puisné Ephraim. Ioseph mesme, ores qu'il fust fils de Iacob, n'eut point l'honneur de nommer de son nom aucune lignee en Israël à cause de ceste sienne noblesse desplaisante à Dieu, mais fut donné à ses enfans Manassé & Ephraim : des lignees desquels n'est sorty aucun Prophete, & furent ceux d'entre tous leurs freres qui eurent les moindres benedictions, à sçauoir de force & vaillance & de multitude & multiplication de familles. Et habiterent les enfans d'Israël plusieurs annees en Egypte,& estoient Pasteurs de bestail en la terre de Gessen. Estans doncques creus & multipliez en grand nombre d'hommes & de peuple, ils vindrent en soupçon & haineux aux Nobles, & au Roy qui pour lors regnoit en Egypte: partant furent affligez par dures & penibles coruees & ouurages difficiles de briques, manians la terre en grande seruitude, iusques à leur tuer leurs enfans masles, les iettans en la riuiere, afin que la race d'iceux s'aneantist & perdist sur la terre. Neantmoins vn de ceux qui auoient esté iettés pour estre submergé, estant fort bel enfant, fut sauué par la fille du Roy, laquelle le fit emporter,& l'adopta pour son fils, l'appellant Moyse, pour autant qu'il auoit esté sauué des eaux. Ce Moyse donques deuint grand en la Cour de ce Roy, & fut instruit en toute la discipline Egyptienne, tenu & reputé ainsi qu'vn Prince du sang Royal, eut charge des armees de Pharao contre les Rois d'Ethiopie, & eut à femme vne fille d'vn

Roy Ethiopien, dont il fut enuié & mal voulu en Egypte, & à cette raison & autres occasions il fut contraint de s'absenter, & se retirer en la terre de Madian, là où il print querelle & debat contre certains pasteurs du pays en faueur de quelques filles autour d'vn puits, & pour ce benefice merita d'en auoir vne en mariage qui estoit fille du Sacrificateur du lieu. Finalement estant aduancé en aage & en sagesse il luy print enuie de reuoir ses freres, & recognoistre sa nation, & son peuple Hebrieu: partant retourna en Egypte, & là quittant toute ceste noblesse Egyptienne fortifié par Dieu, se fit Conducteur & Chef du peuple d'Israël, lequel il tira hors d'Egypte par diuers miracles. S'estans iceux quelque temps apres destournés de la crainte de Dieu, & ayans dressé vn veau d'or, Moyse courroucé print auec luy les plus vaillans des enfans de Leui, & leur commanda, disant, mettez vos glaiues sur vos cuisses, & allez & venez çà & là parmy le peuple, & tuez ceux que vous rencontrerez, freres, prochains, & amis: ce qu'ayans executé il en demeura sur la place enuirõ vingt-trois mil: apres laquelle memorable tuerie il les loüa fort, disant, Vous auez consacré auiourd'huy vos mains au sang vn chacun sur son fils & sur son frere : & ainsi fut accomplie la benediction de Iacob à Simeon & Leui, lequel les appella vaisseaux d'iniquité guerroyans, la fureur desquels est maudite & obstinee, & l'indignation dure. Ce fut le premier exploit de noblesse qui fut fait en Israël que cette tuerie, & le commencement d'icelle entre ce peuple. Car apres cela Moyse leur ordonna des Chefs & Capitaines, Centeniers, Cinquanteniers, & Dixeniers, vaillans hommes de guerre & bons combattans, selon les lignees & familles, aux plus braues & meilleurs guerriers desquels, & ceux qui aduançoient les autres en courage & force, il bailla la conduite, gouuernement, & iurisdiction : car ils n'auoient aucun Roy, mais estoient regis par des Iuifs, par lesquels apres la mort de Moyse Iosué fut estably chef general de tout le peuple, homme fort & puissant à la guerre, vainqueur des Rois, & sans peur ny crainte aucune. Luy decedé le peuple d'Israël fut quelque temps sans Prince,

& ſe maintint en eſtat populaire: mais eſtans deuenus mutins & ſeditieux entre eux, eſmeurent des guerres par leſquelles preſque toute la lignee de Beniamin fut eſtaincte, & n'en demeurerent de reſte que ſix cens hommes, auſquels les autres ayans iuré de ne bailler aucunes de leurs filles en mariage, on leur bailla quatre cens vierges d'entre les priſonniers de Iahes Galaad, & pour pouruoir les autres deux cens, leur fut permis de rauir autant de filles de Silo. Par ce moyen fut accomply la benediction de la Nobleſſe de Beniamin, figuree comme vn loup rauiſſant la proye au matin, & diuiſant les deſpoüilles au ſoir. Apres cela ils ſe rengerent à l'eſtat Ariſtocratique & ſous le gouuernement des plus apparens, dont Abimelech l'vn d'iceux baſtard de Hierobaal de la lignee de Manaſſes, ayant occis par ſolennel parricide ſur vne pierre ſoixãte freres qu'il auoit legitimes, vſurpa la Royauté le premier en Sichem. Finalement le peuple deſirant de viure ſous l'eſtat Royal, & demandant à Dieu vn Roy, il leur en bailla vn en ſa fureur, mais la plus grande partie meſchans &

fort peu de bons. Car estant le Seigneur courroucé, il leur declara de quels droits vseroient les Roys enuers eux, disant qu'ils prendroient leurs fils & filles; & s'en seruiroient pour cochers & boulengers, dismeroient leurs champs & leurs troupeaux, heritages, seruiteurs & seruantes, & tout ce qu'ils auroient de bon, selon leur plaisir & appetits, & les departiroient à leurs officiers & seruants, & seroit tout le peuple reduit en seruitude: & auec cela si le Roy venoit à offencer Dieu, que tout le peuple en porteroit la peine pour luy. Ainsi il leur bailla pour Roy vn ieune homme de la lignee de Beniamin, appellé Saül, homme fort & robuste, haut de taille en sorte qu'il apparoissoit par dessus les autres depuis les espaules, & fit tomber vne frayeur sur tout le peuple pour le faire reconnoire & reuerer comme ministre du Seigneur. Cestuy cy auant qu'il commençast à regner, estoit ainsi qu'vn enfant d'vn an, innocent & debonnaire: mais apres qu'il fut instalé, & eust gousté la noblesse de la Royauté, il deuint meschant & enfant du diable. Parquoy Dieu osta le sceptre de la maison de Saül, & le bailla à Dauid fils de Isaï de la lignee de Iuda, lequel fut prins de la bergerie gardant les troupeaux, & estably Roy, où par la pestifere contagion de ceste noblesse, il se mit incontinent à faire des excés & meschancetés, adulteres & homicides: neantmoins la misericorde de Dieu ne se destourna point de luy. Il regna en Hebron au commencement, pendant que Hisboset fils de Saül regnoit outre le Iourdain: en fin il obtint tout le Royaume, & fut recogneu par tout le peuple en Hierusalem. Neantmoins il ne fut point Roy paisible des Israëlites; car de son viuant son fils Absalon s'empara du Royaume en Hebron. Apres que cestuy-là fut occis, Siba fils de Bochri en fit tout autant. Finalement Adonias aussi fils de Dauid essaya d'occuper le siege Royal: ce qui donna occasion au pere d'eslire & instituer heritier du Royaume Salomon, qu'il auoit eu de Barsabee femme adultere: lequel fut le premier Monarque des Hebrieux sans contredit, & confirma son Royaume par le meurtre de son frere aisné Adonias. Se voyant paisible Roy il se destourna du droit, & s'addonna aux femmes, à la paillardise & à l'idolatrie, delaissant la loy de Dieu. Roboam son fils peruers luy succeda, pecheur & rebelle contre Dieu, sous le regne duquel la Monarchie fut diuisee en deux Royaumes, & se rebellerent contre luy dix des lignees d'Israël, eslisans vn Roy, à sçauoir Hieroboam de la ligne de Dam, homme tres-meschant, lequel empoisonna toute la nation des Israëlites par l'idolastrie, où il amena les dix tribus sur lesquelles il regnoit, leur erigeant deux veaux d'or en Samarie, afin que la benediction de Iacob eust lieu. Dan, dit-il, sera comme le serpent aupres de la voye, & comme la couleuure au sentier poignant les pasturons du cheual, afin que le cheuaucheur tombe à la renuerse. Quant à la lignee de Iuda, elle se maintint en l'obeyssance des seccesseurs de Dauid, ainsi qu'auoit prophetisé Iacob en la benediction d'iceluy, disant que le sceptre ne partiroit point de la main de Iudas iusques à ce que le Messias vinst. Or estoit ce Iudas le pire de tous les enfans de Iacob, lequel eut compagnie charnelle incestueusement auec sa brus, & auoit des fils pareillement meschans: partant il eut la prerogatiue de la Noblesse en la benediction que luy bailla son pere, & luy fut destiné le sceptre & le Royaume, & comparé à la force du lyon. Les Idumeens & la ville de Lobna en fin se retrancherent du peuple d'Israël, & se firent des Roys à part à leur volonté, selon que Dieu auoit predit en la benediction d'Esaü qu'il secourroit & reietteroit le ioug. Or entre tous les Rois de Iuda & d'Israël à peine s'en pourra-il trouuer quatre qui ayent esté bons. Et pource le Royaume fut aboly, les Roys estaincts & le peuple mené captif en Babylone, d'où apres plusieurs annees la misericorde de Dieu les retira, & ramena derechef en Hierusalem, & illec se maintindrent longtemps sous le gouuernement des souuerains Sacrificateurs & des notables & plus apparents de leur nation, & en estat populaire, iusques à ce qu'Aristobule fils d'Hyrcanus print la couronne ou bandeau Royal, & restablit le Royaume des Iuifs y meslant le parricide de sa mere & de ses freres, lequel dura quelque temps sous plusieurs Roys iusques à tant que Archelaus vilain & insolent Roy l'arresta, & luy donna fin, estant de son temps tout le pays occupé par les Romains, & reduit en forme de prouince. Finalement Vespasian venu à l'Empire & puis Tite son fils, sous leurs regnes la nation Iudaïque fut destruite, chassée de leur pays, & esparse par tous les endroits de la terre, où ils viuent fugitifs iusques auiourd'huy. I'ay bien voulu deduire ces choses des histoires sacrees pour monstrer qu'en effect il n'y a eu dés l'origine du monde aucune noblesse qui n'aye eu meschãt & malheureux cõmencement, voire mesmes entre le peuple de Dieu: & que la noblesse n'est autre chose qu'vne gloire & vn salaire de meschãceté & iniquité exercéee au dommage du public, laquelle est plus claire & illustre en celuy dont la vie est plus peruerse, & est là le loyer plus grand & abondant où il y a plus de crimes & d'exces, ainsi que respondit fort proprement le pirate Diomedes prins par les gents d'Alexandre, & amené deuant luy: Ie suis, dit-il, accusé pour volleur & escumeur de mer, pource que ie ne cours qu'auec vn seul brigantin: mais tu es appellé Empereur pource que tu brigandes auec vne grand' flotte de plusieurs vaisseaux : si tu estois seul & prisonnier comme moy, on t'appelleroit brigand : & si i'auois l'obeyssance des peuples comme toy, ie serois estimé & nommé Empereur: car quant à la cause, il n'y a aucune difference entre toy & moy, sinon que celuy est le pire qui pille plus audacieusement, qui abandonne la iustice plus laschement, & qui combat contre les loix plus ouuertemẽt. Tu poursuis ceux que ie fuis, ceux que i'honore aucunement tu les mesprises, l'iniquité de fortune & la pauureté me contraignent d'estre larron, mais tu és poussé à brigander par orgueil insupportable, & par insatiable conuoitise d'auoir. Si ma condition s'amendoit, possible m'amenderois-ie aussi: mais toy, tant plus l'heur te fauorisera tu en deuiendras plus mauuais. Alexandre s'esmerueillant de la constance & magnanimité de ce personnage, commanda qu'il fut enroollé entre ses gens de guerre, afin qu'il luy fut loisible de là en auant de brigander legitimement. Passans doncques desormais aux histoires des peuples & nations, monstrons semblablement par icelles, qu'en effect la noblesse n'est autre chose que mauuaistié, fureur, pillerie, rapine, meurtre, bombance, pompes, chasse, & violence, qu'elle est en tous endroicts issuë de tres-meschante source, qu'elle a pire progrez, & que la fin d'icelle est presque tousiours vilaine & honteuse. Ce que nous esclaircirons par les quatre premieres Monarchies tant renommees, puis par les autres Royaumes & principautez. La premiere Monarchie, qui fut dressee apres le deluge, fut celle des Assiriens, à laquelle Ninus donna commencement, & fut le premier qui non content de ses bornes & limites mena les armees dehors, & guerroya cruellement ses voisins, poussé d'appetit desordonné de commander, tant qu'il subiugua tous les peuples d'Orient, accroissant tousiours l'estenduë de son Empire par continuelles victoires & conquestes de pays, & nouuelles prouinces, & ainsi dompta l'Asie & la region Pontique. En fin ayant vaincu en bataille auec grand effusion de sang humain Zoroastre Roy des Bactriens, il l'occit. Iceluy auoit à femme Semiramis, laquelle luy demanda par grace qu'il la laissast regner l'espace de cinq iours, ainsi

ainsi qu'escrit Dinon l'Historien : ce qu'ayant impetré elle print la couronne & le manteau, & s'estant assise au siege Royal commanda à ses gardes qu'ils ostassent à son mary Ninus les ornemẽs Royaux & le tuassent : ce qu'ils firent sur le chãp : parquoy elle demeura en regne, & ne se cõtenta non plus des termes & contenuë de son Empire, ains adiousta à iceluy l'Ethiopie, & mena ses armees en Indie, & enuironna de fortes & excellentes murailles la ville de Babylone. En fin elle fut tuee par son fils Ninus, lequel elle auoit conceu meschamment exposé inhumainement, & incestueusement conneu. Par ces parricides donques fut maniee la Monarchie des Assyriens, & domina sur les nations iusques au regne de Sardanapalus, homme plus corrompu & effeminé que quelque femme que ce soit : & lors elle se diuisa, & fut ce Roy infame tué entre les troupeaux de ses paillardes & concubines par Arbactus gouuerneur de Mede, lequel se fit Roy, & transfera l'Empire des Assyriens aux Medois, & d'iceux fut attiré en Perse par Cyrus, où fut establie la seconde Monarchie par Cambyses son fils lequel bastit la nouuelle Babylone, & y adiousta plusieurs Royaumes, & consacra son Empire par le meurtre de son frere & de son fils. Laquelle ayant continué en cette nation iusques à Narses fils d'Ochus, commença à decliner grandement, tant qu'ayant esté Narses tué par Bagoas l'Eunuque, & estant Daire Persien subrogé en son lieu, nommé auparauant Gademan fils de Arsanes, la Monarchie Persienne fut estaincte par sa mort, ayant esté vaincu & despoüillé de ses forces par Alexandre le grand, par lequel elle paruint aux Grecs & Macedoniens. Celuy donques qui auec sa mere adultere auoit brassé la mort du Roy Philippe son pere, donna commencement à la troisiesme Monarchie, auec l'ame chargee de ce fameux & renommé parricide. Mais elle fut aussi tost dissipee dés qu'il fut mort. La quatriesme Monarchie des Romains vint apres, qui fut la plus puissante qui aye onques esté, mais si nous l'examinons selon l'ordre des temps, dés le commencement de la ville de Rome nous trouuerons que l'origine en fut tres-meschante, & l'administration auoit esté le plus souuent en main de gents peruerts : partant il nous faut commencer vn peu auant, & dés les premiers fondateurs d'icelle. La ville de Rome fut fondee & construitte en Italie premierement par Romulus & Remus freres iumeaux : conceus & engendrez incestueusement d'vne religieuse Vestale, nourris & esleués par vne putain. Le Royaume d'icelle fut dés sa naissance soüillé & corrompu par le meurtre commis par Romulus en la personne de son frere, ainsi qu'vn autre Caïn: Iceluy se vantant & souffrant d'estre appellé enfant des Dieux, ayant ramassé vne troupe de meschans garnemens, auec promesse d'asseurance & impunité de tous leurs crimes, rauit les filles des Sabins, lesquelles il leur fit espouser, & d'icelles engendrerent des geants, c'est à dire ces premiers Rois & principales souches de la Noblesse Romaine, redoutables à tout le monde. Ayant donques ainsi attirees fruduleusement sous pretexte de ieux & spectacles les femmes & filles Sabines, icelles par trahison prinses & enleuees, violemment espousees, & retenuës par l'effusion de sang & la mort de leurs peres & maris, il se maintint & establit par nouueaux parricides: Car transporté d'vn desir enragé d'espandre le sang de ses alliés, il tua aussi miserablement T. Tatius vieillard religieux & chef tres-honnorable des Sabins, lequel il auoit associé auec luy. Voila l'origine & commencement du Royaume, lequel fut manié par des Roys tres-cruels l'espace de deux cens quarante trois ans, & finit sous Tarquin l'orgueilleux, à cause de la meschanceté commise contre la chasteté de Lucresse. Et tout ainsi que la race de Caïn perit en la septiesme generation depuis luy par les eaux du deluge, ainsi les successeurs de Romulus finirent au septiesme regne, & furent dechassés par tumulte populaire. Or combien que la ville de Rome eust secoüé le ioug des Rois, si ne fut elle pourtant deliuree de la tyrannie: Car estans les Rois dechassés, apres plusieurs agitations de tumultes populaires, le regne tomba entre les mains des principaux & plus notables de la ville, dont vn certain Brutus, homme de noble famille, fut esleu le premier Consul. Cestuy-cy pour mieux establir vn si grand Empire, voulut non seulement egaler le parricide de Romulus, mais le passer en cruauté: car il fit battre de verges en plein marché, & puis trancher la teste à deux siens enfans ieunes hommes, & à deux freres de sa femme Vitelliens.

Estant puis l'estat manié & administré par les nobles & par le peuple, & ayant par plusieurs siecles esté diuersement tyrannisé, tant par les Magistrats, que mesme par les particuliers, il print coup, & s'affaissa sous l'audace de Jules Cesar, personnage qu'il seroit difficile à iuger s'il estoit plus grand guerrier que putier & corrompu d'appetit desordonné: & depuis sous Antoine pareillement esclaue de toute luxure & volupté: tant qu'en fin la superintendance & totale puissance de l'Empire Romain demeura és mains d'Octauian Auguste seul: lequel donna commencement à la quatriesme Monachie, & non sans meurtre & parricide, encores que cest Auguste fut estimé des plus benings Princes qui ayent onques esté. Il fit mourir en premier lieu vn fils & vne fille de Cleopatra qu'elle auoit eus de Iules Cesar son oncle, par lequel il auoit esté adopté à la succession de l'Empire, & institué heritier, sans auoir esgard ny au nom ny aux biensfaicts, ny au sang & alliance, ny à l'aage de ces pauures enfans. Apres luy fut regie la Monarchie du monde par des Nerons, Caligules, Domitians, Heliogabales, & autres monstres de cruauté & vilennie, sous lesquels l'vniuers fut esbranlé iusques à ce que Constantin le grand ayant mis à mort Maxence, lequel estoit hay du peuple Romain à cause de son inhumanité & de ses paillardises, fut declaré Auguste. Cestuy-cy apres auoir restabli & reparee la ville de Bysance, & icelle faicte egalle à celle de Rome, l'appellant la nouuelle Rome, & en outre Constantinople de son nom, voulut qu'en icelle fust le siege des Empereurs, & transfera l'Empire Romain aux Grecs, & pour ne degenerer de ses predecesseurs dedia & consacra la Cité de Constantinople par parricides, ainsi que Romulus, & fit mourir les Licinies, pere & fils, mary & enfant de sa sœur, & y adiousta le meurtre de ſes propres enfans, & de ſa femme, & apres luy demeura l'Empire entre les Grecs iuſques au temps de Charles le grand, lequel obtint le tiltre & le nom d'Empereur, & fut transferee l'image de l'Empire aux Allemans. Et à tant ceſſerõs de parler des Monarchies, & rechercherons les origines & iſſuës de quelques autres Royaumes & Principautez, leſquelles nous trouuerons auoir eſté autant malheureuſes & d'auſſi mauuais acqueſt, & la fin & diſſipation autant vicieuſe, que les ſuſmentionnees. Ie ne pafferay de raconter les parricides de Dardanus, & en quelle maniere ayant induit les Achiues à commettre meſchanceté il donna commencement au Royaume des Grecs. Ie me tairay des Regnes & Empires acquis par les femmes moyennant le meurtre de leurs maris, ainſi que les Hiſtoires font mention des Amazones, mais traicteray de choſes plus fraiſches & approchantes de noſtre aage. En Eſpagne regna premierement Atanaric Goth du temps de Theodoſe Empereur: auquel pays dominoient ſemblablement les Alains & Vandales: mais Suytilla Roy des Goths reduist toute l'Espagne en vne Monarchie, à laquelle donna fin le Roy Roderic par violence par luy faicte à la fille du Comte Iuliē Gouuerneur de la Mauritanie, & perdirent les Goths la domination qu'ils auoiēt en Espagne, laquelle fut occupee par les Maures & Sarrasins. Toutesfois le Roy Pelagius ayant quelque temps apres recouuré quelques villes, restablit le Royaume, mais supprimant le nom des Gots, furent depuis appellés les Rois d'Espagne, establissant le siege & le tiltre Royal à Leon, iusques au temps de Ferdinand fils de Xantes, lequel fut le premier qui s'intitula Roy de Castille, & ayant meurtri son frere Garcia adiousta à son Royaume celuy de Nauarre. Le frere desquels nommé Ramir, homme fier & belliqueux, que leur pere auoit engendré d'vne concubine, fut le premier qui regna en Arragon. Quant au pays de Portugal, celuy qui y regna premierement fut Alphonse fils de Henry de Lorraine & de Tyresia fille bastarde d'Alfonse Roy de Castille homme vaillant aux armes, lequel defit en vne bataille cinq Roys Maures, d'où il print les cinq escussons que les Rois de Portugal portent en leurs armoiries ? Cét Alphonse se monstra neantmoins cruel & de courage meurtrier enuers sa mere, pource qu'elle s'estoit remariee, & la tint en perpetuelle prison, sans qu'aucunes prieres le peussent iamais fleschir, ny les censures Ecclesiastiques l'inciter à la deliurer. Bref tous ces Royaumes d'Espagne ont esté ou acquis par mauuaises prattiques, ou establis & confirmés par meschans artifices. Le Royaume d'Angleterre a ses origines pour le plus fabuleuses, & a esté possedé par diuerses nations, comme furent les Pictes, les Escossois, Danois, & Saxons. En fin Guillaume le Normand y establit quelque forme de Monarchie paisible, laquelle il dedia à luy & aux siens par le meurtre d'Atold Roy des Saxons occidentaux son parent, & le confirma en sorte que iusques à present sa posterité y regne tousiours illustre par fameux & renommés parricides. Passons les Royaumes des Bourguignons & des Lombards, dressés l'vn en France par Gondaich, l'autre en Italie par Alboyn de peuples extraicts de la plus profonde

Germanie, qui ont aussi esté maintenus & nourris par tres-cruels & perpetuels parricides. Et voyons comme le tres-puissant Royaume des François a esté erigé. Les commencements d'iceluy sont attribuez à Pharamond fils du Duc ou Capitaine Meroüee, lequel premier passa de Germanie és Gaules, & fut appellé Roy des François, passant tous les hommes en cruauté & inhumanité. La posterité duquel dura iusques à Childeric 3. du nom, qui fut desmis de la Royauté à cause que c'estoit vn faineant, & du tout lasche en l'administration des affaires, & au surplus addonné aux voluptés, & par sa paillardise corrõpoit les femmes des grands seigneurs. Parquoy fut enclos en vn Conuent de Moines, & Pepin Maire du Palais subrogé en son lieu, lequel asseura la couronne à luy & aux siens par trahison, & par le meurtre de Grifon son frere, & demeura en sa lignee iusques à Loüis sixiesme fils de Lothaire, lequel ayant esté empoisonné par Blanche sa femme soupçonnee ou accusee d'adultere, Hugues Capet homme de la main, sanguinolent, & vaillant combattant, prisé & estimé par le peuple de Paris, à cause de ce s'empara du Royaume, ores qu'il ne fut de grande maison, ains issu selon qu'on disoit de fort bas lieu. Cestuy-cy se rebellant contre Charles oncle de Louys, vray heritier du Royaume, & luy vint au deuant auec vne armee assemblee de mauuais garnemens, & eut moyen de l'auoir entre ses mains par trahison, & le fit mourir prisonnier à Orleans : apres lequel meurtre malheureusement perpetré en la personne de son Prince il se fit couronner, & deuint Roy des François : la lignee duquel a tousiours regne depuis iusques à present, & regnera iusques à ce que quelque esclaue de voluptés & de paillardises donne occasion à vn autre de l'exterminer, & faire derechef vn changement. Ce seroit chose trop longue de vouloir en ce lieu faire vn denombrement des origines & sources de tous les Royaumes du monde, & discourir par toutes les histoires. I'ay traicté ailleurs bien au long de cé que ie touche sommairement en cét endroit, là où i'ay peincte la Noblesse de toutes ses couleurs &

vrais traicts, & monstré qu'il n'y a onques eu Royaume ou grande Principauté en ce monde, auquel on n'aye donné commencement par parricide, trahisons, perfidie, cruauté, carnage, boucherie, & telles execrables meschancetés procedantes de l'artifice & façon de la noblesse, les chefs de laquelle estans tels, il est aisé à cognoistre & iuger quels doiuent estre les autres membres de ceste beste terrible, & qu'en effects ils sont tous addonnés & exercés à toute violence, rapine, & meurtre, à la venerie, à luxure, & à toute espece d'appetit desreglé. Si quelqu'vn veut deuenir Gentilhomme, qu'il deuienne chasseur premierement : car ce sont les principes & rudimens de noblesse : apres qu'il soit soldat mercenaire, & se loue ou prenne solde pour tuer les hommes : c'est vne vraye vertu de Gentilhomme : & si en cét estat il se monstre preux & vaillant brigand, là gist la gloire & perfection que l'on peut esperer en la Noblesse. Celuy qui n'est propre à faire ces choses, achepte la noblesse à beaux deniers comptans : car elle est à vẽdre aussi bien.

s'il n'est pecunieux, qu'il se mette à complaire & flatter les Rois & Princes, & dise tousiours ouy, ou se pousse par quelqu'autre meschanceté & fraude de Courtisan, qu'il serue de courretier & porte-message aux principales putains de la Cour, ou prostitué sa femme ou ses filles à quelque Prince, ou luy mesme trouue moyen de seruir de sa personne aux appetits des Dames, ou espouse quelque putain Royalle, ou leurs bastardes. Voila le souuerain degré de Noblesse: car par ce moyen l'on est incorporé en icelle. Ce sont là les voyes, les eschelles, les degréz les plus abregés & aisés pour y paruenir: mais ceux qui sont plus genereux que les autres, & en leur rang veulent apparoistre plus nobles que les autres, se vantent d'estre descendus de certains progeniteurs qui seroient contemptibles à vn chacun, s'ils estoient viuans, à sçauoir d'hommes d'estrange pays, fugitifs & vagabonds, sans feu ny lieu, comme l'on dit, comme des Troyens ou Macedoniens, ou de quelques autres meschans garnements, couuerts de vices & de crimes: & si faut nonobstant tout cela loüer & magnifier la noblesse coulante de si mauuaise source. Plusieurs estans issus de meres paillardes, couurent la honte de leurs races par des fables, ainsi que nous lisons de Melusine. Tant & plus se sont annoblis par incestes, rauissemens, adulteres, & semblables moyens, comme Balduin, qui fut le premier Compte de Flandres, pour auoir rauy Iudith, fille de Charles le Chauue. Les Marquis de Montferrat, de Salusses, & de Ceue en Piedmont institués par l'Empereur Otho au moyen du rauissement de sa fille. Car c'est la façon des Rois & des Empereurs de couurir les iniures qu'on leur fait par quelque benefice, & les colorer de gloire & d'honneur par dignités, quand ils ne les peuuent vanger sans se mettre en danger d'accroistre leur honte. Or y a-il quatre poincts principaux en la noblesse, esquels gist leur souueraine felicité. Premierement la rapacité par laquelle contre le droit & equité ils prennent & possedent tout ce qu'ils peuuent, la volupté en second lieu qui les pousse à faire des insolences, & s'addonner à toute paillardise & excez. Pour le tiers vne liberté qui leur donne cœur & courage de fouler les loix aux pieds, & vser de toute violence selon qu'il leur plaist, & pour le dernier l'ambition par laquelle ils s'enflent & enorgueillissent outre leur portee, & aspirent tousiours à choses plus hautes par tous moyens illicites & mauuais. Le Gentilhomme lors s'appellera accomply s'il est bon chasseur, s'il est bien appris en toute piperie, & expert en tout ieu de hazard, s'il se monstre fort robuste à boire grands traicts, ou à paillarder excessiuement: s'il est grand despensier, pompeux, & addonné à toute superfluité & intemperance, ennemy iuré de vertu, & qu'il aye oublié du tout qu'il soit nay & qu'il luy fale mourir. Et seront encor estimés plus nobles si ces qualités leur viennent de pere en fils, & qu'ils puissent dire qu'ils les tiennent de tels & tels grands autheurs.

Si le vieillard aux dez s'égaye, l'heritier
Bien touffu ne voudra apprendre autre mestier.

Telles sont donques les grandes & remarquables vertus des Gentilshommes.

Mais outre icelles ils ont certains autres artifices de gentillesse, par lesquels, ores qu'ils soient les plus nuisans de tous les humains, ils font en sorte qu'on les tient pour les plus gens de bien & mieux doüés de prudence, liberalité, pieté, iustice, tant se mõstrent-ils doux, benings, affables, & enrichis de toute apparence de vertu. Ils ont des paroles sucrees, plus douces qu'huyle, mais cependant elles sont comme glaives tranchans. Ils festoyent vn chacun à leur table, parlent de toutes choses, & discourent en toute liberté de la Republique, & recueillans les opinions des vns & des autres s'en parent, & font honneur aux conseils des Rois, & des Princes, & en acquierent bruit & reputation de sagesse & prudence, & font si bien que de leur auarice leur reuient vn renom de liberalité, rauissans aux vns pour donner aux autres: pilleurs liberaux, prenans plaisir d'enrichir l'vn en appauurissant l'autre, ainsi que l'on dit de Sylla: & entre ces rapines estans neantmoins tousiours souffreteux & en necessité. Ils entreprennent volontiers les querelles des pauures contre les riches, faisans semblant d'estre esmeus d'affection religieuse, mais à la verité c'est pour faire leur proffit, & ne se monstrent secourables aux affligés, sinō tant qu'il y a à puiser dans les bourses de leurs gras, & opulents aduersaires. Car ce n'est pas pitié ny bonne volonté qu'ils ont d'aider aux pauures qui les meine, mais desir de nuire aux riches, ce qu'ils sçauent beaucoup mieux faire que proffiter à personne. Et sous ce pretexte de iustice & de pieté bien souuent ils passent si auant en audacieuse licence, qu'ils entreprennent de faire publiquement la guerre aux grandes villes, & font des exces irremissibles aux autres selon les loix: desquels neantmoins eux sous le rempart de noblesse acquierent honneur & loüange, & à l'exemple des anciens geants se glorifient en leurs pechez: & d'autant qu'ils n'ont rien plus à cœur que de nuire ainsi que les esprits malings, ils estiment que lors on leur est bien tenu, comme s'ils auoient fait vn grand benefice, quand ils se sont abstenus de malfaire, tendans à se rendre redoutables à tous, & à n'estre aymés d'aucun, prenans party auec tous les plus meschans, pillans & rançonnans ceux qui se retirent à eux, & se mettent en leur protection. En somme il n'y a especes d'hommes plus pestilentieux aux villes que ces nobles, lesquels n'aymans qu'eux mesmes, comme s'ils estoient de meilleur sang que les autres, sont perpetuellement enflés d'orgueil. D'iceux donna iadis vn bon cōseil Aristophanes, disant qu'il ne faloit point nourrir des lyons aux villes : car quand l'on y en nourrit, il leur faut complaire. Par les tyrannies d'iceux les Suisses ayans esté long temps greués, tuerent tous les Gentilshommes, & nettoyerent de leur race leur païs. Par ceste memorable execution, ils acquirent grande renommee de vertu, & se mirent en liberté, de laquelle ils ont iouy passé sont plus de quatre cens ans, se maintiennent heureusement, & n'ont rien plus odieux entr'eux que la noblesse. Autresfois il n'y auoit aucuns hommes qui fussent plus au gré du peuple, ny qui fussent estimés dignes d'estre plus amplement guerdonnez, que ceux qui se hazardoient de tuer les tyrans & leurs officiers & ministres, voire leurs enfans & autres de leur sang, ores qu'ils ne fussent coulpables ny participans de leurs meschancetés. Mesmes les Iureconsultes sont de ceste opinion, qu'il est quelquesfois necessaire que les innocens meurent, si le bien & vtilité publique en reçoit quelque grand aduantage, à sçauoir d'estre asseuré que le tyran & sa posterité estaincte vne nouuelle tyrannie ne puisse repulluler ny ressoudre. Ainsi en vserent les Grecs à l'endroit d'Astyanax fils d'Hector pour oster toute occasion de reuenir derechef à la guerre. Nous pouuons lire & feuilleter les Historiens du temps passé, comme T. Liue, Iosephe, Egesippe, Q. Curce, Suetone, Tacite, Serene, Tranquille, & les autres; & il nous apperra que de tout temps il a esté permis de dresser embusches aux tyrans, & les deceuoir, & estimé tres-honorable de les occire, voire les empoisonner, ainsi qu'il fut fait à l'endroit de Tybere troisiesme Empereur apres Iules Cesar, le venim, duquel il fut estaint ayant esté estimé salutaire, & auoir donné la vie au monde, encor que tout empoisonnement aye esté tousiours detestable. Les sainctes lettres ne reprouuent point l'execution faicte contre Holophernes, ny celles contre Eglon & Sisara, que Iudith, Ayoth, & Iahel tuerent : mesme Dieu a permis de se soustraire du ioug des tyrans occis pour leurs meschancetez : & y void on tous ceux, par l'œuure desquels le peuple a esté deliuré de l'affliction des tyrans, estre honorez par les sainctes histoires du tiltre de ministres & seruiteurs de Dieu. Or est-il à noter que la noblesse n'est point tant mauuaise par vsage & accoustumance, qu'elle l'est de nature : ce qui nous est monstré clairement par les autres animaux : car tant entre les oiseaux que les bestes à quatre pieds ceux ont la prerogatiue de noblesse qui sont les plus dommageables & dangereux, voire mortels aux autres animaux, & principalement aux hommes, ainsi que les aigles, les vautours, faucons, espreuiers, & autres oiseaux de proye : les corbeaux, les milans, les austruches, les fabuleuses harpies, les grifons, les syrenes, & semblables monstres : pareillement les tigres, les lyons, loups, leopards, ours, sangliers, dragons, serpens, crapaux. Entre les arbres peu sont consacrés & dediés aux dieux, & en honneur de noblesse, sinon ceux qui sont steriles, ou le fruict desquels n'est d'aucun vsage à l'homme pour viure, comme sont les chesnes, les estres ou fayars, le laurier, le meurtre. Entre les pierres les marbres, ny celles qui seruent à bastir, ny à moudre ne sont point les plus prisees, mais autres qui ne seruent à rien, & ne portent vtilité aucune à l'homme, sont estimees nobles. Pareillement l'argent tres-pernicieux, & l'or plus que le fer nuisant, sont les plus dignes & plus nobles des metaux, pour lesquels il faut tant esmouuoir de tumultes & de guerres, faire tant de meurtres, & respandre tant de sang humain.

Des Herauts. CHAP. LXXXI.

A Cause de la noblesse a esté estably l'art & l'exercice des Herauts, qui est vne philosophie fort occupee à censurer, assigner, iuger, & discerner, ou blasonner, comme ils appellent, les escus & armoiries des Gentils-hommes : Esquelles il n'est pas conuenable ny licite de voir vne iument, vn veau, brebis, agneau, chappon, poulle, oye, ny autre animal peinct de ceux qui seruent en quelque façon ou sont necessaires à la vie de l'homme: mais faut que les marques & enseignes de la noblesse d'vn chacun tienne de quelque beste cruelle rauissante. Ainsi les Romains portoient l'aigle le plus rauissant de tous les oiseaux, les Phrygiens le porc, animal qui ne fait que dommage. Les Traces la mort. Les anciens Goths vn ourse. Les Alains enuahissans l'Espagne portoient en leurs deuises vn chat, beste larronnesse & frauduleuse. Les vieils François auoient vn lyon, comme aussi portoient les Saxons: mais s'estans depuis les François installés és Gaules ils prindrent le crapaut, & les Saxons le cheual, qui est animal guerrier. Les Cimbres auoient vn taureau, enseigne de force. Le blason d'Anthiochus estoit vn aigle portant vn dragon entre ses griphes. Celuy de Pompee vn lyon tenant vne espee. Attilla portoit vne austruche couronnee. Mais les Romains, qui auoyent receu vn si grand bien des oyes que de sauuer par leur vigilance le Capitole d'estre prins par les Gaulois, iamais ne sceurent pourtant estre induits à porter oyes pour deuise en leurs enseignes. Il peut estre qu'aucuns portent des coqs & des boucs en leurs armoiries, aussi font-ce animaux superbes & luxurieurieux, qui sont des principales vertus de Gentillesse, & par mesme raison y est receu le paon, à cause de l'orgueil, & la huppe pour autant qu'elle a quelque enseigne Royale en sa creste, & semble porter couronne: & n'est point derogé à noblesse pourtant si cét oyseau fait son nid dans la fiente: car aussi bien Vespasien prenoit gabelle sur les pisseurs, disant que le profit qui luy en reuenoit ne sentoit point mal. Il se trouue aussi quelques petits animaux, qui sont admis és escussons & y ont credit & reputation, pourueu toutesfois qu'ils ayent quelque chose de nuisible, ou denotent quelque mort & ruine autrement on ne s'en sert point. De ce nombre sont les connils, les taupes, les grenouilles, les locuſtes, les rats, couleuures, ſcolopendres, par leſquelles beſtes, ainſi que dit Pline, ont eſté quelquesfois les peuples moleſtés & dechaſſez, & les villes gaſtees & ruinees. Nous pourrions par meſme raiſon leur accorder volontiers de porter des mouches, des couſins, & punaiſes, & s'ils veulent encores des rongnes & vlceres, des conſles & des peſtes : car par ces choſes a eſté iadis l'Egypte flagellee du temps de Moyſe, auec ce que c'eſt auiourd'huy vn ſigne de vraye nobleſſe que d'eſtre bien garny de rongne & de groſſe verolle. Autres portent des eſpees, des poignards, haches, machines, tours, fortereſſes, feux, & tous autres inſtrumens & artifices meurtriers & deſtructeurs dans les eſcuſſons. Les foudres aux Scythes, les arcs & carquois aux Perſes, & les roües aux Coralles furent pour deuiſes & blaſons. Les dieux auſſi auoient les leurs : comme Iupiter le foudre, Neptune le trident, Mars la lance, Bacchus le thyrſe, Hercules la maſſue, & Saturne la faux. Ainſi ces enſeignes & deuiſes de nobleſſe choiſies par vn chacun ſelon ſes inclinations à cruauté, rapine, pisse, violence, force, temerité, & autres dons & qualités de noblesse, en signe & tesmoignage d'icelles sont blasonnees par les herauts, censurees & iugees les vnes plus, les autres moins nobles. Mais les escus qui ne portent blasons de la sorte dessusdite, ains sont remplis de quelque chose plus priuée & plus douce & paisible signification, comme d'arbres, de fleurs, estoiles, & choses semblables, ou portent vn caducee de Mercure, vne harpe d'Apollo, ou sont partis de couleurs seulement, sont estimés noueaux & beaucoup moins nobles que les autres susmentionnés, pource qu'ils ne sont remarquables d'aucune deuise de force & vaillance guerriere, ou d'auoir esté acquis par aucune effusion de sang, mort, ou ruine. Et c'est merueilles quelle sagesse ces maistres Herauts auec leurs cottes d'armes, astrologuent, philosophent voire theologisent là dessus. Ils vous attribuent le noir ou sable à Saturne, & partant signifie perseuerance, taciturnité, & patience. L'azur ou bleu de sapphir, foy, ou bien, selon l'interpretation des François, ialousie, & l'asſignent à Iupiter. Le rouge, ou de gueules ainſi qu'ils blaſonnent, eſt marque d'ire & vengeance, à cauſe qu'il appartient à Mars le furieux. L'or iaune dedié au Soleil à cauſe du prix de ſon metal, & de la lueur tres claire du Soleil, denote ioye & deſir, Venus eſt ſur le pourpre & ſur le verd ou ſinople: le pourpre de couleur de roſe ſignifie ſelon eux amour fauorable, mais les François diſent que c'eſt ſigne de fineſſe & trahiſon, & le vert ſans contrarieté eſt marque d'eſperance, pource que des champs verdoyans l'on eſpere cueillir le fruict. La couleur blanche ou l'argent eſt attribuee à Venus, lequel eſtant pur & ſimple, mais propre à receuoir toute mixtion, ſignifie purité, ſimplicité, proprieté, ou conuenance. Toutes les autres couleurs meſlees ſont adiugees à Mercure, lequel eſtant vagabõd & diuers exprime par icelles auſſi le cœur variable. Car le cendré approchant du noir denote anguſtie & difficulté. L'incarnat comme de ſang repoſé, douleur cachée au profond du cœur ou penſee ſecrette. Le paillé clair ou obſcur ainſi que des feuilles tombantes, desespoir ou soupçon. Ce seroit vne longue legende si l'on vouloit mettre par escrit toutes les chansons qu'ils nous disent, & tout ce qu'ils songent & tirent à leurs blasons & interpretations des humeurs & complexions & des saisons de l'annee, des mois, & des iours, des angles du monde, & des vents, des signes & planettes, des arbres, pierres, & des plantes, voire des sacremens & mysteres de l'Eglise, comme ils veulent faire seruir toute l'Apocalypse à leurs fables.

Voila sommairement ceste heroïque Philosophie de ces Heroës Herauts. Dont ie cesserois de plus dire, n'estoit qu'il m'est souuenu d'auoir passé sans parler de l'origine des Herauts, laquelle ie mettray icy pour accessoire à ce propos. Eneas Sylnius dit que le nom de Heraut vient de Heros. Or estoiét Heroës viels gendarmes, ausquels seuls il appartient d'estre Herauts: & de vray c'est la signification propre du vocable Allemand *Herald*, qu'vn vieil soldat ou homme de guerre. Toutesfois certains hommes de basse condition & messagers de paix, ou denonciateurs de guerre, sont pourueus de ces estats auiourd'huy. Les priuileges des Herauts, & leurs charges & offices dés les plus anciens siecles durent encore à present. Leur premier auteur fut le pere liber, lequel ayant subiugué les Indes les establit & installa en estat & charge par telles paroles, Ie vous absous desormais de la guerre & de tous trauaux, & veux que vous soyez appellés vieux gensdarmes & Heroës. L'estat & office que vous auez à exercer sera de donner conseil à la Republique, reprendre les delinquans, & louër les bienversans: & n'aurez autre soin ny charge. Quelque part du monde que vous vous transportiez, les Rois & Princes vous eslargiront viures & vestemens, & serez entre tous des plus honorables. Les Princes vous feront des presens, & vous donneront de leurs habillemens, à vos paroles sera foy adioustée, partant aurez le mensonge en horreur, & condamnerez les traistres : ceux qui outrageront les femmes seront par vous declarés infames : vous serez libres par tout le monde, & aurez asseuré passage & habitation en tout pays.

Si quelqu'vn de faict ou de parole vous offense, ou ceux qui vous appartiennent, il moura de glaiue. A ces priuileges heroïques long temps apres fut adiousté par Alexandre le grand qu'ils vseroient en leurs habillements de l'or & du pourpre ou escarlatte, & porteroyent des manteaux Imperiaux & des armoiries, marques, & enseignes Royales en quelque part de la terre qu'ils fussent : & s'ils estoyent frappez ou outragez par quelqu'vn de faict ou de parole, il y auoit peine de confiscation de biens & de mort. Ainsi dit Eneas Syluius que Thucidide, Herodote, Didyme & Megaston l'ont escrit. Pour la troisiesme fois Octauian Auguste apres auoir establie & ordonnee la Monarchie Romaine les honora de ceste loy; Quiconque tu sois qui as porté les armes à nostre suitte l'espace de dix ans, soit à cheual soit à pied, pourueu que tu ayes attaint l'aage de quarante ans, tu seras exempt de là en auant d'aller à la guerre, & seras dit Heroë & viel gendarme : nul ne te donnera empeschement, ains seras receu és villes, és places, és temples, maisons, & logis:

nul ne t'imposera crime, charge, ny tribut. Si tu commets quelque forfaict attens la vengeance & chastiment de Cesar seul. Si quelqu'vn faict acte qui soit des-honneste, tu seras celuy qui le iugera ou accusera, & pour tel seras reueré par les Princes ou personnes priuees: nul ne t'arguera de mensonge ou fausseté en ce que tu diras ou feras: tous les chemins, lieux, & places te seront libres & ouuerts: tu auras ton viure aux tables des Princes, & te seront assignees pensions annuelles pour ton entretenement des deniers publics. La femme que tu auras legitimement espousee precedera les autres. L'homme que tu auras reprouué & declaré infame, sera pour tel tenu & estimé. Il t'est permis ô Heroë de porter nom, armes, blason, & ornements conuenables aux Rois: & t'est licite, quelque part ou entre quelque nation où tu sois, de faire & dire tout ce qu'il te plaira. Si quelqu'vn te fait iniure, sa teste l'amendera. Finalement Charlemagne, estant le nom de l'Empire transporté en Allemagne, & apres qu'il eut subiugué les Saxons & Lombards, estant appellé Cesar & Auguste honora les Heroës des priuileges suiuans: Mes gendarmes vous serez appellez par cy apres Heroës, compagnons des Rois, & Iuges des forfaicts. Viuez desormais exempts de trauail, seruez de conseil aux Rois pour la Republique, corrigez les faicts deshonnestes, portez aide & faueur aux femmes & aux pupilles, & assistez au conseil des Princes, demandez leur viures, vestemens, gages, & pensions. Si quelqu'vn le vous refuse, qu'il soit estimé infame. Si quelqu'vn vous fait outrage, qu'il sçache d'estre coulpable enuers la Maiesté. De vostre part gardez qu'vn si grand honneur & si beau priuilege acquis par les trauaux d'vne iuste guerre, ne soit souillé par yurongneries, bastelleries, ou autre vice quelconque, de peur que ce que nous vous octroyons pour vous honorer, ne vous redonde à honte & chastiment, lequel neantmoins en cas de forfaicture nous reseruons à nous & à nos successeurs Rois des Romains. Voila donques quelle est la magnificence des Herauts, & quelles sont leurs prerogatiues anciennes, selon les coustumes de tous temps, par lesquelles ils s'estiment grands, leur estant permis de mesdire mesme des plus grands librement & sans crainte de peine.

De la Medecine en general.

Chap. LXXXII.

Mais laissons la gendarmerie & la noblesse, traictons de la Medecine, qui est pareillement vn art de meurtres & d'homicides, & totalement mechanique, encore qu'elle presume de passer sous le tiltre de la Philosophie, qu'elle se veuille hausser par dessus la Iurisprudence, & brigue le prochain degré à la Theologie, d'où s'est esmeuë grand' noise entre les Medecins & Iurisconsultes. L'argument des Medecins est tel: Comme ainsi soit qu'il y aye trois sortes de biens consecutifs & par ordre, à sçauoir de l'esprit, du corps, & ceux que l'on attribuë à Fortune: le Theologien à soing & cure des premiers, le Medecin des seconds, & le Iurisconsulte des troisiesmes : parquoy le rang du milieu appartient au Medecin sur le Iurisconsulte, entant que la santé & bonne disposition du corps est à preferer aux richesses & biens externes. Mais ce procés fut vuidé par vn certain Iuge par interrogation des parties & sur leur responſe : car il leur demanda quelle estoit la coustume de mener les delinquans au supplice, & en quel ordre marchoient le larron & le bourreau. Eux respondans que le larron alloit deuant, & que le bourreau suiuoit : il fonda là dessus sa sentence, & dit que les Legistes donques precedent, & les Medecins suiuent, voulant noter les grands larcins des vns, & les temeraires homicides des autres. Mais reuenons à la Medecine. Il y a quelques heresies ou sectes diuerses d'icelle : car vne espece de Medecine est appellee rationale ou sophistique ou dogmatique, suiuie pas Hippocrates, Diocles, Chrisippe, Caristin, Praxagoras, & Herosistrate, laquelle Galien venu long-temps apres eux a approuuee, & luy sur tous autres en suiuant Hippocrates a reduite la Medecine en la cognoissance des causes, à ſçauoir bien remarquer les ſignes, les qualités des choſes, & l'habitude & diuerſe complexion, eſtat, & diſpoſition des corps, & les degrés. Mais pourautant que ceste secte s'amuſe plus apres les vocables & paroles qu'aux choſes meſmes, encor qu'il fale confeſſer que c'eſt vne des meilleures parties de la naturelle Philoſphie, eſt neantmoins mal propre à la medecine, & poſſible pernicieuſe, attendu qu'elle renuoye les hommes qui ont beſoin de ſanté à certaines diſputes ambiguës & ſophiſteries pluſtoſt qu'aux vrais & ſalutaires remedes, par leſquels les malades peuuent eſtre gueris, & s'addonnant du tout aux diſputes des eſcholes, ne ſçait que c'eſt des bois, des deſerts, ny des iardins, & n'a aucune connoiſſance ou practique des ſimples ny de la Medecine. Parquoy Serapion a confeſſé que ceſte eſpece de Medecine n'eſt celle qui donne les remedes ou gueriſon des maux. Il y en a puis vne autre faction, qui eſt du tout mechanique & mercenaire, laquelle a donné le nom à l'art des Medecins, & le retient encor auiourd'huy : c'eſt l'actiue ou operatrice, laquelle est diuisee en deux autres especes, à sçauoir l'Empirique & Methodique, & de ceste-cy sera nostre propos. L'Empirique est ainsi appellée à raison des experiences, dont les principaux Professeurs ont esté Serapion, Heraclides, & les deux Apolloines, qui depuis furent ensuiuis par quelques Latins, comme M. Cato, C. Valgius, Pomp. Letus, Cassius Felix, Arontius, Cornelius Celsus, Pline, & plusieurs autres: & de ceste Empirique a esté construite puis apres la Methodique par Hierophile Carcedonien, reduisant à certaines reigles la longue & souuent reiteree experience qui est la maistresse des choses: & consecutiuement icelles reigles ont esté establies & confirmees par bonnes & fortes preuues de raisons & arguments par Asclepiades, Temision, & Archigenes. Mais Thesille Italien la reduist à perfection, lequel, ainsi que Varro raconte, cassa toutes les opinions de ceux qui auoient esté deuant luy, & poussé d'vn appetit enragé, dit tout ce qu'on sçauroit dire contre les Medecins des siecles precedents. Apres ceux-là plus sieurs Philosophes barbares des autres nations ont escrit de la Medecine : entre lesquels la gloire des Arabes a esté si grande, que plusieurs ont estimé qu'ils auoient esté inuenteurs d'icelle, ce qu'ils eussent facilement peu obtenir, n'estoit que les noms & vocables dont ils ont vsé, tirés des Grecs & des Latins monstrent que de fait l'origine de cét art est d'ailleurs. Parquoy les Liures d'Auicenne, Rhasis, & Auerrois sont en mesme auctorité que ceux d'Hippocrates & Galien, & ont acquis telle foy que les Medecins qui presument donner des remedes sans la guide d'iceux sont estimés publiques destructeurs de la santé des hommes. Or combien que les sectes & factions des Medecins soiēt peu en nombre, si est-ce qu'il y a aussi grande contrarieté d'opinions entre eux qu'entre les Philosophes. Comme en ce qu'ils debatent du sperme ou semence generatiue auec leurs raisons sottes & argumens de vieilles : car Pythagoras disoit que c'estoit l'escume du sang le plus pur, & l'excrement de la plus pure & vtile nourriture. Plato que c'est vne humeur coulante de l'espine du dos & de la moëlle d'icelle, pour autant qu'à ceux qui vsent trop souuent de la compagnie des femmes le dos & les reins deulent. Alcmeon que c'est vne portion de la ceruelle, pource aussi que les yeux font mal à ceux qui sont excessifs en cest acte, attendu que l'œil est partie du cerueau. Democrite dit qu'elle procede de toutes les parties du corps humain, & Epicurus qu'elle est espraincte du corps & de l'ame. Mais Aristote enseigne que c'est l'excrement du sang nourrissant, & de la derniere digestion d'iceluy par les membres. Les autres ont opinion que c'est du sang cuit & blanchi dans les genitoires par la chaleur d'iceux, fondez sur ceste seule raison, que ceux qui sont trop aspres à l'œuure de Venus au lieu de semence iectent gouttes de sang pur. En outre Aristote & Democrite affermem que la semence de la femme ne sert de rien à la generation, & nient qu'elles ayent germe aucun, ains seulement iectent vne certaine sueur peculiere. Mais Gallien soustient que les femmes iectent semence, imparfaicte toutesfois, & que tant celle de la femme que celle de l'homme ensemble forment le fruict. Au surplus Aristote veut que les corps des animaux soyent engendrés proprement de sang, & d'iceluy immediatement nourris, & que le sperme a sa generation du sang. Or Hippocrates au contraire dit que les corps des animaux sont premierement assemblez & comme caillez des quatre humeurs, & entre les Arabes plusieurs ont eu opinion que les animaux qu'on appelle parfaicts, peuuent estre engendrez sans l'accouplement & mixtion du masle & de la femelle, & produits sans semence, & partant croyoient que les matrices ne sont necessaires sinon par accident. Quant aux causes originelles des maladies, Hippocrates dit qu'elles procedent de ventosités, ou d'esprit ou chaleur naturelle. Hierophile des humeurs. Erasistratus du sang contenu és arteres. Asclepiades des atomes, & songe que ces petits corps entrent dans ceux des animaux par les pores, & causent les infirmitez. Alcmeon dit qu'elles viennent de l'exces ou defaut des forces & facultés corporelles. Diocles de l'inegalité des elements corporels,

& de l'air humé & respiré. Strato pense que toutes les maladies sont engendrees par superfluitez de viandes, cruditez & corruption d'icelles seulement. Ils ne sont non plus d'accord du changement de la viande. Car Hippocrates, Gallien, & Auicenne afferment que ce que nous mangeons se cuit en l'estomach par la chaleur. Erasistrate dit que cela se faict au ventre. Plistonicus & Praxagoras disent qu'elle ne se cuit pas tant seulement, mais qu'elle s'y pourrit. Et Auicenne auec ses expositeurs Gentil & Iacques de Forli ont opinion que l'excrement & fiente se faict dans l'estomach, en quoi ils errent grandement. Mais Asclepiades & ses imitateurs soustiennent que les viandes ne sont point cuites en l'estomach, mais qu'il les distribuë par toutes les parties du corps toutes cruës, lesquels tiennent pour superfluës & vaines, toutes les opinions & enseignements de leurs deuanciers. Ie passe les iugements par les vrines mal congnus iusques à present par eux, & les differences des poulx qu'ils n'ont encores sceu comprendre. Hippocrates mesme, qui est reputé pour Dieu de la medecine entr'eux, n'a point tant contredit aux autres, que lourdement failli en plusieurs endroits. Car au liure de la nature de l'enfant il dit que l'oiseau est engendré du iaune de l'œuf, & qu'il se nourrit, renforce, & prend accroissement du blanc. Ce qu'Aristote preuue estre faux au liure des animaux, & en celuy de la generation d'iceux, disputant contre Alcmeon, qui estoit de l'opinion d'Hippocrates, & conclud que l'origine du poulet est au blanc, & qu'il se nourrit par le nombril du iaune de l'œuf, à quoy s'accorde Pline disant, L'animal prend la forme de son corps par le blanc & glaire de l'œuf, & sa nourriture du iaune ou moyen d'iceluy. N'y a il pas euidente faulseté en l'aphorisme d'Hippocrates qui dit que la femme n'est point molestee de gouttes, sinon apres que ses mois luy ont defailli? car l'on void au contraire beaucoup de femmes goutteuses qui ne laissent d'auoir leurs purgations menstrues.

De la Medecine operatrice.

CHAP. LXXXIII.

OR TOVTE la medecine operatrice n'est bastie sur autre fondement que des experiences fautiues & tromperesses, ny appuyee ou fortifiee que sur vne debile credulité des malades, & n'est moins venimeuse que salutaire, de sorte que bien souuent & presque tousjours il y a plus de danger des remedes & du Medecin, que des maladies mesmes: ce que les Princes de l'art ne font difficulté de confesser librement eux mesmes. L'art est longue, dit Hippocrates, & l'experience tromperesse: & Auicenne, qui dit que la foy & l'esperance du malade enuers le Medecin & la medecine luy proffittent souuent plus que ne font ny le Medecin ny la medecine. Gallien aussi dit qu'il est bien difficile de trouuer vn medicament qui porte grand proffit, lequel ne donne aussi nuisance en quelque sorte. Quelque autre de leur troupe dit pareillement, que la cognoissance de la medecine est à la verité belle & delectable comme de tout autre sçauoir reduict en reigles & art : mais que l'operation d'icelle est casuelle & à l'aduanture. Que les malades donques considerent l'heur qu'ils ont en cest endroit par la medecine, & quelle foy ils doyuent adiouster aux experiences & aux cas fortuits. Mais il y a tant de douceur à bien esperer pour soy-mesme (dit Pline) & y trouue vn chacun tel appetit, que l'on croit aussi tost à quiconque se vante d'estre medecin, nonobstant que le mensonge en ce regard soit dangereux plus qu'en chose du monde. C'est pour autant que bien souuent l'on cherche santé là où la mort est cachee, & que le Medecin ne prend credit ny reputation sinon que par le bon rapport qu'en fait l'Apothicaire participant au butin, les garçons & seruiteurs duquel corrompus moyennant quelque piece d'argent ainsi que maquereaux seruent à ceste tragedie, loüant & extollant au pauure malade par dessus tous les autres le Medecin auec lequel ils s'entendent. Ce qui donne aussi grand renom à vn

Medecin, est de se monstrer vestu d'vne ample & pompeuse robbe, auec force gros hyacinthes aux doigts, & s'il est venu de loingtain païs, ou qu'il soit Iuif, ou Marran, ou d'autre religion estrange : & auec ce pourueu d'vne audace effrontee de mentir asseurement, & se vanter d'auoir des remedes rares & singuliers : cela, dis-ie, luy donne grande autorité, le rend recommandable au possible, & fait qu'vn chacun luy adiouste foy, comme aussi celuy sera tenu pour sçauant que l'on verra obstiné en ses opinions, & auoir tousiours en la bouche quelques mots à demy grecs & à demy barbares, & nommer souuent plusieurs de leurs auteurs. Ainsi preparez & garnis se iettent en place auec vne grauité comme de plomb, mais audacieux plus que gensdarmes: & pratiquent la medecine en telle hypocrisie: Premierement ils visitent le malade, regardent l'vrine, tastent le poulx, veulent voir la langue, manient les costez : remuent les excrements, s'enquerans de la maniere de viure, & d'autres choses plus secrettes, & comme si par ces mines ils pesoyent les elements & les humeurs ainsi qu'en vne balance, ils causent là dessus magnificquement. Apres auec grande parade ils ordonnent les medicaments, recipe des pillules, faites ouurir la veine, prenez des clysteres, des pessaires, onctions, cataplasmes, loochs, masticatoires, gargarismes, sachets, parfums, condits, syrops, eaux, antidotes, & confections theriacales. Et si la maladie est aucunement legere & le malade delicat, ils inuenteront des mignardises, & commanderont auec grande maistrise toutes choses qu'ils penseront estre plaisantes & aggreables aux femmes ou aux hommes effeminez : ils feront faire des licts branslans & suspendus en l'air, ou vne fontaine faisant distiller de l'eau goutte à goutte dans vn bassin pour l'inuiter à sommeil : ils luy feront vser de frottements, estuuements, fomentations, ventoses, ou cornets pour diminuer & disgreger le mal, ils le remettront & conforteront par bains & par l'vsage des plus delicates viandes, luy feront changer d'air, & à fin de se rendre plus admirables, & d'acquerir plus de credit & d'autorité, ils obserueront les heures, vseront de liaisons & suspensions physiques, & ne donneront potion ny remede sinon par les Ephemerides, reigles, & limitations mathematiques. En outre ils voudront maistriser les Apothicaires, feront apporter deuant eux les drogues, les voudront voir dispenser, faisans semblant de cognoistre celles qui sont meilleures, nonobstant que le plus souuent ils n'y entendent rien du tout, & ne sçauroient auoir connu les vrayes d'auec les falsifiees & sophistiquees, n'estans sçauans que des noms & vocables, ignorans totalement les choses. Mais si le malade est riche ou personne de grande authorité, alors ils essayent de prolonger la maladie tant qu'ils peuuent pour le proffit qu'ils en pensent tirer, & pour la renommee qu'ils esperent en acquerir: & ores qu'ils puissent remedier à son mal par vn seul medicament, ils ne le veulent restituer que peu à peu; & bien souuent de propos deliberé irriteront le mal en sorte, qu'auant que venir aux vrais & necessaires remedes ils mettront le malade en extreme danger de perdre la vie, à fin que s'il en eschapne l'on dise qu'ils ont faict vne excellente cure, l'ont deliuré d'vne tresgrieue & dangereuse maladie. Et s'il aduient que quelqu'vn tombe entre leurs mains, detenu de maladie difficile & dangereuse, & qu'ils iugent l'euenement d'icelle douteux, voicy les stratagemes dont ils vsent : ils viennent auec vn visage austere & refroigné, ordonnent & limitent la maniere des viandes, veulent que l'on vse de choses non accoustumees, defendent les ordinaires, ne trouuent bon rien de ce que l'on fait au malade, reiectent ce qu'on luy presente, le menassent de mort, promettent toutesfois de le guerir, mais demandent grands salaires. S'ils doutent de la fin de la maladie, ils demandent des compagnons, & veulent consulter à fin de proceder aux remedes en plus grande asseurance, ou plustost à fin de tuer le patient plus cautement & auec moins de blasme, de peur que quelque autre estant appellé qui le guerisse seul, eux perdent leur gaing, leur renommée, & louange. S'il suruient au malade quelque accident, ou que inopinement ils le tuent par lourde ignorance, ils s'excuseront sur vne fluxion ou catharre qui l'aura suffoqué, ou autre telle dangereuse, soudaine, & irremediable adventure, accuseront le malade de n'auoir voulu obeïr au Medecin, & ceux qui le seruoyent de negligence, ou les autres Medecins appellez, ou bien reiecteront la faute sur l'Apothicaire, & par ce moyen font en sorte qu'aucun malade ne meurt que par sa propre coulpe, & que nul ne guerit que par l'œuure & benefice du Medecin. Or nous sera il aisé à prouuer que les Medecins sont la pluspart mauuais par le propre tesmoignage d'iceux. Pierre d'Appõ, dit le conciliateur, escrit que l'art de medecine est attribué à Mars, qui est le plus odieux de tous les planettes, auteur de toute ingratitude, debat, & iniquitez, & maistre de la guerre & des armes: Partant que les Medecins sont le plus souuent gents de mauuaises mœurs, tant à cause de l'influxion de Mars & du Scorpion, que pour autant qu'ils sont extraicts, dit-il, d'vne souche vile & infructueuse: & puis apres estans engraissez ils s'enflent d'orgueil & deuiennent iniurieux. C'est le rap-

port de cestuy là possible, fondé sur l'exemple d'Esculapius, que l'on dit auoir esté le premier inuenteur de la medecine; engendré de l'entendement de Iupiter, & introduit au monde & en la terre par la voye du Soleil, ainsi que recitent les anciennes fables. Mais Celsus dit qu'il estoit homme, lequel fut canonisé & mis au nombre des Dieux apres sa mort. Plusieurs autres affeiment que c'estoit vn fils de putain incestueusement nay d'vne certaine femme nommee Coronis, belle & de bonne grace, qui souuent se faisoit embrasser par les Prestres d'Apollo, adulterant auec eux dans le Temple. Lesquels firent à croire au peuple qu'il auoit esté engendré par le Dieu Apollo. Mais tout s'accordent en cela, que ce Dieu fut si meschant que pour reprimer ses meschancetez il falut que Iupiter foudroyast sur luy. D'iceluy escrit Lactance à l'Empereur Constantin, Esculapius, dit-il, engendré par Apollo non sans crimes & peché, qu'a il faict qui soit digne des honneurs diuins autre chose, que d'auoir gueri Hipployte? Sa mort pour certain a esté tant plus illustre en ce qu'il
merita

merita eſtre foudroyé de Dieu. Voila ce qu'il en dit.

Et à la verité les Medecins ſont les plus meſchans d'entre tous les humains, tres-diſcordans, tres-enuieux, & tres-menſongers. Ils ſont ſi mal d'accord entre eux, que l'on n'en ſçauroit trouuer vn qui approuue ſans exception, addition, ou changement les medicaments ordonnés par vn autre; ains les reprend, en meſdit, & s'en mocque, afin de paroiſtre d'eſtre quelque choſe de meilleur, & de peur qu'il ne ſoit moins prisé s'il ne retranche l'ordonnance ſalutaire d'autruy, ou adiouſte quelque drogue là où il n'y en aura deſja que trop. Parquoy l'enuie & la diſcorde des Medecins eſt miſe en prouerbe: car de ce que l'vn trouue bon l'autre ſe rid, & n'ont rien de certain en eux, ains toutes leurs promeſſes ſont bourdes paſſageres, & pures menteries, & pource on dit communement en pluſieurs lieux quand on veut ſignifier quelque grand bailleur de bayes & menteur inſigne, qu'il ment comme vn Medecin, ce qu'aucuns voulans vn peu reuerer les Medecins, deſtournent,

& disent, il ment comme vn arracheur de dents. Bref le plus grand chef d'œuure de leur art & sçauoir est de trouuer quelque nouuelle inuention pour faire que les bonnes reigles & preceptes des anciens soyent mesprisées & delaissées, & comme si l'excellence d'vn art ou science gisoit à ne la communiquer ou ne l'enseigner à personne. S'ils sçauent quelque peu de chose ils la cachent, & ne la veulent monstrer à aucun, & portent enuie à la vie des hommes, estans enuieux contre autruy des biens qui ne sont pas à eux. Outre ce ils sont pour la plus part superstitieux, arrogans, de mauuaise conscience, superbes, & auares, & ont continuellement ces mots en la bouche, Pren cependant qu'il se deult, faisant en sorte que celuy qui est sain se deule s'ils voyent qu'ils y ayent proffit. Ainsi que nous lisons que faisoit leur Conciliateur Pierre d'Appon, lequel estant professeur en Medecine en l'Vniuersité de Bolongne, se monstroit si arrogant & si auare, que si on le demandoit pour voir quelque malade hors la ville, il n'y vouloit aller à moins de cinquante escus par iour : & estant appellé quelquefois pour visiter le Pape Honore lors viuant, il voulut faire marché à quatre cents escus par chacun iour. Pindare dit qu'Esculapius pere de la Medecine fut foudroyé par Iupiter pour son vice d'auarice, à cause qu'il auoit exercé la Medecine nuisiblement & au dommage du public. Mais s'il aduient d'auenture que le malade par son bon heur eschappe entre leur mains, vous verrez vn battement de mains insupportable eu signe de resiouissance. L'on ne pourra assez prescher la gloire ou louange d'vn si grand miracle. Ils raconteront par tout qu'ils ont ressuscité le Lazare de mort à vie, que ce malade leur doit sa vie, qu'ils l'ont arraché des mains de la mort, attribuans à eux ce qui appartient au seul Dieu, & diront qu'on ne les sçauroit suffisamment payer. Il s'en est trouué aucuns si temeraires, qui ont souffert que l'on les adorast comme Dieux, ainsi que Menecrates Syracusain, lequel escriuit certain iour à Agesilaus Roy de Sparte en tels termes, Menecrates Iupiter au Roy Agesilaus salut : mais Agesilaus se mocquant de sa sottise, luy rescriuit, Agesilaüs à Menecrates santé, ou bon sens. Si le malade est si peu heureux qu'il expire entre les mains des Medecins, ce qui aduient le plus souuent, ils se deschargent sur le defaut de nature, & sur la malignité du mal, ou encoulpent la desobeyssance du malade, & disent que les remedes de leur art ne s'estendent point iusques à ce secret de nature exerçant sa rigueur : qu'ils sont Medecins, & non pas Dieux: qu'ils peuuent bien guerir les guerissables, mais non pas redresser ceux qui meurent: & en somme qu'ils ne sont redeuables enuers les malades que de l'experience ou essay : & ainsi mesmes és sinistres euenemens ils se monstrent orgueilleux, brauent & notent les defuncts d'intemperance, & auec ce veulent estre payez de ce qu'ils les ont tuez auec leurs potions medicinales, sans lesquelles ils eussent vescu: & ainsi despoüillent les malades de santé, de vie, de renommee & d'argent tout ensemble, sans que la conscience les remorde, tant pource que leurs erreurs sont aussi tost enseuelis & couuertes de terre, ainsi que dit Socrates, qu'aussi pour autant que sa region des morts n'a nulle voye de retour: partant sont asseurez que ceux qu'ils ont deceus par vaines paroles, & enuoyés sous terre auant le temps, ne reuiendront point intenter action contre eux de les auoir occis, ny repeter les deniers qu'ils leur ont tirés de la bourse. Les Medecins sont outre ce que dit est presque la plus part contagieux, tousiours sentans le pisat ou la fiante, voire plus sales que les sages femmes, ayans tous les sens infectés: car de leurs yeux ils regardent les choses les plus ordes & vilaines qui soyent, les roctz & les pets des malades donnent dans leurs oreilles & dans leurs nez, & auec ce les puantes odeurs de l'air infecté, de l'haleine, crasses, & autres ordures des malades. Ils font quelquesfois l'aissay auec les leures & la langue des potions noires & mortelles: auec les mains ils foüillent & remuent les excremens: leurs phantasies iour & nuict leur representent les hideuses images, ombres, & phantosmes des malades: leurs consciences sont troublees d'innumerables homicides par eux commis. En somme tout leur soing & estude, leurs propos, raisons, discours, esprit & entendement n'ont autre subiect que choses tristes & ordes, langueurs, morts, & maladies horribles: leur prattique autre obiect que choses sales, viles, & crasseuses: bref n'est que tout artifice vilain, rodans perpetuellement autour des pots de chambre, poëlles & puantes latrines des malades pour vn petit de gaing, ressembians à la huppe infame qui fait son nid dans l'excrement & fiente humaine. Ne les void on pas ordinairement par vne ville tous crotez, les doigts entrelacez, tristes, & palles en visage trotter hastiuement pour l'esperance d'vn peu de proffit, d'vne boutique d'apothicaire à autre, s'enquerans & mendians s'il y a quelque vrine à voir, ou s'il se presente quelque chaire percee: & tout ainsi que les vautours encapuchonnez vollent aux charrongnes, ainsi ceux-cy ont bon nez sur tous les hommes pour sentir les excrements. Et dit on qu'Hippocrates auoit de coustume d'en taster, à fin de mieux connoistre la nature des maladies: ce que plusieurs attribuent à Esculapius, lequel à ceste cause Aristophanes appelloit scatophage, nom qui est demeuré à tous les Medecins, lesquels sont appellez scatophages & scatomantes, c'est à dire mangemerde, & fouillemerde, ou regardeurs de merde. D'où sont nommees les diuinations ou prognostiques que les Medecins font par les excrements & par les vrines, Scatomantie, Oromantie, & Drimymantie. A cause dequoy ces mechaniques Medecins estoyent iadis reputez infames & tres-infames, aussi ceux qui cherchoyent l'aide des Medecins, ainsi que tesmoigne Seneque: & encor auiourd'huy en plusieurs contrees l'on fuit la compagnies des Medecins, des sages femmes & des bourreaux egallement, & ne veut on manger ny boire auec eux, ains on leur baille leur escuelle & leur verre à part. Parquoy ie ne me peux tenir de detester en cholere la coustume de Plusieurs Princes, qui veulent auoir non seulement à leur leuer, mais tousiours quand ils prennent leurs repas ces hommes pestilents autour de leurs tables perpetuellement infectez des vapeurs venimeuses, qu'ils rapportent tout fraischement des chambres des malades qu'ils visitent. Que l'on appelle vn Medecin à quelque banquet, l'on ne luy entendra tenir autre propos entre les viandes que de fiente, d'vrine, de sueurs, de fange, de sang menstrueux, & de vomissements, ou d'epilepsies, lepres, vlceres, rongnes, & de pestes: tellement qu'il n'y a appareil de viandes si propre, nect & delicieux, qu'il ne souille & face venir à contre cœur par l'impureté & vilennie de ses paroles. Voyez vn Medecin en vn conseil d'estat, ou de police, il n'y a rien si sot ny si inepte: ce qui aduient possible, tant pource que leur art & discipline n'a rien que faire auec la vertu & bonnes mœurs, ainsi que dit leur conciliateur, comme aussi pour autant que selon luy mesme il faut qu'vn bon medecin soit mauuais de nature. Et nous sçauons qu'en plusieurs citez par statut expres les Medecins sont exclus des conseils & assemblees politiques, & ne peuuent exercer magistrats ny offices, non point possible tant pour leur messeance, sottise, legereté, ou mauuaises mœurs, que pour leur saleté & ordure, & d'auant qu'ils sont tousiours occupez à tremuër & manier les excrements des malades, dont ils sont si contagieux, qu'ils infectent non seulement les personnes qui s'approchent d'eux, mais les bancs & sieges, voire les pierres mesmes, ainsi qu'elegamment Lucilius a chanté en vn Epigramme grec de telle substance:

Alcon hier toucha de Iupiter l'image:
Du Medecin souffrit Iupiter grand dommage:
Auiourd'huy par decret on le sort de son temple,
Encore qu'il soit Dieu & Pierre tout ensemble.

Mais quand ils s'assemblent en consultation de Medecine, pour examiner ce que le malade aura pissé, ou fienté ceste nuict là, & pour donner sentence de vie ou de mort, ainsi que les Ephores de Lacedemone, c'est chose merueilleuse, mais deplorable, par quelles miserables altercations ils combattent entre eux au tour du lict du malade, estans tous de contraires aduis les vns aux autres, comme s'ils auoyent esté appellez là, non pour donner remedes, mais pour disputer, ou que le malade, auquel tout long propos est fascheux, à qui le babil du Medecin principalement est redoublement de mal, selon le prouerbe grec de Menander, eust besoing de leurs paroles, & non de leurs secours. En fin ayant mis en auant par parade certains Aphorismes qu'ils ont tousiours prests & font seruir à tous vsages, à la façon des escholes, & ayant inuoqué Hippocras, Galien, Auicenne, Rasis, Auerroës, le Conciliateur, & autres dieux de leur secte, les noms & tiltres desquels leur seruent bien souuent suffisamment pour toute doctrine, pour acquerir credit enuers le peuple ignorant: apres aussi auoir long temps debattu à bon escient (sans toutesfois decider leurs differents) des causes des signes, des affections ou passions, des humeurs, des iours critiques ou iudiciels, en fin ils viennent au remede, qui estoit le chef & la queuë de tout l'affaire, & là par ensemble composent vne froide & debile ordonnance, & comme l'enuie de l'vn contre l'autre les accompagne perpetuellement, ils se donnent bien garde de cõmuniquer là aucun secret ou singulier medicament, s'ils le sçauent, comme s'ils craignoyent de perdre en cest endroit ce qu'ils manifesteroyent, ou dont ils aideroyent autruy, ains ont recours à la commune methode de Medecine : ou si ceste là leur defaut, ils s'attachent à l'empirique, ainsi qu'à l'ancre sacree ou dernier remede : & ne pouuans donner secours par moyens raisonnables, ils essayent les hazardeux & temeraires, disans qu'il vaut mieux d'experimenter vn secours incertain & douteux, que point. Ou si le malade est personnage duquel ils se soucient peu, & que la longueur de la maladie les fasche, ils le lairront à l'aduenture, pour autant, diront-ils, que Hippocrates defend de bailler medicamens à ceux où il n'y a nulle esperance, ou, s'ils sont vn peu superstitieux, reiecteront la cause du mal sur quelque Sainct, ou bien ils luy ordonneront ce dernier remede, Recipe vn Notaire, tesmoins sept, auec vn Prestre, de l'eau & de l'huyle benites tant qu'il suffise, & donne ordre à ta maison : car il te faut mourir. Partant Rhasis, qui sçauoit que c'estoit de la sotte credulité des malades, & de la contentieuse ignorance des Medecins, conseille assez prudemment à l'vn & à l'autre, au Medecin, dis-ie, & au malade en ses Aphorismes, que l'on ne doit prendre qu'vn Medecin, pour autant que l'erreur d'vn seul ne luy apporte grand blasme, & l'vtilité qu'vn seul fait au malade luy acquiert grande loüange. Mais quand l'on appelle plusieurs Medecins, l'on l'abandonne à plusieurs erreurs. Voila l'opinion de Rhasis, laquelle est confirmee par vn vieil Epitaphe que l'on trouua sur vn monument, disant le deffunct qu'il auoit esté occis pour auoir eu beaucoup de Medecins, & vn prouerbe Grec, que l'entree de plusieurs Medecins perd le malade. Ce que l'Empereur Adrian estant sur sa fin disoit luy estre aduenu. La troupe des Medecins, disoit il, a perdu le Prince. Parquoy il faut conclurre que le plus vtile & salutaire conseil pour conseruer sa vie & sa santé, est de ne s'empescher auec les Medecins. La santé du corps est vn don de Dieu, & n'est donné aux Medecins: à raison dequoy le Propthète de Dieu reprint le Roy Asa, lequel en sa maladie auoit mis sa fiance en l'art des Medecins, & n'auoit point cherché le Seigneur. A la verité ceux qui se gouuernent par leur conseil ne peuuent viure en santé, & n'y a vie plus miserable que de ceux qui s'appuyent sur l'aide & secours des Medecins. Soit chose resoluë & certaine, & que les Medecins n'en doute nullement, & plust à Dieu que tout le monde le sceust, que toutes les vertus & facultez des elements, des racines herbes, fleurs, fruicts, semences, voire des animaux, des mineraux, & de toutes autres choses qui sont produites par la mere nature, tant s'en faut qu'elles puissent rendre l'homme immortel, que mesmes (ce qui est beaucoup moins) ne peuuent tousiours remettre en santé celuy qui sera affligé d'vne bien legere maladie. O combien de fois la medecine bien ordonnee, & qui deuoit proffiter, n'a serui de rien, celle qui deuoit purger ne l'a peu faire, combien de fois est on reuenu aux medicaments par la recheute du malade, & à la fin apres tant de trauaux & de despense ou lors ou peu apres mesmes presents les Medecins, il a falu mourir!

Quelle esperance donques peut on arrester aux Medecins, si ainsi est, comme dit leur Hippocrates, que l'experience trompe? Que peuuent ils promettre de certain, si ce que Pline dit est vray, qu'il n'y a art plus inconstant que la Medecine, & qu'elle a esté souuent changee? Il y a eu autres fois plusieurs peuples, & s'en trouue encore à present viuans sans Medecins, où nous voyons des vieillards outre l'extreme aage passer cent ans vigoureux & robustes. Au contraire ces nations tant delicates, qui ne viuent que par l'aide & sur les promesses des Medecins, le plus souuent enuieillir & mourir à la moitié de leur aage. Voire les Medecins mesmes estre plus souuent malades que les autres, & presque tousiours mourir ieunes. Partant vn certain Lacedemonien, auquel quelqu'vn disoit qu'il se portoit bien, répondit que c'estoit pour autant qu'il n'auoit rien à faire auec le Medecin: & comme l'autre repliquast, Et si tu es paruenu à grande vieillesse, Pource, dit, il que ie ne me suis iamais serui du Medecin, monstrant qu'il n'y a meilleure ny plus certaine voye pour se maintenir en santé, & parvenir à vieillesse, que de n'auoir point vsé de l'œuure des Medecins. Que si quelqu'vn tesmoigne qu'il a esté deliuré de quelque maladie par le secours des Medecins, ie luy respons au contraire que plusieurs aussi pour s'estre serui d'eux sont morts, & ausquels tout l'art des Medecins n'a de rien proffité, & comme dit Ausonne,

La guerison vient du desseing
Fatal, & non du Medecin.

Iadis les Arcades n'vsoyent point de medicaments, mais, selon que recite Pline, beuuoyent du laict au Printemps, pource qu'en ceste saison les herbes sont pleines de suc, & estoyent leurs Medecins les gras pasturages. Ils estisoyent sur tous le laict de vache, pource que ces bestes mangent de toute sorte d'herbes. Les Lacedemoniens, Babyloniens, Egyptiens & ceux de Portugal, au rapport d'Herodote & de Strabo, reiectoyent tous les Medecins, & faisoyent porter aux places & carrefours les malades, à fin qu'ils fussent conseillez & aduertis par ceux qui s'estoyent trouuez affligez de pareilles infirmitez des remedes, qui les en auoyent deliurez, ou qui en auoyent deliurez leurs amis & congnoissans, croyans qu'il n'y a rien plus asseuré en cures & remedes que l'experience. Ce que Celsus aussi afferme. Par icelle on a veu souuent les plus sçauans Medecins auoir esté surmontez par la main d'vn paisan, qui a faict auec vne seule petite herbe ce que les plus fameux Medecins n'ont sceu faire par leurs medicaments precieux & exquis. Car eux par meslanges prodigieuses & indicibles, iaçoit que la nature aye produit plusieurs choses qui pourroyent seruir seules de remedes, confondent les diuerses facultez de diuers simples, & par ce moyen cuident chasser les maux, fondez plustost sur coniectures que sur les vrayes causes & raisons, & reduisent toute la Medecine en vn art casuel & de coniectures. Mais les rustiques ayans apperçeu & congnu la vertu & qualité medicinale d'vn simple, guerissent des maladies difficiles & estranges par le vray & solide effect & force experimentee de nature. Les Medecins outre ce promettent la santé par le moyen des choſes apportees des Indes, ou de Calis & autres extremitez de la terre, & la font achetter par ces remedes de grand prix. Les autres ne promettent pas ſeulement guериſon, mais la baillent par l'vſage des choſes aiſees à trouuer, communes à tout le monde, & qu'vn chacun peut cueillir facilement en ſon iardin, & en ſa maiſon. En outre ceux là ayans apprins l'art tres-difficile de Medecine par des liures trompeurs, peincts & figurez, l'exercent pour le gaing auec vn audacieux & temeraire babil. Ceux cy enſeignez par la terre & par les champs produiſans les vrayes plantes, & monſtrans leurs couleurs, figures, ſaueurs, odeurs, & toutes leurs diuerſitez, & experts de ce qu'elles peuuent ſeruir aux maladies & autres accidents, donnent ſans couſt gracieuſement à chacun remede treſ-certain. Les principaux d'entre les Medecins confeſſent bien d'auoir apprins pluſieurs tres-excellents receptes des femmes, leſquelles ils n'ont deſdaigné d'inſerer en leurs eſcrits & communiquer à ceux qui viendroyent apres eux comme tresbons & efficace, ainſi que celuy qu'Auicenne loüé contre la douleur de teste, qu'il auoit appriss d'vne femme. Que si la Medecine (l'œuure de laquelle est de donner temperature de santé au corps) gist en proportion & correspondance des choses, tant entre elles qu'auec les qualitez du corps auquel on les applique, & que les Medecins anciens ayent mis tout leur estude & diligence à bien composer, temperer, & proportionner les medicaments par poids & mesures iustes & bien accordantes, laissant seulement le soing à leurs successeurs d'obseruer les qualitez des corps des malades, & à icelles proportionner les remedes par eux inuentez, quelle est ceste audace & impudence de non seulement changer iceux, mais y adiouster, les mespriser, ou bien les ignorer du tout? Dont il aduient que comme par la bonne consonance du temperament des breuuages ou medicaments la santé deuroit estre ramenee, par contraire raison la dissonence & mauuaise composition d'iceluy cause douleur & rengregement de mal, & bien souuent conduit à la mort. Partant la vieille villageoise pensera vn malade auec moins de danger par vn seul remede prins au iardin & accompli en tout par la nature, que ne fera le Medecin auec ses potions & Medecines monstrueuses, cheres, & composées par fantasie & douteuse coniectures. Plusieurs grands & excellents Philosophes & Medecins ont esté de cest aduis, qu'il ne faloit penser les malades que par simples medicaments: à ceste cause ayans recherché soigneusement & experimenté les forces & proprietez des simples, ils nous en ont laissé des beaux & tres-recommandables volumes, ainsi que Chrysippus des choux, Pythagoras de la Scylle oignon, Marchion du rayfort, Diocles des raues, Phanias de l'ortie Apulee de la beroine, & plusieurs autres anciens qui ont escrit d'autres choses. Toutesfois ces Medecins de boutique ne tiennent compte d'iceux, ains s'en rient, & s'en mocquent, & appellent simples ceux qui mettent leur estude aux simples. De ma part ie ne veux desconseiller personne de demander aduis à ceux qui pensent les malades par simples medicaments, ny aussi les empescher d'en vser. Mais quant aux Medecins qui frequentent les boutiques, mon opinion est qu'on les doit fuir ainsi que sorciers nuisans & dangereux, voire les chasser comme ceux qui font marchandise de nos maux auec leurs compositions prodigieuses, & se iouent de nos vies : car puis qu'il est necessaire que les medicaments composez soyent faicts de plusieurs choses diuerses & contraires, il est impossible, ou bien tres-difficile, que le Medecin puisse establir certain iugement en iceux, ains faut que tout ce qu'il fait en cest endroit soit par opinion seule, par estimation & coniecture : & comme ainsi soit qu'il y aye souuent plusieurs choses qui pourroyent sembler estre propres & proffitables separement à ce qui fait besoing, le Medecin assemblera seulement celles qui luy viendront lors en memoire casuellement & à l'aduanture, ou ausquelles il sera affectionné par quelque autre instinct interieur & caché : au moyen dequoy il aduient souuent que l'effect des medicaments composez ne procede point tant de la vertu des simples ingredients, que de la bonne ou mauuaise inclination du Medecin, entant qu'il sera induit & addonné à eslire plustost ces simples que ceux là, par vne certaine influence cachee, ou naturelle, ou celeste, diabolique, ou casuelle quelle soit. C'est pourquoy l'on dit communement (ce que les Medecins mesmes confessent) qu'entre eux il y en à de plus & moins heureux, & que souuent l'ignorant fera de plus heureuses cures que celuy qui est sçauant. Ce que i'ay veu & apperceu en vn Medecin tres-docte de ma congnoissance, entre les mains duquel peu ou point de malades eschappoyent, & pareillement i'en ay cognu vn autre fort peu entendu, qui guerissoit heureusement tous ses malades, & ceux que les autres auoyent abandonnez pour morts. Il me souuient aussi auoir leu d'vn Medecin qui remettoit en santé tous les gentils-hommes & gents de qualité qui tumboyent entre ses mains, mais les pauures rustiques y mouroyent ou estoyent en grand danger d'y laisser la vie. Il est donques tres-aisé de congnoistre que ceste Medecine boutiquiere, en laquelle l'aduenture peut plus que la lecture, est toute ou pour la plus part vraye ſorcellerie, & pource doit eſtre reiectee au loing, & condamnee ainſi que empoiſonneuſe & meurtriere. A ceſte cauſe iadis les Romains viuant Caton le Cenſeur chaſſerent de la ville de Rome & de toute l'Italie les Medecins, en haine de leurs mortelles menteries & de leurs cruautez, d'autant qu'ils en mettoyent plus au ſepulcre qu'ils n'en gueriſſoient. Ioint que eſtans connoiſſans de venins & eſpeces de poiſons, il eſtoit dangereux & aiſé qu'ils fuſſent induits par maluueillance, ambition, ou gain, d'empoſonner les perſonnes au lieu de leur bailler remedes de ſanté, & ainſi fiſſent marchandiſe de la vie des hommes pour de l'argent, comme fit le Medecin du Roy Pyrrhus, ſoit qu'il fuſt nommé Timochares ſelon Gelle, ou Nicias ſelon autres, lequel auoit promis à Fabricius d'empoiſonner ſon maiſtre dans vne Medecine. Laquelle meſchante offre Fabrice eut en telle abomination, qu'il eſcriuit à Pyrrhus, encor qu'il fuſt ſon ennemi, qu'il ſe donnaſt de garde de ſon Medecin. Dont Claudien a fait mention en ſes poëſies en ce ſens:

Les Romains ont hay les meschans & leur vice.

Fabrice descouurit à Pyrrhe la malice.
De cil qui pour haster de son Roy le trespas
Promit de luy donner vn poisonneux repas:
Ne voulãt qu'vn subject par ruse cauteleuse
Prolongeast ou finist leur guerre valeureuse.

Pline semblablement fait mention d'vne epistre que Cato escrit à son fils touchant les Medecins Grecs : Ils ont, dit-il, iuré de faire mourir tous les barbares par la Medecine, & sont payés pour ce faire à fin qu'ils s'en acquittent fidelement & que par ce moyen ils les destruisent & ruinent facilement. Et peu apres il adiouste : De là procedent tant d'aguets & trahisons aux testaments, & auec ce des adulteres és maisons des Princes, & entre autres celuy tout clair & euident de Liuia femme Drusus Cesar auec Eudemus. Plato introduit Socrates defendant que és citez on ne laisse point multiplier les Medecins. Il seroit pour certain expedient auiourd'huy qu'il n'y en eust point, ou peu, & que leurs ignorances ou negligences malicieuses & mortelles fussent punies de mort par loix expresses. Car il ne chaut si le Medecin par ignorance ou malice, folie ou negligence, à l'aduenture ou de propos deliberé baille du poison au lieu d'vne Medecine, & mette l'homme en danger de la vie: comme ce soit il merite la mort, & non pas donner lieu à ce que dit Pline, que pleine impunité est octroyée au Medecin d'auoir tué vn homme. Qui est vn honneur qu'on leur faict semblable à celuy des bourreaux, à sçauoir d'estre payez pour tuer les hommes, & de prendre eux seuls salaire des meurtres, au lieu que les autres en sont tirez au supplice, sans qu'il soit loisible à aucun de tuer. Il y a toutesfois telle difference, que les bourreaux ne tuent que les criminels condannez par les Iuges, les Medecins tuent indifferemment mesmes les innocents sans autre iugement ny condamnation. Ce n'est donques pas sans cause que les Decrets des Papes reiectent d'entre le clergé les Medecins puis que l'art de la Medecine est si sanglant, que s'il estoit permis aux clercs d'exercer la Medecine, ils pourroyent par mesme raison aussi bien estre bourreaux. Et ne fit point imprudemment

Porcius

Porcius Cato de bannir les Medecins, pour autant que ces hommes cherchent d'acquerir renommee en leur art tousiours par quelque nouueauté, & desdaignans de suyure les traces des autres, ou s'attribuans à honte de n'apporter de leur part quelque chose de nouueau, ils font leurs coups d'essay & experience au danger de nos vies & apprennent à nos despens, trafiquans de nostre santé, & prolongeans ou souuent augmentans, à fin de mieux proffiter, les maladies qui pourroyent estre facilement & en peu de temps curees & gueries. Pour à quoy obuier anciennement en Egypte le Medecin iusques au troisiesme iour pensoit les maladies au danger d'iceux, mais le troisiesme iour passé c'estoit au peril de luy mesme.

De l'Apothicairerie.

CHAP. LXXXIIII.

LES cuisiniers des Medecins sont les Apothicaires, les escriteaux desquels monstrent les remedes, mais les boites contiennent les poisons ainsi que l'on dit en commun prouerbe. Ou comme dit Homere, medicaments meslés, plusieurs choses salutaires, & plusieurs nuisibles, par lesquels pour ne tõber en dõmage & perte, ils nous cõtraignent d'achepter bien cherement nostre mort, nous baillans vne chose pour autre, ou bien meslant dans les medecines, des vieilles drogues pourries & corrompuës, & au lieu de bonnes potions, nous en font prendre de mortelles, ou acheptent pour fournir leurs boutiques à bon marché des emplastres, collyres, onguents, pilules, & autres medicaments faicts de longue main, & composez de fondrilles & vieilles restes de drogues, lesquelles ils ne sçauent discerner ny connoistre, & partant s'en fient aux marchands estrangers & barbares, qui corrompent toutes choses par tromperie : & sophisteries. Ie pourrois icy monstrer leurs pernicieux discords touchant la connoissance des simples medicaments, desquels ils vsent, & leurs erreurs és noms des choses medicinales mal entendus & pirement vsurpez, lesquels en grand nombre Nicolas Leonicene a monstré en vn ample volume. Ie laisse aussi de parler de leurs monstrueuses compositions & mixtions de plusieurs choses estranges, par la confusion desquelles ils nous veulent faire croire qu'ils font vn medicament seruant & profitable à toutes complexions & natures, comme de la fable de la composition de la theriaque & du Tir ou vipere, & de l'antidote appellé metridat, dont autre chose ne reuient que ce chaos poëtique,

Vne masse pesante,
Lourde, sans art, sans ordre, & mal duisante
Conionction de choses en vn corps
Entremeslé d'admirables discords
dans vn corps confus
L'humide au sec faisoit la guerre dure,
Et la chaleur nuisoit à la froidure.

Mais soit ainsi qu'il se trouue quelques compositions inuentees par les anciens, & trouuees vtiles, & qu'il les faille receuoir comme choses esprouuees : si est-ce que ie diray qu'elles sont contraires à la vraye methode, ordre, & maniere de proceder en medecine, & condamnees par les Medecins mesmes contraints à ce par leur propre conſcience , & totalement reiectees par Pline, Theophraſte, Plutarque, Hippocrates, Galien, Dioſcoride, Eraſiſtrate, Celſe, Scribonius, & Auicenna: les parolles deſquels ſeroyent trop longues à rapporter en ce lieu : & non ſeulement par ces anciens là, mais par pluſieurs nouueaux, l'vn deſquels Arnauld de Ville neufue en ſes aphoriſmes dit, que là où l'on a moyen de recouurer des ſimples, c'eſt fraude d'vſer de compoſitions. Mais à preſent ayans meſpriſé les ſimples, & ſans ſe pener de les connoiſtre l'on ne tire les medicaments d'ailleurs que des deux receptaires, threſors, ou luminaires des Apothicaires & droguiſtes, ou des antidotaires peincturez, & dorez de Meſué, & de Nicolas, & autres ſemblables. Par ainſi il aduient que pendant que les Medecins s'entretenans en leurs aiſes & oiſiueté gouuernent la vie des hommes à la diſcretiō des Apothicaires, ſur leſquels ils ſe repoſent, & qu'iceux eſtans ſans connoiſſance des lettres ny aucune experience ſe fient aux marchands infideles & barbares, & pour le profit & aduantage de leurs boutiques meſlent

& confondent toutes choses, qu'à la verité il y a beaucoup plus de danger du costé des remedes, que des maladies mesmes. Mais disons aussi des sophistications & faussetez que l'on faict aux drogues medicinales qui sont de prix, lesquelles bien souuent sont si bien contrefaictes que les plus rusez & experts sont trompez. Il seroit expedient à la Republique & à la santé des hommes, que toutes ces drogues estrangeres, qui sont outre ce tenues à si haut prix par les marchands pillards au dommage commun, fussent du tout prohibees & defendues, les Medecins reglez, & les Apothicaires astraints à vne loy semblable à icelle que l'on dit que Neron auant qu'il fust deuenu si meschant publia à Rome, par laquelle il leur fut commandé d'vser des medicaments que nos regions & contrees seulement produisent, attendu qu'iceux conuiennent trop mieux à la nature d'vn chacun, & aussi que nous en aurions tousiours de frais, nouueaux, & à choisir auec moindre difficulté, despense, & danger, que nous n'auons ceux que l'on nous apporte de pais estrange, dont la plus grand' part est suspecte d'estre sophistiqués, faux, & contrefaicts ou empirez pour auoir esté moüillez dans les nauires, ou plongez és fosses, ou corrompus de vieillesse, ou n'auoir esté cueillis en temps opportun, ny en bons endroits: ce qui cause bien souuent des dangers tres-grands. Car la Coloquinte cueillie auant sa maturité fait vuider le sang, & tuë: celle qui croist seule ou vnique est venin. Semblablement l'Agaric masle est mortel, & celuy qui est trop vieil dangereux. Toute la Scamonee est sophistiquee, comme aussi la terre sigillee qui doit venir de l'isle de Lemnos ou Stalimene, & est perduë la foy & asseurance des seaux dont elle estoit remarquee. Mais ie vous prie, qu'elle necessité auons nous d'vser de ces choses estrangeres, si nostre contree en produit de semblables & de mesme efficace? N'est-ce pas grande folie de vouloir chercher aux Indes ce que nous auons chez nous? croyans que nostre mer ny nostre terre n'est suffisante, faisans plus de compte de ce qui est estranger que du naturel? des choses qui sont cheres, difficiles à recouurer & qu'il faut apporter du bout du monde, que de celles qui sont à bon marché & aisees à auoir : Est il dit qu'aucune chose ne peut remedier au mal de rate sans l'Ammoniac, ny au foye sans le Sandàl; Si nous n'auons point du bdellium, nul sçaura-il penser les vlceres interieures? ny la douleur de teste sans le Muse & l'Ambre? ny guerir le mal d'estomach sans mastic & Corail? Ie croy que si ces choses estrangeres eussent esté necessaires à nos corps, la nature qui a pourueu à tous, les eust produites abondamment en nostre terre. Nos peres ne s'en sont-ils pas bien passez, voire ont vescu plus sainement que nous : Ce sont donques bourdes & niaiseries des Medecins paresseux, qui ne veulent s'enquerir des remedes qui naissent parmy nous & impostures des Apothicaires, qui ne cherchent point la santé publique, mais leur proffit particulier de leurs traffiques, & nous persuadent que rien ne nous proffite s'il ne couste cher : ausquels est pour ceste cause faict tel reproché par Ieremie, N'y a il pas de la resine ou gomme en Galaad? ne s'y trouue-il point de Medecin? Mais dira quelqu'vn, Nature a produit en chaque lieu & en chaque terre, entre chaque peuple, par chaque climat, & ſous chaque ciel & ſaiſon, des herbes peculieres, & leur donne temperaments conuenables : ſoit & eſt vray que les meſmes plantes ont ſelon la diuerſité des lieux & ſaiſons où elles naiſſent plus ou moins de force & vertu. Si eſt ce toutesfois que en tout temps & en tous endroits elles ont meſmes effects, & correſpondent en temperaments à celuy des perſonnes, tellement que ſi ces plantes rares, & qui nous ſont apportees de loing, ont plus de force que n'ont les noſtres, ie dis qu'elles ne ſont propres ny ſalutaires qu'aux hommes des regions où elles ſont produites & crees. Les Empiriques ont pareillement leurs pilleries : car ils nous perſuadent que certains remedes monſtrueux & fort eſloignez de la façon commune de medeciner, nous ſont merueilleuſement profitables, & que ſans iceux nous ne pouuons nous maintenir en ſanté : & ainſi practiquent leurs imaginations aux deſpens & dommage des miſerables. Partant ils meſlent des viperes &

couleuures & autres bestes dangereuses dans les contrepoisons, & comme si tous remedes desailloyent meslent de la graisse humaine és ouguents, & baillent à manger aux hommes auec horreur & grieue offense en nature des corps humains assaisonnez par drogues & compositions aromatiques, lesquels ils appellent Mumies.

De la Chirurgie CHAP. LXXXV.

REste à traicter de la Chirurgie, qui est vne autre partie de la Medecine, laquelle s'exerce és maladies & vices apparents vers la peau, ou qui se monstrent en dehors, les remedes duquel art sont plus asseurez que ceux des autres Medecins, dont les conseils & entreprises sont aueugles : car les Chirurgiens voyẽt & touchent ce qu'ils font, changent, appliquent, & ostent selon l'opportunité & besoing : c'est la premiere partie de la Medecine que l'on a premierement mise en vsage : car s'exerçans les premiers hommes aux guerres, & receuans des playes les vns des autres, il leur falut chercher des remedes à icelles, & croyoient que les maux qui leur estoyent faicts par les hommes se pouuoyent aussi curer par les hommes: Mais quant aux autres maladies & douleurs interieures, ils estimoyent qu'elles estoyent enuoyees par les Dieux courroucez, & partant incurables par vertu aucune naturelle. Le premier donques qui inuenta la Chirurgie fut Apis Roy d'Egypte, ou bien, selon que Clement Alexandrin, dit Mizraim plus ancien que luy, fils de Cham, petit fils de ce grand Noé. Mais celuy qui escriuit le premier la medecine des playes fut Esculape, apres lequel furent excellents en cest art Pythagoras, Empedocles, Parmenides, Democrite, Chiron, & Peon. Pline raconte qu'elle fut premierement pratiquee à Rome par Archagat natif de la Moree ou Peloponnese, lequel, pour la cruauté des decoupements & vstions dont il vsoit, fut appellé publiquement de faiseur de playes, & tost apres le bourreau: en fin l'on s'ennuia de tous ses artifices, & fut l'art dechassé. Or est la Chirurgie renommee par l'excellence des personnages qui en ont faict profession, non moins que les autres factions de medecine : mais à cause de l'immondicité de ses venimeuses ordures, & de sa sanglante cruauté, est tenue pour infame.

De l'Anatomie. CHAP. LXXXVI.

Outes-fois l'Anatomie la surpasse en cruauté, qui est vne publique boucherie pour les vns & les autres, tant Medecins que Chirurgiens, par laquelle iadis les criminels condamnez à mourir publiquement estoyent auec tres-cruels tourmēts descouppez tous vifs & retenans encore l'esprit. Mais à present pour la reuerence du nom & Religion Chrestienne, l'ō est deuenu vn peu plus humain: car l'hōme est premierement occis, ou par leur mains ou par la main de l'officier, & puis on brigande par ces excez sur son corps mort, le deschirant en pieces, recherchant & fouillant diligemment l'assiette de chacun membre, l'ordre, leurs mesures, actions, & nature, & tous autres secrets d'iceux, à fin d'apprendre comment & en quels endrois il faut appliquer les remedes par ceste cruelle œuure horrible, abominable, & impiteux spectacle.

De la Mareschallerie, & Medecine pour le bestail.

Chap. LXXXVII.

IL y a en outre vne autre prattique de Medecine qui pense les maladies des bestes brutes, laquelle est beaucoup plus certaine & proffitable que les autres, inuentee, à ce que l'on dit, par Chiron le Centaure, & illustree par Columella, Catõ, Varo, Pelagõ, & Vegece auteurs tref-renommez. Neantmoins nos Medecins auec leurs beaux anneaux la mesprisent, & en ont honte, aussi en sont ils du tout ignorans, & sont si delicats qu'ils ne se delectent que de la fiente humaine, ainsi que la huppe. Partant si quelqu'vn recourt à eux pour auoir des remedes pour son bœuf, ou pour son asne, il recoura incontinent des iniures au lieu de medicaments, comme ſi ce n'eſtoit à eux à faire de ſçauoir medeciner auſſi bien les animaux que les hommes, principalement ceux qui nous ſeruent & donnent commodité. Pour leſquels le Roy Alphonſe d'Arragon entretenoit iadis deux excellents docteurs pour les cheuaux & les chiens auec grand ſalaire & ample penſion, leur commandant qu'ils aduiſaſſent ſoigneuſement quels remedes & quelle maniere de medeciner eſtoit conuenable à chacune maladie des beſtes : ce qu'iceux executerent, & firent vn liure de ces choſes treſ-vtile. Le ſemblable a faict de noſtre temps Iean Ruel Pariſien, homme docte en l'vne & l'autre langue, & des premiers entre les Phyſiciens, lequel a traduit vn volume des maladies des cheuaux & de leurs remedes recueilli des vieux auteurs, Abſirthe, Hierocles, Theomeneſte, Pelagon, Anatolius, Tibere, Eumelus, Archedamus, Hippocrates, Hemerius Afriquanus, & d'Emile Eſpagnol & Litor de Beneuent : le liure duquel proffitera beaucoup à tous Mareſchaux & Medecins de beſtail, auec commodité pour la Republique.

De la Diette ou reigle de viure.
Chap. LXXXVIII.

Il reste encore à traicter de la medecine dietaire. Le maistre de laquelle fut Asclepiades, lequel delaissant pour la plus-part les droges & medicaments reduist toute la medecine aux reigles & maniere de viure, considerant la quantité, nature, condiments ou assaisonnements des viandes : auquel les autres Medecins sont aucunement accordans, ayans neantmoins opinion que l'vne a besoing de l'autre, à sçauoir le viure des medicaments, & iceux aussi de la maniere de viure & d'obseruer mesure en iceux. Dont ils louënt, defendent, detestent, & blasment certaines viandes & breuuages que Dieu à creés, & ordonnent des manieres de viure estranges, & qui ne peuuent estre obseruees : & pendant qu'ils defendent aux autres de ne toucher à certaines viandes, encor que sobrement & modestement, eux-mesmes les deuorent ainsi que pourceaux le gland, & sont les premiers à enfraindre & contreuenir aux loix qu'ils font aux autres, non tant par negligence, que de propos deliberé: Car s'ils deuoyent viure selon leurs ordonnances reigles, & manieres de dietes qu'ils prescriuent, ils empireroyent de beaucoup leur santé: & s'ils permettoyent aux malades de viure ainsi qu'ils font, ils feroyent le dommage de leur bourse. Or, escrit de ces Dietaires ainsi S. Ambroise: Les preceptes des medecine, dit-il, qui destournent les hommes de ieuner, ne permettent de veiller, penser, & exercer l'esprit, sont contraires aux ordonnances du Seigneur: partant ceux qui s'y rangent & s'addonnent aux Medecins, se priuent de l'vsage d'eux mesmes. S. Bernard pareillement escriuant sur les Cantiques dit, Hippocrates & Socrates enseignent à sauuer sa vie en ce monde, mais Iesus-Christ & ses disciples enseignent à la perdre. Lesquels des ces deux maistres voulez-vous donques suyure: Celuy le monstre assez qui dispute & dit, Telle chose est nuisible à la teste, aux yeux, ou à l'estomach: les legumes sont venteux, le fromage charge l'estomach, le laict est nuisant à la teste, l'eau faict mal à la poictrine: de sorte qu'à peine peut on trouuer en toutes les riuieres, champs, iardins, despenses ou gardemanger, dequoy viure. Mais posons que ces paroles de S. Ambroise & S. Bernard soyent dites seulement pour le regard des moynes, ausquels possible il ne conuient d'auoir si grand soing de leur santé que de leur profession, & qu'aux citoyens & gents d'honneur il ne messied point d'vser de varietez & magnificence en viandes, en ayant esgard toutesfois à leur santé, & de prattiquer la Medecine dietaire, & quand & quand l'art de la cuisine, qui est la discipline d'apprester & assaisonner le manger & le boire: laquelle est par Plato appellee la flatteresse de la Medecine, & plusieurs l'estiment estre vne partie de la dietaire, nonobstant que Pline, & Seneque, & le residu de l'eschole des Medecins confessent que par vne exquise diuersité de viandes plusieurs maladies sont engendrees.

De la Cuisine. CHAP. LXXXIX.

L'Art de cuisiner est fort commode, & si n'est poinct deshonneste, pourueu qu'il ne passe les limites de discretion, à raison dequoy plusieurs grands personnages, voire & sobres, n'ont eu honte de faire des liures de la cuisine & maniere de faire de bonnes sauces, & bien assaisonner les viandes : Comme entre les Grecs Pantaleon, Mitheccus, Epiricus, Zophon, Egesippus, Pazanius, Epenetus, Heraclides Syracusain, Tyndaricus de Sicyone, Symonastides de Zio, Glaucus de Locres : & entre les Romains Cato, Varro, Columella, Apice, & fraischement Platine. Or en ces choses ont esté les Asiatiques fort excessifs & intemperez : tellement que de leur nom a esté tiré vn surnom de gourmandise & sont appellez entre les Latins les gourmans & deuorateurs Asoti: pour autant que de là, ainsi que rapporte T. Liue, apres la victoire d'Asie, les delices & superfluitez estrangeres se desborderent par la ville de Rome, & commença t'on alors à apprester auec plus grand soing & despense les banquets & festins qu'auparauant. De ce temps les cuisiniers qui estoyent les moins prisez d'entre tous les esclaues, prindrent reputation, & commencerent à estre fort estimez & en grand vsage, tellement qu'on les receut & tira de la cuisine encor tous souïllez de broüet & tainčts de suye, auec leurs poëlles, marmites, & chauderons, broches, pilons, & mortiers pour les introduire aux escholes, & fit-on vn art de ce qui n'estoit auparauant qu'vn vil & abiect ministere : l'occupation & sollicitude duquel est à chercher moyens de tous costez pour esueiller l'appetit, & inuiter la gueule, & pour souler la gourmandise insatiable, & faire prouision de mengeaille friande, ne laisser coing du monde à foüiller, ainsi que nous lisons en Varro de plusieurs choses, comme des Paons de l'isle de Samos, l'oiseau appellé Francolin de Phrygie, les Gruës de Melice, le Cheureau d'Ambracie, le Thom Chalcedonien, les Murenes de Tartesse, le

Merlus de Pessinuntes, les Huistres de Tarante, les Peignes ou coquilles grandes de S. Iacques de Zio, l'Elops ou esturgeon de Rhodes, Scares ou rouchans de Cilice ou Carmanie, les noix de l'isle de Taso, les dattes d'Egypte, les glands d'Espagne. Toutes lesquelles singularitez de mangeaille ont esté trouuees pour assouuir la meschante friandise de delices & superfluitez. Or celuy qui eut plus de bruit & d'honneur en cest art, fut Apicius, tellement que de son nom furent surnommez les cuisiniers & appellez Apiciens, (ainsi que dit Septimus Florus) & à l'imitation des Philosophes perpetué. D'iceluy escrit ainsi Seneque: Apicius, dit-il, a vescu de nostre temps, lequel a faict profession de la science de cuisine en la cité de laquelle iadis les Philosophes eurent commandement de se retirer, & a infecté le monde par son mestier & discipline. Pline semblablement l'appelle aspremẽt vn gouffre tres profond de prodigalité & despense. Or par succession de temps les irritements de gueule, les instruments de delices & superfluitez, les diuersitez des viandes multiplierent en sorte par l'engin & inuention de ces Apiciens qu'il fut en fin necessaire de reprimer ces desordonnez excés de cuisine par loix expresses. De là prindrent origine les loix somptuaires, & reiglements des viures, à sçauoir la loy Archie, Fannie, Didie, Licinie, Cornelie, la loy de Lepidius, de Annius Restio: & fut desmis & rayé de l'ordre des Senateurs Duronius par L. Flaccus & son compagnon Censeurs, dautant qu'il auoit voulu estant Tribun du peuple abroger la loy proposee pour reprimer les excés & superfluës despenses que l'on faisoit aux banquets. Aussi auec quelle impudence monta il sur la tribune pour dire au peuple ces paroles? Auiourd'huy, ô Romains, l'on vous a mis vne bride laquelle vous ne deuez en sorte quelconque endurer: vous estes liez & garrottez d'vn aspre & dur lien de seruitude: car on a proposé vne loy qui vous commande d'estre sobres & bons mesnagers: rompons & mettons en pieces ce commandement roüillé sentant sa rude & aspre antiquité: car quel besoing auons nous de liberté, s'il n'est loisible à qui veut de se perdre & fondre en delices & voluptez?

Il y auoit plusieurs autres loix & edicts pour ce regard, lesquels sont à present abrogez & du tout ostez, tellement qu'il n'y eut onques siecle plus friand ny addonné à la gourmandise que celuy d'auiourd'huy : car à cause d'icelle, comme dit Musonius, & apres luy S. Hierosme, nous courons toute la terre & la mer pour trouuer du bon vin, & faire passer par nostre gueule des frians & precieux morceaux : & en cela employons tout le trauail de nos vies. Tant se trouue il entre nous de tauernes & cabarets bordelliers tant de retraictes de flatteurs, chercheurs de repeuës franches, & de louues, où les hommes se perdent en gourmandises, yurongneries, & paillardises, où ils consomment souuent, non sans grand detriment de la Republique, tous leurs patrimoines. Tant de mets & sortes de plats & seruices, tant de sauces & assaisonnemens de viandes, tant de façons, loix, & ceremonies de table, tellement que les festins somptueux & magnificques des Asiatiques, Milesiens,

Sybarites, & Terentins, ou ceux de Sardanapale, Xerxes, Claude, Tybere, Vitellius, Heliogabale, & Galien Empereurs, & de tels autres vieux & anciens exemplaires de gourmandise, qui ont surpassé les autres hommes & nations en delices, superfluitez & desordonnez appetits, sembleroyent vils, sordides, mal apprestés, & rustiques, comparez aux appareils & magnificences de nos tables & conuiues: car la diligence à bien proprement & delicieusement apprester à manger & à boire ne nous contente point si auec ce, l'abondance n'y est excessiue iusques à creuer, telle que pourroit suffire à enyurer Hercules, lequel se seruoit d'vn mesme vaisseau à se faire porter & à boire, ou souler Milon de Crotone & le mangeur d'Aurelien, dont l'vn auoit accoustumé de manger trente pains à chacun repas, l'autre fut veu deuant la table d'Aurelien deuorer tout vn sanglier, cent pains, vn mouton, & vn cochon en vn iour, & beut vne incroyable quantité de vin qu'on luy versoit par vn entonnoir. Ces gourmandises & yurongneries sont fort pratiquees auiourd'huy entre nous, és vogues ou Royaumes, comme l'on appelle, qui se font és festes des vilages, dedications de temples, & autres semblables solemnitez, qui ne sont en rien differentes des Orgies & Bacchanales, que l'on celebroit anciennement, tant y sont toutes choses soüillees & contaminees de vin, de sang, & de toutes meschancetez, qui ont accoustumé de suyure la gourmandise & l'yurongnerie. Ou bien on y verroit representer les conuiues des Centaures, dont nul ne reuenoit sans pluye, & la gloutonnie d'Erisichthone, duquel escrit Ouide tels carmes:

Soudainement ce que terre produit,
La mer, & l'air, à sa table conduict:
Mais il se plaint tant est insatiable,
Du trop petit appareil de sa table,
Et plus son œil peut de viandes voir,
Encore plus il en desire auoir,
Voire ce qui suffisant eust esté
A substanter le peuple & la cité,
Ne luy pouuoit seruir de suffisance.
Pour refrener l'appetit de sa pance.
Et comme on void que de toute la terre
La mer reçoit les fleuues, boit, & serre,
Ne se saoulant des ondes & ruisseaux,

Et qu'elle boit les estrangeres eaux,
Comme le feu de plus en plus s'enflame
Du bois iecté dedans sa viue flame,
Telle pour lors la bouche on apperçoit
D'Erisichthon, qui sans cesse reçoit
Toute viande, & de manger auide
Sans proffiter demeure tousiours vuyde.

Anciennement entre les Grecs, & puis aussi entre les Romains, les luicteurs & gents faisans estat d'exercices corporels estoyent fort goulus, & grands deuorateurs: mais ce vice infame passa aux temps subsequents parmy la Noblesse, hommes Consulaires, & les Empereurs, qui les surmonterent en gloutonnie. Car le Gouuerneur Albinus, qui commandoit aux Gaules, deuora pour vn soupper cents pesches, dix melons, cinq cents figues seiches, & trois cents huistres. Et l'Empereur Maximin, lequel succeda à Alexandre fils de Mammee, mangea pour vn iour quarante liures de chair, & beut vne pleine amphore reuenant enuiron à trente six peintes de vin, Geta pareillement Empereur fut si excessif en toute superfluité & deshonneste appetit, quel'on dit qu'il commanda quelques-fois

fois d'eſtre ſerui de toutes ſortes de viandes ſelon l'ordre de l'alphabet, & continua trois iours à ſe remplir le ventre & gourmander. Mais auec cela nous abuſons en delices, qui eſt encor plus grande offenſe du boire & du manger que Dieu & la nature nous ont donnez pour entretenir nos forces & noſtre ſanté, & le corrompans par diuers artifices de cuiſine en rempliſſons nos corps outre noſtre capacité, & iuſques à regorger, dont nous attirons des maladies incurables. Parquoy est verifié clairement le dire de Muſonius, à ſçauoir que les eſclaues, les ruſtiques, les pauures gents, & tous ceux qui ſe nourriſſent de viandes groſſieres & communes, ſont plus robuſtes & mieux ſupportans les trauaux, moins ſouuent malades (ou point du tout) que ne ſont les Seigneurs, les habitans des citez, ny les riches. Et n'y a eſpece d'hommes plus ſubiects aux griefues maladies & difficilles, comme ſont l'hydropiſie, les gouttes, la verole, collique, & ſemblables, que ceux qui meſpriſans la ſimple façon de viure aiment les diuerſitez & artifices de cuiſine, dont nous voyon tout le contraire en ceux qui se contentent d'vne maniere de viure ordinaire & simple, lesquels sont tousiours plus sains & gaillards. Ce que Celsus confirme, disant que les viandes simplement accoustrees sont vtiles à l'homme, & la diuersité & meslange des saueurs est pestifere, & que les fausses confitures sont inutiles pour deux raisons, d'autant que l'on en mange plus qu'il n'est besoing, à cause de la douceur, & puis elles sont de difficille concoction. Plusieurs autres grands personnages & Auteurs graues ont pareillement detesté ces irritements de gueules, & artifices recherchez aux viandes pour esueiller l'appetit. Mais il y en a certains, lesquels sous pretexte de religion ne blasment point seulement la gourmandise, friandise, & trop grande delicatesse de viure, ains detestent les viandes que Dieu a crées pour l'vsage de l'homme, & s'abstiennent de manger de la chair: toutesfois ils ayment fort le vin, & boyuent à l'Epicurienne, nonobstant que l'Apostre die qu'il incite à paillardise: cependant donnent à entendre qu'ils font abstinence & ieunent, estans repeus de toutes sortes de bons poissons, & bien abbreuuez du meilleur vin : à quoy ils ont les leures, la langue, les dents & le ventre tousjours appareillez : mais c'est sans bourse deslier. Or laisons ceste cuisine de viandes & mets, & venons à celle de Geber, c'est à sçauoir à l'Alchemie, laquelle ne digere ou consõme pas moins de bons biens que la mangeaille & la gloutonnie.

De l'Alchemie. CHAP. XC.

L'Alchemie, ou art, ou piperie, ou vne poursuitte de Nature que l'on la doiue nommer, est à la verité vne imposture excellente & garentie de toute punition : la vanité de laquelle se manifeste en ce qu'elle promet choses qui combattent contre la nature mesmes, ou qu'elle ne sçauroit accomplir ny attaindre iaçoit que art aucun ne puisse surmonter la nature, ains seulement l'imiter, voire la suyure de bien loing, & que la force & vertu de nature soit de beaucoup plus grande efficace que celle de l'art. Mais

Des bons esprits suspecte est l'Achemie,
Et ses supposts plairent ne peuuent mie:
Par tant d'abus les hommes entretient,
Qu'elle & ses faicts en ruine deuient.

En essayant de transmuer les formes & especes des choses, & forger vne certaine benoiste pierre Philosophale qu'ils appellent, par l'attouchement de laquelle toutes choses soyent soudainement conuerties en or ou argent, selon le souhaict de Midas, & si s'efforce de tirer du ciel haut & inaccessible vne certaine quinte essence, par laquelle se font forts les Alcheministes de donner, non pas seulement des richesses excedantes celles de Cresus, mais, qui plus est, de remettre l'homme en sa florissante ieunesse, & entiere santé, dechassant de luy la vieillesse, & presque le rendre immortel.

Mais de tous ceux qui font estat de la science,
N'y a cil qui d'effect en donne experience.

Seulement en monstrent quelques essais, assemblent quelque peu d'argent par ceruses, vermillons, antimoines, sauons & autres drogues seruans à farder les femmes, paindre, & emplastrer les vieilles, lesquelles l'escriture appelle onguents de paillardises, & par ce moyē dressent la boutique de Geber dont est venu le commun prouerbe, Que tout Alchemiste est ou Medecin ou sauonnier & enrichit les oreilles des hommes par paroles : mais son intention est de vuider leurs bourses. Et pour claire coniecture de la vanité & nullité de leur art, est à noter qu'ils demandent tousiours quelque escu à ceux à qui ils font promesses de grandes richesses, par où l'on void que ce ne sont que bourdes & resueries d'esprits mal composez. Ils trouuent neantmoins des hommes tres-desireux de ce grand heur, ausquels ils font à croire, qu'ils tireront de l'argent vif plus grands thresors que la nature n'en a mis en l'or, ny en l'argent mesme : & nonobstant qu'ils ayent esté deçeus par trois ou quatre fois, se laissent derechef enioler par nouueaux enchantements, contraindre par ceste prodigieuse imposture à souffler les fourneaux, cuidans par folie la plus douce & plaisante qui soit, de pouuoir affermir ce qui est volage & s'espard, en l'air, ou ratifier & rendre en fumee ce qui est ferme. Ainsi les dommageables charbons, le soulfre, la fiente, les poissons, les vrines, & tout dur trauail vous semblent plus doux que le miel, tant que vous ayez consommé tous vos heritages, meubles, & patrimoines & iceux reduits en cendre & fumee, pourueu que vous vous promettiez auec patience de voir pour recompense de vos longs labeurs ces beaux enfentements d'or, perpetuelle santé & retour de ieunesse. En fin ayant perdu le temps & l'argent que vous y auez mis, vous vous trouuez vieils, chargez d'ans vestus de haillons, affamez, tousiours sentans le soulfre, tainᵭts & souillez de suye & de charbon, & par le frequent maniement de l'argent vif deuenus paralytiques, & n'ayant reuenu que du nez tousiours distillent: au reste si malheureux que vous vendriez vos vies & vos ames mesmes. En somme ces souffleurs experimentent en eux mesmes la metamorphose & changement qu'ils entreprennent de faire és metaux: car de chymiques ils deuiennent cacochymes, de Medecins mendians, de sauonniers tauerniers, la farce du peuple, fols manifestes, & le passetemps d'vn chacun: & n'ayans peu se contenter en leurs iennes ans de viure en mediocrité, ains s'estans abandonnez aux fraudes & tromperies des Alchemistes toute leur vie, ils sont contraints estans deuenus vieils de belistrer en grande pauureté : en sorte que au lieu de trouuer faueur & misericorde en l'estat calamiteux & miserable où ils se trouuent, ils n'ont que le ris & la mocquerie d'vn chacun. Plusieurs d'entr'eux forcez par la pauureté se sont addonnez à choses illicites & mauuaises prattiques, comme d'estre faux monnoyeurs, ou vser de quelqu'autre espece de fausseté. Parquoy c'est à bon droit que les loix Romaines condamnent cest art, & la chassent de la republique : & est prohibee en l'Eglise Chrestienne par les decrets des sacrez Canons. Et s'il estoit prattiqué ainsi auiourd'huy, que ceux qui sans bonne licence du Prince excercent l'alchemie fussent chassez des Royaumes & prouinces, leurs biens confisquez, & eux punis au corps; il est certain que l'on ne verroit point tant de fausses especes de monnoye, par lesquelles vn chacun est deçeu au grand dommage & perte du public. Ie croy que pour connoistre ces trompeurs, iadis fut faicte la loy d'Amasis Roy d'Egypte, par laquelle il estoit enioinct à vn chacun de comparoistre deuant vn Magistrat à ce ordonné, & là donner raison & declarer par quels moyens il s'entretenoit & viuoit, & à faute de ce faire peine de mort y estoit establie. Ie pourrois dire plusieurs choses de cest art, (duquel ie ne suis pas trop ennemi,) n'estoit que i'ay faict serment, selon la coustume quand on est reçeu aux mysteres d'iceluy, de ne les reueler. Ce qui a esté si constamment & religieusement obserué par les anciens Philosophes & Auteurs, qu'il ne s'en trouue aucun de renom, d'autorité, ou digne de foy, qui aye faict mention ny escrit vn seul mot d'iceluy. Ce qui a donné occasion à plusieurs de croire que tous les liures qui sont escrits de cest art ont esté forgez és temps plus recents; & est cela assez clairement demonstré par les noms obscurs des maistres Alchemistes, Geber, Morienus, Gilgilis, & autres de leur troupe, inconnus, & desquels aucun autre n'a faict mention: les vocables aussi dont ils vsent mal accordans à la signification des choses, la lourderie de leurs sentences, & peruerse maniere de Philosopher. Aucuns toutesfois veulent interpreter que la toison d'or & sa peau estoit vn liure d'Alchemie escrit à la façon ancienne en vne peau dans lequel estoit enseignee la maniere & science de faire de l'or. De tels liures estant faicte tres-diligente recherche par le commandement de Diocletian entre les Egyptiens, qui estoyent à ce que l'on dit, tres-experts en cest art, il fut ordonné qu'ils seroyent tous bruslez, de peur que les Egyptiens se fians en leurs richesses, & incitez par l'abondance de l'or, n'entreprissent quelque iour de faire la guerre aux Romains, depuis lequel temps l'Alchemie par edict public fut par les Empereurs condamnee pour meschante. Or il seroit trop long de raconter toutes les folies, vains secrets & enigmes de ce mestier, du Lyon verd, du Cerf fugitif, de l'Aigle volante, du Crapaut enflé, de la teste du Corbeau, de ce noir qui est plus noir que le noir, du cachet de Mercure, de la boüe de folie (ie faux, c'est de sagesse) & semblables bourdes sans nombre. En outre de ce seul vnique, outre lequel ne se trouue aucune chose, neantmoins peut estre trouué par tout i'entens du subiect bienheureux de la sacree pierre Philosophale, le nom duquel m'est presque eschappé, & peu s'en est falu que ie n'aye esté pariure & sacrilege tout ensemble. Partant i'en parleray par circonlocution vn peu obscurement, à fin de n'estre entendu que par les enfans de l'alchemistique science, qui ont eu entree & ont esté receus aux mysteres d'icelle. C'est donques vne chose de substance non du tout de feu, ny du tout terrestre, ny simplement aqueuse, ny aigue, ny obscure, ou de grosse qualité, mais mediocre, polie, & douce au toucher, & aucunement molle, ou pour le moins n'est point dure ny aspre, au goust est en certaine façon douce, souësue au flairer, aggreable à la veuë, amiable & plaisante à l'oreille, resiouïssante au cœur & à la pensee. Or ie n'en oserois dire d'auantage : si est-ce qu'il y a bien plus grandes choses en elle : mais i'estime ceste science pour m'estre familiere, digne de l'honneur que Thucydide requiert à la femme de bien, disant que d'elle on ne doit parler ny en bien ny en mal. Ie diray toutesfois cecy des alchemistes, qu'ils sont meschans sur tous les hommes, car nonobstant que Dieu aye commandé qu'en la sueur de son visage l'homme doit manger son pain, & ailleurs par son Prophete il dit,

Du labeur que sçais faire
Viuras commodement ;
Et ira ton affaire
Bien & heureusement.

Ceux cy mesprisans l'ordonnance de Dieu, & la benediction de ses promesses, fuyans le labeur, bastissent des montagnes d'or, comme l'on dit, par ouurages & artifices feminins & puerils. Ie ne veux toutesfois nier que de cest exercice ne procedent & prennent origine plusieurs belles experiences : car les azurs, les cinabres, mines, ou vermillon, & l'or qui est appellé masical, & autres mixtions de couleurs en sortent, comme aussi la façon du laiton, &

toutes meſlanges de metaux, & la maniere de ſouder, aſſembler, & partir, & de faire les eſſais d'iceux. L'inuention de l'artillerie, & la fonte de telles machines eſt de l'inuention de ceſte ſcience. L'art tres-excellent de la verrerie en eſt venu, duquel vn certain Theophile à compoſé vn tres-beau liure. Pline recite que du temps de Tybere Empereur fut trouué maniere de faire du verre qui ſe pouuoit ployer, duire, & eſtendre, mais la boutique en fut oſtee par le commandement de l'Empereur, & (ſi Iſidore dit vray) le maiſtre de ceſt artifice mis à mort. Ce qui fut faict de peur que le verre n'oſtaſt le prix & la reputation à l'or, à l'argent & au cuiure. A tant nous mettrons fin à ce propos.

Du Droict & des Loix, CHAP. XCI.

IL reſte maintenãt à parler de la ſcience du Droict, laquelle ſe vante de ſçauoir elle ſeule diſcerner entre le vray & le faux, ce qui eſt iuſte & iniuſte, equitable ou inique, licite ou illicite. De ceste faculté sont aujourd'huy chefs le Pape & l'Empereur, lesquels se vantent d'auoir tous les droits enclos dans l'escrin ou cabinet de leurs poictrines, disans pour toute raison, que tel est nostre plaisir: par le iugement desquels tous les arts & sciences: escritures & opinions, & toutes les œuures humaines sont censurees & reiglees. Partant il y a vn commandement du Pape Leon à tous fideles Chrestiens, qu'aucun ne s'ingere de iuger de quelqu'vn ou de chose quelconque, ny definir ou determiner dequoy que ce soit, sinon suiuāt l'authorité des saincts Conciles, Canons & Decretales, dont le Pape est le chef. Voire qu'il ne soit loisi à personne de se seruir des determinations des Theologiens, quelques Saincts, doctes, & grands personnages qu'ils soyent, sinon en tant que le Pape le permet, & les authorise par ces Canons. Et ailleurs le Canon defend qu'aucun liure ou volume ne soit reçeu par les Theologiens, voire en part quelconque du monde, sinon celuy qui aura esté approuué par l'Eglise Romaine, & selon les Canons du Pape. L'Empeteur pretend aussi pareil droit sur la Philosophie, medecine, & autres sciences, ne permettant aucune authorité à Discipline quelconque, sinon entant qu'elle luy est ottroyee par sa Iurisprudence : à laquelle (dit-il) tout tant qu'il y a d'autres arts & sciences comparees sont comme viles & infructueuses. Partant, dit Vlpian, que la loy est le Roy des choses diuines & humaines, la force de laquelle, dit Modestin, est de commander, permettre, punir, defendre, & prohiber, qui sont les dignitez & charges plus grandes que l'on puisse trouuer. Pomponius aussi la definit en ses loix inuention & don de Dieu, & doctrine de tous les sages : car ces vieils Legislateurs donnoyent à entendre au peuple que Dieu leur auoit mis en la bouche ce qu'ils ordonnoyent, à fin d'acquerir plus de credit & d'authorité à leurs decrets. Ainsi faisoit à croire Osiris aux Egyptiens que Mercure luy auoit dictees ses loix, Zoroastre aux Perses & Bactriens qu'il auoit esté enseigné par Oromasus, Charinundas aux Carthaginiens par Saturne, Solon aux Atheniens par Minerue, Zantrastés aux Arimaspes par le bon Dieu, Zamolxis aux Scythes par Vesta, Minos aux Cretois par Iupiter, Lycurgue aux Lacedemoniens par Apollo, Numa Pompilius aux Romains par la nymphe Egeria. Voyla pourquoy ceste science du droit s'attribue & vsurpe la superiorité & maistrise sur toutes les autres Disciplines, & exerce tyrannie enuers icelles, & comme se surhaussant par dessus toutes, ainsi que la fille aisnee des Dieux, elle mesprise & repute viles & vaines les autres, nonobstant qu'elle soit composee toute d'opinions & imaginations caduques & infirmes des hommes, foible & legere entre toutes les sciences du monde, & subiecte à estre alteree & châgee à mesure que le temps apporte quelque mutation en l'estat & aux Princes. L'origine premiere de laquelle est venue du peché de nostre premier Pere, cause de tous nos maux. Dont voyla les belles maximes: Force par force repousser est loisible, romps la foy à celuy qui te l'a rompue, tromper vn trompeur n'est tromperie, vn trompeur n'est de rien tenu à vn autre trompeur, la coulpe peut estre compensee par autre coulpe, la iustice ne doit estre communiquee aux mal-faicteurs, ny la foy aux ennemis, à celuy qui veut, n'est faicte aucune iniure, il est permis à ceux qui contractent ensemble de se deceuoir l'vn l'autre, la chose vaut autant qu'on la prise: plus qu'il est permis de faire son proffit ou se garder de dommage auec le dommage d'autruy, nul n'est tenu à ce qui est impossible: plus s'il est de necessité que toy ou moy perissions, i'ayme mieux que tu perisses que moy, & semblables choses, qui ont esté depuis redigees par escrit. En somme la loy de nature nous persuade de n'endurer faim, ny soif, ny froid, & de ne veiller point, ne s'affliger par trauaux, tellement que reiettant toute operation & exercice de cœur religieux & penitent elle establit pour souueraine felicité la volupté Epicurienne. D'icelle est issu le droit des gents, lequel a produit les guerres, les meurtres, les seruitudes, & ont esté ordonnees & distinctes les seigneuries & domaines. Finalement le droit ciuil ou populaire a este mis en auant, qui est propre & particulier à certain peuple qui l'a institué pour soy. Duquel ont esté engendrez tant de procez entre les hommes, que selon le tesmoignage des loix mesmes, il y a faute de vocables pour exprimer la diuersité des negoces. Car estant l'homme animal contentieux & enclin à noise, il a esté, disent ils, necessaire pour l'establissement & obseruation de la iustice qu'on les en aye aduerti par les loix ; à fin que l'audace des mauuais fust reprimee, & l'innocence entre les meschans tellement asseuree, que les bons peussent viure entre les peruers. Voila donques quels ont esté les principales de ce droit tant remarquable, dont se trouuent des Legislateurs presque innumerables. Le premier & le plus ancien fut Moyse, qui escriuit les loix aux Iuifs enuiron le temps que Cecrops bastit celles des Egyptiens. Apres Pheronee premier de tous donna des loix aux Grecs: derechef aux Egyptiens furent loix establies par Mercure Trismegiste. Apres Dracon & Solon en baillerent aux Atheniens, & Lycurgue à ceux de Lacedemonie. Palamedes fut celuy qui premier institua les loix de la guerre pour iuger en l'armee. Aux Romains Romulus fit les premieres loix appellees curiates, & son successeur Numa ordonna celles touchant la religion, successiuement les autres Rois Romains publierent chacun leurs loix, lesquelles furent recueillies & assemblees depuis ez volumes de Papyrius, du nom duquel fut nommé le droit ciuil Papyrien. Apres lequel vint le droit des douze tables. Item le droit Flauian, le droit Helien, la loy d'Hortense, le droit honoraire, le droit des Preteurs, les ordonnances du peuple, les decrets du Senat, le droit des Magistrats, les coustumes, & finalement le plaisir des Princes, ausquels pouuoir fut delaissé de disposer des loix & des droits. Ie laisse ces Iurisconsultes en nombre infini, de la plus part desquels fait mention la loy seconde de Origine iuris. Mais de ceux qui ont essayé les premieres de rediger le droit ciuil en vn liure, Cn. Pompee fut le premier, apres luy C. Cesar: mais l'vn & l'autre preuenu des guerres ciuiles & de mort aduancee ne peurent mettre en effect ce qu'ils auoyent entreprins en ce regard. Depuis Constantin changea ces vieilles loix: puis Theodose le ieune les reduisit en vn liure qui est de luy nommé le Code Theodosien. En fin Iustinien mit en auant le Code, duquel nous vsons à present. Or quant au droit ciuil, ce n'est autre chose que ce que le peuple ou le Prince ordonne lesquels ont la souueraine puissance & authorité en cest endroit, & en somme ce que les hommes d'vn commun consentement veulent & accordent. Partant dit Iulian que les loix ne nous lient pour autre raison, sinon, pource qu'elles sont receuës par le iugement du peuple, lequel d'vn commun consentement a transferé toute sa puissance & toute l'authorité de commander au Prince: & pource tout ce qui plait au Prince & au peuple, tant par coustume que par disposition, a vigueur & force de droit, encor qu'il y aye erreur ou fausseté. Car la commune erreur fait droit, & la chose iugee tient lieu de verité. Ce que Vlpian nous enseigne par ces mots: à sçauoir que celuy doit estre estimé nay de libre condition qui a esté declairé tel par iugement, encor qu'a la verité il fust esclaue affranchi, d'autant que la chose dont iugement s'est ensuyui est tenue pour veritable. Nous lisons aussi és escrits de luy mesme, qu'vn certain Philippe Barbarius, encor qu'il fust esclaue fugitif, demanda neantmoins & obtint la dignité de Preteur à Rome. Exerçant laquelle il fut en fin connu : mais ses actes & ordonnances furent confirmees toutes, & fut ordonné qu'aucune chose ne seroit changee de ce qu'il auoit faict sous le voile d'vne si grande dignité tout esclaue qu'il estoit. Et ailleurs vn certain vieillard villageois est tellement honoré par l'autorité de l'Empereur, que le Iurisconsulte est astraint de plaider selon le dire d'iceluy. Pareillement Paul, tres-expert au droit des Romains, dit, A present, si pour l'vsage de l'Empereur au compte de l'argent a esté redigé vn chandelier d'argẽt, il sera reputé en qualité d'argent, & non de meuble ou vtensile, d'autant que l'erreur fait droit. Luy mesme au tiltre de leg. & senatusc. dit, qu'il n'est possible de rendre raison de tout ce qui a esté establi & decerné par nos predecesseurs. Par ces choses nous pouuons donques arrester que toute la prudence du droit ciuil ne gist & ne depend que de la seule opinion & volonté des hommes, sans qu'il y aye autre raison vrgente que la seule honnesteté, mœurs, ou commodité de viure, ou l'authorité des Princes, ou la force des armes. Et si elle s'employe à la conseruatiõ des bons, & reprimende des mauuais, sans doute aucune, c'est vne tres-bonne Discipline : mais si c'est autrement elle est tres-pernicieuse, à cause des iniquitez qui se commettent par le moyen & ministere d'icelle, par la negligence, souffrance, ou consentement du Magistrat ou du Prince. Et y eut vn certain Demonact, l'opinion duquel estoit, que les loix ne seruoyent de rien, & estoyent superfluës : car elle ne s'addressoyent ny aux bons ny aux mauuais, d'autant que les bons n'ont que faire de loix : car sans icelles ils viuent bien, & les mauuais n'en amendent aucunement. Auec ce, puis que (selon que T. Liue escrit que confessoit Caton) à peine se peut il faire vne loy qui soit bien commode à tous, ains que le plus souuent en icelle on trouue que l'equité combat contre la rigueur du droict, & que Aristote en ses traictez moraux definit l'equité estre la correction d'vne loy iuste à l'endroit où elle defaut, d'autant qu'elle a esté publiee generalement, n'est il pas euident que toute la force & vertu du droit & de la iustice ne depend point tant des loix que de la bonté & equité des Iuges?

Du Droict Canon. CHAP. XCII.

DV droit ciuil est procedé & issu le droit Canon ou Papal, lequel pourroit ressembler à plusieurs sainct & sacré, tant subtilement & ingenieusement ont ils sceu colorer les preceptes de leurs auarices & formulaires de butiner, sous le manteau de pieté & religion, nonobstant qu'en iceluy soyent fort peu d'ordonnances qui touchent la religion ny le seruice de Dieu, & administration des sacrements. Ie me tais de plusieurs choses là contenues, contraires ou repugnātes à la loi de Dieu Au reste ce n'est que bombans, pompes, noises, & procés, & auec ces manieres d'attrapper argent, negoces questuaires & opinions Papales & Romanesques ou des Papes de Rome, ausquels ne suffisent les sainctes reigles establies iadis par les saints peres: partant y ont voulu adiouster & entasser force decrets, pailles, extrauagantes, declaratoires, reigles de chancellerie, en sorte qu'il n'y a fin ny mesure à bastir iournellement nouueaux canons, qui est le seul plaisir & la seule ambition sur toutes des Papes de Rome, l'arrogance desquels est venuë si auant qu'ils ont presumé de commander aux Anges du ciel, de rauir la proye, & butiner aux enfers, & vser de main mise sur les ames des trespassez, voire d'attenter & exercer tyrannie sur la loy de Dieu par interpretations, declarations & disputes, à fin que rien ne defaillist ou fust derogé à leur pleine puissance pour la rendre de tout poinct accomplie. Pape Clement ne commande il pas par vne bulle seellee de plomb, gardee encor auiourd'huy dans les thresors & chartres à Vienne, Limons, & Poictiers, aux Anges du ciel de porter droit en Paradis l'ame d'vn Pelerin decedé en allant à Rome querir des indulgences & la garentir du feu de purgatoire ? adioustant ces mots, Nous ne voulon qu'il ne sente aucune peine infernalle en maniere quelconque. Concedant en outre à ceux de la croisade de pouuoir tirer par leur vœux & prieres trois ou quatre ames de purgatoire telles qu'il leur plairoit. Cest erreur & intolerable audace, & peu s'en faut que ie ne die heresie, fut par l'vniuersité de Paris reprinse & detestee pour lors publiquement. Dont possible elle s'est repentie depuis, dis-ie, qu'elle n'a interpreté zele excessif de Clement par quelque bourde ou couuerture de pieté, faisant plustost valoir que tascher d'aneantir la chose, puis qu'aussi bien pour leur affermer ou nier, dire ouy ou nom, rien ne diminuë ou change de l'autorité ny du desseine du Pape : les canons & decrets duquel ont si bien astrainćte toute la Theologie, qu'aucun Theologien, pour grand criart & debateur qu'il soit, n'ose arrester, tant s'en faut qu'il veuille opiner ou disputer, chose qui soit diuerse à iceux sans protestation & congé, comme disoit Martial de Rufus.

Tout ce que fait Rufus ce n'est rien autre
chose
Qu'auec congé: s'il rid, s'il se taist, s'il repose,
Tousiours auec congé: & s'il mange ou s'il
boit,
S'il requiert, ou refuse, ou consent, il se void
Que c'est auec congé. Somme sans ce congé
Il resteroit muet.

Ces Canons & Decrets papaux nous ont appris que les Royaumes, chasteaux, donations, fondations, franchises, richesses, & possessions sont le patrimoine de nostre Seigneur Iesus-Christ: que la sacrificature de nostre Seigneur Iesus-Christ & sa primauté en l'Eglise est vn Empire ou vn Royaume, & que le glaiue d'iceluy est vne Iurisdiction & puissance temporelle: Que la pierre fondamentale de l'Eglise est la personne du Pape: Que les Euesques ne sont Ministres de l'Eglise seulement, mais chefs, & que les biens Ecclesiastiques ne sont tant seulement la doctrine Euangelique, l'ardeur de la Foy, le mespris du monde, mais des peages, rentes, reuenus, dismes, offrandes, collectes, des chapeaux rouges, des mitres, or, argent, terres, pierres precieuses.

Que la puissance du Pape gist à mener guerre, des-vnir les Princes & Potentats, rompre & absoudre du serment d'obeissance les peuples, & en somme faire de la maison d'Oraison vne spelonque de brigands. Tellement que le Pape peut deposer vn Euesque sans cause, qu'il peut donner le bien d'autruy à qui il veut, qu'il ne peut commettre simonie, qu'il peut dispenser contre le vœu faict, contre le serment, contre le droit de nature, sans qu'il y aye aucun qui doiue demander, Pourquoy fais tu ainsi? En outre, que pour quelque affaire important il peut dispenser contre tout le Nouueau Testament, voire trainer, s'il est expedient, la tierce partie & plus des ames fidelles & Chrestiénes en enfer. Dauantage que la charge des Euesques n'est plus desormais de prescher la parole de Dieu, mais de confirmer les enfans, leur baillant des soufflets, conferer les ordres, dedier les temples, baptiser les cloches, consacrer les Autels & calices, benir les habillements & painctures, & ceux qui ont l'esprit meilleur & visent à plus grandes choſes laiſſans cet office à certains Eueſques titulaires ou portatifs s'employent aux ambaſſades des Rois, ſont leurs Aumoſniers ou Chappelains ordinaires, ou meinent & accompagnent les Roines, & ſont excuſés par telles grandes & importantes charges, & ont exemption de ſeruir à Dieu & aux Temples, moyennant qu'ils honnorent magnifiquement les Rois és cours. De ceſte ſource canonique & decretaliſtique ſont ſorties les cautelles par leſquelles à preſent l'on peut acheter les benefices & Eueſchez ſans tomber en ſimonie, & generalement tous les trafiques, marchandiſes, & monopoles qui ſe font és graces, pardons, indulgences, diſpenſes, & ſemblables eſpeces de brigandages, par leſquelles ils ont taxé & mis à prix les remiſſions des pechez octroyees par Ieſus Chriſt gratuitement, & meſme ont trouué à proffiter ſur les peines infernales. A ce droit canon eſt deuë l'inuention de la fauſſe donation de Conſtantin, nonobſtant que par le teſmoignage meſme de la parolle de Dieu l'Empereur ne doiue delaiſſer ou aliener ce qui eſt ſien, ny le Pape ou le Clergé vsurper ce qui appartient à Cesar Mais si l'on requiert plus ample foy de ce que nous disons, qu'on li se les chapitres dont le rolle s'ensuit, lesquels i'ay remarqué entre plusieurs autres de leurs loix d'ambition, d'orgueil, & de tyrannie. Que l'on regarde donques aux vieilles Decretales les chapitres, *significasti. c. venerabilem. de elect. c. solitę. de ma. & obed. c. cùm olim. de priuile. c. si summus Pontifex. de sentent. exc. c. inter cetera. de offic. iud. ord.* Apres au sixiesme des Decretales assemblé, ou amassé par Boniface huictiesme, ce tyran des Papes, que l'on voye ce qu'il dit au prologue d'iceluy, & au ch. 1. de l'immunité des Eglises, auquel ne cedde aucunement l'arrogante Clementine, *pastoralis. de sen. & re iud.* auec l'extrauagante de Iean 22. qui commence, *Ecclesiæ Romanæ.* & autre, *super gentes.* Et l'extrauagante de Boniface 8. *vnam sanctam.* Du recueil de Gratiā se presentent aussi *c. si cuius. d. 14. c. si omnis. d. 18. c. si omnes, & c. enim verò. c. in memoriam. c si Romanorum. d. 19. omnes. d. 22. c. tibi Domino. d. 60. c. Constantinus. d. 96. & c. quando. d. 86. & gl. ibi. &c. si Papa, d. 60.* En outre on doit adjouster à ceux-cy 9. q. 3. c. *cuncta.* &c. *conquestus.* 15. q. 6. c. *omni.* 30. q. 1. c. *omnia.* Quiconque examinera tels Canons, & autres semblables, comprendra facilement quels sont ces grands & admirables mysteres que les Papes prouignent en leur Droict Canon, destournans mesme, & bien souuent falsifians les choses qui sont cōtenuës és Escritures sainctes, & les faisans seruir à leurs fictions & mensonges. De ceste forge sont sorties les Concordances de la Bible qu'ils appettent auec les Canons. A cela on peut assembler tant de sortes de tiltres qu'ils baillent à leurs rapines, comme des manteaux, des Indulgences, des Bulles, des Confessionales, des indules & rescrits, des testaments, des dispenses, priuileges, elections, dignitez, prebendes, des maisons Religieuses, Oratoires, & Eglises, des immunitez, des cours, des iugements & autres telles inuentions. En somme tout le Droit Canon est le plus inconstant & variable de tous, voire plus que n'estoit Protée, ou que le Chameleon, plein de broüillis & de nœuds moins explicables que le nœud Gordie. Et si par le moyen d'iceluy la Religion

Chrestienne, laquelle dés son cõmencement vid mettre fin aux ceremonies par Iesus-Christ, en est auiourd'huy plus chargee que ne fut onques la Iudaïque, aux ceremonies de laquelle si l'on vouloit auiourd'huy cõtrepeser le ioug doux & leger de nostre Seigneur, l'on trouueroit qu'il les emporteroit de beaucoup, tant l'ont ils rendu grief & pesant: & sont contraints les Chrestiens de viure plus par le reiglement des Canons, que par les ordonnances de l'Euangile. Somme, tout l'vn & l'autre Droit, & toute la science d'iceux n'est occupee en autre chose qu'autour de certains negoces fragiles, caduques, coulants, vains, & prophanes, traffiques vulgaires, & iniures populaires, & en outre és meurtres, larrecins, pilleries, brigandages, factions, conspirations, outrages, & trahisons que les hommes commettent les vns contre les autres. Plus apres les pariurements de tesmoins, faussetez de Greffiers & notaires, collusions & meschancetez de Procureurs & Aduocats, corruptions de Iuges, ambitions de Cõseillers, rapines de Presidents, par lesquelles les vefues sont opprimees, les pupilles ruinez, les gents de bien contraints d'abandonner le païs, les pauures foulez aux pieds, & les innocents condamnez, & comme dit Iuuenal,

Aux corbeaux rauissans fait pardon leur censure,
Et les simples colombs punit de peine dure.

Ainsi les aueugles humains, qui ont cuidé par le moyen des Loix & Canons euiter les lacs & dangers, trouuent qu'ils se sont preparez en icelles mesmes des lacs esquels ils tombent & trébuchent: Car à la verité ces Loix & Canons ne procedēt point de Dieu, & ne nous meinent point à luy, mais viennent de la nature & iugement corrompus des hommes, qui les ont inuentées & mises en auant pour seruir à leur auarice, & faire leur proffit.

Des Aduocats. CHAP. XCIII.

IL y a vn autre exercice de Droit, à sçauoir l'art d'Aduocasser, qui est fort necessaire. C'est vn tres-ancien exercice, frauduleux, & fardé d'vn voile persuasif, auec cautelle

& finesse : qui ne gist en autre chose qu'à bien sçauoir amadoüer vn Iuge par persuasions, & vser d'iceluy en toutes occasions à souhaict, à bien sçauoir desguiser les Loix, les adapter & faire seruir à leur cause, par gloses & droits controuuez, trouuer des eschappatoires pour fuir de venir à raison ; & prolonger les frauduleux procés. Alleguer tellement les Loix, que l'équité soit peruertie, les appuyer de gloses & d'interpretations en sorte que le sens & inuention de la Loy du Legislateur soyent subuerties. Ce qui sert le plus en cest art, est d'auoir bonne & forte voix, crier audacieusement, & estre importun. Et est celuy entre les Aduocats estimé le meilleur, qui met plus de gents en procez les y pousse plus auant, leur promettant gain de cause, & les stimule par meschans conseils à plaider, qui espie les appellations, qui est excellēt plaidereau, auteur de querelles & debat, qui fait taire à force de crier tous les autres, & sçait donner faueur à quelque cause que ce soit, & la faire preferer aux autres, brouiller, & esblouir par maniere de dire les iugements, & par ce moyen reuoquer en doute, ou faire paroistre inique ce qui est veritable, certain, & tres-iuste, desfaire & destruire la Iustice par ces armes mesmes, la peruertir & atterrer: ausquels il semble que.

Iustice est auiourd'huy marchandise publique
De laquelle l'on faict ordinaire trafique:
Le Iuge qui se sied aux plaids, euidemment
Tesmoigne que le droict & l'equité se vend.

Ils vendent pareillement ce qui n'est point entre les choses, à sçauoir priuation & silence: Car tout ainsi que nul d'eux ne parle s'il n'est payé, aussi ne se veulent ils taire sans payement, imitãs en cela, comme ie croy, Demosthenes, lequel ayant demandé à Aristodemus ioüeur de Comedies, combien il auoit receu pour reciter, & entendu de luy qu'on luy auoit baillé six cents escus. I'ay, dit-il, receu beaucoup dauantage pour me taire. La langue des Aduocats à la verité est si dommageable & dangereuse, que si elle n'est liee par presents, on ne peut faire qu'elle ne parle.

Des Notaires & Procureurs

CHAP. XCIIII.

A Ces façons de faire leur serment & assistent les Procureurs & Notaires, que nous appellons Tabellions, les iniures, dommages, meſchancetez, & fauſſetez deſquels vn chacun eſt cõtraint d'endurer, attendu qu'ils ont obtenu foy & creance en toutes choſes par authorité Imperiale & Apoſtolique. Entre iceux sont les plus renommez ceux qui ſçauent les moyens de troubler vne Cour, ſemer des procez, confondre les cauſes, ſuppoſer les teſtaments, inſtruments, contracts, reſcrits, & lettres Royaux, & auec ce dextrement tromper, piper, &, s'il eſt beſoing, ſoy pariurer & eſcrire le faux : ceux qui ſont hardis à entreprendre toutes choſes, & ſe monſtrent inuincibles, & n'auoir leurs pareils à trouuer des cauillations, tromperies, artifices mauuais, & calomnies, conſtruire des trappes, lacs, & trahiſons, empeſtrer les parties par ambages & circonuentions. Il eſt bien certain que l'on ne trouue Notaire qui ſçache coucher ſi bien vn contract, ny en telle perfection, que l'on n'y trouue touſiours matiere de procez, ſi l'on veut contredire : Car l'on dira touſiours que quelque choſe a eſté oubliee, ou qu'il y a fraude ou fauſſeté, ou oppoſera-l'on quelque autre exceptiō qui combattra la preud'hommie du Notaire. Voyla donques les beaux remedes que les loix & les droits nous baillent, ausquels les plaidans sont rēuoyez pour refuge : ce sont les veilles ausquelles les droits sont aydans, comme ils disent, sinon que l'on aime mieux combattre que plaider là où l'homme aura autant de droit qu'il en pourra defendre par sa puissance & authorité, iouxte la loy qui dit, Nous ne pouuons nous egaler aux plus puissans que nous,

De la Iurisprudēnce. CHAP. XCV.

Cest exercice appartient aussi l'occupation de ces grands & desmesurez gēats, lesquels contre l'Edict de Iustinien nous ont produit des volumes enormes & innumerables de Gloses, Commentaires, & expositions, l'vn interpretant d'vne maniere, l'autre d'vne autre, & tous entre eux differents & contraires. Et par mal-heureuse fertilité ont enfanté tant de tempestes d'opinions, & de forests obscures &

esgarees de cauteleux & rusez conseils par où est esguisee la malice des Aducats, lesquels couurent leur honte pa les frequents & celebres renuois & allegations de chacun article, qu'ils appellent paragraphe de ces Iurisconsultes: comme si la verité n'estoit plus fondee en raisons qu'en ce chaos de tesmoignages & authoritez puisees du bourbier & ordure de ces sots opinateurs, à l'endroit desquels la contention & discorde sont en si grande estime, que celuy sera tenu peu sçauant ou ignare qui ne sera de contraire aduis aux autres, ou ne leur sçaura contredire par nouuelles opinions & reuoquer en doute tout ce qui aura esté arresté & iugé, & bien accommoder à ses resueries par ambiguës & douteuses expositions les Loix sainctement ordonnees. Parquoy toute la Iurisprudence a esté reduite en conseils peruers & trompeurs, & en rets & pieges d'iniquité. Voyla les instruments & les artifices par lesquels auiourd'huy le mõde & la Republique Chrestienne sont regis & gouuernez, par lesquels, dis-ie, sont ordonnez les Royaumes, Empires, & Principautez entre les nations. De la trouppe de ces broüillons & gents pernets sont choisis les officiers & Magistrats des Princes & des Papes, Conseillers, & Presidents aux Cours Souueraines, & en fin sont faicts chefs des affaires des Royaumes, comme si ceux qui ont esté meschans Aduocats deuoyent deuenir gẽts de bien aussi tost qu'ils sont appellez aux estats de iudicature. Ils deuiennent pareillement redoutables à leurs propres maistres & Rois ainsi que les Titanes à Iupiter. Et finalement de ce bois sont faicts ces venteus Chanceliers chefs de Iustice enueloppez de pourpre ou escarlates à la suite des Rois & Empereurs, par les mains desquels toutes choses passent & sont exposees en vente : voire vn chacun contraint d'achetter d'eux les dons, octrois, ordonnances, offices, benefices, dignitez, rescrits, & toutes sortes de lettres & expeditions, & en somme tous droits & deuoirs, loix, equité, & hõnesteté. Par l'aduis & au choix desquels l'on est en la grace ou reputé ennemi du Prince, à l'appetit desquels se font les alliances & confederations, ou s'entreprennent les guerres lamentables & mortelles. Et nonobstant qu'ils soyẽt le plus souuent extraits de la lie & bourbe de la populace, & paruenus à si haut degré par vne vilaine prostitution de leurs langues & paroles, ils passent outre à si meschante audace qu'ils osent bien quelquefois condamner les Princes, voire à mort, sans forme de procés, deliberation, aduis, ny Arrest de Conseil, sans cognoissance de cause, & sans ouir partie: & sont autheurs & instigateurs de transferer & changer les Estats & Royaumes, eux cependant estans pleins & enflez de pilleries & larrecins.

De l'Inquisition. CHAP. XCVI.

Ce troupeau doyuent estre rangez les inquisiteurs des heretiques de l'ordre des Freres Prescheurs, Iurisdiction desquels deuroit estre fondée en raisons Theologales, tirées des saincẽtes Escritures: neantmoins elle est par eux cruellement exercée selon les Decrets des Papes & le Droit Canon, comme s'il estoit impossible que le Pape errast, delaissant la parole de

Dieu en arriere ainsi que lettre morte, & comme si ce n'estoit que l'ombre seulement de la verité. Voire la reiectent au loing, disant que c'est l'écu, les armes, & le rempart des heretiques. Et si ne veulent point receuoir les traditions des anciens Docteurs & Peres: dautant qu'ils ont peu estre deçeus, & ne peuuent deceuoir: mais s'arrestent & visent du tout à l'Eglise Romaine seule, ainsi qu'au blanc de la foy, laquelle, à ce qu'ils disent, ne peut errer, & dont le chef est le Pape, & leur but le stile de la Cour de Rome. En sorte que la premiere & seule demande qu'ils font en leurs interrogats est, si l'on croit en l'Eglise Romaine. Ce que leur ayant accordé, ils bastissent là dessus leurs arguments: L'Eglise Romaine, disent-ils, condamne telle & telle proposition pour heretique, ou scandaleuse, ou insupportable aux oreilles Chrestiennes, ou dérogeante à la puissance & authorité de l'Eglise: & soudain il se faut dédire ou retracter par force. Et si celuy qui est par eux enquis essaye de soustenir son opinion, & la fortifier par témoignages tirez de la saincte Escriture, ou par autres raisons, ils l'interrompent auec tumulte & paroles de cholere, disant qu'il n'est point en lieu où il faille debattre & disputer ainsi qu'aux escholes, & qu'il n'a point à faire à des Bacheliers, mais à des Iuges, deuãt lesquels il luy conuient simplement respondre s'il veut se sousmettre aux Decrets de l'Eglise Romaine, & renoquer son opinion: sinon les fagots & le feu sont appareillez, disãt qu'il ne faut point disputer ny debattre contre les heretiques par raisons, arguments, ny escritures, mais par feu & fagots. Ainsi ils contraindront vn pauure homme à se desdire & abiurer contre sa conscience, sans l'auoir conuaincu d'obstination, ny luy auoir faict connoistre sa faute, ny donné meilleur instruction. Que s'il ne se veut desdire, alors ainsi qu'vn fugitif de l'Eglise il est liuré entre les mains des Iuges seculiers, à fin d'estre bruslé, disans auec l'Apostre, *Ostez le mal du milieu de vous*. Iadis si grande douceur & mansuetude estoit en l'Eglise, les Papes & Euesques si benings au rapport de Gratian en la quatriesme distinctiõ, *de consecrat*, qu'õ ne punissoit point de mort ceux mesmes qui estoyent retournez au iudaïsme, ne les blasphemateurs. Berengaire mesme, qui estoit tombé en vne abominable heresie, non seulement ne fut point occis, mais fut maintenu en sa dignité d'Archidiacre. Mais auiourd'huy pour la moindre faute il y a peine plus que de la vie, & est-on trainé au feu par ces Inquisiteurs pour le moindre crime qui soit. Possible qu'à present l'Eglise a besoin de ceste rigueur : soit à la bonne heure, pourueu que cependant la vraye pieté ne demeure esteincte ; car il y a des Inquisiteurs de l'heresie bien souuent tres-meschans, & qui possible sont heretiques eux-mesmes. Ce qui a donné occasion à la nouuelle constitution de Clement. Parquoy le deuoir des Inquisiteurs est de proceder enuers les heretiques, non par arguments tenebreux & contentieux syllogismes, ains auec la parole de Dieu, disputer de la foy Catholique & conuaincre l'heretique par les sainctes Escritures. Apres, iouxte les enseignements & preceptes canoniques, & cõstitutions des saincts Conciles ordonner de la cause, & reduire celuy qu'ils enquierent à la vraye foy & saine opinion, ou le declarer heretique.

Or n'est point heretique celuy qui n'est temeraire & obstiné, ny fauteur des heretiques celuy qui defend l'innocent, lequel n'est conuaincu, pour empescher qu'il ne soit trainé en lieu mal asseuré à l'écorcherie & cruelle boucherie d'aucuns Inquisiteurs, ou plustost loups rauissans. Et nonobstant qu'il soit expressément pourueu par le droit & par les loix, que les Inquisiteurs n'ayent aucune puissance de connoistre ny iurisdiction sur ceux qui sont seulement soupçonnez d'heresie, ou qui se sont mõstrez fauorables aux heretiques en les defendant, recelant, ou logeant, s'il n'est euident & aueré qu'en eux soit heresie expresse & condamnée ouuertement, si est-ce que ces vautours alterez de sang, outre les priuileges à eux permis en leurs charges d'Inquisiteurs, & cõtre le Droit & les Canons, s'ingerent en l'ordinaire, & vsurpent la iurisdiction des Euesques és choses qui ne sont nullement heresies, mais seulement scandales, ou qui offensent les oreilles Chrestiennes, ou en quelque autre sorte erronées, sans toutesfois qu'il y aye crime d'heresie : & exercent leur cruauté furieusement cõtre des paures femmes villageoises accusées ou dénoncées d'estre sorcieres ou mal-faisantes, leur donnant des tourments griefs & enormes sans aucunes suffisantes preuues ny indices iuridiques, par lesquels ils leur font souuët confesser choses à quoy elles ne penserent onques, pour auoir surquoy fonder leurs condamnations : & pensent en cela se monstrer vrais Inquisiteurs, c'est à sçauoir, de ne cesser de s'enquerir iusques à tant que la pauure creature soit bruslée, ou bien qu'elle aye doré la main à l'Inquisiteur pour l'induire à misericorde, & luy faire dire qu'elle a esté suffisamment purgée & chastiée par la torture : Car les Inquisiteurs peuuent bien quelquesfois changer la peine corporelle en pecuniaire, & l'appliquer à leur office d'Inquisiteur, dequoy ils tirent vn proffit qui n'est pas petit : & en plusieurs endroits leur sont payées des rentes annuelles par beaucoup de pauures vieilles, de peur d'estre derechef tirées à l'inquisition. En outre, d'autant que les biens des heretiques sont acquis au fisque, il leur vient de ce costé là vne portion de butin qui n'est pas des moindres. Et d'autant que la seule accusation ou denonciation, ou le moindre soupçon d'heresie, pour legere qu'elle soit, ou de sorcellerie, voire le simple adiournement ou citation de l'Inquisiteur porte quant & soy infamie, à quoy on ne peut remedier ny estre remis en son entier sinon en baillant argent à l'Inquisiteur, cela aussi est quelque chose. Par ces ruses & cautelles plusieurs femmes honorables mesmes d'entre la Noblesse, furent fort trauaillees en la Duché de Milan par ces Inquisiteurs moy estant en Italie, lesquels tirerent secrettemẽt grandes sommes de deniers des plus craintiues: mais la tromperie & meschanceté ayant esté descouuerte, ils furent fort mal traictez par les Gentils-hommes, & eurent beaucoup à faire à se sauuer du feu & de l'espee. Ie pourrois en c'est endroit reciter la tres-subtile & plus que scholastique inuentiõ pour rechercher & enquerir les Iuifs d'Hochstrat, tant renommee, & de mes autres compagnons Theologiens de Colongne, & auec ce, la guerre qu'ils ont menee l'espace de dix ans contre Capniõ & toute ceste tragedie, ou la reputation, renom, & doctrine de nos maistres de ceste Vniuersité là firent vn merueilleux

& irreparable naufrage, n'estoit que ce ont choses connues d'vn chacun, & que l'Histoire en est & sera illustré à iamais, cause de la victoire & triomphe de Capnion. Iay eu autres-fois estant appellé pour Presider au Conseil de Mets, vn grand debat auec vn certain Inquisiteur, lequel s'estoit saisi d'vne pauure féme de village, & l'auoit faict mettre en lieu indeu, pour la trainer meschamment en sa boucherie, sur certains calomnies legeres & iniques, voulant ce meschant homme non tant l'enquerir, que la meurtrir. M'estant donques resolu de prendre la cause en main pour la defense de ceste pauure femme, & ayant remõstré à l'Inquisiteur que és actes & informations il n'y auoit cause ny indice qui tendist à la torture, luy me resista en face, & dit, il y a vn indice tressuffisant: car sa mere a esté autresfois bruslee pour mesme crime de sorcellerie. Aquoy ie respondis, que cest article estoit impertinent & du faict d'autruy, partant reiectable, d'office par le Iuge, luy allegãt sur ce les loix. L'Inquisiteur au contraire replique, & à fin qu'il ne semblast auoir parlé sans raison, tire des entrailles du liure dit le Maillet des sorcieres, & des fondements de la Theologie peripatetique vn tel argument : Qu'elle estoit comme sa mere, tant pource que ces sorcieres ont accoustumé de sacrifier au diable leurs enfans dés qu'ils sont nais, comme aussi pour autant qu'elles les engendrent le plus souuent par la compagnie qu'elles ont auec les esprits malins, dits incubes, parquoy il aduiẽt qu'en leur race demeure enracinee ceste meschanceté ainsi qu'vne maladie hereditaire. Est ce donques ainsi (dis-ie lors) pere peruers, que tu Theologises? Est ce ainsi que tu tires à la torture les pauures femmes innocentes par des fables? & que tu iuges heretiques les autres auec tes sophismes, toy qui est autant heretique en cest endroit que fut onques Fauste ou Donat? Quant ainsi seroit que tu dis, n'aneantis tu pas la grace du Baptesme? En vain donques diroit le Prestre, *Sors esprit immonde, donne lieu au sainct Esprit*, si à cause du sacrifice d'vne meschante mere l'enfant doit demeurer au diable. Que si tu veux adherer & soustenir l'opiniõ de ceux qui confessent que les esprits incubes peuuent engendrer, si ne trouueras-tu point qu'aucun d'eux aye esté si hors du sens de croire que ces diables meslent ny iettent hors rien de leur nature & substance, pour estre employé en ce qui est engẽdré parmy la semẽce desrobee. Mais ie te dis selon la foy & verité que de nostre propre naturel, nous sommes tous nais d'vne masse de peché, & d'eternelle malediction, enfans de perdition, enfans du diable, enfans de l'ire de Dieu, & heritiers d'enfer: mais que par la grace du Baptesme Satan est deschassé hors de nous, & sommes faicts nouuelles creatures en Iesus-Christ, duquel aucun ne peut estre separé, sinon par sa propre coulpe, tant s'en faut que le fait d'autruy nous puisse nuire. Or aduise maintenant combien est ton indice que tu estimes tressuffisant nul de droit & vuide de raison & heretique à le vouloir soustenir. A ces paroles ce cruel hypocrite se mit en cholere, & commença à me menacer d'agir contre moy mesme, comme celuy qui soustenois les heretiques: ce neantmoins ie ne laissay de defẽdre ceste pauure miserable, & par la force du droit, en fin l'arrachay & garentis saune de la gueule de ce lyon, & fis demeurer ce sanglant moyne, confus deuant tout le monde, & perpetuellement infame comme cruel, & mesmes fit condamner en vne grosse amende les calomniateurs qui auoyent diffamé ceste pauure femme enuers le Chapitre de l'Eglise de Mets, duquel ils estoyent subiects.

De la Theologie Scolastique.

CHAP. XCVII.

Nous auons pour le dernier à traicter de la Theologie. Mais ie me passeray de faire mention de celle des Gentils, iadis descrite par Musee, Orphee, & Hesiode, laquelle vn chacun sçait & confesse n'estre que fables poëtiques, & auoir esté suffisamment deboutee long-temps par les fortes & inuincibles arguments d'Eusebe, Lactance, & autres auteurs Chrestiens. Ie me tairay pareillement de la Theologie de Plato, & des autres Philosophes, lesquels nous auons monstré cy-deuant n'estre tous que maistres d'erreurs. Partant parlerons seulement de celle des

Chrestiens

Chreſtiens. Or eſt-il certain qu'icelle ne depend que de la foy que l'on adiouſte à ceux qui l'ont enſeignee, attendu qu'elle ne peut eſtre compriſe ſous aucun art. Diſons donques en premier lieu de la Theologie ſcolaſtique, ouurage de la Sorbonne de Paris, compoſee par vn meſlange des ſainctes Eſcritures, auec les raiſons de Philoſophie & enſemble reduites en vne diſcipline de deux formes & eſpeces, ainſi que les anciens Centaures, & auec cē eſcrite d'vne façon nouuelle, & fort eſloignee de la maniere d'enſeigner & vſage des Anciens, à ſçauoir par petites queſtions & ſyllogiſmes ſubtils & aigus, deſmés de tout ornement & beauté de langage, eſtant au ſurplus neantmoins pleine de iugement & d'intelligence, & qui a apporté grand poids à l'Egliſe de Dieu, pour ſ'oppoſer aux heretiques. Les Autheurs plꝰ remarqués & excellēts en icelle ont eſté le Maiſtre des ſentences, Thomas d'Aquin, Albert, ſurnommé le Grand, & pluſieurs autres excellents perſonnages. Puis Iean l'Eſcot le Docteur ſubtil, mais trop enclin à noiſe & debat. Parquoy eſt aduenu que par laps de temps ceſte ſcholaſtique Theologie a eſté reduite en vne faculté de ſophiſmes & cauilations, ne ſ'amuſans à autre choſe ces nouueaux Theoſophiſtes prophanateurs de la parole de Dieu, & qui ne ſont Theologiens qu'à raiſon du tiltre par eux achetté, ſinon à debattre. En ſorte que d'vne faculté haute & ſublime, ils en ont faict vne profeſſion de crieries & d'altercations, tournoyans par les Vniuerſités, propoſans certaines petites queſtions friuoles, forgeans des opinions, forçans les eſcritures, & deſtournans le vray ſens d'icelles par paroles embroüillées, plus propres & prompts à l'eſuenter qu'à l'eſplucher & examiner. Et ont eu la hardieſſe d'inuenter & introduire des ſemences de noiſes & diſcordes, par leſquelles ample maniere eſt donnee aux ſophiſtes contentieux de debattre tant qu'ils veulent. Ils ſeparent les formes, ils diſcutent ou diſſoluent les intellects, ils appellent les meſmes voix genres & eſpeces, les vns ſ'attachent aux choſes, les autres aux ſeules paroles: ce qu'ils oſtent à l'vne ils aſſignent à l'autre, & par aucuns autres ſont prinſes indifferemment : & en somme vn chacun s'estudie en ce qui luy peut seruir à soustenir & confirmer son heresie. Tellement qu'ils ont exposee à mocquerie & renduë douteuse nostre foy tres saincte & sacree aux sages de ce siecle, ainsi que se plaint Thomas d'Aquin, laissant arriere la vraye reigle des Escritures dictee par le S. Esprit, pour s'amuser à plusieurs questions touchant les choses diuines, qui ne seruent qu'à debatre & quereller, esquelles exerçans leurs esprits, & consommans tout leur aage, ils ont mis & establi en icelles tout le sommaire de la Theologie. Et si quelqu'vn se veut aider des Escritures sainctes contre eux, incontinent ils luy disent que la lettre occit, qu'elle est pernicieuse, qu'elle est inutile : mais qu'il faut s'enquerir de ce qui est caché sous la lettre. Puis soudain viennent aux interpretations, expositions, glosses & syllogismes : tirent d'icelle des sens du tout contraires à la verité de la lettre, ausquels si l'on resiste, & qu'on les presse de pres, l'on reçoit des outrages : on sera appellé asne, qui ne sçait entendre ce qui est caché sous la lettre, mais ne vit que de terre ainsi que les couleuures. Bref nul n'est entre eux tenu pour Theologien sinon ceux qui sçauent bien debattre & criet, & à tout propos donner instance, promptement desguiser, trouuer nouuelles interpretations, tirer nouueaux sens, & faire tant de bruit auec des vocables estranges & monstrueux, qu'ils ne soyent nullement entendus, non tant pour la difficulté de la chose, qu'à cause de la nouueauté de leurs mots. A raison deqnoy on les appelle Docteurs subtils, angeliques, seraphiques, & diuins, quand ils ont sceu si bien disputer que personne ne les a peu entendre. Alors la multitude des auditeurs bruit à l'entour d'eux, & cuide que tout ce qu'ils entendent & reçoyuent d'iceux soit tiré des plus profonds secrets de la Theologie, dependent du tout de leur autorité & doctrine, croyans que ce que ces maistres ne sçauent soyent choses que l'on ne peut sçauoir en aucune maniere. Et sont tellement addonnés & assubiectis à leurs opinons, qu'ils ne se laissent vaincre à aucunes raisons contraires, n'acquiescent à nulles escritures, mais se trouuans pressés taschent tousiours de restaurer leurs forces au sein de la mere qui les a engendrés, ainsi que faisoit Antee, & recourent a l'aide de leurs Docteurs. Ainsi

Le Vautour ayant pris sa part d'vne iument,
Quittant le reste aux chiens la porte vitement
Aux siés: du grãd vautour tout tel est le mãger,
Se paissant & tissant son nid pour s'y loger.

De là est aduenu que la sublime faculté des Vniuersités de Theologie scholastique ne s'est peu exempter d'erreur & de meschanceté, tant de sectes & d'heresies ont introduit ces temeraires sophistes & pernicieux hypocrites, lesquels, selon que dit S. Paul, ne preschent point Iesus Christ à bonne fin, ny de bonne volonté, mais pour auoir occasion de debattre en sorte que l'on trouuera plus d'accord & conuenence entre les Philosophes qu'entre ces Theologiens, lesquels ont estaincte toute la gloire & l'honneur de l'ancienne Theologie par humaines opinions & nouuelles erreurs, faisans estat & profession d'vne doctrine detestable paree de tiltres feincts & desguisés, pleine d'inuentions & manieres d'interpreter nouuelles & destournées ainsi que labyrinthes : & cependant vsurpans par larrcein & rapine le tiltre de la sacree Theologie : & en abusant des noms & professions des saincts Docteurs ont introduit des sectes ainsi que iadis en l'Eglise, quand on disoit, ie suis de Cephas, ie suis d'Apollo, & moy de Paul : & se couurant de l'estude de ceux par lesquels ils ont esté introduits & dressés aux disciplines, & s'addonnans du tout à iceux, mesprisent tous les autres, ne se soucians point tant de ce qui est dit, que par qui il est dit. Partant auiourd'huy nul Theologien n'est estimé docte qui n'a faict le serment sous le nom de quelque secte, qui ne l'ensuyue & tienne fermement, ne la defende & soustienne opiniastrement, n'aye continuellement en la bouche le nom d'icelle, n'en monstre à tout propos les marques, & ne se sente bien glorieux d'estre honnoré & salué du tiltre d'icelle, comme Tomiste, Albertiste, Scotiste, Occaniste : car il ne seroit pas seant ny honneste d'appeller nos maistres tant renommés par le simple nom de Chrestien, attendu que ceste qualité conuient à tous les bouchers, cuisiniers, boulangers, sauetiers, barbiers, & cabaretiers: & surnomme-on ainsi pareillement les simples femmelettes & le menu peuple ignorant: partant n'est pas raisonnable qu'ils ayent vn tiltre commun auec les autres. Or ces sectaires sont encor diuisés entre eux en plusieurs sectes: car ceux qui ont l'esprit haut & aigu, & qui veulent sembler d'estre plus sçauans que les Prophetes & Apostres, presument bien de pouuoir monstrer & enseigner par leurs syllogismes ce que nous croyons par la seule foy: & vont philosophans par miserables & deplorees questions touchant les choses diuines, & debattent auec vne asseurance prodigieuse quelquefois sur des opinions tres-absurdes & contre la nature des choses: Comme quand ils distinguent l'essence diuine selon les relations: autres distinguent la chose mesme, autres seulement selon la raison, intelligence, ou application; autres ameinent infinies realités ainsi que Idees Platoniques: autres s'en mocquent & les nient. Outre ce tant de choses estranges qu'ils mettent en auant de Dieu, tant de formes de noms diuins, tant de phantosmes & idoles qu'ils forgent en leurs entendement de la diuinité, deschirent, desmembrent, & diuisent tellement par leurs meschantes opinions nostre sauueur Iesus Christ, & le masquent & desguisent en tant de sortes, le tournent & destournent ainsi que s'il estoit de cire en tant de façons, le formans & reformans par leur absurdes suppositions, qu'il faut dire que toute leur doctrine ressemble vne pure idolatrie. Ie passe leurs autres contentions & heresies touchant les sacrements, le purgatoire, le primat, les ordonnances & reigles des Papes, & l'obligation que l'on a à icelles, les indulgences, ce qu'ils disent de l'entechrist futur, & autres en grand nombre, esquelles ils monstrent leur sotte sagesse, en l'opinion de laquelle vous les voyez enflés & superbes, ainsi que les fabuleux gens engendrans questions par questions, & arguments d'arguments, & ainsi dressans leurs sentences contre Dieu: sur l'impieté desquels est annoncee & reuelee l'ire de Dieu. Mais les autres qui n'ont l'esprit pour monter ou penetrer à choses si hautes, s'addonnent à escrire les vies des Saincts, y meslant d'affection religieuse aucunes mensonges. Ils supposent des reliques, forgeant des miracles, controuuent des fables ou plaisantes ou terribles, lesquelles ils appellent exemples, comptent les oraisons & prieres, poisent les merites, faignent des ceremonies, font marchandises des indulgeãces, distribuent les pardons, vendent les bonnes œuures, & en mendiant deuorent les pechés du peuple les oyans en cõfession, prononcent ainsi que par loix certaines des apparitions, adiurations, & responses des trespassés, & iouent des farces du purgatoire, comme ils sont enseignés par les liures de Tondal, & Brandarius, ou du trou de S. Patrice, & font des cõmedies des Indulgences, crians & hurlans à haute & forte voix comme celle de Stentor (qui se faisoit ouir autant que cinquante autres hommes) ces choses au menu peuple du haut d'vne chaire, ainsi que de dessus vn eschaffaut, d'vne audace & vanterie plus que de gendarme, auec regards fiers & arrogans, mines & contenances du visage diuerses & variables, estendans les bras, & se transformans en plus de sortes que ne faisoit Protee, descrit par les Poëtes. Ceux aussi qui sont plus ambitieux, veulent auoir l'honneur d'estre versés en toute espece de doctrine & pareillement eloquents. Partant ils preschent, ils chantent, des poësies, racomptent des histoires, debattent des opinions, alleguent Homere, Virgile, Iuuenal, Perse, T. Liue, Strabo, Varro, Seneque, Ciceron, Aristote, & Platon: & au lieu de l'Euangile & de la parole de Dieu ils bruyent & font sonner des propos humains & pures bourdes, preschent vn Euangile tout nouueau, & corrompent la parole de Dieu, laquelle ils annoncent, non point pour enseigner la grace, mais pour gaigner de l'argent, & estre bien payés, viuans non selon la verité de ce qu'ils preschent, mais en voluptueuse charnalité: & apres qu'ils ont bien presché le iour, & parlé par longs & diuers circuits de la vertu du haut d'vne chajre, la nuict ils s'employent à vn autre trauail peu honneste dans leurs cachettes. Telle est donques la voye qui conduit à Iesus Christ selon eux: Mais quand ce vient à reprendre les vices, c'est merueille comme ils s'eschauffent à mesdire par outrageuse cholere, & se desgorgent auec contenances enragees, quelles paroles & termes vilains & deshonnestes ils vomissent, auec quelle impudente forcennerie ils exclament, comme si nostre Seigneur Iesus-Christ n'eust voulu ordonner à droit les annonciateurs de sa parole, comme pescheurs attirans auec des rets mols & delicats, & non à gauche ainsi qu'archers & veneurs poursuyuans par playes & bleceures : ou comme si eux n'estoyent hommes aussi bien que les autres, entachés & subiects aux mesmes vices & plus grands que ceux contre lesquels ils sont si aspres, y ayans esté addonnés, ou y pouuans venir auec le temps. Ainsi ces pescheurs d'hommes, la langue desquels leur sert de rets pour retirer les meschans & les amener à salut, sont faicts veneurs mesmes des bons pour les tirer à perdition. Ils ont la bouche ainsi qu'vn art de mensonge : leur langue est vne flesche aigue & dangereuse : mais cessons de parler d'eux : car il ne fait pas seur de les reprendre trop librement, pource qu'ils ont de coustume de conspirer quand on les courrouce & mettent ceux qui les redarguent en iustice par deuant leurs inquisiteurs, qui les contraignent à se retracter, & quelques fois les enuoyent au feu, ou bien leur baillant secrettement le boucon les enuoyent hors du monde. Car entre autres secrets mots de guet de leur religion, ils ont cestuy cy, que c'est chose licite & œuure pie d'empoisonner secrettement ceux qui font ou causent quelque scandale en leur religion, pour sauuer l'honneur de l'ordre, & empescher qu'il ne soit diffamé si quelqu'vn d'entre eux estoit puni publiquement. Laissons donques là ces scholastiques, disons de la vraye Theologie, laquelle est partie en deux manieres, dont l'vne est prophetique l'autre interpretatiue. Mais nous parlerons premierement de ceste derniere.

De la Theologie enterpretatiue.

CHAP. XCVIII.

LEs Theologiens interpretes pensent que ainsi que par la liberté de nature les raisins, oliues, bleds, lin, & autres tels fruicts croissent & meurissent, desquels puis apres par humaine industrie

& ayde sont faicts & façonnez le vin, l'huyle, le pain, la toile, & ainsi des autres œuures de nature qui se reduisent à perfection par l'artifice des hommes. qu'aussi les oracles & preceptes diuins, qui sont tres-obscurs & cachés, ont esté laissés à expliquer moyennent nos interpretations, non toutesfois selon nos facultés & inuentions, dont les propheties, & diuines sentences n'ont besoing, ainsi que les œuures de la nature, mais selon le S. Esprit, dont sont procedees les mesmes escritures, lequel distribuë ses dons à tous selon qu'il luy plaist, & à qui il veut, faisant que les vns soyent Prophetes, les autres interpretes des Prophetes.

Partant ceste Theologie, laquelle interprete la parole de Dieu, ne procede point à la maniere des peripateticiens par definitions, diuisions, ou compositions, d'autant qu'aucune de ces voyes ne paruiennent nullement à Dieu, lequel ne se peut definir, diuiser, ny composer: mais elle tient vn autre chemin moyen outre cestuy cy & la vision prophetique: c'est d'esgaler & approprier la verité à nostre entendement purgé & purisié, ainsi qu'vne clef à sa serreure, parce que estãt l'intellect tresdesireux de toute verité, aussi est il capable de toutes choses intelligibles : & partant est appellé intellect possible : par lequel encor que nous ne puissions comprendre à pleine veuë ce que les Prophetes, & ceux qui ont eu les visions diuines, nous ont mis au deuant neantmoins la porte nous est ouuerte pour y estre instruicts au moyen de la conformité que la verité apperceuë auec nostre entendement, & de la lumiere qui raye sur nous du dedans au trauers de ceste ouuerture beaucoup plus clairement, que par les apparentes demonstrations, definitions, diuisions, & compositions des Philosophes : Et nous est donnee la faculté de lire & d'entendre : non auec les yeux ny par les oreilles exterieures, mais de comprendre auec meilleurs sens & succer la verité issant des mouëlles de la saincte Escriture tout voile osté & abbatu, & à face descouuerte, nous ayans esté laissees les pleines visions & manifestations Prophetiques sous vne couuuerture qui rebouche la poincte de l'esprit & de la congnoissance des

Sages & des Philosophes de ce monde, & leur cache ceste verité, laquelle nous apprehendons par si certain iugement qu'il n'y reste aucune difficulté. Et comme ainsi soit que la verité es sainctes Escritures s'espande en plusieurs clefs, & aye plusieurs addresses cachees: aussi les saincts personnages & spirituels ont procedé à l'interpretation d'icelles par plusieurs & diuerses voyes. Car aucuns suyuans l'ecorce de la lettre discourans doucement sur icelle ont remarqué l'accord & conuenance des escritures, & exposant la lettre par la lettre, & les passages par autres passages, se sont essayés d'en tirer la verité par les sens qu'ils ont peu descouurir, obseruans l'ordre & les etymologies, proprietés, & force des paroles: laquelle maniere d'exposition est à ceste cause appellee literale. Autres rapportans tout ce qui a esté escrit à l'ame & aux œuures de Iustice, ont donné nom à la maniere d'interpretation que l'on appelle morale. Aucuns la rangent aux mysteres cachés de l'Eglise sous diuerses figures, couuertures & destours, le sens & exposition desquels est pour ce dit Tropologique ou allegorique. Autres du tout esleués à la contemplation de la vie celeste raportent tout ce qui est escrit à la gloire immortelle, & aux secrets d'icelle : & partant les interpretations d'iceux sont appelés anagogiques, c'est à dire hautes & pleines de doctrine profonde. Ce sont les quatre manieres d'interpretations plus vsitees en l'Eglise par les Theologiens: outre lesquelles l'on en trouue encor de deux autres sortes : Dont l'vne a esgard aux tours & retours des temps, changements d'estats & de regnes, & aux restaurations des siecles, appellee à ceste cause tipyque, en laquelle Cyrille, Methodius, & l'abbé Ioachim, ont esté excellents, & des plus prochains de nostre aage Hierosme Sauonarole Ferrarois. L'autre recherché és sainctes escritures la force & vertu de cest vniuers visible & sensible, & de toute la nature & fabrique de ce monde : partant est appellee exposition physique, ou naturelle, traictee excellemment par Rabi Simeon Ben Ioachim, lequel a escrit sur le Leuitique vn tres-ample volume, auquel discutant presque la nature de toutes choses, il monstre comme Moïse selon la conuenance & bon rapport du monde triple, & de la nature des choses, ordonna l'arche, le tarbernacle, les vaisseaux, les vestements, sacrifices, ceremonies, & autres mysteres pour appaiser & nous rendre fauorable Dieu & les vertus celestes, & pour purifier son image, à sçauoir l'homme: laquelle exposition est ensuyuie par plusieurs Cabalistes, cōme ceux qui ont escrit de Bresith, c'est à dire des choses crées: car ceux qui discourent de Mercana, c'est à dire du tribunal de la Maiesté de Dieu, par nombres, figures, reuolutions, & raisons figurees & couuertes, & qui reduisent tout au premier exemplaire, ceux-là tiennnent la maniere & sens anagogique. Voyla en somme les six renommees façons d'interpreter & tirer sens de l'Escriture saincte, tous les auteurs, expositeurs, & interpretes desquels sont appellés d'vn commun nom Theologiens: tels que ont esté en nostre Eglise Denys, Origene, Polycarpe, Eusebe, Tertullien, Irenee, Nazianzene, Chrisostome, Athanase, Basile, Damascene, Lactance, Cyprien, Hierosme, Augustin, Ambroise, Gregoire, Ruffin, Leon, Cassien, Bernard, Anselme, & plusieurs autres saincts peres que les siecles anciens ont produits. Et depuis eux quelques autres, comme Thomas, Albert, Bonauenture, Gilles, Henry de Gand, Gerson, & plusieurs autres, mais de beaucoup inferieurs aux premiers. Mais comme ainsi soit que tous ces interpretes Theologiens soyent hommes, il leur est aduenu ainsi qu'il est de coustume aduenir aux hommes: car ils errent en certains endroits, en autres ils se contredisent à eux mesmes, ailleurs ils escriuent choses diuerses & contraires, en plusieurs endroits ils s'abusent, & si tous n'ont peu voir toutes choses: Car le S. Esprit seul à pleine cognoissance des choses diuines, lequel departit ses graces à chacun par certaine mesure, reseruant plusieurs secrets à soy, à fin de nous tenir tousiours en sa discipline. Nous ne cognoissons tous, dit S. Paul, qu'en partie, & ne prophetisons qu'en partie. Partant toute ceste Theologie interpretatiue gist en la liberté de l'Escriture, en laquelle à vn chacun est donnee addresse & abondance selon son iugement par les diuerses manieres d'expositions que nous auons cy dessus mentionnees, lesquelles S. Paul comprend toutes sous ce mot de mysteres ou paroles de mysteres, quand il dit que l'esprit parle des mysteres : à raison dequoy Denys appelle ceste Théologie significatiue & mystique, dont les saincts Docteurs susdits ont escrit tant de volumes : mais non sans plusieurs erreurs. Ne soyez donques arrestés tant à leur saincteté, & authorité que vous demeuriez deceuz, croyans à iceux en toutes choses : car plusieurs d'entre eux ont perseueré ne beaucoup d'opiniõ serronees en la foy, qui ont depuis esté reprouuees en l'Eglise comme heresies Ainsi qu'il est euident de Papias Euesque de H.eropoli, de Victor Euesque de Poictiers, d'Irenee Euesque de Lyon, de S. Cyprien, d'Origine, de Tertullien, & de plusieurs autres, qui ont sans doute erré en la foy, & dont les opinions ont esté condamnes pour heretiques, nonobstãt qu'ils soyent tenus au rang des saincts. Il est toutesfois debesoin en cest endroit d'estre accompagné d'esprit plus haut & esleué pour iuger & discerner lequel ne vienne point de la chair ny du sang, mais soit donné d'enhaut du pere des lumieres. Car si Dieu n'esclaire és choses qui sont de luy, aucun n'en peut parler pertinemment. Or ceste lumiere est la parole de Dieu, par laquelle toutes choses ont esté faictes, illuminant tout homme qui vient au monde, donnant puissance d'estre faicts enfans de Dieu à tous ceux qui le reçoyuent, & croyent en luy. Et n'y a personne qui puisse racompter les choses qui sont de Dieu que la propre parole d'iceluy. Qui sont les autres qui ayent cognu l'intention du Seigneur? ou, qui a esté son conseiller? sinon le Fils, la parole, dis-ie, de Dieu le Pere. D'icelle nous parlerons cy apres ayant premierement traicté de la Theologie Prophetique.

De la Theologie Prophetique.
Chap. XCVIII.

TOVT ainsi que la prophetie est la parole des Prophetes, aussi la Theologie n'est autre chose que les traditions des Theologiens, c'est à dire de ceux qui parlent auec Dieu. Et ne s'ensuit pas que cil qui sçaura reciter quelque prophetie, & mesme l'interpreter, pourtant du nombre des Prophetes: mais quiconque est pourueu de religieuse science és choses diuines, & de vertu & sainctteté de vie, quiconque parle auec Dieu, & pense en sa loy iour & nuict, cestuy là est Prophete & Theologien, pour lesquels dons & graces S. Iean, qui a escrit l'Apocalipse est appellé par Denis le Theologien, à raison du colloque auec Dieu. A Ceux là dit, la verité ainsi. Qui vous oit m'oit aussi, & quicõque vous mesprise me mesprise. Ce n'est pas à nos maistres, à nos contentieux sophistes, à ces reuandeurs d'indulgences & pardons que cela s'addresse: mais aux vrais Theologiens, aux Apostres, aux Euangelistes, aux anonciateurs de la parole de Dieu, lesquels disent, Ie n'ose proferer aucune parole qui ne me soit donnée par Iesus Christ. Or les sainctes traditions de la foy & pieté veuës des Theologiens de ceste sorte s'appellent vrayement Theologie. Aux escrits & paroles d'iceux foy est adioustée, comme estans fondés non point en contentions de syllogismes ou opinions humaines mais, comme dit S. Paul, en saine doctrine diuinement inspiree, acquise, non point par definition, diuision, composition, ou speculation, mais par vn effectuel attouchement de la diuinité, par claire vision comprise moyennant la lumiere diuine. Desquelles visions nous apperceuons plusieurs especes en l'Escriture saincte, selon que les Prophetes ont esté diuersement disposés à les receuoir: Car nous lisons qu'aucuns d'entre eux ont veu Dieu ou bien ses Anges sous forme humaine, autres en façon de feu, autres comme vn air ou vent, autres ainsi qu'vne riuiere, à autres il est apparu comme oiseau, à autres en forme de pierres precieuses & metaux, certains l'on veu ainsi que lettres ou caracteres, ou comme la main d'vn escriuant: aucuns l'ont ouï comme le son d'vne voix, à autres il s'est manifesté par songes, autres l'on senti comme vn esprit habitant au dedans d'eux, autres comme vne vertu cachée en leur entendement: à raison dequoy la saincte Escriture appelle tous les Prophetes voyans: & nous lisons la vision d'Isaie, la vision de Ieremie, la vision d'Ezechiel, & ainsi des autres. Et au nouueau Testament S. Iean dit, i'ay esté en ceste iournee du Seigneur, en laquelle esleué i'ay veu le throsne de Dieu. Et S. Paul dit, qu'il a veu choses qu'il n'est licite à l'homme de dire. Ce regard ou vision est appellee par plusieurs rauissement, ou extase, ou mort spirituelle: car il se fait alors vne certaine separation de l'ame d'auec le corps, mais non pas du corps d'auec l'ame. De ceste mort est dit, L'homme ne peut voir Dieu & viure: & ailleurs. La mort des Saincts est precieuse deuant la face du Seigneur: & encor plus clairement est elle exprimee par l'Apostre disant, Vous estes morts, & vostre vie est cachee auec Christ en Dieu. Il faut donques que celuy qui veut penetrer aux secrets de la Theologie prophetique meure de ceste mort. Or il y a deux especes de telles visions: l'vne par laquelle on void Dieu comme à descouuert face à face, alors les Prophetes voyent en la sorte que S. Paul dit, à sçauoir choses qu'il n'est loisible à l'homme de dire, voire qui ne peuuent estre exprimees par aucunes langues, manifestees ny escrites par aucune plume: car c'est vne certaine maniere d'appocher ou vn attouchement de la diuine essence, ou bien vne vnion mesme à icelle, & vn esclaircissement de l'entendement pur & separé de toutes choses sans aucune couuerture d'image, figure, ny similitude. Et partant est interpretee ceste maniere de vision par les Theologiens meridionale, à raison de sa pleine clarté, ainsi que amplement d'icelle sainct Augustin sur le Genese & Origene contre Celse ont discouru. L'autre espece est quand les parties de derriere de Dieu, comme l'Escriture parle, sont veuës, & que l'on void clairement ce qui concerne les creatures, qui sont les parties posterieures de Dieu & ses effects, par la connoissance desquelles l'on paruient au Createur, à celuy qui les a faictes, & à la premiere cause agissante, ainsi que dit le Sage: Que par la grandeur de leur beauté le Createur peut estre cognu. Et Paul dit d'iceluy mesme, Les choses inuisibles de Dieu sont cognuës par celles qui sont faictes & entendues: Et entre les Philosophes peripateticiens on dit communement que ceux qui argumentent des effects aux causes, argumentent par le posterieur. Or de l'vne & de l'autre de ces visions

iouissoit

iouïssoit Moïse, selon que tesmoignent les sainctes Escritures : car de la premiere nous lisons que Moïse a veu le Seigneur face à face, & de l'autre que Dieu luy dit, Tu verras mes parties de derriere : & selon ceste derniere maniere de vision Moïse ordonna la loy, institua les sacrifices & ceremonies, & edifia l'arche, & les autres mysteres selon l'exẽplaire accompli de l'vniuers, & comprint en iceux tous les secrets des œuures de Dieu & de nature. Ceste derniere espece de vision se considere encor en deux sortes: car ou l'on contemple les creatures en Dieu, & lors elle est appellee vision du matin, ou l'on comprend Dieu en ses creatures, ainsi elle est dite vision du soir. Il y a outre ce vne sorte de vision qui se presente par songes, ainsi que nous lisons en sainct Matthieu, que l'Ange du Seigneur apparut en songe à Ioseph. Et ailleurs que les Mages ayans adoré Iesus Christ furent aduertis par songe qu'ils retournassent en leurs païs par autre voye. D'icelle l'on trouue plusieurs exemples en l'ancien testament: & Iob enseigne quelle est ceste vision, là où il dit: En l'horreur des visions nocturnes quand le sommeil tumbe sur les hommes, & qu'ils dorment en leurs licts, alors il ouure les oreilles d'iceux, & les enseigne par discipline, Et est ceste maniere de vision comptee pour la quatriesme espece, & appellee vision nocturne. Il y a d'auantage deux autres sortes de Propheties : l'vne que l'on reçoit de viue voix, en laquelle ont esté enseignés & illustrés Moise au mont de Sinai, Abraham, Iacob, Samuel, & plusieurs autres Prophetes de l'ancien Testament : & au nouueau les Apostres & Disciples de nostre Seigneur Iesus Christ tous endoctrinés par luy de parole expresse. L'autre sorte de Prophetie se faict par mouuement & agitation de l'esprit, à sçauoir quand l'ame estant saisie par la diuinité & ioincte à icelle, separee de la chair & de la partie animale de l'homme, est remplie de science & cognoissance outre & par dessus tout entendement, force, & facultés humaines. Lequel saisissement se faict non seulement par l'esprit angelique, mais aussi quelquefois par l'esprit du Seigneur, ainsi que l'on lit de Saül, dans lequel saillit l'esprit du Seigneur, & Prophetisa, & deuint vn autre homme, & fut tenu au rang des Prophetes. Et aux actes des Apostres il est dit que le S. Esprit saillit en ceux qui auoyent esté baptisés, ainsi que flamme de feu. Et quelques fois aduient que cest esprit saisit aussi bien ceux qui sont hommes pecheurs, comme nous lisons de plusieurs Prophetes d'entre les Gentils, tels que furent Cassandre, Helenus, Calchas, Amphiraë, Tiresias, Mopsus, Amphilochus, Polybe Corinthien: plus Calanus Indien, Socrates, Diotime, Anaximander, Epimenides Cretois: Item les Mages de Perse les Brachmanes d'Asie, les Gymnosophistes de l'Ethiopie, les Prophetes de Memphis, les Druides Gaulois, & les Sibylles, qui ont esté excellentes & renommees à raison de ses esprits Prophetiques. A ce saisissements d'esprit seruent quelquefois certaines preallables ceremonies, l'office, charge, & authorité ou quelcun est constitué, & le maniement & communication des choses sainctes, ainsi que nous lisons de Balaam, que l'escriture baille pour exemple. Et ailleurs de l'application de l'Ephod ou habillement sacerdotal, & ce que l'euangeliste tesmoigne de Caïphas, lequel prophetiſa d'autant qu'il eſtoit Pontife ou ſouuerain Sacrificateur de ceſte annee là. Et partant les Mecubales Hebrieux à ceſte raiſon ont preſumé de controuuer vn artifice de Prophetiſer. Ie paſſe ce que les Theologiens Hebrieux diſent en ce regard des trentedeux ſentiers d'intelligence par haute & profonde contemplation, & ce que S. Auguſtin a touché de la grace, & Albert de la reception des formes, deſquelles il raconte ſept manieres qui ſe font en ceux qui ſongent, & autant d'apparitions aux veillans, Surquoy nous mettrons ſeulement ceſte conſideration en auant, Que les eſprits diuins n'apparoiſſent point touſiours exterieurement aux Prophetes pour ſe faire voir ny pour parler à eux, mais le plus ſouuent ſont comme cauſes interieures à iceux de Prophetiſer, à ſçauoir lors que l'entendement du Prophete cóçoit la lumiere diuine, la clarté de laquelle rayant à trauers de chacun moyen ou entredeux paruient iuſques à ce corps groſſier, & rend mémes les ſens d'iceluy participans de ſa felicité en ſorte que ayant ſaiſi l'intellect elle paſſe à la raiſon, & de la raiſon à l'imagination, & ſucceſſiuement penetre pa toutes les parties de l'ame iusques aux instruments sensuels interieurement & d'vne façon cachee& secrette, ainsi qu'vne voix, lumiere, ou parole ayant faculté d'esmouuoir respectiuement chacune le sens dont elle est obiect. Ce qui est aduenu de ceste façon à plusieurs Prophetes, à aucuns en veillant, à autres en songe. Ainsi lisons nous és escrits de Plato & de Proculus touchant Socrates, qui estoit inspiré non seulement par vne influxion intelligible, mais par la voix & en deuisant: toutesfois cela se fait plus facilement és songes. Mais c'est assez dit de ces choses, partant retournons à nostre propos. La Theologie Prophetique est doncques celle qui enseigne par inspiration comme visible la parole de Dieu ferme & qui ne peut estre esbranslee. Les arguments & authorité de laquelle seruans à corroborer sa verité ne sont point raisons ny opinions humaines, ny coustumes de longue main ou vsage, ny les discours imaginaires des sages, ny les magnifiques decrets des sectes, ny les syllogismes, inductions, ny autres manieres d'arguments, ny obligations, ny consequences indissolubles: mais sont oracles diuines accordans les vns aux autres, receus en l'Eglise vniuerselle d'vn commun aduis & ferme consentemẽt, tesmoignés & prouués par miracles & prodiges, par saincteté de vie par labeurs & dangers, & par l'effusion mesme du propre sang. Les Docteurs de ceste Prophetique Theologie approuués par nous sont, Moyse, Iob Dauid, Salomon, & autres Prophetes & auteurs des liures canoniques du vieil testament. Et quant au nouueau, nous recongnoissons les Apostres & Euangelistes, tous lesquels, ores qu'ils ayent esté remplis du Sainct Esprit, ont esté neantmoins hommes, & se trouue qu'en certains endroits ils se sont despartis de la verité, & aucunement tumbés en mensonge, non que cela soit aduenu par malice, ny a leurs escient: car qui le voudroit dire soustiendroit vn erreur pire que celuy d'Arrius, & plus dangereux que celuy de Sabellius, & tendroit à renuerser toute l'authorité de la saincte Escriture canonique, nonobstant que ce grand & sainct personnage Sainct Hierosme soit iadis tumbé en ceste enorme faute, disputant contre S. Augustin de la reprehension de S. Pierre. Car sainct

Hierosme auoit, dit que S. Pierre auoit sciemment menti. A quoy S. Augustin respondit, que cela estoit accordé, & qu'vn tel mensonge fust admis en la saincte Escriture, toute l'authorité & certitude d'icelle ruineroit incontinent. En fin, apres plusieurs contredits S. Hierosme ceda aux admonnestements de S. Augustin & recognut sa faute. Partant ce que ie dis que ceux qui ont escrit les saincts liures sont tumbés quelques fois en mensonge selon certain regar, doit estre entendu qu'il ne leur est aduenu derrer de propos deliberé, mais sont tresbuchés humainement, ou se sont trouués courts, le iugement de Dieu estant changé. Ainsi aduint à Moyse de defaillir en ce qu'il auoit promis aux enfans d'Israël de les tirer hors de la terre d'Egypte, & de les introduire en la terre promise. Il les tira à la verité d'Egypte, mais il ne les mena nullement en ceste terre promise. Ionas defaillit en ce qu'il auoit annoncé à ceux de Niniue leur destructiō dās la quarātaine, laquelle neantmoins fut differée, Helie defaillit predisant les malheurs qui deuoyēt aduenir és iours d'Achab, lesquels toutesfois furent dilayés iusques au decez d'iceluy. Isaye pareillement se trouua court en ce qu'il predist la mort dans le iour suyuant à Ezechias, auquel furent prolongés ses iours de quinze ans. Autres Prophetes ont mesmement defailli, & se trouue que leurs predictions ont esté souuent ou aneanties ou suspenduës. Le semblable est aduenu aux Apostres & Euangelistes. Pierre faillit, dont il fut reprins par S. Paul. Mathieu defaillit, escriuant que Iesus Christ n'estoit encor mort quand on luy ouurit le costé du coup de lance. Mais ce defaillement ne doit pas estre attribué au S. Esprit, ains au Prophete, lequel n'a pas bien sceu apperceuoir ce qui luy estoit suggeré par l'esprit de Dieu, ou monstré par la vision, ou bien par quelque changement faict és choses desquelles il prophetisoit, au moyen dequoy il seroit aduenu que le iugement de Dieu auroit esté changé ou differé : c'est donques pourquoy semble que tous les Prophetes, & ceux qui ont escrit semblablement menteurs en aucunes choses pour verifier ce qui est escrit, que tout homme est mēteur, excepté nostre Seigneur Iesus Christ seul, qui est homme & Dieu tout ensemble, & n'a iamais esté trouué en mensonge, ny ne sera, & si ne seront changées ny defaillantes ses paroles : ains seront fermes & stables à iamais, selon qu'il a dit, Le ciel & la terre passeront, mais mes paroles ne passeront point. Et d'autant que toute verité vient du sainct Esprit, Iesus Christ seul possede asseurement cét esprit, sans qu'il puisse estre separé ny abandonné par luy, mais en luy se repose. Il n'en est pas ainsi des autres : car l'esprit de Dieu vint sur Moise, mais il se retira de luy quand il frappa la pierre. Il s'espandit sur Aaron, mais il le laissa lors qu'il forgea le veau. Il vint sur Marie leur sœur, mais il se retira quand elle murmura. Il vint sur Saül, Dauid, Salomon, Isaie, & les autres, mais il ne reposa point en iceux. Les Prophetes ne sont continuellement Prophetes, voyans, ou predisans, & n'est point la Prophetie vne habitude perpetuelle, mais vn don, vne affection, vn esprit passager : d'autant qu'il n'y a celuy qui ne soit pecheur, aussi n'y a-il aucun qui ne soit quelquesfois & pour quelque temps abandonné de l'esprit, fors que Iesus Christ seul fils de Dieu, duquel ont esté prononcees par S. Iean ces paroles : Celuy sur lequel vous verrez descendre l'esprit, & s'arrester en iceluy là est le fils de Dieu, qui baptise du sainct Esprit, & a puissance de departir d'iceluy aux autres. Parquoy le seul Dieu a cest honneur priuatiuement à tous autres ; dit Simonides, d'estre metaphysicien, ou supernaturel : & par mesme raison nous pouuons dire que Iesus Christ à cest honneur qu'il est seul Theologien. Toutesfois il ne faut pas penser que pour estre l'Euangile de Iesus Christ issu par diuin enfantement des escritures du vieil Testament, que pourtant les Propheties enciennes soyent steriles, mortes, ny sans fruict : car elles viuent tousiours en tresgrande authorité : par icelles les Apostres ont prouuees & verifiees leurs Doctrines, & n'ont rien dit sans se seruir du tesmoignage d'icelles à elles nous renuoye nostre Seigneur Iesus Christ, pour les lire & feilleter, l'Euangile duquel n'a point abolli ces Escritures là, mais les a accomplies iusques à vn iota ou vn seul point. Mais nous parlerons plus amplement de cecy cy apres. Au surplus il est à noter que plusieurs liures de la saincte Escriture nous defaillent : ce que nous recueillons d'elle mesme. Car Moyse allegue les liures des guerres du Seigneur, Iosué le liure des iustes, Hester le liure des choses memorables, & au liure des Machabees est faicte mention des sainctes liures des Spartiates, aux Croniques sont allegués les liures des Lamentations, les liures du voyant Samuel, les liures de Nathan, Gad, Semeias, Heddo, Ahias Silonite, & de Iesus fils de Hamnon Prophetes. S. Iude en son Epistre catholique allegue le liure de Henoc: autres auteurs dignes de la foy font mention du liure d'Abraham patriarche, qui sont tous perdus & ne se trouuent plus. Ceux là mesme qui nous sont demeurés, ne sont point de mesme poids ny egalement receus: Car plusieurs chapitres des vns & des autres, & toute l'histoire des Machabees, sont tenus entre les liures apocryphes. Ce qui est aduenu de mesme pour le regard des Euangiles & Epistres. Car Denys cite l'Euangile de S. Barthelemy, S. Hierosme faict mention de celuy selon les Nazariens; & S. Luc en la preface de son Euangile, dit que plusieurs s'estoient mis à escrire de l'Euangile, lesquels sont pareillement tous perdus, & n'en est plus de nouuelle : & plusieurs d'entre ces liures pour auoir esté depraués & corrompus par les heretiques, ou mis en lumieres par auteurs incertains, n'ont esté receus ny approuués en l'Eglise. Ie passe plusieurs faux Prophetes qui se sont fourrés parmy les bons poussés de veine gloire, prophetisans ce qui ne leur estoit dicté ou suggeré par le S. Esprit, mais des mensonges estranges qui ne tenoient rien de la verité de l'Escriture, & ont introduit des sectes contre l'vnité de l'Esprit & la paix de l'Eglise, osans par temerité effrõtee entreprendre ainsi que s'ils estoient conseillers de Dieu, de publier le Testament du seigneur de leur bouche, escrire des propheties & des Euangiles qui se trouuent puis ou du tout heretiques ou non receuables & reiectés du canon & reigle des saincts escrits comme il est euident & hors de doute de ceux que l'on appelle les canons des Apostres. Les cantiques mesmes de Salomon ne furent point inserés entre les saincts Liure canoniques des Hebrieux, sinon apres que Isaie les eust corrigés & approuués. Il appert donques par ce que dit est que mesmes la vraye Theologie, à sçauoir la saincte Escriture defaillante de plusieurs volumes pourroit sembler aucunement imparfaicte, & qu'il nous reste peu de liures d'vn grand nombre qu'il y en a eu, lesquels soyent recognus pour veritables & certains, & constituent la reigle & formulaire sacré ainsi que liures de vie.

De la Parole de Dieu. CHAP. C.

VOVS auez peu entendre maintenant combien sont toutes les disciplines pleines d'ambiguité, incertaines, dangereuses, & fourcheuës, en sorte que en tant que nous pouuons esperer d'elles nous sommes contraints d'ignorer en quelle part la verité gist & repose, voire mesmes en la Theologie, sinon que quelqu'vn aye la clef de science & cognoissance (car le cabinet de verité est clos & couuert de diuers mysteres, fermé mesmes aux saincts & aux sages) par laquelle clef ouuerture nous soit faicte à vn si grand & incomprehensible thresor. Or ceste clef est la seule parole de Dieu (& n'y en a point d'autre) laquelle seule discerne toute espece & force de paroles, &

descouure celles qui procedent d'artifice sophistique, & ne contiennent point verité, mais seulement quelque apparence d'icelle, en somme iuge quel langage contient en soy verité essencielle & non desguisee ou fardee. Par ceste seule parole tout artifice meschant & mensonger est renuersé, & ne peuuent durer contre icelle aucunes argumentations, syllogysmes ny cautelles & ruses de sophistes. Qui n'acquiesse & ne se soumet à icelle, mais y contredit, est (comme dit Sainct Paul) superbe, & ne sçait rien. partant il nous conuient examiner & esprouuer toutes & chaqu'vnes sciences & disciplines, à ceste parole, ainsi que l'or à la pierre de touche, & en toutes occasions & auenement auoir là nostre recours & refuge, comme à vn ferme rocher, puiser de là la pure & asseuree verité en toutes choses, & par icelle iuger de toutes disciplines & inuentions, sans nous obliger à aucuns preceptes, enseignements, gloses, commentaires, ny autres dits ou escrits des Docteurs, quelques sai[nts] & doctes personnages qu'ils soyent, qui sortent tant soit peu hors la ligne & reigle de l'autorité de la parole diuine.

Car tout ce qui ne prend authorité & preuue d'icelle, dit S. Gregoire, peut estre mesprisé aussi facilement qu'allegué. La science de ceste parole ne nous a point esté enseignee par aucune eschole de Philosophes ny par la Sorbone des Theologiens, ny és colleges des Scholastiques quels qu'ils soyent, mais l'apprenons de Dieu seul & nostre seigneur Iesus Christ par le S. Esprit aux liures qui sont appellés canoniques, ausquels par expres & diuin commandement il n'est licite d'adiouster ny diminuer chose quelconque : & qui attenteroit de ce faire, fust ce vn Ange du Ciel, est maudit par La loy de Dieu. Telle est la force & maiesté de ceste escriture, qu'elle ne peut souffrir aucune interpretation ny glose estrangere, soit humaine ou angelique, & n'est nullement ployable ainsi que cire selon les opinions des hommes, & ne peut estre tiree en diuers sens ainsi que les comptes fabuleux & fictions humaines, ou comme le Protee des Poëtes estre transformee en diuerses manieres, mais ayant suffisance en elle mesmes de sens & de sagesse elle s'interprete & s'explique, & iugeant de tout n'est iugee de nul. Son autorité, dit S. Augustin, est trop plus grande que toute subtilité d'humain entendement : car elle a vn sens simple & asseuré, par lequel seul on doit disputer & vaincre. Quant-aux autres interpretations externes, soyent morales, mystiques, cosmologiques, typiques, anagogiques, tropologiques, ou allegoriques, par lesquelles plusieurs la peignent ainsi que de couleurs diuerses & estrangeres, elles peuuent à la verité persuader aucunement quelque verité à l'edification du peuple de la parole de Dieu, prouuer ou reprouuer & impugner quelque chose en icelle, elle n'ont vertu aucune. Car que l'on mette en auant quelqu'vne des expositions susnommées, que l'on allegue quelqu'vn des auteurs d'icelles, pour docte & grand personnage qu'il soit, que l'on amene les interpretations, gloses, & commentaires de qui que ce soit d'entre les saincts Peres & Docteurs, tout cela ne nous sçauroit tant astraindre, qu'il ne nous soit permis de faire force contre, & eschapper : Mais du texte de l'escriture & de l'ordre & conduite d'icelle sont faicts des liens qui ne peuuent estre brisés ny rompus, & desquels nul ne peut eschapper qu'il ne soit contraint de dire & confesser que c'est le doigt de Dieu, que l'homme n'a iamais parlé ainsi, & que ce n'est point le langage des Scribes & Pharisiens, mais vne parole accompagnée de vertu & puissance. Or les autheurs de ces escriptures inspirés de Dieu nous ont ordonné vn Canon ou formulaire auec salutaire authorité, la grandeur duquel est, qu'il faut que nous y adioustions pleine foy, & tenions pour ferme, resolu, & saint tout ce qu'il prononce & enseigne sans contredit. Comme sainct Augustin en a parlé, disant qu'il attribue tant d'honneur aux liures seuls que l'on appelle Canoniques, qu'il croit fermement qu'auqu'vn des autheurs d'iceux n'a failli, mais qu'il ne veut point croire aux autres quelque doctrine ou saincteté qu'ils ayent, s'ils ne prouuent leur dire & ne le luy persuadent par raisons euidentes, prinses de l'Escriture saincte, & qui ne repugnent à la verité. A ces escritures sommes nous renuoyez par Iesus-Christ, disant que nous nous enquerions des escriptures. Par icelles l'Apostre veut que nous esprouuions toutes choses, à fin de nous tenir à icelles qui sont bonnes, &

que nous sçachions discerner les esprits s'ils sont de Dieu, & que nous puissions rendre raison de toutes choses, & redarguer ceux qui contredisent, en sorte qu'estans par ce moyen rendus spirituels, nous iugions de toutes choses, & ne soyons iugez par personne. La verité doncques de ces escriptures canoniques & leur intelligence depend de la seule authorité de Dieu qui la nous reuele, & ne peut estre comprinse par aucun iugement sensuel, par aucun discours de nostre raison par aucun syllogisme demonstration, par nulle science, speculation, ou contemplation, en somme par nulle faculté ny vertu humaine, ains seulement par la foy en Iesus Christ que Dieu le pere à mise en nous par le S. Esprit : laquelle est d'autant plus ferme & asseuree, que aucune autre creance & persuasion des sciences humaines, que Dieu est plus haut & plus veritable que ne sont les hommes. Mais que dis-je plus veritable? Dieu seul est veritable, & tout homme menteur : partant tout ce qui n'est de ceste verité est erreur, tout ainsi que ce qui n'est de la foy est peché. Car seul est la fontaine de verité, de laquelle il faut que celuy qui cherche bonne doctrine boyue, attendu que nous ne pouuons auoir congnoissance: aussi n'y a il nulle science des secrets de nature, des substances separees, ny de Dieu leur autheur, sinon qu'elle nous soit reuelee diuinement: pour autant que les choses diuines ne sont attaintes par les forces de l'esprit humain, & les choses naturelles nous eschappent à tout propos, & ne sont par nous apperceuës: Dont il aduient que ce que nous pensons estre science en ces choses n'est qu'erreur & faulseté, ce que Isaie reproche aux Philosophes & sages Chaldeens, en telles paroles: Ta sagesse & ta science, dit-il, t'a deçeu, tu as defailli en la multitude de tes inuentions. Le grammairien prend soigneusement garde de ne faillir point au langage, ou de ne proferer parole qui ne soit barbare ou rustique: cependant ne se soucie guere des souilleures de la vie, ny des pechez. Le poëte ayme mieux clocher en sa vie, qu'en ses vers: l'historien met par escrit les faicts & les prouësses des Rois & des peuples, & ce qui est passé de temps en temps pour en conseruer la memoire; mais de sa propre façon de viure il n'en a cure, & s'il en a aucune, il ne veut ou a honte de confesser ses erreurs. Le Rhetoricien a en plus grande horreur la rudesse & l'ardeur d'vne oraison, que celle de sa vie. Le Dialecticien aymera mieux nier la verité toute euidente, que de ceder à son aduersaire en vne petite conclusion de syllogisme. Les Arithmeticiens & Geometriens nombrent & mesurent toutes choses, mais l'ame pour leur regard demeure sans nombre ny mesure. Les Musiciens traittent des sons & des chants, cependant n'entendent les dissonances qui sont en leurs mœurs & en leurs esprits, ainsi que ceux dont Diogenes Sinopeen faisoit mention, lesquels sçauoyent fort bien tendre les cordes des instruments par bonne harmonie, mais estoyent esgarez & discordans & desordonnez à merueilles en leurs mœurs & entendements. Les Astrologues recherchent les Astres & discourent par les Cieux, & presument de diuiner ce qui aduient parmy le monde à autruy, mais ne se donnent garde de ce qui est pres d'eux, & leur est present chacun iour. Les Cosmimetres ont la cognoissance des terres & des mers, de la forme des montagnes, des cours des riuieres, enseignent les termes & limites de chasque pais, & toutesfois ils ne rendent pourtant l'homme meilleur ny plus sage par ces choses. Les Philosophes auec grande parade & vanterie recherchēt les principes & causes des choses, mais ignorent ou font peu de cas de Dieu autheur de tout. Entre les Princes & Magistrats il n'y a paix ny concorde, & sont poussez à la destruction l'vn de l'autre pour bien peu de proffit. Les Medecins pensent les corps malades, mais mesprisent leurs propres ames. Les Iuristes tres-diligents obseruateurs des Loix humaines transgressent à tous propos celles de Dieu: Parquoy on dit communément que l'on ne void point de Medecin bien viuant, ny de Legiste bien mourant, attendu que les Medecins sont les plus intemperans, & les Iuristes les plus meschans hommes du monde, & voyons le plus souuent qu'ils sont surprins de mort soudaine: ce qu'vn de leur trouppe & des mieux renommez, à sçauoir Balde, grand Iurisconsulte, tesmoigne. Les Theologiens nous preschent auec grand cris les commandemants & sacrez preceptes de Dieu, desquels ils s'esloignent tant qu'ils peuuent en leur façon de viure, & ayment mieux monstrer de congnoistre Dieu que de l'aymer: & à la mienne volonté que plusieurs d'entr'eux sous pretexte de la Theologie ne deffendissent point la doctrine de Sathan, foulans aux pieds la verité de la parole de Dieu, & condamnans icelle. Or quand l'homme aura appris & sçeu toutes autres choses, qu'il sçaura la maniere de bien dire & coucher par escript, qu'il sera adroit à composer plus proprement des vers, versé és discours des temps & de leurs mutations & changemens, subtil en argumentations, riche en figures & ornements d'oraison, qu'il aura l'heur de memoire en beaucoup de choses, sera prompt à nombrer, entendu aux proportions & hazards, beau chanteur & balleur en toute espece, qu'il aura compris toutes les qualitez & mesures, les radiations & reflections, l'assiette des terres & des mers, les grādeurs des edifices & l'artifice de toutes les machines, qu'il sera sage & aduisé aux guerres & combats, expert en tout ce qui appartient à l'agriculture, aux chasses des animaux, aux pasturages & nourriture d'iceux, & en tout ce qui concerne la diligence de la vie rustique, qu'il soit industrieux és arts mechaniques, & en toute sorte d'ouurage, qu'il soit excellant en la peinture, sculpture, fonte, & forges, rusé en la marchandise & trafiques, hazardeux en nauigation, diligent obseruateur des cours des astres de leurs influxions, & des predictions, des destinees & des euenements en ces choses basses par icelles, & sçauant en toute espece de diuinations des choses cachees à venir, & de monstres inexpugnables de magies, & des plus que magnifiques secrets de la cabale, & en toutes causes naturelles, voire qu'il passe iusques aux plus hauts sieges qui sont dessus nature, qu'il puisse censurer toutes les mœurs, administrer toutes les diuerses manieres de republiques, & soit entendu en toute discipline domestique & de mesnage, qu'il sache & cognoisse les remedes à toutes maladies, la force & vertu de tous medicamēts, & de leurs mixtions, & les condiments, sauces, & apprests de toutes viandes & artifice delicieux de cuisine, & auec cela chãger & transmuer toutes choses, & extraire l'esprit & l'ame du monde. En outre qu'il soit sçauent en tous les droits, exercé en toutes les tragedies forēses des Aduocats, és contentions & debats Sorboniques, és hypocrisies monachales, en toutes les pies & religieuses traditions des Saincts Peres. Quand, dis-ie, l'homme aura sçeu & cognu toutes les choses susdites, & autres si aucunes restent à sçauoir, il est certain qu'il ne sçaura rien s'il ne sçait la volonté de la parole de Dieu, & s'il ne l'accomplit. Celuy qui a pris toutes choses, & n'a appris ceste-cy, en vain a appris tout ce qu'il a appris. Car en la parole de Dieu est la voye, la reigle, le but, & le blanc où il faut viser, à qui ne veut errer, ains desire attaindre à la verité. Toutes les autres sciences sont subiectes au temps & à l'obliuion, & perissables : car toutes ces sciences & arts, mesmes ces lettres, characteres, & langages, desquels nous vsõs à present, periront, & autres viendrõt en vsage : & peut estre qu'elles ont esté perdues desia plus d'vne fois & retrouuees ou resuscitees. La maniere de l'orthographe n'a esté tousiours de mesme, ains diuerse en toutes nations, & n'a esté semblable en tous aages. La vraye & naturelle prononciation de la langue Latine à present n'est

en

en lieu aucun: les anciens characteres Hebrieux sont perdus, & n'y en a plus de memoire, mais vse l'on de ceux qui furẽt trouuez par Esdras, & leur langue fut corrompue & abastardie par les Chaldeens: ce qui est commun à toutes les langues, tellement que nous n'en auons aucune aujourd'huy où l'on puisse remarquer l'antiquité d'icelle, ny l'entendre, tousiours naissans de nouueaux vocables qui font perdre les vieux, & iceux estans derechef restituez & renouuellez, tant sont toutes choses peu fermes & non durables, Bref, comme dit Terence, l'on ne dit rien maintenant qui n'aye esté dit autrefois: rien ne se fait que l'on n'aye faict par cy deuant. Comme de l'artillerie, laquelle l'on pense auoir esté inuention moderne des Allemans, Volateran & autres croyent que anciennement elle a esté en vsage, & s'essayent de la tirer des vers de Virgile:

I'ay veu au fonds de ces places terribles
Salmonee estre en peines trop horribles,
Pour auoir feinct de Iupiter l'esclair,
Et du tres haut olympe le son clair.
Cil que ie dy esbranslant le brandon,
Et de cheuaux porté à l'abandon,

Quatre de rang allait en braue arroy
Par les Citez Grecques sur son charroy.
Et au milieu de la Ville d'Elide
S'attribuant des Dieux l'honneur solide,
Homme insensé qui la nue à refondre
Et de là sus l'inimitable foudre
Contrefaisoit au bruit d'erain qui corne,
Et de cheuaux courant aux pieds de corne.

Ne trouue l'on pas tesmoignage de ce dans l'Ecclesiaste, disant, Qu'est-ce qui a esté? ce qui sera. Qu'est-ce qui a esté faict? Ce qui se fera: & n'y a rien de nouueau sous le Soleil. Est-il quelque chose dequoy l'on puisse dire, cela est nouueau? Il auoit desia esté és siecles qui nous ont precedez. Il n'est memoire de ce qui a precedé: aussi ne sera-il de ce qui sera cy apres, il n'en sera point, dis-ie, de memoire vers ceux qui seront en apres. Et peu apres il dit, Celuy qui est sçauant, & pareillement celuy qui est ignorant, meurent. Que pourrons nous doncques dire autre chose, sinon que toutes les sciences & les arts sont souz la Loy de mort & d'oubliance, & ne demeurēt point à tousiours en l'esprit, mais passeront, & mourront auec la mort mesme, veu que Iesus-Christ dit que toute plante qui n'a esté plantée par le Pere Celeste sera arrachee & mise au feu eternel : tant s'en faut que la science conduise l'homme à l'immortalité : mais la parole de Dieu demeure eternellement, la cognoissance de laquelle nous est pour certain si necessaire, que celuy qui l'aura mesprisee, ou ne l'aura escoutée (par le tesmoignage de la mesme parole és escritures) receura sur luy malediction, perdition, & condamnation eternelle. Parquoy il ne faut point qu'aucun se persuade que ceste parole doyue estre espluchée par les seuls Theologiẽs: car elle appartient & inuite vn chacun: L'homme, la femme, les viels, les ieunes, & enfans estrangers, ou naturels, tous sont obligez & tenus de l'apprendre, & ne se departir d'icelle de la grosseur d'vn cheueu. C'est pourquoy il est ainsi commandé en l'ancienne loy : Ces paroles seront en ton cœur tous les iours de ta vie, tu les racompteras & bailleras de main en main à tes enfans & neueux, à fin qu'ils les obseruent & fassent, tu t'y exerceras & contempleras icelles, estant assis en ta maison, & cheminant par pays, en te couchant, en te leuant, & les porteras pour memoire liez en ta main, & se presentetont tousiours à tes yeux, tu les escriras sur l'entrée des portes de ta maison. Ainsi Iosué leut toutes les paroles & tout ce qui estoit contenu au Liure de la Loy deuant tout le peuple, les femmes, enfans, & estrangers. Esdras apporta pareillemẽt le Liure de la Loy deuant toute l'assemblée du peuple, hommes, & femmes, & tous ceux qui pouuoyent entendre, & leut en iceluy en la place publiquement. Iesus-Christ aussi commande que son Euangile soit presché à toute creature par toute la terre Vniuerselle, & ce non point en tenebres ny à l'oreille, ny à cachettées és cabinets, ny à certains maistres Pharisiens ou separés, ou Scribes: mais ouuertement haut & clair en plein iour, sur les toicts, à tout le peuple, & aux tourbes: car voila ce qu'il dit à ses Apostres. Ce que ie vous dis, ie le dis à tous: ce que ie vous dis à l'obscur, dites le en plein iour: & ce que vous escoutez à l'oreille, preschez sur les toicts. Et S. Pierre aux Actes dit, Il nous a commandé de prescher au peuple. S. Paul veut que l'on nourrisse les enfans en discipline & admonition Chrestienne: & Iesus-Christ mesme reprint les Disciples de ce qu'ils empeſchoyent les petits de s'approcher de luy. La ſimplicité & humilité deſquels, comme de ceux qui n'ont l'eſprit preoccupé d'aucunes mauuaiſes opiniõs, ny enflé d'aucune ſcience humaine, il enſeigne eſtre tant neceſſaire aux auditeurs de la parole Dieu, que celuy eſt eſtimé du tout mal propre ou inhabile au Royaume de Dieu qui ne deuient ainſi qu'vn de ces petits. Partant S. Chriſoſtome en certain ſermon veut que les enfans principalement s'addonnent aux Sainctes Lettres & que les maris & les femmes en leurs priuées deuiſent & diſcourens d'icelles entr'eux & auec leurs enfans, diſent, demandent, & s'interroguent les vns les autres du ſens & interpretation d'icelles. Le Concile de Nicée ordonna par ſes decrets que chacun qui eſtoit du nombre des Chreſtiens fuſt pourueu d'vn Liure de la Saincte Bible. Sçachez doncques qu'en toute la Saincte Eſcripture il n'y a choſe ſi haute, difficile, cachée, ny tant ſaincte, qui ne doyue eſtre ſceuë de tous Chreſtiens, & qu'il n'y a rien qui ayt eſté baillé en telle garde à nos gros maiſtres, qu'ils le puiſſent ny doyuent celer au peuple Chreſtien. Ains que toute la

Theologie doit estre entierement commune à tous fideles pour en prendre chacun selon la capacité & mesure de la grace octroyée par le S. Esprit. C'est bien l'Office d'vn bon Docteur de la distribuer à chacun selon ce qu'il est capable, & qui luy fait besoin, aux vns le laict, à autres la viande ferme, mais il ne faut defrauder ny frustrer aucun de la pasture necessaire de verité.

Des Maistres des Sciences.

Chap. CI.

OR pour reuenir à nous, & prendre quelque conclusion à ce propos, vous auez ouy par ce qui dessus a esté deduit depuis le commencement iusques à ce lieu, que les arts & sciences ne sont autre chose que traditions humaines, par nous receuës moyennãt vne sotte creance, & qu'elles ne sont appuyées sinon en incertitude de choses & d'opinions que l'on donne à entendre par demonstratiõs apparentes, & qu'il y a encor plus de tromperie que d'incertitude, voire sont auec ce contraires à Dieu & à toute religion. Partant c'est chose irreligieuse de croire que par icelles nous puissions acquerir aucune diuinité ny beatitude. C'estoit iadis vne superstition des Gentils, lesquels honnoroyent ainsi que Dieux ceux qui auoyent esté inuēteurs de quelque chose, ou qu'ils voyoient estre plus adroits & excellents en quelque art ou science que les autres hommes, & leur dedioyent Temples, Autels, & simulachres, les colloquans par tels moyens au nōbre de leurs Dieux, & les adorans souz diuerses figures. Ainsi que Vulcan, lequel entre les Egyptiens estoit vn grand Philosophe, & le plus rēnommé, & rapportoit toutes choses au feu; comme à leur principe naturel, dont il fut adoré souz la figure du feu: & Esculape (ainsi que dit Celse) pour ce qu'il exerça la Medecine vn peu plus subtilement que l'on n'auoit fait auant luy, fut pareillement à raison de ce reçeu au rang des Dieux: partant voyla toute la deyfication que peuuent conferer les sciences, sans qu'il y en aye aucune autre, & laquelle le vieil serpent, qui est l'ouurier de tels Dieux que ceux-là, promettoit à nos premiers peres, leur disant, Vous serez ainsi que Dieux, sçachās le bien & le mal : & pource celuy qui se voudra glorifier à cause de la science, se glorifie en ce serpent : Car aucun ne peut posseder telles sciences si ce n'est par la faueur de ce serpent, les enseignements & preceptes duquel ne sont qu'enchantements esblouyssemens, & en est l'issue tousiours mauuaise : parquoy on dit vulgairement en prouerbe, que tous les sçauans deuiennent fols : à quoy s'accorde Aristote disant qu'il n'y a aucun exquis sçauoir sans quelque meslange de folie. S. Augustin pareillement tesmoigne que plusieurs par desir de beaucoup sçauoir ont perdu le sens.

Il n'y a chose à la verité plus repugnante à la foy & religion Chrestienne que la science, ny qui compatisse moins auec elle : Car nous sçauons par les Histoires Ecclesiastiques, & somme apprins par l'experience, comme à mesure que la foy est creuë & venuë en auant, les sciences sont tombées, tellement que la plus grande & meilleur partie d'icelles s'est du tout esuanouye, tous ces arts magiques si puissans sont tellement disparus qu'il ne s'en void plus marque ny trace : & de tant de sectes de Philosophes à peine en est, il demeuré vne, qui est la peripatetique : encore est elle point en son entier : Et ne fut oncques l'Eglise en meilleur estat, ny plus en repos, que lors que toutes ces sciences se trouuoyent à l'estroit serrées & reduites en peu de lieu: lors, dis-je, que pour la grammaire l'on n'auoit qu'vn Alexandre François, pour la dialectique n'apparoissoit que Pierre l'Espagnol, à la Rhetorique suffisoit Laurens d'Aquilée, par toute Histoire l'on n'auoit que le pacquet des temps, pour les disciplines Mathematiques le compte Ecclesiastique, & pour tout le reste vn seul Isidoire estoit à suffisance. Mais à present que la cognoissance des langues, & l'ornement des paroles, & le grand nombre des Autheurs sont resuscitez, & que les sciences reprennent force, la tranquilité de l'Eglise est troublée, & nouuelles heresies s'esleuent : car il n'y a maniere de gents plus mal propres à receuoir doctrine Chrestienne que ceux qui ont l'esprit desia embeu des opinions des sciences d'autant que tels sont tant obstinez & entiers en leurs opinions, qu'ils ne donne prinse ny lieu aucun au S. Esprit, sont tellement atrestez & attachez, & sosient tant à leur propre sens & entendement, qu'ils ne cedent en façon aucune à la verité, & ne la veulent receuoir, si elle n'est prouuée par demonstrations & ratiocinations dialectiques, & se mocquent ou mesprisent tout ce qu'ils ne peuuent comprendre, trouuer, ou entendre par leur propre industrie & faculté. Parquoy Iesus-Christ a caché sa doctrine aux sages & aux prudents, & l'a reuelée aux petits, à ceux, dis-ie, qui sont poures en esprit, desnués de tous thresors des sciences, qui sont purs en cœur, nects de toute ordure des sciences, & l'esprit desquels est ainsi qu'vn beau papier blanc, auquel n'a esté encor escript aucune chose des traditions humaines: ceux, dis-ie, qui sont paisibles, non partiaux, nullement contentieux, qui ne combattent la verité par rioteux syllogismes, bref qui souffrent persecution à cause de la verité & iustice, & sont mocqués & méprisés par ces querelleux Sophistes, comme poures bestes, ou asniers, & sont diffamez aux écholes, interdits des chaires, deschassez des Vniuersités, calomniés comme heretiques, quelquesfois poursuyuis à la mort, & iurés à cruels supplices. Ainsi iadis à Athenes Socrates fut estaint par venim. Anaxagoras condamné à la mort, Diagoras accusé de crime capital, mais il se sauua du danger, où il estoit prest à tomber, promptement à la fuite. Entre les Hebrieux le Prophete Isaye fut scié en deux pieces, Ieremie lapidé, Ezechiel tué, Daniel liuré aux bestes, Amos occis, Michée precipité, Zacharie massacré pres l'Autel, Helie persecuté par Iesabel, laquelle fi mourir plusieurs autres Prophetes. Mesmes le S. Patriarche Abraham fut ietté en vne fournaise par les Chaldéens. Les Apostres semblablement & disciples de nostre Seigneur Iesus Christ, & infinis martyrs, tesmoings de la diuinité de Iesus-Christ, ont esté mis à mort par diuerses especes de tourments. Tous lesquels n'ont esté persecutés pour autre raison, sinon pource qu'ils sçauoyent & croyoiẽt mieux que c'estoit que de Dieu que les sages du monde. Ceux-cy doncques, qui sont ainsi humbles en pauureté d'esprit, & en paix de conscience, prest à espandre leur propre sang pour la verité, sont ceux ausquels seuls est donnée la vraye & deifiante Sapience, qui nous transporte en l'assemblée des Dieux bien heureux, à sçauoir des Anges, & nous transforme en semblables Dieux bien-heureux qu'iceux, ainsi que nous sommes clairemēt enseignés par nostre Seigneur Iesus-Christ, disant, Bien-heureux sont les poures en esprit : car le Royaume des Cieux est à eux. Bien-heureux ceux qui procurent la paix : car ils seront appellés enfans de Dieu. Bien-heureux sont ceux qui sont persecutés pour iustice : car le Royaume des Cieux est à eux. Il est donques meilleur & plus profficable estre idiots & ne sçauoir rien du tout, & croire par foy & auec charité, & estre approchés de Dieu, qu'estans enflés par subtilité des sciences & enorgueillis, tomber en la puissance du Serpent. Aussi nous lisons és Euangiles que Iesus-Christ a esté receu par les idiots, par le menu peuple grossier & simple estant cependant reietté par les principaux Sacrificateurs, par les Docteurs de la Loy, par les Scribes, par les maistres & rabins, & par iceux méprisé, voire persecuté iusques à la mort. Iesus-Christ pareillemēt n'a point choisi pour ses Disciples & Apostres les Rabins, les Scribes, les Maistres & Sacrificateurs, mais des plus idiots d'entre le lourd populaire, despourueus de toutes lettres, ignares, & asnes.

Digression sur la louange de l'Asne.

CHAP. CII.

MAIS à fin que personne ne me calomnie si i'ay appellé les Apostres Asnes, ie veux expliquer brieuement les mysteres & secrets de cest Animal, sans sortir que bien peu de mon propos. Les Docteurs Hebrieux ont figuré par iceluy la patiēce & vne grande force, l'influence duquel depend, disent-ils, de Sephirot, qui est dit hocma, c'est à dire Sapience. Car aux Disciples de la Sapience les conditions & mœurs de l'Asne sont tresnecessaires. Il vit en premier lieu de petite pasture, & se contente de toute mangeaille qu'on luy presente : il est trespatient en la disette & faute de viures, en la faim, au trauail, & aux coups, & endure doucement si l'on ne tient compte de luy, & quelque persecution qu'on luy face il est trespauure & tressimple en esprit, tellement qu'à peine cognoist-il les Laictues d'entre les chardons : innocent

& pur de cœur, & sans fiel, n'a guerre ny discorde auec animal quelconque, & supporte toutes charges egalement qu'on luy veut mettre sur le dos, en recompense dequoy il est exempt de poux, n'est guieres souuent malade, & vit plus longtemps qu'autre animal des grands troupeaux. Les commodités & œuures necessaire, que nous tirons de l'Asne, dit Columella, sont plusieurs, & plus que pour sa portée : car il rompt la terre legere & facile à labourer, & traisne des charrois assez louds & pesans ; mais l'œuure commune & ordinaire trauail de ceste beste, est de tourner les meules pour moudre le bled : toute metairie & maison rustique a besoing d'vn Asne, comme d'vn instrument & meuble necessaire pour porter & rapporter, ou traisner en la Ville plusieurs vtensiles & denrées. L'asne aussi a quelque iugement & faculté diuinatrice au rapport de Valere, parlant de C. Marius, lequel ayant dompté le Midy, & le Septentrion, en fin estant declaré ennemy de sa patrie, & persecuté par Sylla, eschappa le danger dont il estoit menassé par l'aduertissemēt qu'il print d'vn Asne, & eut vn Asne pour Autheur de sa fuite

& de son salut. Et ne fut peu prisé cest animal en l'Ancien Testament: car ayant Dieu commandé de luy sacrifier tous les premiers nais des animaux, il pardonna aux Hommes & aux Asnes seuls, permettant à l'homme d'estre rachetté par prix d'argent, & de bailler vne brebis en eschange de l'Asnon. Et n'est dit possible en mauuais sens par ancien prouerbe, que l'Asne porte les mysteres: parquoy ie veux bien aduertir ces Asnes de Cumes, ces braues Professeurs des sciences, dis-ie, que s'ils ne se deschargent de ces fardeaux des sciences humaines, & ne se despoüillent de ceste peau de Lyon empruntée, (non du Lyon de la lignée de Iuda, mais de celuy qui tournoye rugissant, cherchant proye pour deuorer, & ne sont reduits en purs & simples Asnes, qu'ils demeurerőt du tout inutiles à porter les mysteres de la Sapience diuine. Nous lisons beaucoup de miracles de diuers animaux. Plutarque recite qu'vn Elephăt escriuoit les Characteres Grecs, & que cestuy-là mesme deuint amoureux d'vne fille de la Ville de Stephanopolis, & fut corriual d'Aristophanes le Grammairien. Le mesme Autheur dit, qu'vn

Dragon aimoit vne fille Etolienne, & ont creu plusieurs que cestuy-là mesme garentit celuy qui l'auoit nourri, & accourut à sa voix. Nous lisons és œuures de Pline qu'vn Aspic auoit accoustumé de venir chacun iour à la table d'vn certain homme, & qu'vne fois s'estant apperçeu qu'vn de ses petits aspideaux auoit tué vn des enfãs de son hoste, il le fit mourir en hayne de l'iniure qu'il auoit faicte à celuy qui les recueilloit, & depuis par honte n'osa reuenir leans. Le mesme Plutarque racompte qu'vne Panthere rendit la pareille à vn homme qui auoit tiré ses petits du dedãs d'vne fosse, & l'ayãt rencontré égaré à trauers les bois le ramena au grand chemin passant. Plus on dit que Cyrus fut nourri par vne chienne, & les premiers fondateurs de Rome par vne louue, comme ils eussent esté exposés à l'aduenture. Ie passe les miracles des dauphins, & les recognoissances des Lyons enuers ceux qui leur auoyent bien faict: Ie me tais de l'ourse Calabroise, & du beuf Tarentin appriuoisés par Pythagoras, & plusieurs autres de ceste sorte. Mais ce qui passe toutes les merueilles c'est l'Asne que nous lisons auoir esté auditeur & condiſciple auec Origene & Porphire du Philoſophe Amonius Alexandrin, le plus renommé de ſon temps. L'aſne a veu l'Ange du Seigneur quand Balaam le Prophete partit pour aller maudire le peuple de Dieu, lequel ſon Maiſtre ne ſçeut apperceuoir, pour monſtrer que ſouuent vn ſimple & groſſier idiot void les choſes qui ne peuuent eſtre veuës ny comprinſes par le Docteur Scholaſtique ayant l'eſprit corrompu & depraué par ſciences humaines. Samſon auec vne maſchoire d'Aſnon frappa & mit à mort les gendarmes Philiſtins & ayant ſoif pria le Seigneur, lequel ouurit vne dent moliere en ceſte maſchoire, & d'icelle fit ſaillir de l'eau viue par laquelle il reprint vigueur, & l'eſprit reuint. Ainſi Ieſus-Chriſt par la bouche de ſes Aſnes, ſimples, rudes, & groſſiers Diſciples, & Apoſtres, à frappé & vaincu tous les Philoſophes des Gentils, les Docteurs de la Loy des Iuifs, abbatu & renuerſé toute la Sapiance humaine, & nous a baillé à boire par les maſchoires de ſes Aſnes des eaux viuifiantes en Sapience Eternelle. Par ce que dit eſt vous pouués comprendre plus qu'en pleine clarté du

Soleil que l'Asne est la marque, deuise, & enseigne de l'esprit capable de diuinité, és mœurs duquel si vous n'estes changés vous ne pouuez estre bons ny habiles à porter les secrets de la Sapience diuine. Les Chrestiens anciennement estoyent appellés asniers par les Romains, lesquels par mépris paignoyent l'Image de Iesus-Christ auec des aureilles d'Asne, comme tesmoigne Tertullien. Partant que nos Euesques & Abbés ne se faschent point, & ne tiennent point pour reproche si à l'endroit de ces corpulents Elephans remplis de sciences ils sont appellés & estimés asnes, & que le peuple Chrestien ne trouue point estrange si ceux qui sont les plus sçauants sont les moins prisés entre ces Prelats & Recteurs des Eglises, & qui ont charge des choses sacrées entre nous : car le chant des rossignols n'est nullement plaisant aux aureilles des Asnes, & dit-on en commun prouerbe, que le cry des Asnes ne s'accorde ny conuient point au son de la lyre. Neantmoins des os de l'Asne la moüelle ostée on en fait de tres-bonnes fleutes, lesquelles bien embouchées & entonnées d'vn bon vent rendét vne melodie & chant plus plaisant & delicieux que ne fait lyre, luth, ny harpe quelconque. Ainsi ces Religieux idiots par leur chant asnier surpassent tous les plus babillards Sophistes. Surquoy nous trouuons par escript qu'aucuns Philosophes Payens estans venus visiter S. Anthoine pour discourir auec luy furent pressés de si pres par ses respõses, qu'ils s'en retournerent auec leur honte. Nous lisons pareillemẽt qu'vn certainpersonnage rude & ignorẽt fit auec peu de paroles demeurer muet vn grand Heretique docte & sçauant, & bien versé aux lettres, & le reduist à la foy: ce que n'auoyent peu obtenir tant d'Euesques tres-sçauans qui estoyent assemblés au Concile de Nice auec longues & difficiles disputes. Iceluy estant apres enquis par ses amis, pourquoy il auoit cedé à cét idiot, apres auoir faict teste à tant de doctes Euesques, respondit qu'il luy auoit esté aisé de rendre aux Euesques paroles pour paroles, mais qu'à cest ignorant là, lequel auoit parlé par l'esprit, & non par humaine Sapience, il n'auoit sçeu que repliquer.

Conclusion de l'œuure.

Chap. CIII.

Maintenant doncques, ô asnes, lesquels auec vous asnons par la volonté de Iesus-Christ publiée par ses Apostres vrais messagers & prelecteurs de la vraye Sapience, estes desliés & deliurés des tenebres de la chair, & du sang, si vous desirez d'obtenir la Sapiēce de l'arbre de vie, & nō celle de l'arbre de science de bien & de mal, reiectans toutes les sciences humaines, & toute la curiosité & les discours de la chair & du sang & quels qu'ils puissent estre, soit qu'ils regardent aux raisons & manieres de bien parler, soit qu'ils recherchent les causes, soit qu'ils s'addressent aux œuures & effects sans aller aux Escholes des Philosophes & Colleges des Sophistes, entrez en vous mesmes, & là vous cognoistrez toutes choses: car la cognoissance de tout vous est dediée: ce que les Academiques confessent, & les Sainctes Escriptures tesmoignent. Car Dieu a creées toutes choses fort bonnes, c'est à dire au meilleur estat qu'elles pensent estre : Iceluy doncques ayant creé les arbres pleins de fruicts, aussi crea les ames, qui sont autres arbres raisonnables, pleins de formes & cognoissances : mais par le peché de nostre premier pere toutes ont esté couuertes, & y est entrée l'oubliance mere d'ignorance. Descouurés doncques vostre entendement en ostant ce voile d'ignorance qui l'enueloppe. Rejettés vomissés ce breuuage infernal, vous qui vous estes enyurés d'oubliāce. Veillés à la vraye lumiere, qui estes amignardez au sommeil de brutalité, & soudain à face ouuerte vous passerés de clairté en clairté: car, cōme dit S. Iean, vous estes oingts par le sainct, & sçaués toutes choses. Et derechef : vous n'auez besoin qu'aucun vous enseigne : car l'onction d'iceluy vous enseigne tout : d'autant, que c'est luy seul qui dōne bouche & sagesse. Dauid, Esaie, Ezechiel, Ieremie, Daniel, Iean Baptiste, & plusieurs autres Prophetes & Apostres, n'auoyent point estudié aux lettres, lesquels toutesfois de Pasteurs & rustiques deuindrent tres-sçauans en toutes choses: Salomon par le songe d'vne nuict fut remply de Sapience en toutes choses

Celestes & terrestres, & prudent au maniement des affaires : tellement qu'il n'eust oncques son pareil. Et toutesfois tous ces hommes ont esté mortels comme vous, voire pecheurs. Vous direz possible, que cela est aduenu à peu de personnes. Il est vray.

Bien peu de gents en la terre habitable,
Qu'aymer voulut Iupiter equitable,
Ou qui d'ardeur de vertu viue espris
Sont esleuez aux celestes pourpris,
Faire l'ont peu, qui sont enfans des Dieux.

Mais ne perdés point esperance, la main du Seigneur n'est point accourcie à tous ceux qui l'inuoquent & le seruent fidellement. S. Anthoine & Barbare ce seruiteur Chrestien, moyennant la priere continuelle de trois iours, ont obtenu pleine cognoissance des choses diuines, ainsi que Sainct Augustin tesmoigne. Et si vous ne pouuez par claire & descouuerte intelligence, ainsi que les Saincts Prophetes & Apostres, apperceuoir icelles, cherchez d'en auoir la cognoissance par le moyen de ceux qui les ont regardées d'vn vray & asseuré regard. C'est le chemin qu'il faut tenir, dit S. Hierosme à Ruffin, que vous cherchiez par l'estude des lettres d'apprendre ce que le S. Esprit a suggeré aux Apostres. Des lettres, dis-ie, qui ont recueilly les diuins oracles, & sont receuës du commun consentement de l'Eglise, & non de celles qui traittent les inuentions des cerueaux humains: car telles n'esclaircissent point l'intellect, mais le rendent plus obscur & tenebreux. Il faut doncques auoir recours à Moyse, aux Prophetes, à Solomon, aux Euangelistes, aux Apostres: lesquels en toute espece de doctrine, sagesse, mœurs, langues, propheties, oracles, miracles, & saincteté de vie ont esté reluisans. & ont parlé de Dieu & choses diuines, comme instruicts par luy, & des choses inferieures mieux que tous les hommes, & nous ont laissé tous les secrets de Dieu & de nature plus clairs que le Solel: Car tous les secrets de Dieu & de nature, la raison & fondement de toutes les Loix & coustumes, la cognoissance de toutes choses presentes, passées, aduenir, est contenuë és Sainctes Escritures de la Bible. Où est ce doncques que vous courez si precipiteusement, vous qui cherchez d'apprendre science de ceux qui ont consommé tout le temps de leur vie, & perdu leur industrie, sans auoir peu trouuer la verité. O fols & meschans, qui delaissans les dons du Sainct Esprit trauaillé pour apprendre des perfides Philosophes & Maistres d'erreurs ce que vous deuriez receuoir de Iesus-Christ, pensez-vous que nous peussions puiser de l'ignorance de Socrates la science? des tenebres d'Anaxagoras la lumiere? du puits de Democrite la vertu? de la folie d'Empedocles la prudence? ou la pieté du tonneau de Diogenes? ou iugement de la stupidité de Carneades & Arcesilaus? ou d'Aristote & d'Auerrois impiteux & infidelles la Sapience? ou la Foy de la superstition Platonique? Vous errez pour certain grandement, & serez trompez par ceux qui l'ont esté deuant vous. Retirez vous donc en vous mesmes, vous qui estes desireux de Sapience, departez-vous des broüillards des traditions humaines, & vous joignez à la vraye lumiere. Voyla la voix du Ciel, la voix d'enhaut, enseignant & monstrant plus clair que le Soleil. Pourquoy vous faites vous ce tort à vous mesmes de differer à receuoir la Sapience? Escoutez l'oracle de Baruch, c'est nostre Dieu, & nul ne sera

estimé

estimé au prix de luy. C'est luy qui a trouué toute la voye de science, & l'a baillée à Iacob son seruiteur, & à Israël son bien aymé a baillé la Loy & les preceptes, & ordonné les sacrifices. Apres cela il a esté veu en la terre, & a conuersé auec les hommes: c'est à sçauoir qu'il a esté faict chair, & ouuertement enseignant ce qui est contenu souz figure en la Loy & és Prophetes. Et n'estimez point que cecy s'entende seulement des choses diuines & non des naturelles: mais entendez ce que le Sage tesmoigne de soy-mesme: Il m'a, dit il, donné la vraye science des choses qui sont: à fin que ie sçache la disposition de toute la terre, & les vertus des Elements, le commencement, la consommation, & le milieu, & les changements des temps; le cours & reuolution de l'année, les dispositions des Estoiles, les natures des animaux, les courroux des bestes, la force des vents, & les cogitations des hommes, les differences des plantes, & les vertus des racines: & ay congnu toutes choses secrettes & non apparentes: car l'ouurier de toutes choses m'a enseigné par Sapience. Pour certain la science diuine n'a point de fin,

I

& ne faut iamais, elle n'es s'escoule point, & rien ne luy est adjousté: mais elle comprend toutes choses. Sçachez doncques maintenant que grand labeur n'est requis à apprehender icelle, il ne faut que la Foy & la priere. Elle n'a besoing de longue estude, mais d'humilité spirituelle: grande quantité de Liures ne luy sont necessaires, ains seulement entendement purifié & proportionné ou approprié à la verité, ainsi que la clef à sa serrure: car la grande quantité des Liures charge celuy qui apprend plustost qu'elle ne l'instruit: & qui s'amuse apres plusieurs Autheurs, erre auec plusieurs. Au seul Liure de la Bible toutes choses sont comprises & enseignées: à telle condition toutesfois qu'elles ne sont entenduës sinon par ceux qui sont illustrez & illuminez: car aux autres ce ne sont que paraboles, enigmes, & choses closes & cachetées de plusieurs Sceaux ou Figures. Priez doncques le Seigneur sans douter ny varier en la Foy, à fin que l'Agneau de la lignée de Iuda vienne, qui ouure le Liure Scellé, lequel Agneau est seul sainct & veritable, lequel seul a la clef de science & de discretion qui ouure, & nul ne ferme, lequel clost, & aucun ne peut ouurir. C'est Iesus-Christ, la parole & le fils de Dieu le Pere, & la Sapience deïfiante, vray precepteur faict homme tel que nous sommes, à fin de nous rendre Enfans de Dieu ainsi qu'il est, lequel est benit en tous siecles. Mais pour n'estendre mon oraison outre l'heure comme l'on dit, ie fais fin à icelle.

FIN.

Reliure serrée

www.ingramcontent.com/pod-product-compliance
Ingram Content Group UK Ltd.
Pitfield, Milton Keynes, MK11 3LW, UK
UKHW020125220726
13923UKWH00001B/10